核动力装置热力分析

（第3版）

彭敏俊　编著

哈尔滨工程大学出版社
Harbin Engineering University Press

内容简介

本书简要介绍了热力分析的理论基础、不同堆型核电厂采用的热力循环、影响循环热效率的主要因素以及常用的几种热平衡分析方法，着重介绍了㶲的概念、计算方法以及㶲分析方法在压水堆核动力装置热力分析中的应用，并通过对压水堆核电厂热力系统的热平衡分析和㶲分析，指出核电厂能量传输与转换过程中能量利用的合理性与有效性，提出改善核电厂热力系统能量利用水平的方法和途径。本书还简要介绍了㶲经济学分析方法的基本理论以及核电机组热经济性在线分析的方法。

本书可作为高等院校核科学与技术学科研究生、核工程与核技术专业和热能工程专业高年级本科生的专业课教材，也可供从事核动力技术行业的人员参考。

图书在版编目(CIP)数据

核动力装置热力分析/彭敏俊编著. —3 版. —哈尔滨:哈尔滨工程大学出版社, 2023.9
ISBN 978-7-5661-4132-3

Ⅰ.①核… Ⅱ.①彭… Ⅲ.①核动力装置-热力学-分析 Ⅳ.①TL99

中国国家版本馆 CIP 数据核字(2023)第 169735 号

核动力装置热力分析(第 3 版)
HEDONGLI ZHUANGZHI RELI FENXI (DI 3 BAN)

选题策划 石 岭
责任编辑 张 昕
封面设计 李海波

出版发行 哈尔滨工程大学出版社
社　　址 哈尔滨市南岗区南通大街 145 号
邮政编码 150001
发行电话 0451-82519328
传　　真 0451-82519699
经　　销 新华书店
印　　刷 哈尔滨午阳印刷有限公司
开　　本 787 mm×1 092 mm 1/16
印　　张 16.5
字　　数 425 千字
版　　次 2023 年 9 月第 3 版
印　　次 2023 年 9 月第 1 次印刷
书　　号 ISBN 978-7-5661-4132-3
定　　价 49.00 元

http://www.hrbeupress.com
E-mail:heupress@hrbeu.edu.cn

第3版前言

20 世纪 50 年代，世界上第一座核电厂在苏联奥布宁斯克建成，揭开了人类和平利用核能的新纪元。经过近 70 年的发展，截至 2022 年底，全球 33 个国家和地区共有 422 台在运核电机组，18 个国家共有 57 台在建核电机组，全球核能发电量在电力结构中的占比约为 9.6%。核电作为一种安全、清洁、经济、可持续发展的能源，已经被国际社会广泛接受。然而，在世界核电发展史上，曾经先后出现过美国三哩岛核电厂事故（1979 年）、苏联切尔诺贝利核电厂事故（1986 年）和日本福岛核电厂事故（2011 年），这些事故削弱了公众对核安全的信心，导致全球核电发展的速度大大减缓。但是，长期大量使用化石燃料造成的全球气候变暖，给人类的生存和发展带来了极大的威胁，并且鉴于半个多世纪以来全球核电厂的丰富运行经验、良好安全记录以及核安全技术的迅速发展，许多国家在大力发展绿色能源战略中仍然将核电作为一个重要选项。

为了满足经济发展的能源需求、实现可持续发展，我国明确提出了“积极、安全、有序发展核电”的方针，推进核电的高质量发展，助力国家“碳达峰、碳中和”战略目标的实现。我国从 20 世纪 80 年代中期开始建设核电厂，截至 2022 年底，中国大陆商业运行的核电机组已达 55 台。“十四五”规划纲要提出，2025 年在运核电机组的装机容量达到 7 000 万 kW，2030 年核电机组在运装机容量达到 1.2 亿 kW，核电发电量约占全国总发电量的 8%，可见我国核电具有广阔的发展前景。

核电厂是实现核裂变能转换为电能的复杂能量系统，安全性和经济性是制约核电发展的两个重要因素。核电厂采用固有安全和非能动安全的理念，不断提高核电厂的安全水平；通过改进核电厂的热力循环和运行模式，持续改善核电厂的热经济性。通过对核电厂热力系统的热力分析，可以指出能量传输与能量转换过程中能量利用的合理性与有效性，提出改善核电厂热力系统能量利用水平的方法和途径，为工程实践提供理论指导。

本书是在 2012 年出版的《核动力装置热力分析》（修订版）的基础上再次修订而成，除了改正部分插图、公式中存在的一些错误外，适当补充完善了理论方法和应用案例，以及时反映本学科领域最新研究动态和科技成果，突出课程教学内容的先进性、前沿性，开阔学生国际视野。同时，结合课程思政建设的要求，充实“双碳”背景下核能发展的机遇、热经济性对核动力装置应用与发展的影响等课程思政内容，为研究生教学落实立德树人根本任务提供有力支撑。

哈尔滨工程大学彭敏俊教授负责对全书进行修订,田兆斐教授、夏庚磊教授、王航副教授参与了修订和校对,全书由彭敏俊教授统稿。在编写过程中本书参考或引用了国内外一些学者的论著,在此一并表示衷心感谢。

学生学习本书应具有工程热力学、传热学的理论基础,并对核动力装置及设备有一定程度的了解。

本书可作为高等院校核科学与技术学科研究生、核工程与核技术专业和热能工程专业高年级本科生的专业课教材,也可供从事核动力技术行业的人员参考。

由于编著者水平有限,书中难免存在缺点和错误之处,深切希望广大读者提出宝贵意见。

编著者

2023 年 6 月于哈尔滨

修订版前言

自20世纪50年代世界上第一座核电厂在苏联的奥布宁斯克建成以来，核电的发展极为迅速，核电作为一种安全、清洁、经济、可持续发展的能源，已经被国际社会所接受，目前世界核能发电占总发电能力的比例已经超过了16%。尽管在核电发展史上先后出现了美国三哩岛核电厂事故(1979年)，苏联切尔诺贝利核电厂事故(1986年)和日本福岛核电厂事故(2011年)，使得核电发展进程在不同时期出现了波折，但是基于世界上已有核电厂运行的丰富经验和良好安全记录，以及人类社会可持续发展的客观要求，未来核电仍然将作为一种主要的能源形式得以发展。

随着国民经济的迅速发展，我国对能源的需求日益增长，由于以煤、石油为主的常规化石能源日渐枯竭和使用过程中对环境产生的严重污染，大力发展核电是实现可持续发展、解决能源短缺、确保国家能源安全的重要途径之一。我国从20世纪80年代中期开始建设核电厂，至2010年，投入商业运行的核电机组已达13台。国家发改委2007年10月通过的《核电中长期发展规划(2005—2020年)》中明确要求“积极发展核电”，计划到2020年核电总装机容量达到4 000万kw，标志着中国核电进入了快速、稳定发展的新阶段。

从本质上说，核电厂是将核能转换为电能的能量系统。在获得一定电能的情况下，尽量减少核燃料的消耗量、降低发电成本，一直是人类努力追求的目标。通过对核电厂热力系统的分析，可以指出能量传输与能量转换过程中能量利用的合理性与有效性，提出改善核电厂热力系统能量利用水平的方法和途径。

本书是2003年哈尔滨工程大学出版社出版的研究生教材《核动力装置热力分析》的修订版，主要以压水堆核电厂为对象，介绍其基本热力循环，能量分析的方法，着重介绍㶲方法在压水堆核动力装置热力分析中的应用。全书内容共分九章；第1章介绍了核电厂的基本类型、热力分析的目的及任务；第2章简要介绍了热力分析的理论基础；第3章介绍了热力过程的㶲分析方法；第4章介绍了核电厂采用的热力循环形式及影响热循环效率的主要因素；第5章介绍了核电厂热力系统的热平衡分析方法；第6章介绍了核电厂热力系统的㶲分析方法；第7章介绍了改善核电厂热经济性的途径和合理用能的基本原则；第8章简要介绍了㶲经济学分析方法的基本理论；第9章简要介绍了核电机组热经济性在线分析的方法。

哈尔滨工程大学彭敏俊教授修订了本书第1,2,3,4,6,7,8章，田兆斐教授修订了第5章并编写了第9章，全书由彭敏俊教授统稿。哈尔滨工程大学王金忠教授、阎昌琪教授审阅了书稿并提出了许多宝贵意见和建议。在编著过程中参考或引用了国内外一些学者的论著，在此一并表示衷心感谢。

学习本书应具有工程热力学、传热学的基础，并对核动力装置及设备有一定程度的了解。本书可作为高等院校核工程专业、热能工程专业本科生、硕士研究生的教材，也可供从事核动力装置工作的技术人员参考。

由于编著者水平有限，书中难免存在缺点和错误，深切希望广大读者提出宝贵意见。

编著者

2011年12月于哈尔滨

第1版前言

随着国民经济的迅速发展，我国对能源的需求日益增长，由于常规化石能源（如煤、石油）的日渐枯竭和使用过程中对环境存在的严重污染，为了实现可持续发展，必须加大新型能源的利用。目前，核电仍然是人类不可缺少的重要能源之一，不仅减少了将化石燃料作为能源所带来的巨大资源浪费，而且清洁、安全，有利于环境保护。

我国在20世纪末期已经成功建成并投入运行了大亚湾、秦山一期两座核电厂，岭澳、秦山二期、秦山三期、田湾等几座核电厂在近几年里也陆续投入或即将投入运行。在21世纪，我国还将稳步发展核电。预计到21世纪中期，核电在我国消耗的能源中所占份额将达到15%。从本质上说，核电厂是将核能转换为电能的能量系统。在获得一定电能的情况下，尽量减少核燃料的消耗量，降低发电成本，一直是人类努力追求的目标。对核电厂热力系统的热力分析，可以指出能量传输与能量转换过程中能量利用的合理性与有效性，从而提出改善核电厂热力系统能量利用过程的方法和途径。

本书主要以压水堆核电厂为对象，介绍其基本热力循环、能量分析的方法，着重介绍㶲方法在压水堆核动力装置热力分析中的应用。学习本书应具有工程热力学、传热学的基础，并对核动力装置及设备有一定程度的了解。本书可作为高等院校核工程专业本科生、硕士研究生的教材，也可供从事核动力装置工作的技术人员参考。

全书由杜泽教授和王兆祥教授审校，在此向两位教授表示衷心感谢，并对杜泽教授致以深切哀悼。

由于编著者水平有限，书中难免有缺点和错误，深切希望广大读者提出宝贵意见。

编著者

2003年2月于哈尔滨

目　　录

第1章　绪　　论

能源是人类社会赖以生存和发展的重要物质基础，人类文明每一次重大进步都伴随着能源的改进和更替。人类开发、利用能源资源经历了依赖传统能源的薪柴时期、煤炭时期和石油时期三个不同阶段，随着社会的发展和技术的进步，今后必将进入新能源与可再生能源利用的新时期。

目前，煤炭、石油和天然气三大化石能源仍是世界最主要的一次能源。根据 2022 年的《bp 世界能源统计年鉴》提供的数据，2021 年全球一次能源的消费总量达 595.15 EJ，其中，石油、天然气、煤炭、核能、水电、可再生能源占比分别为 30.95%、24.42%、26.90%、4.25%、6.76%、6.71%。

电能在现代化生产和人类的日常生活中有着极为重要的作用，电能的应用及电力工业的发展情况是一个国家的现代化生产水平和人民的生活水平的标志。自然界中不同形式的一次能源（如煤、石油、天然气、水力能、核能、风能、太阳能、地热能、潮汐能等）可以通过不同类型的发电厂转换为电能，其中，核能发电由于资源消耗少、环境影响小和供应能力强等优点，日益被公众了解和接受，核电成为与火电、水电并列的世界三大电力供应支柱。

1.1　核电的特点及其发展前景

核能发电利用核裂变或者核聚变所释放的能量进行发电，核裂变能发电现已达到工业应用规模，而通过有控制地释放核聚变能达到大规模和平利用的受控热核反应迄今尚未实现工业化应用。

1.1.1　世界核电的发展历程

1942 年 12 月 2 日，在美国物理学家恩利克·费米（Enrica Fermi）指导下设计制造的第一座核反应堆在芝加哥运转成功，首次实现了铀核的可控自持裂变链式反应，标志着人类从此进入了原子能时代。

1954 年 7 月，苏联利用其生产核武器钚的石墨水冷堆技术，在奥布宁斯克（Obninsk）建成了世界上首座电功率为 5 MW 的压力管式石墨水冷堆试验性核电厂，揭开了核能用于发电的序幕。1957 年 12 月，美国在其核潜艇用压水堆技术的基础上，建成了世界上第一座电功率为 90 MW 的原型压水堆核电厂——希平港（Shippingport）核电厂。1956 年，英国利用其生产军用钚的石墨气冷堆技术，建成两座单机电功率为 46 MW 的核电机组。这些试验性和原型核电机组验证了核能发电技术的可行性，国际上将其称为第一代核电机组。

20 世纪 70 年代，因石油涨价引发的能源危机促进了核电的发展。世界各国在试验性和原型核电机组基础上，相继开发、建设电功率在 300 MW 以上的商用核电机组，堆型主要有美国、欧洲国家和日本的压水堆(PWR)、沸水堆(BWR),俄罗斯的轻水堆(VVER/WWER)和加拿大的重水堆(CANDU)。目前世界上正在商业运行的400多座核电机组绝大部分属于这一时期的产品,其称为第二代核电机组。

1979年3月28日,美国发生了三哩岛(Three Mile Island,TMI)核电厂事故,大量放射性物质泄漏到环境中,反应堆堆芯60%左右的燃料棒损坏。事故虽未造成人员伤亡,却对世界核电发展产生了深远影响。三哩岛核电厂事故后,美国核管理委员会(USNRC)加强了对核电厂的安全管理,不但严格控制新许可证的发放,而且对原有核电厂的设备和规程提出许多修改要求。1986年4月26日,苏联切尔诺贝利(Chernobyl)核电厂4号反应堆发生爆炸,反应堆损毁,大量放射性物质泄漏,造成严重的人员伤亡、大面积环境污染和大量人口迁移,极大加重了人们对核安全的担心。

20世纪90年代,为了消除三哩岛和切尔诺贝利核电厂严重事故造成的负面影响,世界核电界集中力量进行了研究和攻关,美国和欧洲国家先后出台《先进轻水反应堆用户要求文件》和《欧洲用户对轻水堆核电站的要求》,国际上通常把满足这两份文件之一的核电机组称为第三代核电机组。第三代核电机组是在1996—2010年设计的,将安全作为首要考虑因素,主要目标是进一步提高第二代核电机组的安全性,比较有代表性的主要有先进沸水堆(ABWR)、非能动先进压水堆(AP1000)、欧洲先进压水堆(EPR)。

进入21世纪后,全球核电的发展进入复苏期,各国都制定了相应的核电发展规划。2011年3月11日,由于地震引发海啸导致日本福岛第一核电厂、第二核电厂受到严重影响,其中第一核电厂的1、2、3号机组在随后几天内相继发生了燃料厂房氢气爆炸,放射性物质泄漏到环境中,事故严重等级为7级。福岛核电厂事故导致日本和部分发达国家相继调整核电发展政策,这对开始复苏的世界核电来说是沉重打击。

根据国际原子能机构(IAEA)PRIS数据库提供的数据,1960—2020年世界核电运行机组数量及装机容量的增长情况如表1-1所示。

表1-1 1960—2020年世界核电运行机组数量及装机容量的增长情况

年份	1960	1970	1980	1990	2000	2010	2020
运行机组/台	15	84	245	416	435	441	442
装机容量/GW	1.087	17.656	133.037	318.253	349.984	375.277	392.6

目前,第四代核电系统的研究工作已逐步展开,其反应堆和燃料循环都将有重大革新和发展。2002年,国际上对最有希望的未来反应堆概念进行了分析辨别,确定了从能源可持续发展、经济竞争力、安全可靠性到防扩散和外部侵犯能力方面最具前景的六种堆型,包括带有先进燃料循环的三种快中子堆和三种热中子堆:

(1)钠冷快堆(sodium-cooled fast reactor,SFR);

(2)铅冷快堆(lead-cooled fast reactor,LFR);

(3)气冷快堆(gas-cooled fast reactor,GFR);

(4)超临界水冷堆(super critical water-cooled reactor,SCWR);

(5)超高温气冷堆(very-high-temperature gas-cooled reactor,VHTR);

(6)熔盐堆(molten salt reactor,MSR)。

以上六种第四代核能系统设计的主要特点是改进了经济性，增强了安全性，使废物量最小化和防止核扩散燃料循环。

当今世界能源工业正面临着可持续发展战略和生态环境保护的双重压力，核电由于具有安全、经济、清洁的特点以及在燃料供给方面具有的明显优势，在21世纪将会出现新的发展高潮，并将在相当长的一段时期内，成为电力工业的支柱。

利用核能是解决能源问题的必由之路，核能在人类可使用能源中的比例将逐步加大，从而改善能源结构，并有希望在将来彻底解决人类对能源需求的问题。然而，核能的开发利用是一个循序渐进的长期过程，从科技难度和实现产业化的角度来展望，其大致可分为三个阶段：第一阶段是热中子反应堆，第二阶段是快中子增殖堆，第三阶段是可控聚变堆。这三个阶段需要互相衔接，逐步进入实用阶段，实现产业化。

1.1.2 核能发电的特点

中国核电发展的历程

在世界能源供应中，核电占有重要地位。核电与常规能源相比，在以下几个方面具有显著的优越性。

1. 核燃料能量密度较高

原子能可通过核裂变或核聚变的方式释放出来，一些放射性核素在衰变过程中也会释放出一定的能量。表1-2列出了几种核反应与燃烧化学反应释放的能量数值比较。

表1-2 核反应与燃烧化学反应释放的能量数值比较

反应类型	反应式	释放的能量
铀核裂变	${}^{235}_{92}U+{}^{1}_{0}n \longrightarrow {}^{95}_{42}Mo+{}^{139}_{57}La+2{}^{1}_{0}n+7{}^{0}_{-1}e$	约200 MeV
太阳中的氢核聚变反应	$4{}^{1}_{1}H \longrightarrow {}^{4}_{2}He+2{}^{0}_{1}e$	24.7 MeV
氢弹中的氘氚核聚变反应	${}^{2}_{1}H+{}^{3}_{1}H \longrightarrow {}^{4}_{2}He+{}^{1}_{0}n$	17.6 MeV
镭核的衰变	${}^{226}_{88}Ra \longrightarrow {}^{222}_{86}Rn+{}^{4}_{2}He$	4.8 MeV
${}^{60}Co$的衰变	${}^{60}_{27}Co \longrightarrow {}^{60}_{28}Ni+{}^{0}_{-1}e$	2.8 MeV
碳原子的燃烧化学反应	$C+O_2 \longrightarrow CO_2$	4.1 eV

1 kg ${}^{235}U$ 完全裂变所释放的能量相当于2 400 t标准煤或者1 570 t石油完全燃烧所放出的能量，在同等质量下，氘氚核聚变反应所释放的能量大约是铀核裂变反应所释放能量的4倍。

一座容量为1 000 MWe的压水堆核电厂，满功率运行300天只消耗低浓铀25~30 t（相当于天然铀150~180 t）；而一座相同容量的燃煤火力发电厂，满功率运行300天则需要消耗3 100 000 t左右的煤，平均每天需要运输上万吨燃料和上千吨灰渣。

核能具有能量密度高的特点，利用核能发电燃料消耗少，因此核电厂占地面积较相同容量的火力发电厂要小得多，并且可以显著减轻运输系统的压力，节约大量的燃料运输费用。

2. 核电是清洁能源

核电厂以可裂变重核(如^{235}U、^{238}U)为燃料,而火力发电厂以煤炭、石油或者天然气为燃料,它们向环境排放的废物各不相同。表 1-3 所示为容量为 1 000 MWe 电厂的年废物排放量比较。

表 1-3　1 000 MWe 电厂的年废物排放量比较

燃料类型	燃料耗量 /10^4 t	CO_2 /10^4 t	SO_2 /10^4 t	NO_x /10^4 t	烟尘 /10^4 t	灰渣 /10^4 t	放射性 /Bq	微量元素 /t
煤	240	588	4.4	2.2	0.9	45	6.6×10^9	20.8
天然气	77	248	0	0.2	0	0	0	0
油	104	290	0.2	0	0	0	0	—
核燃料	0.0024	0	0	0	0	0	有	0

注:1. 对于燃煤机组,煤中全硫分按 1.15%计算,煤耗为 310 g/(kW·h);对于燃气机组(联合循环),发电气耗为 140 g/(kW·h);对于燃油机组(联合循环),发电燃耗为 190 g/(kW·h)。

2. 各类电厂的年运行时间均按 5 500 h 计算。

3. 微量元素包括砷、镉、铅、锰、汞、镍、钒。

由表中所列数据可以看出,火力发电厂在运行过程中会产生大量的烟尘、CO_2、SO_2、NO_x以及一些微量元素,对环境的污染比较严重。

核电厂日常运行排出的放射性废气与废液量很小,且处于严密的监督和控制之下,周围的居民由此受到的辐射剂量小于来自天然本底辐射剂量的 1%。同时,核电厂不向环境排放 SO_2、NO_x 和烟尘等有害物质,也不排放形成温室效应的 CO_2 等气体。因此,核能发电是各种能源中温室气体排放量最小的发电方式,核电是一种极为清洁的能源。

从保护环境的角度来看,利用核能代替化石能源,可以有效地减少排入大气中的 CO_2、SO_2 等化学燃烧产物,从而遏制温室效应的发展和酸雨的形成。2015 年,美国布雷托集团发布的数据表明,在过去 40 年间,核电为美国减少了近 200 亿 t CO_2 的排放,对环境保护起到了重要作用。

3. 核燃料资源丰富

煤炭、石油和天然气等化石燃料是不可再生能源,也是现代化工、轻纺工业的宝贵原料。根据英国 bp 公司发布的《bp 世界能源统计年鉴(2021,第 70 版)》,截止到 2020 年底,全球石油探明储量 2 444 亿 t,天然气探明储量 188.1 万亿 m,煤炭探明储量 10 741.08 亿 t。按照 2020 年的生产水平,全球石油、天然气、煤炭的储采比(reserves-to-production ratio,R/P)分别为 53.5、48.8 和 139。再继续使用化石燃料作为主要能源,不仅会造成自然资源的浪费和严重的环境污染,而且将加剧全球性的能源危机。

为了解决能源利用过程中的环境污染以及人类面临的能源危机问题,实现社会的可持续发展,必须努力提高能源利用效率,更多地开发和利用其他替代能源。目前,太阳能、风能、水力能、地热能和生物能等自然资源虽然在一定程度上已得到开发利用,但是受到自然条件和其他客观条件的影响和制约,不可能从根本上解决人类社会的能源问题。

核裂变能的利用经过多年的研究和实践,在技术上比较成熟并已在工业中大规模应用,利用核能发电为补充和代替常规能源提供了新的手段。核能不仅具有较高的能量密度,而且资源丰富。根据国际经济合作与发展组织核能机构(NEA)和国际原子能机构的数据,2019 年全球共有铀资源 614.78 万 t,2021 年全球铀矿矿山产量达 4.833 2 万 t。

目前的商用核电机组主要采用热中子反应堆,对铀资源的利用率只有 1%左右,将要实现商用化的快中子增殖反应堆可以将铀资源的利用率提高到 60%~70%,可以大大延长已探明储量铀资源的使用时间。

目前正在研究的可控核聚变技术一旦实现商用化,将揭开人类能源利用的新篇章。核聚变所使用的氘可从海水中提取,1 L 海水能够提取 30 mg 氘,其在核聚变反应中能产生约等于 300 L 汽油的能量。据测算,地球上的海水中共有 4.5×10^{13} t 氘,如全部提取出来用于核聚变,可为人类提供无穷无尽的洁净能量。

4. 核电经济性良好

核电厂的重要经济指标是产生 1 kW·h 电能所需要的成本,主要由电厂建造投资费、燃料循环费和运行维修费三部分组成。表 1-4 列出了核电、煤电和气电几种发电成本的比较。

表 1-4 标准化发电成本的组成

项目	建造投资费/%	燃料循环费/%	运行维修费/%	合计/%
核电厂	43~70	13~30	17~31	100
煤电厂	23~45	35~65	6~28	100
气电厂	13~33	53~84	3~19	100

注:表中数据考虑 5%的贴现率。

核电厂对安全性的要求严格,而且系统复杂、设备众多,因而核电的建造投资费用要高于火电(煤电和气电),但燃料费要远低于火电。燃料费补偿了投资费,使得核电成本有可能低于火电成本。美国能源咨询委员会在研究了几十年来的平均发电成本后指出,核电、煤电、燃气发电和燃油发电的平均发电成本每千瓦·时分别为 4 美分、5 美分、6 美分和 8 美分左右。近几年来,国际上对核电与煤电的成本作过比较,法国煤电成本是核电成本的 1.75 倍,德国是 1.64 倍,意大利是 1.57 倍,日本是 1.51 倍,韩国是 1.7 倍。

随着世界性能源危机的日益加剧,以及核电技术的逐步成熟和核电设备的标准化,世界各核电国家的核电成本将普遍低于火电成本,从长期经济效益来看,核电具有一定优势。

5. 核电安全性很高

为了防止放射性物质外泄,威胁人类的生命安全,破坏生态环境,核电厂在设计、建造和运行过程中始终贯彻纵深防御的安全原则,包含了在放射性物质与人员所处的环境之间设置多道屏障,以及对放射性物质的多级防御措施。由于核安全的极端重要性,几十年来世界各有核国家投入了大量人力、物力和财力进行核安全研究,核安全技术取得了很大的进步,有效地提高了核电厂的安全性,发生放射性物质大量释放的严重事故的概率大大降低。

在核电发展史上,先后发生了美国三哩岛核电厂事故(1979 年 3 月 28 日)、苏联切尔诺贝利核电厂事故(1986 年 4 月 26 日)和日本福岛核电厂事故(2011 年 3 月 11 日),其中切尔诺贝利核电厂事故导致大量放射性物质向环境释放,造成了生命财产的巨大损失,但该电厂使用的石墨沸水堆仅在苏联境内建设过,并不代表主流的核反应堆技术。这些事故对核电发展进程产生了重要影响,个别国家甚至宣布完全放弃核能发电。但是,从世界上已有核电厂积累的丰富运行经验和良好的安全记录来看,核能发电无论是在生产过程中的人员伤亡,还是对环境的不良影响都远远低于其他工业部门,核电的安全是有保障的,核电是安全、清洁的能源,已是世界能源界公认的结论。

1.1.3 我国核电发展的前景

我国是世界上最大的发展中国家,能源结构主要以化石燃料为主。2021 年,我国各类能源发电量占比情况如下:火电约 68.02%,水电约 15.69%,风电约 7.68%,核电约 4.77%,太阳能发电约 3.83%。而同一年,全球的电力结构为:煤电约 36.49%,天然气发电约 22.16%,水电约 15.28%,核电约 9.94%,风电约 6.59%,太阳能发电约 3.72%,石油发电约 3.10%,其他可再生能源发电约 2.73%。

1. 化石燃料储量有限,分布不均

我国煤炭的生产和消费远高于石油,天然气和核电的消费远低于世界平均水平。这种以煤炭为主的能源结构是造成能源消费强度高、能源利用效率低和环境污染的重要原因。

据 2006 年的统计数据,我国的水力和煤炭资源较为丰富,蕴藏量分别居世界第 1 位和第 3 位;而优质化石能源相对不足,石油和天然气资源的探明剩余可采储量目前仅列世界第 13 位和第 17 位。由于人口众多,各种能源资源的人均占有量都低于世界平均水平,其中石油、天然气人均剩余可采储量仅有世界平均水平的 7.7%和 7.1%,储量比较丰富的煤炭也只有世界平均水平的 58.6%。随着我国经济的持续快速发展,能源消费需求急剧增长,供需矛盾日益突出,已经成为我国经济社会可持续发展的最大制约,直接威胁国家经济安全。从这个角度来说,我国是能源资源严重短缺的国家。

我国的能源资源分布极不均匀,煤炭储量的 93%分布在华北、西北和东北地区,水力资源大多集中在西部地区,与全国工业布局、人口分布不相适应,形成了“北煤南运、西煤东调”“西部油气东输、东北油气南送、海上油气登陆”“西电东送”的能源输送大格局,以及大规模、长距离的能源运输体系,占用了大量的运输资源。为了满足国民经济快速发展对电力需求的增长,避免大量的北煤南运及远距离的西电东送,从长远来看,核电作为一种清洁能源,将在既少煤炭又无水力资源的沿海经济发达地区得到较快发展。

2. 我国核电技术稳步发展,跻身世界核电大国行列

我国核电发展经历了以下几个阶段:

(1)起步阶段(20 世纪 70 年代初—1995 年)

1974 年,我国开始自主设计 300 MW 压水堆核电机组(CP300),1985 年 3 月 20 日,秦山核电厂浇灌核岛底板第一罐混凝土,1991 年 12 月 15 日首次并网发电,1994 年 4 月 1 日投入商业运行,结束了我国大陆无核电的历史,也揭开了我国核电发展的序幕,使得我国成为世界第 7 个具备独立设计、建造核电厂能力的国家。但由于我国核电技术储备不够,能力不足,需要借助国外先进成熟的核电技术,因此在20世纪八九十年代,我国核电发展采用了自主研发与技术引进相结合的模式,大亚湾核电厂使用了从法国引进的M310型商用核电技术,1987年开工建设,1994年投入商业运行。

(2)适度发展阶段(1996—2004年)

虽然核电属于洁净能源,但是由于技术不够稳定,同时1986年发生的苏联切尔诺贝利核事故阴影未消,我国对核电发展持谨慎态度,加上当时我国电力供应相对充足,对核电的需求迫切度不高,因此国家将核电定位为补充能源,核电站发展处于适度发展阶段。

继秦山核电厂后,遵循"以我为主,中外合作"的方针,我国又自主设计建造了秦山第二核电厂(CP600)。在自主研发核电技术的同时,稳步引进、消化、吸收国际先进核电技术,积极推进百万千瓦级核电技术的自主化。2005年12月15日,依托引进的M310核电技术实现自主化探索的岭澳二期核电厂开工建设,2010年9月15日、2011年8月7日,岭澳二期核电厂的1号、2号机组先后正式投入商业运行。

(3)积极发展阶段(2005—2010年)

随着我国国民经济的迅速发展,电力供应逐渐满足不了日益增长的需求,同时出于环境保护的需要,清洁能源的比例开始逐渐加大,核电地位上升。2006年,我国引进美国西屋公司AP1000技术和法国EPR技术,开工建设4台AP1000机组作为自主化依托项目,同时开工建设2台EPR机组。2007年10月,我国发布《核电中长期发展规划(2005—2020年)》,明确指出"积极推进核电建设",确立了核电在我国经济与能源可持续发展中的战略地位,自此,我国核电进入规模化发展的新阶段。

(4)安全高效发展阶段(2011年至今)

2012年,国家发布《核电中长期发展规划(2011—2020年)》,将发展目标调整为:到2020年,运行核电装机容量达到5 800万kW,在建机组达到3 000万kW左右。

通过全面加强核电自主创新,实施国家核电科技重大专项,我国核电技术水平显著提升,形成了具有自主知识产权的三代压水堆"华龙一号""国核一号"国产化品牌,具有四代特征的高温气冷堆、快堆,以及小型模块化反应堆等先进技术。目前,我国已经能够自主开发第三代核电技术,形成了较为完善的核科学技术研究、核电工程设计与验证、设备制造、核燃料元件制造、铀资源供应等工业与技术研发体系,是世界上少数几个拥有比较完整核电工业体系的国家之一。

3."双碳"目标下核电发展的机遇

随着世界能源消费量的迅速增加,CO_2、NO_x、灰尘颗粒物等环境污染物的排放量逐年增大,化石能源消费对环境的污染和对全球气候的影响也日趋严重。国际社会为应对全球气候变化,通过签订各类公约,推动各国采取对策努力限制或减少温室气体的排放,许多国家在调整能源战略和制定能源政策时,增加了应对气候变化的内容,重点是限制化石能源消费,鼓励节约能源和使用清洁能源。各国把核能、水力能、风能、太阳能、生物质能等低碳和无碳能源作为今后发展的重点,这也是我国未来能源发展的主要方向。

2020年9月,国家主席习近平在第75届联合国大会上宣布,我国"二氧化碳排放力争于2030年前达到峰值,努力争取2060年前实现碳中和"。2020年12月,习近平主席在气候雄心峰会上进一步宣布,到2030年非化石能源占一次能源消费比重将达到25%左右,风电、太阳能发电总装机容量将达到12亿kW以上。

碳达峰是指我国承诺2030年前,CO_2的排放不再增长,达到峰值之后逐步降低。碳中和是指企业、团体或个人测算在一定时间内直接或间接产生的温室气体排放总量,然后通过植树造林、节能减排等形式,抵消自身产生的CO_2排放量,实现CO_2“零排放”。在碳达峰、碳中和的背景下,我国能源电力系统清洁化、低碳化转型进程将进一步加快,核能作为近零排放的清洁能源,将具有更加广阔的发展空间,预计保持较快的发展态势。

2021年10月26日,国务院印发《2030年前碳达峰行动方案》,提出“积极安全有序发展核电”“积极稳妥开展核能供热示范”“积极推动高温气冷堆、快堆、模块化小型堆、海上浮动堆等先进堆型示范工程,开展核能综合利用示范”。2021年我国《政府工作报告》中明确提出,“在确保安全的前提下积极有序发展核电”。“十四五”是碳达峰的关键期、窗口期,国家从能源供应安全、经济和可持续发展角度统筹考虑,重新将核电作为一种达峰主力能源发展,为核电发展营造了新的政策机遇期,我国自主三代核电机组将按照每年6~8台的核准节奏实现规模化批量化发展。预计到2025年,我国核电在运装机容量将达到7 000万kW左右,到2030年,核电在运装机容量将达到1.2亿kW,核能发电量约占全国总发电量的8%。

1.2 核电厂的类型及其热力系统

核能发展对我国“双碳”目标实现的意义

核裂变反应堆有多种形式,核电厂使用的反应堆按照核燃料循环体系可以分为铀-钚循环系和钍-铀循环系,图1-1列出了两个燃料循环体系的动力反应堆类型。

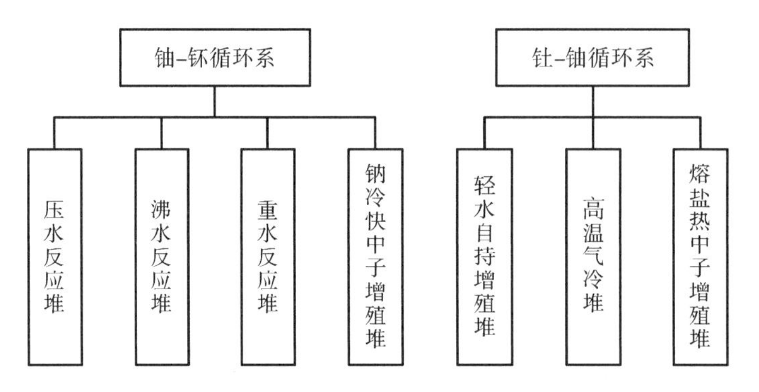

图1-1　核电厂动力反应堆类型

目前世界上运行和建造的核电机组中各种堆型的应用情况如表1-5所示。

表1-5　世界核电厂各种反应堆类型及所占比例(截至2021年12月31日)

反应堆类型	正在运行机组			正在建造机组		
	数量	装机容量/MW	机组比例/%	数量	装机容量/MW	机组比例/%
压水堆	303	288 167	69.33	48	52 141	85.71

表 1-5(续)

反应堆类型	正在运行机组			正在建造机组		
	数量	装机容量/MW	机组比例/%	数量	装机容量/MW	机组比例/%
沸水堆	61	61 849	13.96	2	2 653	3.57
加压重水堆(PHWR)	47	24 314	10.75	3	1 890	5.36
石墨慢化轻水堆(LWGR)	11	7 433	2.52	0	0	0
气冷堆(GCR)	11	6 145	2.52	0	0	0
高温气冷堆(HTGR)	1	200	0.23	0	0	0
快中子增殖堆(FBR)	3	1 400	0.69	3	1 412	5.36
总计	437	389 508	100	56	58 096	100

1.2.1 压水堆核电厂

压水堆具有结构紧凑、体积小、功率密度高、平均燃耗较深等优点,与其他堆型相比,其建造周期短、造价低。另外,压水堆在结构设计上采用多道屏障防止放射性物质外泄,冷却剂具有负温度系数,使反应堆具有自稳自调特性,因此安全性较好。经过多年的研究和发展,压水堆已是比较成熟的堆型,目前世界上运行中的核电厂有半数以上属于压水堆型。

压水堆核电厂由反应堆厂房(即安全壳)、一回路辅助系统厂房、核燃料厂房、汽轮机厂房、输配电厂房、主控制室、循环水泵房及三废处理厂房等组成。压水堆核电厂热力系统主要包括一回路核岛和二回路常规岛两大部分,其热力系统原理流程图如图 1-2 所示。

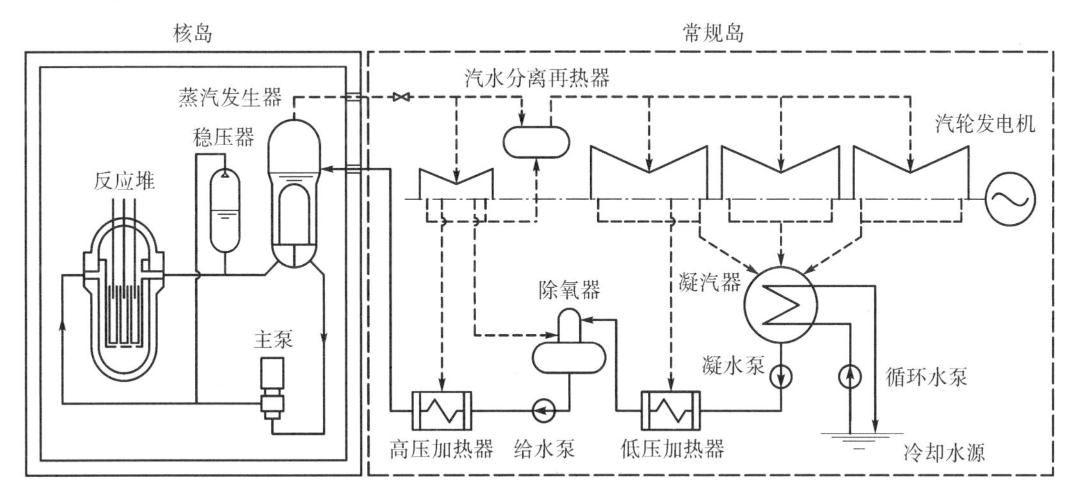

图 1-2 压水堆核电厂热力系统原理流程图

核岛主要包括反应堆、一回路冷却剂系统及一回路辅助系统。

压水堆一般使用棒状燃料元件,燃料元件以锆合金作包壳,内装^{235}U富集度较低的UO_2陶瓷燃料,使用经过处理的高纯水作为冷却剂和慢化剂。为了使冷却剂流经堆芯时不发生容积沸腾,反应堆的运行压力通常保持在 12~17 MPa 的水平。

现代商业性压水堆核电厂的一回路系统一般有二至四条对称并联在反应堆压力容器接管上的密闭环路,每条环路由一台反应堆冷却剂泵、一台蒸汽发生器和相应的管道组成。通常将反应堆、一回路冷却剂系统及其相应的辅助系统合称为核蒸汽供应系统(nuclear steam supply system,NSSS)。过冷状态的冷却剂在主冷却剂泵的驱动下循环于一回路系统中,将堆芯核燃料裂变反应产生的热量带出,并在流经蒸汽发生器时对二次侧给水进行加热。一回路辅助系统用以保证反应堆和一回路冷却剂系统的正常安全运行,在事故工况下提供必要的安全保护措施,以防止放射性物质的扩散和污染。

常规岛部分与常规火电厂的热力系统相似,采用具有蒸汽再热和给水回热的金兰循环[又称朗肯(Rankine)循环],主要设备包括汽轮机、发电机、凝汽器、循环水泵、凝水泵、给水泵、给水加热器、除氧器和汽水分离再热器等。蒸汽发生器二次侧给水吸收一次侧冷却剂放出的热量而产生饱和蒸汽,蒸汽管路将蒸汽送至汽轮机,在高压缸中膨胀做功后排出的低参数湿蒸汽进入汽水分离再热器进行汽水分离和再热,被加热至微过热状态后送入低压缸做功。汽轮机驱动发电机产生电能,汽轮机排出的乏汽在凝汽器中冷凝成水,经给水加热器加热到一定温度,送入蒸汽发生器中,开始下一次汽水循环。

与常规火电厂相比,压水堆核电厂汽轮机组具有以下一些特点:

(1)新蒸汽参数与核电厂运行负荷相关,会在一定范围内变化。

(2)新蒸汽多为饱和蒸汽,参数较低。

(3)汽轮机理想焓降小,容积流量大。

核电厂饱和蒸汽汽轮机的理想焓降比火电厂过热蒸汽汽轮机的理想焓降约小一半,因此,在同等功率下核电厂汽轮机的蒸汽容积流量比火电厂汽轮机高60%~90%。

(4)汽轮机叶片大部分工作在湿蒸汽区,叶片表面容易受到侵蚀。

蒸汽中液滴的侵蚀,使叶片表面呈现起伏不平的海绵状,既会降低汽轮机级效率,又会改变叶片的振动和强度特性,严重时导致叶片断裂。

1.2.2 沸水堆核电厂

沸水堆与压水堆同属于轻水堆,使用低富集铀作燃料,以加压轻水作为中子慢化剂和反应堆冷却剂。沸水堆的主要特征是允许冷却剂在堆芯沸腾,堆内产生的汽水混合物通过反应堆压力容器上部的汽水分离再热器和蒸汽干燥器进行除湿,干燥后的饱和蒸汽可直接送入汽轮机组膨胀做功。沸水堆直接产生蒸汽供应汽轮机组使用,省去了蒸汽发生器和稳压器,使核电厂的工作可靠性大大提高;由于采用单一循环回路,动力循环的工质流量大幅度减少,降低了循环消耗功率,有利于提高核电厂的经济性。图1-3所示为沸水堆核电厂热力系统原理流程图。

沸水堆的工作压力为5~7 MPa,只相当于压水堆工作压力的一半,因此,沸水堆核电厂设备、管路的设计压力相对较低,可以大大降低电厂设备投资费用。但是,沸水堆的功率密度低于压水堆,在同等功率水平下沸水堆压力容器的尺寸要比压水堆大很多。

沸水堆产生的蒸汽会带有一定的放射性,在汽水循环过程中会使汽轮机、凝汽器以及相应的管道、阀门都沾染上放射性,因而需要对蒸汽系统、给水系统的设备进行屏蔽,并将汽轮机厂房划入放射性控制区,增加了检查和维修的困难。

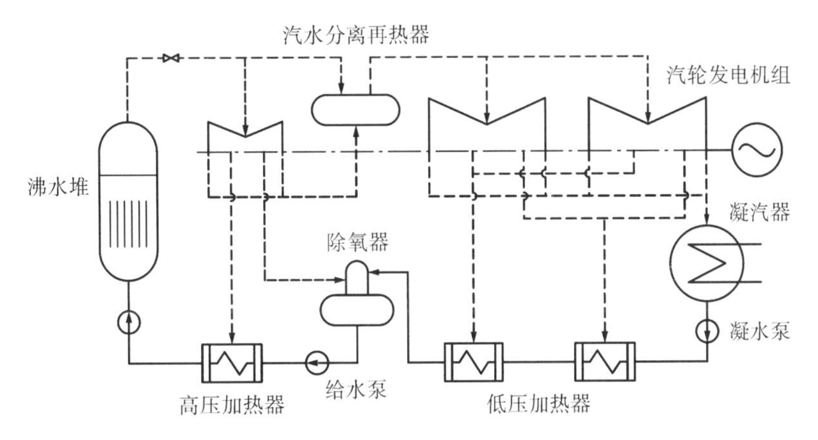

图 1-3 沸水堆核电厂热力系统原理流程图

1.2.3 重水堆核电厂

重水堆以重水作为慢化剂,广泛用作动力堆、核燃料生产堆和研究试验堆。由于重水的热中子吸收截面很小,重水堆可以使用从天然铀到各种富集度的铀作为核燃料,并有通过 Th-U 循环实现核燃料增殖的可能。

发电用重水堆按堆体结构分为压力容器式和压力管式两种类型。压力容器式重水堆的结构与压水堆相似,只限于使用重水作为冷却剂。压力管式重水堆可用重水或沸腾轻水、CO_2 气体等作冷却剂。目前发展成熟的商用重水堆型是加拿大 CANDU 型压力管式重水堆,其使用天然铀作燃料,加压重水作冷却剂。图 1-4 所示为 CANDU 堆核电厂系统流程图。

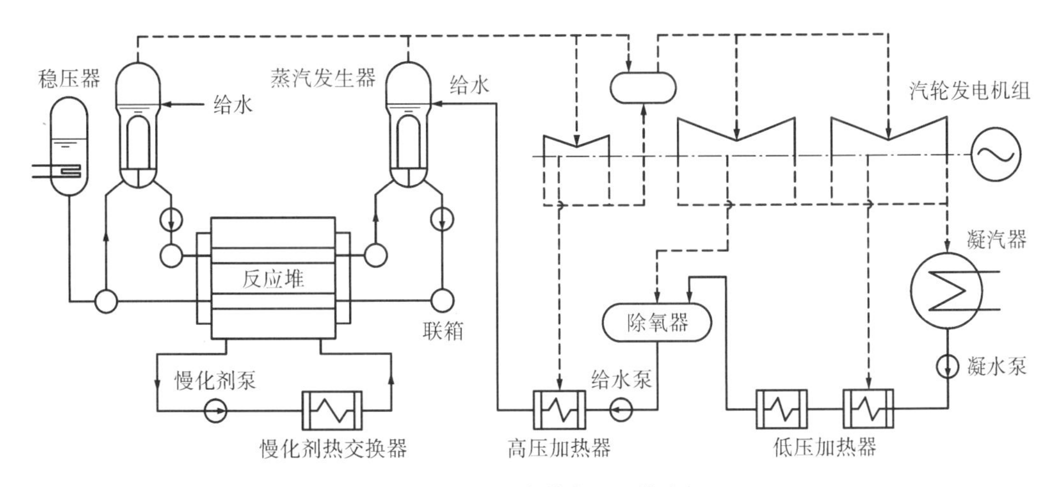

图 1-4 CANDU 堆核电厂系统流程图

这种反应堆对天然铀的消耗量小,可实现不停堆换料,从而提高核电厂的可用率和负荷因子,有利于降低发电成本。而且乏燃料中^{235}U 的丰度已低于扩散厂尾料,可不必进行后处理,使燃料循环大大简化而仍能得到较高的铀资源利用率。但是,CANDU 堆的重水装载量大,增加了投资费用,而且重水密封防漏的问题较多,增加了运行维修的困难和费用。

1.2.4 高温气冷堆核电厂

高温气冷堆采用化学惰性和热工性能好的氦气作为冷却剂,燃料元件为弥散在石墨球基体中的全陶瓷型包覆颗粒,用耐高温的石墨作为慢化剂和堆芯结构材料,堆芯出口氦气温度可达到 950 ℃,甚至更高。

高温气冷堆核电厂主要采用以下两种热力循环方式:

(1)间接循环方式

这种循环方式是高温气冷堆与蒸汽朗肯循环相结合,图 1-5 所示为采用蒸汽热力循环的高温气冷堆核电厂热力系统原理流程图。流经堆芯的氦气冷却剂将核燃料裂变释放的热量带出,通过直流蒸汽发生器加热二次侧的给水,产生温度高达 530 ℃的过热蒸汽,用于驱动汽轮发电机,发电效率可达 40%左右。

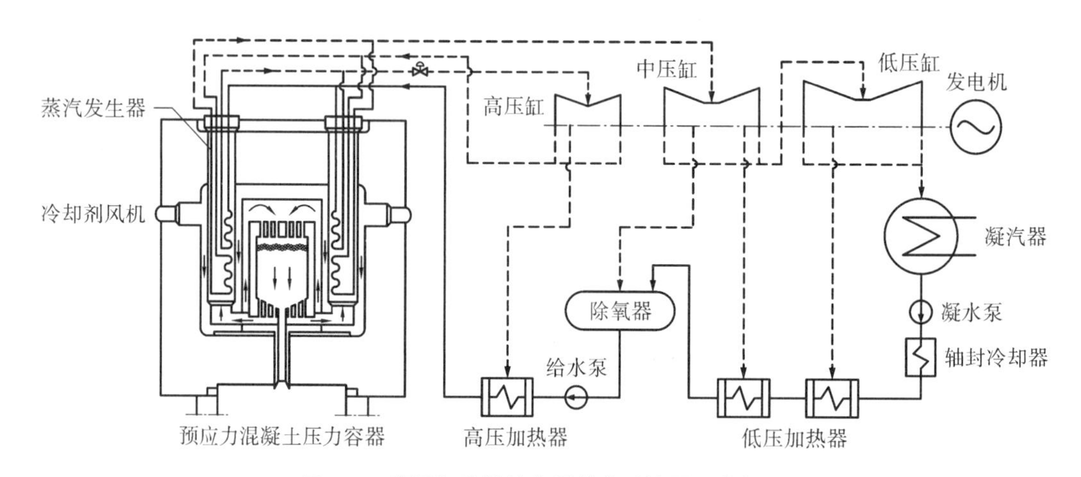

图 1-5 高温气冷堆核电厂热力系统原理流程图

间接循环方式可以直接采用技术成熟的汽轮发电机装置,同时可以使氦气冷却剂携带的放射性物质污染汽轮发电机装置的可能性降到最低,具有更高的安全可靠性。

(2)直接循环方式

这种循环方式是高温气冷堆与氦气布雷顿循环相结合,高温气冷堆出口的高温氦气直接进入氦气轮机做功,做功后排出的氦气经压缩机压缩和回热器加热后又进入堆芯吸热,开始下一轮循环。图 1-6 所示为采用氦气轮机直接循环的高温气冷堆核电厂热力系统原理流程示意图。

采用直接循环方式的高温气冷堆核电厂发电效率可达 48%以上,与采用间接循环方式的核电厂相比,可以简化能量转换系统,减少设备数量,核电厂整体结构紧凑,运行方式简单,负荷容易调节。

1.2.5 快中子堆核电厂

快中子堆由平均能量 0.08~0.1 MeV 的快中子引起链式裂变反应,使用 PuO_2 和 UO_2(Pu 占 15%~30%)的混合物粉末制成烧结陶瓷燃料芯块,堆芯不需要放置慢化剂,采用液态金属或气体作为冷却剂。快中子堆在运行过程中真正消耗的是在热中子堆中不易裂变、在天然铀中占99.2%以上的^{238}U,新产生的易裂变核燃料(如钚)多于消耗的易裂变核燃料,可以将铀资源的利用率提高到60%~70%。

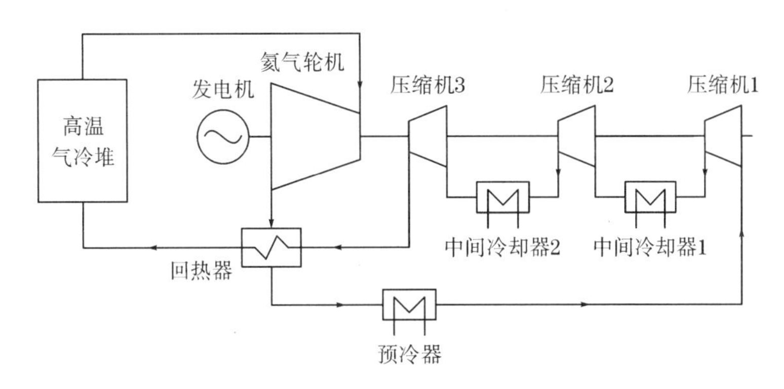

图1-6 采用氦气轮机直接循环的高温气冷堆核电厂热力系统原理流程示意图

目前运行的快中子堆主要采用液态钠作为冷却剂。由于钠的化学性质活泼,为了防止蒸汽发生器中可能产生的钠水反应波及堆芯,一般采用钠-钠-水/蒸汽三回路热传输系统。图1-7所示为池式钠冷却快中子堆核电厂热力系统原理流程图。

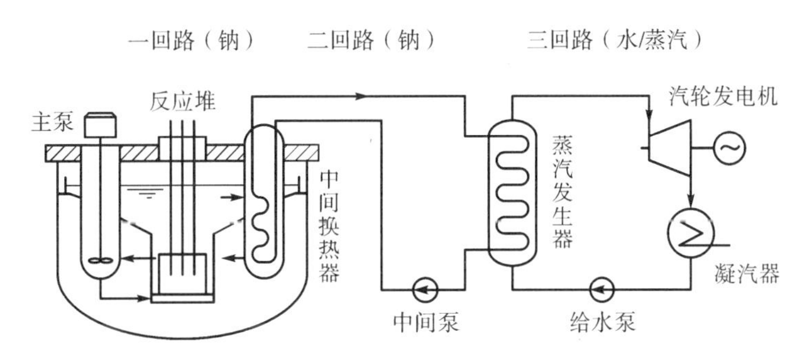

图1-7 池式钠冷却快中子堆核电厂热力系统原理流程图

钠的沸点高达881 ℃,一回路不需加压即可获得较高的运行温度。快中子堆采用奥氏体不锈钢作包壳材料和堆芯结构材料,堆芯出口温度可接近550 ℃,三回路蒸汽的温度和压力参数可接近火电水平,热效率可超过40%。

1.3 核电厂的热经济性指标

为了评价核电厂热力系统以及各个热力设备的热力学完善性,参照火电厂中对热经济性评价的一般方法,以压水堆核电厂为例提出以下一系列热经济性指标。

1.3.1 核电厂毛效率

核电厂毛效率也称核电厂总效率,用符号 η_{el} 表示,是评价反应堆热能转换为电能过程完善程度的经济指标,定义为发电机输出电功率 N_{el} 与反应堆热功率 Q_R 之比:

$$\eta_{el}=\frac{N_{el}}{Q_R}=\eta_1\eta_{sg}\eta_t\eta_{oi}\eta_{mp}\eta_m\eta_{ge} \tag{1-1}$$

对于大型压水堆核电厂,其毛效率一般为33%~35%。式中各项效率的含义如下。

1. 一回路能量利用系数 η_1

η_1 用于衡量一回路系统能量传递的完善程度,定义为核蒸汽供应系统热功率 Q_s 与反应堆热功率 Q_R 之比:

$$\eta_1=\frac{Q_s}{Q_R} \tag{1-2}$$

其值一般为0.990~0.995。

2. 蒸汽发生器效率 η_{sg}

η_{sg} 用于衡量蒸汽发生器一、二次侧之间能量传递的完善程度,定义为蒸汽发生器二次侧热功率 Q_{sg} 与核蒸汽供应系统热功率 Q_s 之比:

$$\eta_{sg}=\frac{Q_{sg}}{Q_s} \tag{1-3}$$

其值一般为0.98~0.99。

3. 理想循环热效率 η_t

η_t 定义为汽轮机输出理论功率 N_a 与蒸汽发生器二次侧热功率 Q_{sg} 之比:

$$\eta_t=\frac{N_a}{Q_{sg}} \tag{1-4}$$

其值一般为0.40~0.54。

4. 汽轮机相对内效率 η_{oi}

蒸汽在汽轮机中膨胀做功时,会产生进汽机构节流损失、喷嘴损失、动叶损失、余速损失、湿汽损失、漏汽损失、鼓风摩擦损失等,这些损失统称为汽轮机内部损失,其使得汽轮机只能将蒸汽可用焓降的一部分转变为功。汽轮机内部损失越小,表明汽轮机内部结构完善程度越高,用汽轮机相对内效率 η_{oi} 来衡量,定义为汽轮机输出内功率 N_i 与理论功率 N_a 之比:

$$\eta_{oi}=\frac{N_i}{N_a} \tag{1-5}$$

其值一般为0.80~0.88。

5. 管道效率 η_{mp}

汽轮机运行所需的蒸汽通过管道从蒸汽发生器输送到汽轮机，高压缸排汽再经管道、汽水分离再热器送入低压缸，低压缸的乏汽最终经排汽口排进冷凝器。蒸汽在流经这些部位时，存在一定程度的节流和散热损失，从而导致蒸汽在汽轮机内实际做功减少，这部分能量损失用管道效率 η_{mp} 来衡量，定义为汽轮机实际内功率 N'_i 与输出内功率 N_i 之比：

$$\eta_{mp} = \frac{N'_i}{N_i} \tag{1-6}$$

其值一般为 0.98~0.99。

6. 汽轮机机械效率 η_m

η_m 反映了汽轮机轴与支持轴承、推力轴承和推力盘之间的机械摩擦耗功，以及拖动主油泵、调速系统耗功量的大小，定义为汽轮机输出有效功率 N_e 与汽轮机实际内功率 N'_i 之比：

$$\eta_m = \frac{N_e}{N'_i} \tag{1-7}$$

其值一般为 0.965~0.99。

7. 发电机效率 η_{ge}

η_{ge} 反映了发电机轴与支持轴承摩擦耗功、发电机内冷却介质的摩擦、铜损（线圈发热）、铁损（激磁铁芯涡流发热）等造成的功率消耗，定义为发电机输出电功率 N_{el} 与汽轮机输出有效功率 N_e 之比：

$$\eta_{ge} = \frac{N_{el}}{N_e} \tag{1-8}$$

现代大型双水内冷发电机的效率为 96%~99%，空冷发电机的效率为 97%~98%，氢冷发电机的效率为 98%~99%。

1.3.2 核电厂净效率

核电厂输出净功率 N_{net} 与反应堆热功率 Q_R 之比称为核电厂的净效率，用符号 η_{net} 表示。核电厂输出净功率 N_{net} 为发电机输出电功率 N_{el} 扣除厂用电功率 N'_{el}。厂用电包括主冷却剂泵、给水泵以及其他各种机械、设备的动力消耗，一般占发电机输出功率的 4%~8%。

$$\eta_{net} = \frac{N_{net}}{Q_R} = \frac{N_{el} - N'_{el}}{Q_R} \tag{1-9}$$

1.3.3 汽耗率

汽轮机发电机组每发出 1 kW·h 电力所消耗的蒸汽量称为汽耗率，用符号 d_0 表示，定

义式为

$$d_0 = \frac{3\ 600}{H_a \eta_{oi} \eta_m \eta_{ge}} \quad kg/(kW \cdot h) \tag{1-10}$$

式中，H_a——汽轮机理想绝热焓降，kJ/kg。

汽耗率 d_0 是反映蒸汽做功能力的重要指标，对于现代大型火电厂，其汽耗率约为3.0 kg/(kW·h)，典型压水堆核电厂的汽耗率约为6.0 kg/(kW·h)。蒸汽流量决定二回路管道及主要热力设备通流部分的外形、尺寸和质量，也影响设备的制造费用。

1.3.4 热耗率

汽轮发电机组每输出1 kW·h电力所消耗的热量称为热耗率，用符号 q_0 表示，定义式为

$$q_0 = d_0(h_{fh} - h_{fw}) \quad kJ/(kW \cdot h) \tag{1-11}$$

式中 h_{fh}、h_{fw}——新蒸汽焓和给水焓，kJ/kg。

热耗率 q_0 集中反映了电厂毛效率。现代大型火电厂的热耗率约为8 000 kJ/(kW·h)，相当于电厂毛效率的40%~43%，压水堆核电厂的热耗率约为10 000 kJ/(kW·h)，相当于电厂毛效率的32%~35%。

大亚湾核电厂的额定输出电功率为983.8 MW，反应堆额定热功率为2 904.8 MW，其主要经济指标为：

电厂毛效率 $\eta_{el}=33.87\%$；

汽耗率 $d_0=5.61$ kg/(kW·h)；

热耗率 $q_0=10\ 100$ kJ/(kW·h)。

1.4 热力分析的目的及任务

核电厂由于建造周期长，投资大，经济性往往成为制约其发展的主要因素之一。在核电厂中，核能转换为机械能是通过热力循环完成的。核燃料的链式裂变反应产生了高温热源，并将热能传递给工质水，水受热后产生蒸汽并输送至汽轮机做功，完成热功转换。做功后的蒸汽排入凝汽器，向冷源放热并凝结成水，恢复其初始状态，再重新由热源获得热能，从而构成了热力循环。如此周而复始，使热功转换过程连续进行。在这些能量转换过程中，总是有数量不等、原因不同的各项热损失，如反应堆损失、管道损失、冷源损失、汽轮机内部损失、机械损失、发电机损失等，使核裂变能只有一部分转换为电能。

热力循环的完善性对于核电厂的热经济性指标具有重大影响，因此，分析和评价热功转换过程的完善性，研究提高核电厂热经济性指标的途径，是核电厂设计和运行中的一个重要课题。从热力学的角度研究核电厂运行过程中能量转换、传输及分配的各个环节和过程，指出热力系统能量损失的部位、数量及原因，对改进核电厂热力系统设计，减少燃料消耗，提高电厂经济性具有实际的指导意义。

船用核动力装置多用于军事目的，与核电厂相比，具有以下两个显著特点：

(1)运行工况多、负荷变化频繁，而且长期运行在负荷较低的巡航工况。

(2)热力循环简单,热力设备要求质量和尺寸小,便于在空间狭小的船舶舱室内安装。

因此,船用核动力装置在确保安全性的前提下,首先强调的是机动性,对热经济性的要求并不像核电厂那样迫切。但是,热经济性仍然是船用核动力装置的一个重要性能指标,因为较高的热经济性有利于降低核动力装置运行过程中对核燃料的消耗,延长反应堆的满功率运行时间,进而减少服役期间的换料次数。

从理论上讲,对船用核动力装置的热力分析,与对核电厂的热力分析没有任何区别。但是,船用核动力装置长期以巡航工况运行,对巡航工况的热经济性要求高于额定工况,因此,对船用核动力装置进行热力分析,不仅要考虑额定工况,还要考虑巡航工况。

对能量系统进行热力学分析,以热力学第一定律和热力学第二定律为基础,分析、研究能量系统在能量传送和能量转换过程中的合理性及有效性,目的在于寻找提高动力循环热经济性的方法和途径,从而提高整个能量系统的热经济性,减少能量损失,提高能量的利用率。热力学分析方法的应用主要包括以下几个场合:

(1)对在役能量系统的性能进行分析

例如,对于在役核电厂,需要做出经常性的热经济性评价,从而为管理人员提供反映电厂当前运行状况的信息。

(2)对新设计的能量系统进行评价

在设计新的能量系统时,不仅要确定系统的性能,更重要的是要使能量系统具有最佳的整体性能。通过热力学分析,可以确定能量系统中影响整体热经济性的主要因素、设备和过程,为进行优化设计提供理论依据。

(3)进行节能分析

一般的系统改进中,较多注意伴随物流和能流散失而造成的外部损失,但更重要的是正确分析系统内部能量损失的大小,确定它们对系统热经济性能的影响,从而为节能工作指明方向。

由于能源需求的急剧增长以及世界性的能源危机,节能作为一个全球性的战略问题而得到高度重视。为了实现可持续发展,需要对热力学节能的理论和技术进行深入研究和探讨,以期提高能源的有效利用水平。当前,热力学学科的一个重要方向是,不能仅限于对热力学定律的简单分析,也要深入研究诸如㶲分析法、热(㶲)经济学、过程能量系统的综合优化等。

思考题与习题

1.1　核能发电具有哪些优点?

1.2　简述压水堆核电厂热力系统的主要特点。

1.3　核电厂的主要热经济性指标有哪些?

1.4　热力分析的主要任务是什么?

第 2 章　热力分析的理论基础

2.1　热力学基本概念

2.1.1　热力系统

为分析问题方便,热力学中常把所分析对象从周围物体中分离出来,研究其通过分界面与周围物体之间的能量和质量的传递。这种被人为分离出来作为热力学分析的对象,称作热力系统,周围物体统称外界。

热力系统与外界之间的分界面称为边界,边界可以是实际存在的,也可以是假想的。例如,当取汽轮机中的工质(蒸汽)作为热力系统时,工质与汽缸之间存在实际的边界,而进口前后或出口前后的工质之间却并无实际的边界,这时可人为地设想一个边界把系统中的工质与外界分隔开来,如图 2-1 所示。另外,系统和外界之间的边界可以是固定不动的,也可以有位移或变形。

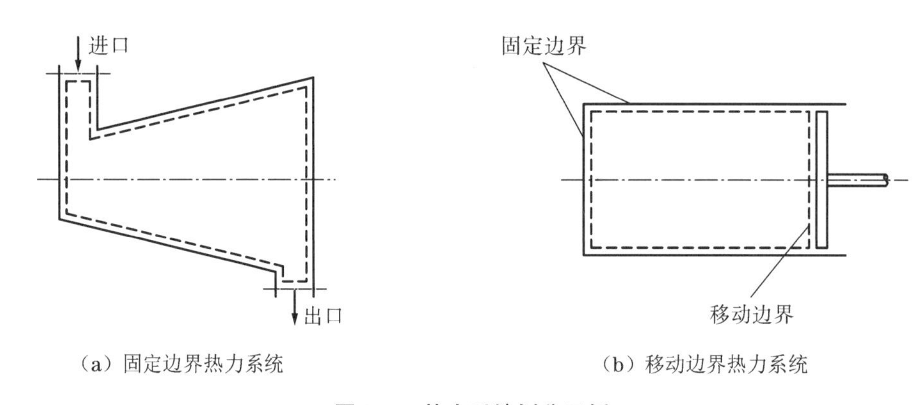

(a) 固定边界热力系统　(b) 移动边界热力系统

图 2-1　热力系统划分示例

根据热力系统与外界之间的能量和物质交换情况,热力系统可分为闭口系统、开口系统、孤立系统、绝热系统、热源、功源等不同类型。

(1)闭口系统:与外界只有能量(热或功)交换,而没有物质交换,因此闭口系统内的质量保持恒定不变,有时又称为控制质量。

(2)开口系统:与外界既有能量交换又有物质交换,因此开口系统中的质量、能量都可以发生变化,但这种变化通常是在一个划定的空间范围内进行的,所以开口系统又称为控制容积,或叫作控制体。

控制质量或控制容积与外界的分界面称为控制面。

(3)孤立系统:与外界既无能量交换又无物质交换,一切相互作用都发生在系统内部。

(4)绝热系统:与外界无热量交换。

(5)热源:与外界只有热量交换,而且有限热量的交换不引起系统温度的变化。根据热源温度的高低和作用,可分为高温热源和低温热源,其又分别称为热源和冷源。

(6)功源:与外界只有功的交换。

热力系统的划分应根据具体要求而定。例如,可以将整个核动力装置划作一个热力系统,计算一段时间内的核燃料消耗、输出的电能和机械能以及冷却水带走的热量等,这时整个核动力装置中工质的质量不变,是闭口系统。如果只分析其中某个系统或设备,如蒸汽发生器的工作过程,不仅有工质流进、流出的物质交换过程,而且有吸热、传热等能量交换的过程,这时取蒸汽发生器为划定的空间就组成开口系统。

图 2-2 所示为闭口系统与开口系统示例。

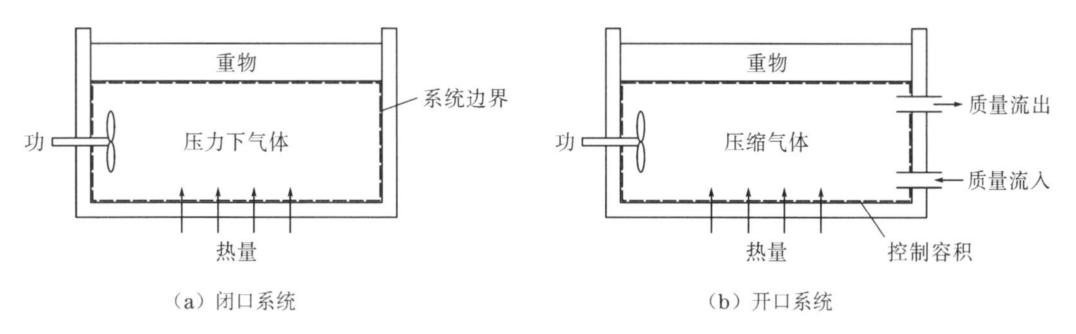

图 2-2 闭口系统与开口系统示例

2.1.2 热力状态

热力系统在热力变化过程中的某一瞬间所呈现的宏观物理状况,称为系统的状态。

1. 状态参数

用来描述系统所处状态的宏观物理量称为状态参数。在工程热力学中常用的状态参数有 6 个,即温度、压力、容积、热力学能、焓和熵。这些热力学量反映了系统的性质,由于它们是状态的单值函数,亦称为状态函数。状态参数可分为强度参数和广度参数。

(1)强度参数

强度参数是指在给定状态下,与系统内所含物质数量无关的参数,如压力、温度、比容等。强度参数不具有加和性,即整个系统的强度参数并不等于各子系统的同名强度参数之和。均匀系统内部各点的同名强度参数是相同的,而非均匀系统内部各点的同名强度参数却不一定相同。

(2)广度参数

广度参数是指在给定状态下,与系统内所含物质数量有关的参数,如容积、能量、质量等。广度参数具有加和性,即整个系统的广度参数等于各子系统的同名广度参数之和。无论热力系统是否均匀,广度参数都具有确定的数值。但是,单位质量的广度参数具有强度参数的性质,如比容、比焓、比熵等。

2. 平衡状态

一个热力系统如果在没有外界影响的条件下,系统的宏观状态能够始终保持不变,则称系统处于热力平衡状态,简称为平衡状态。

只有引起热力系统状态变化的所有势差(如温度势差、压力势差、化学势差等)都为零,热力系统才能达到热力学平衡(即热平衡、力平衡、相平衡和化学平衡)。需要指出的是,平衡状态是一种动态平衡,当系统达到平衡状态时,宏观上是静止的,但在微观上,系统内的分子仍不停地运动,只是分子运动的统计平均量不随时间而变,因而表现为宏观状态不变。

处于平衡状态的系统,只要不受外界影响,其状态就不会随时间改变,平衡也不会自发地破坏。处于不平衡状态的系统,由于各部分之间的传热和位移,其状态将随时间而改变,改变的结果一定使传热和位移逐渐减弱,直至完全停止。因此,处于不平衡状态的系统,在没有外界条件的影响下,总会自发地趋于平衡状态。

相反地,如果系统受到外界影响,就不能保持平衡状态。例如,系统和外界之间因温度不平衡而产生的热量交换,因压力不平衡而产生的功的交换,都会破坏系统原来的平衡状态。系统和外界间相互作用的结果,必然导致系统和外界共同达到一个新的平衡状态。

2.1.3 过程与循环

1. 过程

热力系统由某一平衡状态经历一系列中间状态达到另一平衡状态,这种变化称为过程。过程按照状态参数的变化规律可以分为定温过程、定压过程、定容过程、定焓过程、定熵过程等;按照热力系统与环境的相互作用可以分为绝热过程、非绝热过程等;按照过程的可逆性可以分为可逆过程与不可逆过程。

热能和机械能的相互转换必须通过工质的状态变化过程才能完成。工质在热力设备中不断进行吸热、膨胀、压缩等过程,通过对外做功而使热能不断地转换为机械能。在实际设备中进行的这些过程都是很复杂的,因为一切过程都是平衡被破坏的结果,工质和外界有了热和力的不平衡才能促使工质向新的状态变化,所以实际过程都是不平衡的。若工质在平衡状态被破坏后能自动恢复平衡状态,且恢复所需的时间(即弛豫时间)很短,当过程进行得很缓慢,经历的时间和弛豫时间相比甚大时,则在过程中工质有足够的时间来恢复平衡,随时都不至于远离平衡状态,这样的过程称为准平衡过程。相对于弛豫时间来说,准平衡过程是进行得无限缓慢的过程,所以准平衡过程又叫作准静态过程。

在准平衡过程中,工质随时都与外界保持热和力的平衡,热源与工质的温度随时相等,工质对外界的作用力与外界的反抗力也随时相等,因而过程可以随时无条件地逆向进行。当完成了某一过程之后,如果有可能使工质沿相同的路径逆行而回复到原来状态,并使相互作用中所涉及的外界也回复到原来状态,而不产生任何变化,这一过程就是可逆过程,而不满足上述条件的过程即为不可逆过程。

可逆过程首先是准平衡过程,应满足热与力的平衡条件,同时在过程中不应有任何耗散效应。准平衡过程与可逆过程的区别在于,准平衡过程只着眼于工质内部的平衡,至于有无摩擦与工质内部的平衡并无关系。准平衡过程进行时可能发生能量的损耗;可逆过程则是分析工质与外界作用所产生的总效果,不仅要求工质内部是平衡的,而且要求工质与外界的作用可以无条件地逆复,过程进行时不存在任何能量的不可逆损耗。由此可见,可逆过程必然是准平衡过程,而准平衡过程只是可逆过程的必要条件之一。

可逆过程是热力学中极为重要的概念,其特点是,过程进行的推动力无限小、速度无限慢,系统始终无限接近平衡状态。可逆过程把实际过程理想化,代表实际过程可能进行的极限情况。它忽略摩擦及系统内部的温度、压力、浓度不均等各种不可逆因素,对复杂的实际过程进行简化处理,便于进行理论上的分析计算。按可逆过程计算再结合适当的效率,就可以得出实际过程的近似结果。可逆过程是衡量或比较实际过程的标准,体现了能量利用可能达到的最高效率。因此,如何创造条件使实际过程趋近于可逆过程,是改进生产、提高技术经济效果的重要因素。

显然,不是任何实际过程都可以简化为可逆过程,如爆炸、节流、气体向真空自由膨胀等,这些过程与可逆过程的条件相差甚远,不能作为可逆过程处理。

2. 功和热量

在热力过程中,热力系统与外界之间的能量交换可以通过两种方式来实现,一种是做功,一种是传热。

功是在力的推动下,通过宏观有序运动的方式传递的能量。在力学中,功被定义为力与力方向上位移的乘积。若系统在力 F 的作用下沿力的方向产生微小位移 $\mathrm{d}x$,则该力所完成的功为

$$\mathrm{d}W = F\mathrm{d}x \tag{2-1}$$

若系统移动有限距离,则完成的功为

$$W = \int_1^2 F\mathrm{d}x \tag{2-2}$$

功是系统传递的能量,只在传递过程中才有意义,一旦功越过系统的边界,便转化为系统或外界的能量。只有当系统状态发生变化时,才有功的传递,因此,功的大小不仅和过程的初、终状态有关,而且和过程的性质有关。所以,功不是状态参数而是过程量,当系统进行的过程不同时,即使系统的初、终状态相同,系统接收或输出的功也可能不一样。

热量是系统除功以外与外界交换的另一种能量形式。当热力系统与外界之间温度不同而发生热接触时,彼此将进行能量的交换。热力系统与外界之间依靠温差传递的能量称为热量。热量也是过程量。

3. 热力循环

热能和机械能之间的转换,通常是通过工质在相应的设备中进行循环来实现的。工质从某一状态出发,经历一系列过程之后又回复到初始状态,这些过程的综合称为热力循环,简称循环。如图 2-3 所示,过程 1—2、2—3、3—4、4—1 即组成一个热力循环。

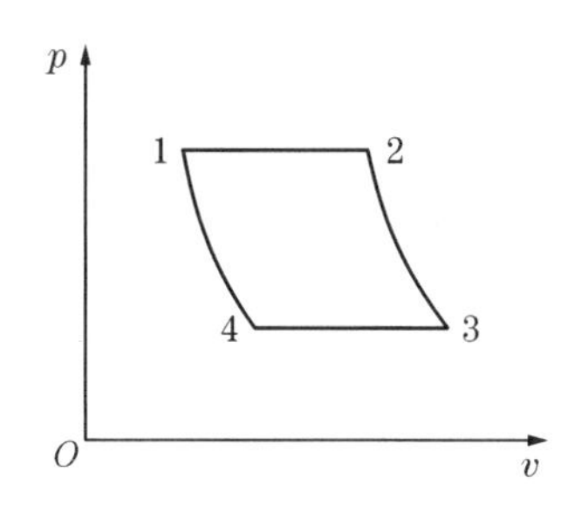

图 2-3 热力循环

工质完成了循环后又回到原来的出发点,就有可能按相同的过程不断重复运行,从而连续不断地做功。例如,核动

力装置二回路给水在蒸汽发生器中吸热变为高温高压蒸汽,进入汽轮机膨胀做功,汽轮机排出的乏汽在凝汽器中凝结成水,由给水泵压缩升压后重新进入蒸汽发生器。这样,二回路工质经过了吸热、膨胀做功、放热、压缩等几个过程,又回复到初始状态,构成了一个热力循环。如此循环往复,就连续地将蒸汽的热能转换为机械能向外界输出。

如果循环中的每个过程都是可逆的,则这个循环称为可逆循环;而含有不可逆过程的循环称为不可逆循环。实际的热力循环都是不可逆的。

工质在一个热力循环中一定要经历某些膨胀做功的过程和某些压缩耗功的过程,做功和耗功的差额才是可能利用的功,称为循环净功,用 q_0 表示。同样,工质在一个循环中也必须经历一些从热源吸热的过程和向冷源排热的过程。工质从热源吸取的热量,用 q_1 表示,通常由消耗燃料获得,是热力发动机做功所需的代价;工质向冷源排出的热量,用 q_2 表示,通常放给自然环境,不再起有益的作用。热力循环的经济性用热效率 η_t 来衡量,它是循环净功与消耗热量的比值,即

$$\eta_t = \frac{q_0}{q_1} = \frac{q_1 - q_2}{q_1} \tag{2-3}$$

研究工程热力学的主要目的就是提高循环的热效率。

热力循环分为正向循环和逆向循环两大类。凡是使热能变为机械能的热力循环即为正向循环,在 $p-v$ 图上以顺时针方向循环,工程上所有的热机都是利用正向循环工作的。凡是消耗能量使热量从低温物体取出,并排向高温物体的循环称为逆向循环,在 $p-v$ 图上以逆时针方向循环,如制冷、热泵都是利用逆向循环工作的。

2.1.4 能量形式及其可转换性

一切物质都具有能量,能量是物质所固有的属性,是物质运动的体现。能量既不能创造,也不会消灭。

1. 能量的形式及其可转换性

自然界中常见的能量形式有位能、动能、电能、磁能、热能、化学能、光能、原子能等,在热能动力系统中,能量的主要形式有热能、机械能、电能、核能等几种。各种形式的能量在一定条件下可以相互转换,如燃烧可以把化学能转换为热能;热机可以把热能转换为机械能等。图2-4所示为不同形式能量之间的相互转换关系。

热能是能量的一种基本形式,在自然界存在的一次能源中,除风力、水力及部分海洋能作为机械能可直接利用外,其他各种能源或是直接以热能形式存在,或是经过燃烧反应、原子核反应等首先将其转换为热能再予以利用。

热能的取得方式主要有太阳能、地热、燃料燃烧放热、核裂变放热、核聚变放热,电能也可转换为热能。机械能通过摩擦可转换为热能,但这种转换方式在大多数情况下被认为是不经济的,应尽量减少或消除。

物体宏观机械运行所具有的能量称为机械能,除少部分来自某种一次能源中的水力能、风能、海流能、潮汐能和波浪能外,基本上都通过某种类型的热机(例如内燃机、燃气轮机、蒸汽轮机等)从热能转换得到,或通过电动机由电能转换得到。

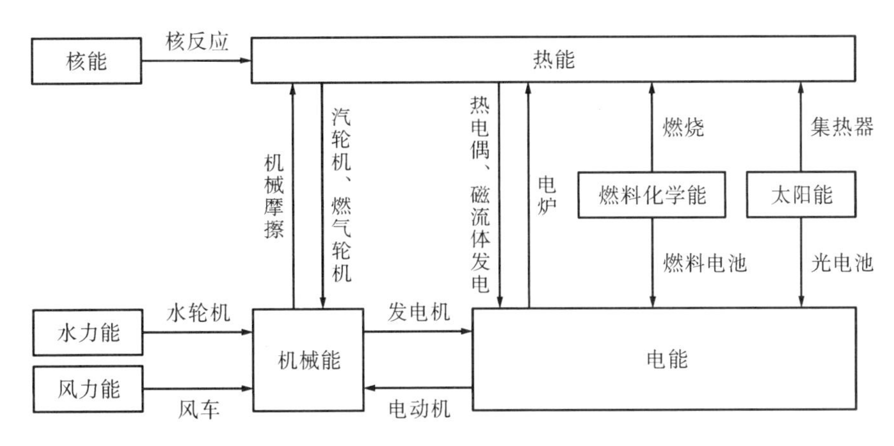

图 2-4 不同形式能量之间的相互转换

电能是电荷的流动或聚积而具有的做功能力。电能的生产分为直接能量转换和间接能量转换两种形式。直接生产电能的方式主要有:热能直接转换为电能的磁流体发电,化学能直接转换为电能的各类电池或燃料电池发电,电磁能直接转换为电能的太阳能电池等。间接能量转换是目前电能生产的主要方式,通过交流发电机将机械能转换为电能。

2. 能量的转换特性

不同形式的能量具有由热力学第一定律所反映的同一性与共性,但从一种形式转换成另一种形式时有一定的限制,这是由热力学第二定律所决定的,这种局限性在实践中具有极其重要的意义。根据能量转换时是否受热力学第二定律的制约,可以将不同质的能量划分为以下三种。

(1)高级能——无限转换能

高级能,如机械能、电能、核能以及自然界的水力能、风能等,理论上可以全部地、没有任何限制地转换成其他形式的能量,在转换过程中不受热力学第二定律的制约。高级能的“质”与“量”是完全统一的,在技术和经济上尤其宝贵。这类形式的能量有一共同特征,即熵等于零,换言之,它们不用熵来表示,有时也称为“有序能”。

(2)低级能——有限转换能

低级能,如热能、热力系统的热力学能等,不能全部地转换成其他形式的能量,转换能力受热力学第二定律的制约。低级能的“质”与“量”往往并不统一,其“质”的高低取决于可转换成的高级能的多少。这类形式的能量总是可用熵来表征,通常称为“无序能”或者“有熵能”。

(3)僵态能——不可转换能

僵态能,如大气、大地、天然水源等环境介质具有的热力学能,虽然可以具有相当的数量,但受热力学第二定律的制约,在环境条件下无法转换为其他形态的能量。

由高质能变成低质能,称为能量贬质或者能量降级。能量贬质意味着做功能力的损耗。热力过程中普遍存在能量贬质现象,如常见的传热过程和节流过程,前者由高温热贬质为低温热,后者由高压流体降级为低压流体,两者都有做功能力的损耗。

所谓合理用能、提高能量的有效利用率,就是要注意对能量质量的保护,尽可能地减少能量贬质,或避免不必要的贬质。

对能量的描述,可把能量分解为强度因素和容量因素的乘积。例如,移动物体所消耗的能量是作用力乘以物体沿作用力的方向所移动的距离,其中作用力是强度因素,物体移动的距离是容量因素。两个温度不等的物体之间传热,所传递的能量等于传热温度差乘以吸热物体的热容量,传热温差是强度因素,物体的热容量是容量因素。

强度因素是物质运动或能量传递的关键因素,是任何宏观变化过程的推动力,而容量因素是在强度因素作用下任何一种过程所产生的客观效果。

能量从一个物体传递到另一个物体可以有两种方式:一种是做功,另一种是传热。功和热量都是能量传递的度量,它们是过程量。只有在能量传递的过程中才有所谓功和热量,没有能量传递的过程也就无所谓功和热量。

热能变机械能的过程实际上是由两类过程所组成的:一是能量转换的热力过程,在此过程中首先由热能经传递转换为工质的热力学能,然后由工质膨胀做功把热力学能转换为机械能,转换过程中工质的热力状态发生变化,能量的形式也发生变化;二是单纯的机械过程,在此过程中由热能转换而得的机械能再变为动力机械回转部件的动能。

在各种方式的能量传递过程中,只有在工质膨胀做功时,才可能实现热能变机械能的转化,而产生的机械能就等于膨胀功。机械能转换为热能的过程虽还可由摩擦、碰撞等来完成,但只有通过对工质压缩做功的转化过程才是可逆的。所以热能和机械能的可逆转化总是和工质的膨胀和压缩联系在一起。

2.2 热力学第一定律

热力学第一定律和热力学第二定律是热力学中的两个基本定律,也是热力学的理论基础。它们都是人类长期实践经验的科学总结,是自然界的重要规律,其正确性已被大量事实所证明,因此具有普遍的适用性。能量传递的两种形式——热和功之间的相互转换关系,都涉及能量转换效率及提高能量利用率的问题,热力学第一、第二定律是研究和解决这个问题的理论基础。

2.2.1 热力学第一定律的表述

热力学第一定律是能量守恒与转化定律在热现象上的应用。能量守恒与转化定律指出,自然界中一切物质都具有能量,能量不可能被创造,也不可能被消灭,但能量可以从一种形态转变为另一种形态。在能量转化过程中,一定量的一种形态的能量总是确定地相应于一定量的另一种形态的能量,能的总量保持不变。

热力学第一定律指出了热能与其他形态的能量(诸如机械能、化学能和电磁能等)的相互转化和总能量守恒。在工程热力学的范围内,则主要是热能和机械能之间的相互转化和守恒。

热力学第一定律通常表述为:热是能的一种,机械能变热能,或热能变机械能的时候,它们之间的比值是一定的。

也可以表述为:热可变为功,功也可变为热。一定量的热消失时,必产生一定量的功;消耗一定量的功时,必出现与之对应的一定量的热。

对于任一热力系统,热力学第一定律可表示为

$$E_{in} - E_{out} = \Delta E \tag{2-4}$$

式中 E_{in} ——进入系统的能量;

E_{out} ——离开系统的能量;

ΔE ——系统中储存能量的增量。

能量进入或者离开系统主要有三种形式,即做功、传热以及工质本身具有的能量由工质带入或者带出。其中,做功和传热不能看作是系统具有的能量,它们都是能量传递的形式,只与过程有关。

物质本身具有的能量称为储存能。储存能分为外部储存能和内部储存能(热力学能)两类。外部储存能是与热力系统整体宏观运动有关的能量,分为动能和位能两种;热力学能储存于热力系统内部,与物质的分子结构及微观运动形式有关,包括物理热力学能、化学热力学能和核能。因此,系统的总能量为

$$E = E_k + E_p + U = \frac{1}{2}mc^2 + mgz + U \tag{2-5}$$

或

$$e = e_k + e_p + u = \frac{1}{2}c^2 + gz + u \tag{2-6}$$

式中 E_k、E_p、e_k、e_p ——系统的动能、位能以及比动能、比位能;

U、u ——系统的热力学能和比热力学能;

m ——系统质量;

c ——系统在参考系中的速度;

z ——系统重心在参考系中的高度。

根据式(2-4)、式(2-5)或者式(2-6),若工质经过一个热力循环,又回复到原始状态,则系统储存能量的变化为零,进入系统的能量(吸热量) $\mathrm{d}Q$ 应等于离开系统的能量(对外做功) $\mathrm{d}W$, 即

$$\oint \mathrm{d}E = \oint(\mathrm{d}Q - \mathrm{d}W) = 0 \tag{2-7}$$

2.2.2 闭口系统的能量方程

闭口系统只与环境有能量交换而无质量交换,由于闭口系统内的工质是相对静止的,系统的状态变化并未引起动能、位能的变化,所以系统总能量中只有热力学能变化一项。根据能量守恒定律,闭口系统的能量平衡式为

$$\Delta U = Q - W \tag{2-8}$$

即系统热力学能的变化 ΔU 等于系统吸收的热量 Q 与系统对外所做的功 W 之差。

对于微元过程,能量平衡式为

$$\mathrm{d}U = \mathrm{d}Q - \mathrm{d}W \tag{2-9}$$

热力学第一定律应用于闭口系统而得的能量方程式是最基本的能量方程式,称作热力学第一定律的解析式。其表明加给工质的热量一部分用于增加工质的热力学能,仍以热能的形式储存于工质内部,余下的一部分以做功的方式传递给了外界,转化成机械能。

系统对外所做的功可分为两类:

(1) 体积功(或机械功):系统由于体积变化而对外所做的功。对于任意微元可逆过程,可以写作

$$dW = pdV \tag{2-10}$$

式中 p——系统压力;

dV——系统的体积变化量。

所以当闭口系统经历一个微元可逆过程时,式(2-9)可以写成

$$dQ = dU + pdV \tag{2-11}$$

(2) 非体积功:除体积功之外其他功的总称,如电功、表面功、磁功等。

2.2.3 开口系统的能量方程

开口系统与外界既有能量交换又有物质交换。如图 2-5 所示的开口系统,在物质流动过程中,$d\tau$ 时间内进入系统的质量为 dm_1,离开系统的质量为 dm_2。

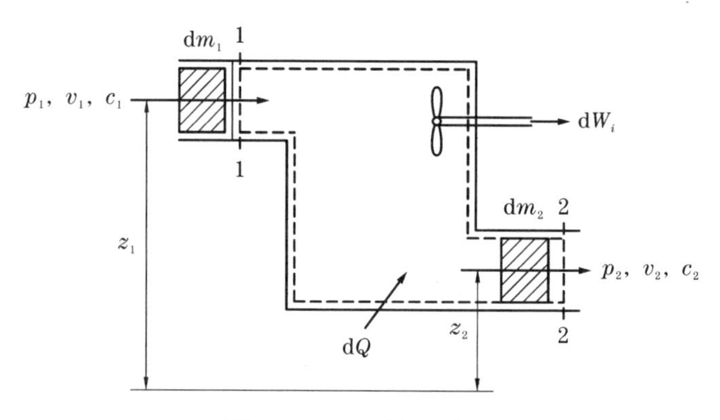

图 2-5 开口系统示意图

系统内工质质量的增量为

$$dm = dm_1 - dm_2$$

在进口截面 1—1 处,随质量为 dm_1 的工质进入系统的能量为 e_1dm_1,从后面工质得到的推动功为 $p_1v_1dm_1$。

在出口截面 2—2 处,随质量为 dm_2 的工质离开系统的能量为 e_2dm_2,对外界做出的推动功为 $p_2v_2dm_2$。

在 $d\tau$ 时间内,开口系统经分界面从外界吸收的热量为 dQ,系统对外界输出的功为 dW_i。系统热力学能的变化量为

$$dU = [dQ + (e_1 + p_1v_1)dm_1] - [(e_2 + p_2v_2)dm_2 + dW_i] \tag{2-12}$$

考虑到系统内工质的比焓 $h = u + pv$ 和比能量 $e = u + \frac{1}{2}c^2 + gz$,则式(2-12)可以化为

$$dQ = dU + \left(h_2 + \frac{1}{2}c_2^2 + gz_2\right)dm_2 - \left(h_1 + \frac{1}{2}c_1^2 + gz_1\right)dm_1 + dW_i \tag{2-13}$$

式(2-13)为开口系统能量方程的一般表达式,适用于任何工质的任何流动过程,也可

以写成另外一种形式：

$$\dot{Q}=\dot{U}+G_2\left(h_2+\frac{1}{2}c_2^2+gz_2\right)-G_1\left(h_1+\frac{1}{2}c_1^2+gz_1\right)+N_i \tag{2-14}$$

式中 $\dot{Q}$——系统的吸热率，$\dot{Q}=\frac{dQ}{d\tau}$；

$\dot{U}$——系统热力学能的增加速率，$\dot{U}=\frac{dU}{d\tau}$；

G_1——进入系统的质量流量，$G_1=\frac{dm_1}{d\tau}$；

G_2——离开系统的质量流量，$G_2=\frac{dm_2}{d\tau}$；

N_i——系统输出功率，$N_i=\frac{dW_i}{d\tau}$。

式(2-14)是不稳定流动开口系统能量方程的一般形式,适用于任何工质的任何流动过程。

对于系统内工质的热力参数和运动参数都不随时间而变的稳定流动过程,系统进、出口质量流量相等,系统热力学能不随时间变化,即 $G_1=G_2=G,\dot{U}=0$，代入式(2-14)得

$$\dot{Q}=G\left[\left(h_2+\frac{1}{2}c_2^2+gz_2\right)-\left(h_1+\frac{1}{2}c_1^2+gz_1\right)\right]+N_i \tag{2-15}$$

或

$$q=(h_2-h_1)+\frac{1}{2}(c_2^2-c_1^2)+g(z_2-z_1)+w_i \tag{2-16}$$

式中,w_i——系统中单位质量工质的输出功率。

式(2-15)和式(2-16)是稳定流动能量方程,适用于任何工质稳定流动的任何过程。

热力学第一定律说明了能量在传递和转化时的数量关系。两个温度不同的物体间有热量传递时,第一定律说明了某一物体所失去的热量必定等于另一物体所得到的热量,但并未说明究竟热量将从哪一物体传至哪一物体、在什么条件下传递以及过程会进行到什么程度,即并未说明能量传递的方向、条件和深度。当热能和机械能相互转化时,热力学第一定律也只说明了二者之间在数量上有一定的当量关系,而并未说明转化的方向、条件和深度。

2.3 热力学第二定律

1850 年,德国物理学家克劳修斯(Clausius)提出了热力学第二定律,指出在有限时间和空间内一切与热现象有关的实际过程都有其自发进行的方向,即热力学第二定律是说明与热现象有关的各种过程进行的方向、条件以及进行的深度的定律,其中方向性是其根本内容。

热力学第二定律表述为:热不可能自发地、不付代价地从低温物体传至高温物体。热力学第二定律同样有其他形式的表述,如:不可能制造出从单一热源吸热,使之全部转化成

为功而不留下其他任何变化的热力发动机。

2.3.1 卡诺循环

1824 年,法国工程师卡诺(Carnot)提出了卡诺定理,指出在确定温度的高温热源和低温热源之间工作的所有热机,以可逆热机的效率最高。

卡诺循环由两个定温过程和两个绝热过程组成,且假定都是可逆过程。图 2-6 为以理想气体为工质的卡诺循环在 $p-v$ 图和 $T-s$ 图上的表示。

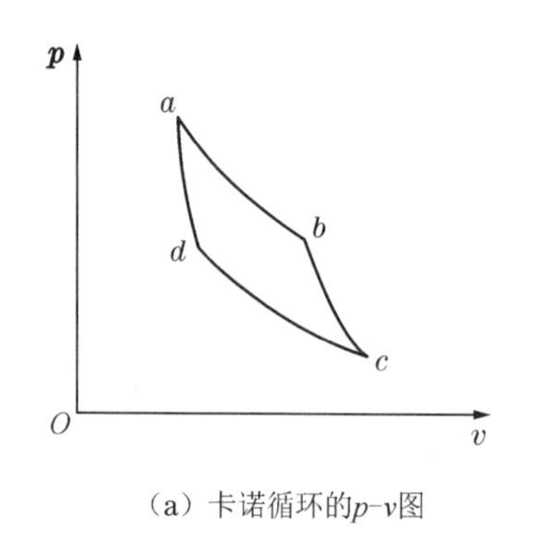

(a)卡诺循环的p-v图

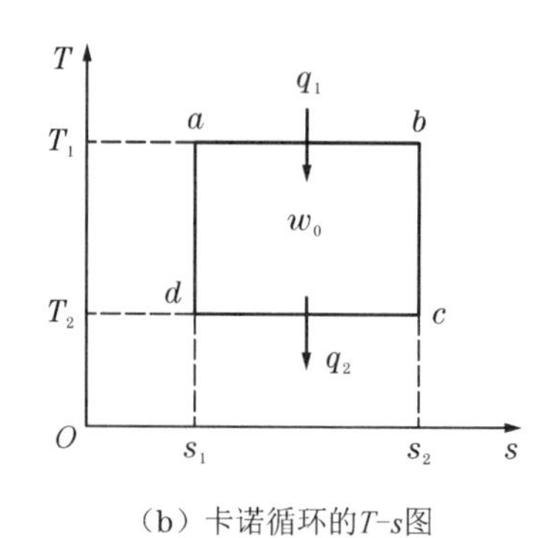

(b)卡诺循环的T-s图

图 2-6 卡诺循环

a—b 为定温膨胀(吸热)过程,工质在温度 T_1 下自同温度的高温热源吸取热量 q_1。

b—c 为绝热膨胀过程,工质的温度自 T_1 降低到 T_2,以便在与低温热源相同的温度下向低温热源放热。

c—d 为定温压缩(放热)过程,工质在温度 T_2 下向同温度的低温热源放出热量 q_2。

d—a 为绝热压缩过程,工质的温度自 T_2 升高到 T_1,以便在与高温热源相同的温度下从高温热源吸热。

循环的热效率定义为

$$\eta_t = \frac{w_0}{q_1} = \frac{q_1 - q_2}{q_1} = 1 - \frac{q_2}{q_1}$$

由于 $q_1 = T_1(s_2 - s_1)$,$q_2 = T_2(s_2 - s_1)$,可得卡诺循环热效率的表达式为

$$\eta_c = \frac{T_1 - T_2}{T_1} = 1 - \frac{T_2}{T_1} \tag{2-17}$$

卡诺循环奠定了热力学第二定律的基础。它表明,从热源获得的热量,只有一部分可以转换为机械功,而另一部分热量放给了冷源。从卡诺循环热效率公式可以得出如下重要结论:

(1)卡诺循环的热效率只决定于高温热源和低温热源的温度,也就是工质吸热和放热时的温度。提高 T_1,降低 T_2,可以提高其热效率。

(2)卡诺循环的热效率只能小于 1,绝不可能大于或等于 1,因为 T_1 无限高、T_2 等于零都是不可能的。即在循环发动机中,不可能将热能全部转化为机械能。

(3)当 $T_1 = T_2$ 时,循环热效率为零。也就是说,在温度平衡的系统中,热能不可能转化为机械能。要利用热能产生动力,就一定要有温度差,必须有温度高于环境的高温热源。

卡诺循环确定了实际热力循环的热效率可以接近的极限值,从而可以度量实际热力循环的热力学完善程度。另一方面,卡诺循环为如何提高热力循环效率指出了方向,即尽可能提高工质吸热温度,以及尽可能使工质膨胀至较低温度,在接近自然环境温度下对外放热。

对于任意复杂循环,广义(等价)卡诺循环的概念提出,即以平均吸热温度 $\bar{T}_1$ 及平均放热温度 $\bar{T}_2$ 来代替 T_1 和 T_2 的概念,两者具有相同的热效率。

卡诺循环及其热效率公式在热力学上具有极其重要的意义,在历史上首先奠定了热力学第二定律的基础。虽然迄今为止还没有制造出完全按照卡诺循环工作的热力发动机,但卡诺循环及其热效率公式表明,决定循环热效率的根本因素是工质吸热温度和放热温度,从而为提高各种热动力机热效率指出了方向。

2.3.2　熵及熵增原理

德国物理学家克劳修斯于 1854 年首次提出了熵(entropy)的概念,起源于对不可逆过程进行方向的判断。

1. 克劳修斯不等式与熵的概念

对于任意一个不可逆循环,将其划分为无限多个微循环,根据卡诺定理,在相同的高温热源和低温热源之间工作的一切不可逆热机的热效率小于可逆热机的热效率,即不可逆微循环的热效率为

$$\eta_t = 1 - \frac{dQ_2}{dQ_1} < \eta_c = 1 - \frac{T_2}{T_1}$$

即

$$\frac{dQ_1}{T_1} < \frac{dQ_2}{T_2}$$

若考虑吸热量为正值,放热量为负值,则上式可表示为

$$\frac{dQ_1}{T_1} < -\frac{dQ_2}{T_2} \quad 或 \quad \frac{dQ_1}{T_1} + \frac{dQ_2}{T_2} < 0$$

对全部微循环求和,得

$$\oint \frac{dQ}{T} < 0 \tag{2-18}$$

如果再考虑到可逆循环时的情况,则上式可表示为以下更有普遍意义的形式:

$$\oint \frac{dQ}{T} \leqslant 0 \tag{2-19}$$

式(2-19)称为克劳修斯积分不等式,是热力学第二定律的数学表达式之一,可作为循环是否可逆的判据。克劳修斯不等式适用于任何循环,为参数熵和熵平衡这两个概念的引入提供了依据。

1865 年,克劳修斯定义了热力学状态参数熵,用符号 S 表示,其定义式为

$$dS = \frac{dQ}{T} \tag{2-20}$$

或

$$\Delta S = S_2 - S_1 = \int_1^2 \frac{dQ}{T} \tag{2-21}$$

式中　dQ——在微元可逆过程中工质吸收的热量;

　　T——工质吸热时的热力学温度。

对于可逆绝热过程,由于 $dQ = 0$,故有 $dS = 0$,即在可逆的绝热过程中,工质的熵不变,因此可逆绝热过程也称为定熵过程。

热力学第一定律确立了一个重要的热力学参数——热力学能,热力学第二定律则确立了另一个同样重要的热力学参数——熵。热力学能是与系统内部微观粒子运动的能量相联系的热力学性质,而熵则是与系统内部分子运动紊乱程度相联系的热力学性质。

从物理学的角度来看,熵是物质分子紊乱程度的描述,紊乱程度越大,熵也越大;从能量及其利用角度来看,熵是不可逆耗散程度的度量,不可逆能量耗散越多,熵变化越大。熵增加意味着有效做功能力的减少。

2. 不可逆过程的熵变

假设系统自状态 1 经不可逆过程 1—A—2 变化到状态 2,又经可逆过程 2—B—1 回复到状态 1,构成了一个不可逆循环 1—A—2—B—1。根据克劳修斯积分不等式,有

$$\oint \frac{dQ}{T} = \int_{1-A-2} \frac{dQ}{T} + \int_{2-B-1} \frac{dQ}{T} < 0 \tag{2-22}$$

由于熵是状态参数,两个状态之间的熵差与过程无关,因此对于可逆过程 2—B—1 来说,根据熵的定义式(2-20),状态 2 与状态 1 之间的熵差(即熵变)为

$$\Delta S_{12} = S_2 - S_1 = -\int_{2-B-1} \frac{dQ}{T} \tag{2-23}$$

代入式(2-22)中,得

$$\int_{1-A-2} \frac{dQ}{T} + \int_{2-B-1} \frac{dQ}{T} = \int_{1-A-2} \frac{dQ}{T} - (S_2 - S_1) < 0 \tag{2-24}$$

即

$$S_2 - S_1 > \int_{1-A-2} \frac{dQ}{T} \tag{2-25}$$

如果 1—A—2 为不可逆绝热过程,即 $dQ = 0$,则有 $S_2 - S_1 > 0$,这时工质虽然没有从外界热源吸入热量,但由于过程中存在不可逆因素引起的耗散效应,使一部分机械能在工质的内部重新转化为热能后加热了工质。

因此,在不可逆过程中熵变 $dS > \frac{dQ}{T}$,可以表示为

$$dS = \frac{dQ}{T} + dS_g = dS_f + dS_g \tag{2-26}$$

式中　dS_f——熵流,$dS_f = \frac{dQ}{T}$,表示系统与外界交换热量而引起的熵变;

　　dS_g——熵产,表示由过程中的不可逆因素(如摩擦、温差传热)引起的熵增加。

熵产是实际热力过程不可逆程度大小的度量。无论是由有限势差还是由耗散效应(电阻、摩阻、磁阻等)产生的不可逆,都使得过程中的系统能量贬值,做功能力下降,使一部分

有效能转化为永远不能转变为功的无效能。

3. 典型系统的熵平衡方程

热力系统经过一个过程后，能量、质量和体积都可以发生变化，同样，熵也可以发生变化。类似于能量平衡方程，熵平衡方程式为

$$\Delta S = S_{in} - S_{out} + \Delta S_g \tag{2-27}$$

式中 ΔS——系统的熵变；

S_{in}——进入系统的熵；

S_{out}——离开系统的熵；

ΔS_g——因过程不可逆的熵产。

(1)非稳定流动系统

对于非稳定流动的开口系统，熵平衡方程式可以表示为

$$\Delta S = \left(\sum_{j=1}^{n} S_j\right)_{in} - \left(\sum_{k=1}^{m} S_k\right)_{out} + \int \frac{dQ}{T} + \Delta S_g \tag{2-28}$$

式中 $\left(\sum_{j=1}^{n} S_j\right)_{in}$、$\left(\sum_{k=1}^{m} S_k\right)_{out}$——工质带入、带出系统的熵；

$\int \frac{dQ}{T}$——工质在系统中吸热所带入的熵。

进入系统的熵流和离开系统的熵流包括由物质流动引起的熵流和随热流引起的热熵流。系统中产生熵的原因是有序能量(如机械能或电能)耗散为无序的热能，并被系统吸收，导致系统熵的增加。如流体不可逆膨胀过程，由于流体分子的内摩擦及机械摩擦，使一部分本来可以用作机械功的能量耗散为热量，实际做功减少。同时，流体的温度上升增加了内部熵。熵产生不是系统的性质，但与过程的不可逆相联系。过程的不可逆程度越高，熵产生也越多，只有可逆过程才无熵产生。

(2)稳定流动系统

系统状态不随时间变化，没有不稳定流动所积累的熵，即 $\Delta S = 0$，熵平衡方程式为

$$\left(\sum_{j=1}^{n} S_j\right)_{in} - \left(\sum_{k=1}^{m} S_k\right)_{out} + \int \frac{dQ}{T} + \Delta S_g = 0 \tag{2-29}$$

对于绝热过程，$\int \frac{dQ}{T} = 0$，上式变为

$$\Delta S_g = \left(\sum_{k=1}^{m} S_k\right)_{out} - \left(\sum_{j=1}^{n} S_j\right)_{in} \tag{2-30}$$

例如，一股流体通过节流阀，由于流体的质量流量不变，故上式变为

$$\Delta S_g = S_{out} - S_{in}$$

节流过程为不可逆过程，节流时压力降越大，产生的熵越多，不可逆程度越大。压力差本来是推动力也即做功的潜力，但流体流经节流阀并未做出机械功，实际上已耗散为热能，由流体与阀门的摩擦而产生，并为流体本身所吸收，使流体熵增加。

(3)闭口系统

闭口系统与外界没有质量交换，带入、带出熵均为零，即 $\left(\sum_{j=1}^{n} S_j\right)_{in} = 0$，$\left(\sum_{k=1}^{m} S_k\right)_{out} = 0$，

熵平衡方程式为

$$\Delta S=\int\frac{\mathrm{d}Q}{T}+\Delta S_{\mathrm{g}} \tag{2-31}$$

如果工质在闭口系统内的流动是可逆过程,即 $\Delta S_{\mathrm{g}}=0$,式(2-31)化为

$$\Delta S=\int\frac{\mathrm{d}Q}{T} \tag{2-32}$$

(4)孤立系统

对于与外界没有能量与质量交换的孤立系统,熵平衡方程式为

$$\Delta S=\Delta S_{\mathrm{g}}\geqslant 0 \tag{2-33}$$

一个包括热源、冷源和工质在内的孤立系统,系统的熵变由热源 ΔS_{H}、冷源 ΔS_{L} 和工质 ΔS_{W} 的熵变组成,即

$$\Delta S=\Delta S_{\mathrm{H}}+\Delta S_{\mathrm{L}}+\Delta S_{\mathrm{W}}\geqslant 0 \tag{2-34}$$

假设热源、冷源的温度分别为 T_1 和 T_2,热源将热量 Q 传递给冷源而未对外做功,则 $\Delta S_{\mathrm{H}}=-\dfrac{Q}{T_1}$,$\Delta S_{\mathrm{L}}=\dfrac{Q}{T_2}$;工质既未吸热也未放热,故有 $\Delta S_{\mathrm{W}}=0$。代入式(2-34)得

$$\Delta S=-\frac{Q}{T_1}+\frac{Q}{T_2}\geqslant 0 \tag{2-35}$$

由于热源与冷源之间存在温差,传热过程是不可逆的,因而有

$$\Delta S=\Delta S_{\mathrm{g}}=Q\left(\frac{1}{T_2}-\frac{1}{T_1}\right)>0 \tag{2-36}$$

4. 孤立系统熵增原理

式(2-33)为孤立系统熵增原理的数学表达式,孤立系统熵增原理可以表述为:孤立系统内所进行的一切实际过程(不可逆过程)都朝着使系统熵增加的方向进行;只有在理想情况下(可逆过程),系统的熵才维持不变。熵是非守恒参数,只有在理想的可逆过程中熵是守恒的,在所有的实际过程中熵产均大于零;熵产是过程不可逆性大小的度量,不可逆性程度越大,熵产越大。

熵增原理是对孤立系统而言的,系统内的某个物体可与系统内其他物体相互作用,其熵可增、可减或维持不变,但孤立系统的熵不会减少。不难推知,使孤立系统熵减少的过程是不可能实现的。

熵增原理描述了热力学能与其他形式能量自发转换的方向和转换完成的程度,即能量转换的方向是朝着熵增加的方向进行,并且随着能量转换的进行,系统趋于平衡态,熵值达到最大。在此过程中,虽然能量总值不变,但可供利用或转换的能量却越来越少。

鉴于实际过程都是不可逆的,过程总是向着系统熵增加的方向进行,因此,系统熵增是过程进行方向的判据。根据熵增原理可以判断热力过程进行的方向、条件和深度。

【例 2-1】 流量为 4 kg/s、温度为 140 ℃的饱和蒸汽进入换热器,加热 20 ℃的空气。在换热器出口蒸汽冷凝为 140 ℃的饱和水,试确定传热过程中蒸汽的熵增量。

解 取换热器的蒸汽侧为一个开口系统,蒸汽质量流量为 $G_{\mathrm{s}}=4$ kg/s。

开口系统入口处是 140 ℃的饱和蒸汽,由水和水蒸气表可查得相应的焓值和熵值为

$$h_1=2\ 733.1\ \mathrm{kJ/kg}\qquad s_1=6.928\ 4\ \mathrm{kJ/(kg\cdot K)}$$

开口系统出口处是 140 ℃的饱和水,其焓值和熵值分别为

$$h_2 = 589.11\ \text{kJ/kg} \quad s_2 = 1.7390\ \text{kJ/(kg·K)}$$

根据稳定流动系统的熵平衡方程式

$$S_{in} - S_{out} + \int \frac{dQ}{T} + \Delta S_g = 0$$

由于蒸汽向系统外放出热量,故开口系统的熵增表达式为

$$\Delta S_g = S_{out} - S_{in} - \int \frac{dQ}{T} = G_s(s_2 - s_1) + \frac{Q_s}{T_s}$$

蒸汽在传热过程中放出的热量为

$$Q_s = G_s(h_1 - h_2) = 4 \times (2\,733.1 - 589.11) = 8\,575.96\ \text{kW}$$

蒸汽流经开口系统所产生的熵为

$$\Delta S_g = G_s(s_2 - s_1) + \frac{Q_s}{T_s} = 4 \times (1.7390 - 6.9284) + \frac{8\,575.96}{140 + 273.15} = 0$$

【例 2-2】 一股流量为 10 kg/s 的热空气与一股流量为 5 kg/s 的冷空气在绝热条件下相混合,热空气的状态为 0.1 MPa、500 K,冷空气的状态为 0.1 MPa、300 K。设空气的平均定压比热为 1.01 kJ/(kg·K),计算混合过程中熵的增量。

解 两股空气混合为绝热稳流过程,且空气可视为理想气体。根据稳定流动系统的熵平衡方程式,由于 $\int \frac{dQ}{T} = 0$,可得

$$\Delta S_g = S_{out} - S_{in} = S_m - (S_h + S_c)$$

其中,下标“m”表示混合空气,“h”表示热空气,“c”表示冷空气。

两股空气混合后的质量流量为

$$G_m = G_h + G_c = 10 + 5 = 15\ \text{kg/s}$$

根据能量守恒,有

$$G_m h_m = G_h h_h + G_c h_c$$

将有关理想气体焓的计算式代入上式,得

$$G_m c_{p,m} T_m = G_h c_{p,h} T_h + G_c c_{p,c} T_c$$

则冷、热空气混合后的温度为

$$T_m = \frac{G_h c_{p,h} T_h + G_c c_{p,c} T_c}{G_m c_{p,m}}$$

忽略空气定压比热的变化,即取 c_p 为定值,则

$$T_m = \frac{G_h T_h + G_c T_c}{G_m} = \frac{10 \times 500 + 5 \times 300}{15} = 433.3\ \text{K}$$

因此,两股空气混合过程的熵增为

$$\begin{aligned}
\Delta S_g &= G_m s_m - (G_h s_h + G_c s_c) \\
&= G_h(s_m - s_h) + G_c(s_m - s_c) \\
&= G_h c_p \ln \frac{T_m}{T_h} + G_c c_p \ln \frac{T_m}{T_c} \\
&= 10 \times 1.01 \ln \frac{433.3}{500} + 5 \times 1.01 \ln \frac{433.3}{300} = 0.411\ \text{kW/K}
\end{aligned}$$

这说明两股空气的混合过程是不可逆的。

2.3.3 做功能力与能量品质

工质经过一个热力循环,从热源吸收的热量 Q_1 中,只有一部分转化为功 W_s,排入冷源的热量为 Q_2,即

$$W_s = Q_1 - Q_2 = Q_1\left(1 - \frac{Q_2}{Q_1}\right) = Q_1\eta_t \tag{2-37}$$

只有当热力循环是可逆的,热力循环效率 η_t 才能达到最大值,对外所做的功最大($W_{s,max}$),称为 Q_1 中的做功能力(或者可用能);可逆循环中不可能转化为功而必须向冷源排出的那一部分热量 Q_2,称为 Q_1 中的废热(或者不可用能)。这时式(2-37)可表示为

$$W_{s,max} = Q_1\left(1 - \frac{\bar{T}_2}{\bar{T}_1}\right) \tag{2-38}$$

式中 $\bar{T}_1$、$\bar{T}_2$——热力循环的平均吸热温度、平均放热温度。

机械能和电能,在理想情况(没有摩擦损失和电阻损失)下,可以连续不断地全部用来做功;而热能因为有一部分废热,即使在理想情况下也不能连续不断地全部转化为功。因此,热能做功的“品质”低于其他形式能量的“品质”。不仅如此,不同温度的热能的品质也是不同的,平均吸热温度高的做功能力大,平均吸热温度低的做功能力小;做功能力大的能量品质高,做功能力小的能量品质低。

由式(2-37)、式(2-38)可以看出,在相同的热源和冷源之间,在从热源吸收的热量相同的情况下,工质在不可逆循环中对外做的功 W_s 小于其在可逆循环中对外做的功 $W_{s,max}$,其差值为

$$\Delta W = W_{s,max} - W_s = (Q_1 - Q'_2) - (Q_1 - Q_2) = Q_2 - Q'_2 \tag{2-39}$$

式中,Q'_2——在可逆循环中排入冷源的热量。

从上式可以看出,不可逆循环较可逆循环减少的功,也就是循环的不可逆造成的做功能力的损失,变成废热排入了环境。

功可以全部转变为热,而热却不能通过热机循环全部转变为功,这已为大量实践所证明。功、热的不等价性是热力学第二定律的一个基本内容。

热力学第二定律指出,减少循环或减少同一循环中某一过程的不可逆性可以提高循环的热效率。因此,分析比较不同循环或同一循环某一组成过程不同的不可逆性,可以鉴别不同循环或不同过程的热经济性高低,即不可逆性分析可以成为该循环或过程是否节能的定性分析的判据。

2.4 有限时间热力学

有限时间热力学是经典热力学的延伸和推广,是 20 世纪 30 年代发展起来的不可逆热力学的一个新分支。有限时间热力学也是现代热力学理论的一个交叉领域,是当前热力学工程应用的理论工具之一,主要研究非平衡系统在有限时间热力学过程中的能量传输和不可逆行为。

2.4.1　有限时间热力学的概念

工程热力学研究的理论基础是平衡态和可逆过程，可逆过程与可逆循环是工程热力学研究追求的最高目标。然而，可逆过程和可逆循环的内外势差趋近于零，这就要求过程进行得无限缓慢，过程所经历的时间无限长，导致可逆循环的功率趋于零。

以传热过程为例，热量从高温物体传递到低温物体，两个物体之间的温差是传热的驱动力，由于温差的存在，使得传热过程不可逆。因此，只有当两个物体之间的温差趋近于零时，传热过程接近可逆过程。然而，通过无穷小的温差传递有限的热量需要无限的时间或无限的传热面积。如果时间趋近于无限长，输出功率将趋近于零；传热面积趋近于无穷大，在工程上是无法实现的。

在热力学中，功率和效率是衡量热机性能的两个主要参数。根据经典热力学，可逆热机效率的上限是卡诺效率，但是卡诺循环的实现依赖于时间无限长的准静态假设，相应的功率为零，这说明热力循环最高效率并不对应热力循环最大输出功率。因此，如何根据实际需求，在保证热机功率前提下提高热机效率成为热力学的一个重要科学问题。

在经典热力学中，热力学第一定律描述能量守恒，第二定律描述由熵增表征的不可逆过程，这些基本定律构成了热力学研究的核心框架。虽然一些基本定律（如热力学第二定律）是用不可逆过程表达出来的，但经典热力学集中于研究平衡态系统。然而，实际的热力学过程绝大多数是不可逆过程，系统在经历这些过程时一般处于非平衡态，可逆循环在工程实际中也无法实现。

为了研究不可逆过程中热力学系统的非平衡效应，20 世纪 30 年代热力学的发展从平衡态拓展到非平衡态。在此期间，有限时间热力学理论得以发展，人们开始在理论上研究更接近现实的实际热机——在偏离准静态假设的有限时间的热力学循环中运行的热机。在有限时间热力学循环中，热机的做功物质与热源的接触过程以及对外做功的过程均不再是准静态的可逆过程，可以实现非零的输出功率。

20 世纪 50 年代，法国物理学家伊冯（Yvon）率先研究了蒸汽机在热力学循环中功率的优化问题，得到了在循环具有最大功率时的循环效率，即所谓的最大功率效率（efficiency at maximum power，EMP）。

1975 年，加拿大物理学家柯曾（Curzon）和阿尔博恩（Ahlborn）使用服从牛顿传热定律的内可逆热机模型研究了有限时间卡诺热机的优化问题，同时考虑了热机在与温度为 T_H 的热源和温度为 T_L 的冷源接触时的非平衡热流，得到了这一热机的最大功率效率 $\eta_{CA} = 1 - T_L/T_H$，即著名的 Curzon-Ahlborn（CA）效率。柯曾和阿尔博恩首先论述了有限时间热力学概念，提出在有限时间内完成循环和优化循环这样一个具有实际工程意义的问题，为宏观热力学的近代发展开辟了一个新的领域。

不可逆热力学一般讨论系统中各种不可逆性，有限时间热力学讨论由热源和冷源引起的外部不可逆性，而对于内部不可逆性，讨论循环中热力学过程（包括摩擦等）。任何系统的不可逆性都无法完全消除，但是可以在一定程度上最小化。不可逆热力学已经成为研究能量转换系统的一个强有力的工具，出现在柯曾和阿尔博恩的创新研究之后的有限时间热力学概念，不仅回答了上述问题，而且解决了传热和能量转换系统的研究方法问题。

2.4.2 有限时间卡诺循环

1975 年,柯曾和阿尔博恩将有限时间热力学的概念应用于卡诺热机,分别考虑了热源和冷源的热容量为无限和有限两种情况,卡诺循环的两个绝热过程的时间与两个等温过程的时间成正比,如图 2-7 所示。

在图 2-7(a)中,热源、冷源的温度分别为 T_H 和 T_L,热机的工作温度区间为[T_1,T_2],且 $T_H > T_1$,$T_L < T_2$。下面分别讨论热源和冷源具有无限热容量、有限热容量的情况。

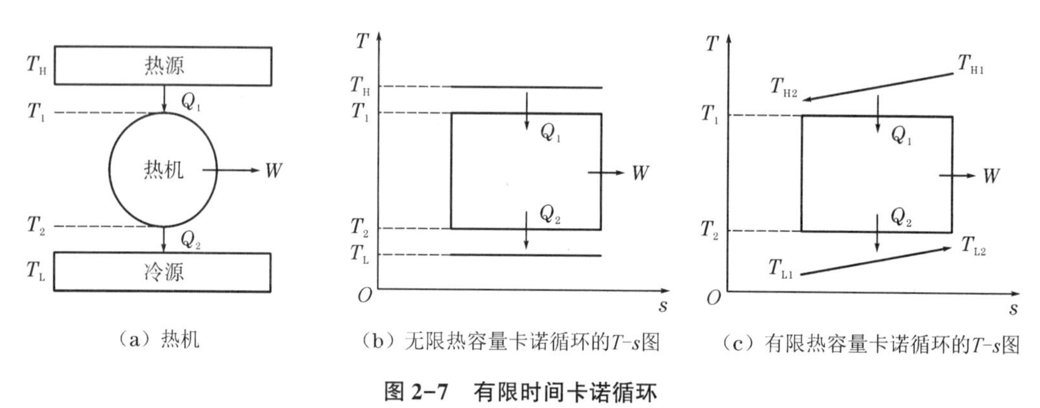

(a) 热机　(b) 无限热容量卡诺循环的 T-s 图　(c) 有限热容量卡诺循环的 T-s 图

图 2-7　有限时间卡诺循环

1. 无限热容量

如图 2-7(b)所示,假设热源和冷源都具有无限热容量,在传热过程中温度 T_H 和 T_L 均保持恒定。热力循环的吸热温度为 T_1,放热温度为 T_2,单位时间内从热源传递给热力循环的热量为 $\dot{Q}_1$,从热力循环传递给冷源的热量为 $\dot{Q}_2$,根据传热关系式,可以表示为

$$\dot{Q}_1 = \frac{Q_1}{\tau_1} = K_1(T_H - T_1) \tag{2-40}$$

$$\dot{Q}_2 = \frac{Q_2}{\tau_2} = K_2(T_2 - T_L) \tag{2-41}$$

式中 Q_1——等温吸热过程中热力循环从热源获得的总热量,kJ;

Q_2——等温放热过程中热力循环排出到冷源的总热量,kJ;

τ_1、τ_2——等温吸热、等温放热过程所使用的时间,s;

K_1、K_2——等温吸热、等温放热过程的传热系数,kJ/K。

根据热力学第二定律,对于可逆过程有

$$\frac{Q_1}{T_1} = \frac{Q_2}{T_2} \tag{2-42}$$

将式(2-40)、式(2-41)代入式(2-42),可得

$$\frac{\tau_1}{\tau_2} = \frac{K_2(T_2 - T_L)T_1}{K_1(T_H - T_1)T_2} \tag{2-43}$$

热力循环的功率输出为

$$W=\frac{Q_1-Q_2}{\tau_1+\tau_2+\tau_a}=\frac{Q_1-Q_2}{\gamma(\tau_1+\tau_2)} \tag{2-44}$$

式中　τ_a——完成两个绝热过程的时间，正比于完成两个等温过程的时间，s；

γ——折算系数。

将式(2-40)、式(2-41)代入式(2-44)，可得

$$W=\frac{K_1(T_H-T_1)\tau_1-K_2(T_2-T_L)\tau_2}{\gamma(\tau_1+\tau_2)}$$

设 $\delta_H=T_H-T_1$，$\delta_L=T_2-T_L$，代入上式并消去 τ_1 和 τ_2，得到

$$\begin{aligned}W&=\frac{K_1K_2\delta_H\delta_L(T_1-T_2)}{\gamma(K_2\delta_LT_1+K_1\delta_HT_2)}\\&=\frac{K_1K_2\delta_H\delta_L(T_H-T_L-\delta_H-\delta_L)}{\gamma[K_2\delta_LT_H+K_1\delta_HT_L+\delta_H\delta_L(K_1-K_2)]}\end{aligned} \tag{2-45}$$

由式(2-45)可以看出，循环功率 W 是变量 δ_H 和 δ_L 的函数，当$\frac{\partial W}{\partial\delta_H}=0$和$\frac{\partial W}{\partial\delta_L}=0$时，可以得到 W 的最大值 W_{max}。

根据式(2-45)，当 $\frac{\partial W}{\partial\delta_H}=0$ 时，有

$$K_2\delta_LT_H(T_H-T_L-\delta_H-\delta_L)=\delta_H[K_2\delta_LT_H+K_1\delta_HT_L+\delta_H\delta_L(K_1-K_2)] \tag{2-46}$$

当 $\frac{\partial W}{\partial\delta_L}=0$ 时，有

$$K_1\delta_HT_L(T_H-T_L-\delta_H-\delta_L)=\delta_L[K_2\delta_LT_H+K_1\delta_HT_L+\delta_H\delta_L(K_1-K_2)] \tag{2-47}$$

由此得到

$$\delta_L=\sqrt{\frac{K_1T_L}{K_2T_H}}\delta_H \tag{2-48}$$

设 $\theta=\frac{\delta_H}{T_H}$，$\beta=\sqrt{\frac{K_1T_L}{K_2T_H}}$，代入式(2-46)或者式(2-47)中，经整理后可得

$$\left(1-\frac{K_1}{K_2}\right)\theta^2-2(1+\beta)\theta+\left(1-\frac{T_L}{T_H}\right)=0 \tag{2-49}$$

则 θ 的解为

$$\theta=\frac{(1+\beta)\pm\sqrt{(1+\beta)^2-\left(1-\frac{K_1}{K_2}\right)\left(1-\frac{T_L}{T_H}\right)}}{1-\frac{K_1}{K_2}} \tag{2-50}$$

求解后可以得到

$$\theta_1=\frac{1+\sqrt{\frac{T_L}{T_H}}}{1-\sqrt{\frac{K_1}{K_2}}}\quad 和\quad \theta_2=\frac{1-\sqrt{\frac{T_L}{T_H}}}{1+\sqrt{\frac{K_1}{K_2}}}$$

根据 θ 的定义, $\theta < 1$,所以取 θ_2 为 θ 的根,即

$$\theta = \frac{\delta_H}{T_H} = \frac{1 - \sqrt{\dfrac{T_L}{T_H}}}{1 + \sqrt{\dfrac{K_1}{K_2}}} \tag{2-51}$$

根据式(2-48),可得

$$\frac{\delta_L}{T_L} = \frac{\sqrt{\dfrac{T_H}{T_L}} - 1}{1 + \sqrt{\dfrac{K_2}{K_1}}} \tag{2-52}$$

将式(2-51)和式(2-52)代入式(2-45),可得

$$W_{max} = \frac{K_1 K_2}{\gamma}\left(\frac{\sqrt{T_H} - \sqrt{T_H}}{\sqrt{K_1} + \sqrt{K_2}}\right)^2 \tag{2-53}$$

对应的热效率为

$$\eta_{t,CA} = 1 - \frac{T_2}{T_1} = 1 - \frac{T_L + \delta_L}{T_H + \delta_H} = 1 - \sqrt{\frac{T_L}{T_H}} \tag{2-54}$$

观察到的实际热机效率比卡诺效率更接近 CA 效率,如表 2-1 所示。Ibrahim 等人在数学上证明了柯曾和阿尔博恩的观察结果,并绘制了卡诺循环的功率输出和热效率之间的图表,如图 2-8 所示。从图中曲线可以看出,功率随着热效率的增加而增加,在 CA 点达到峰值,然后急剧下降。随着热效率接近卡诺效率,功率输出趋近于零。

表 2-1　实际热机的观察效率

来源	T_H/℃	T_L/℃	卡诺效率/%	CA 效率/%	观察效率/%
燃煤蒸汽电厂	565	25	64.44	40.37	36
CANDU 重水堆核电厂	300	25	47.99	27.88	30
地热蒸汽电厂	250	80	32.50	17.84	16

资料来源:Curzon 和 Ahlborn,1975。

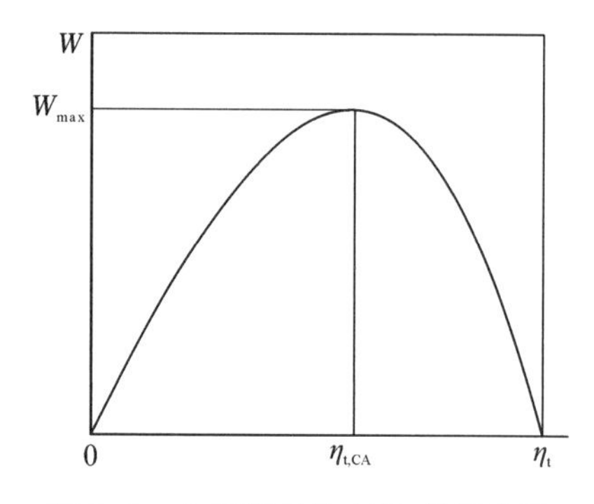

图 2-8　卡诺循环的功率-效率曲线

2. 有限热容量

如图 2-7(c)所示,假设热源和冷源均为有限热容量,因而在传热过程中温度均发生变化。热源在放热过程中温度从 T_{H1} 下降到 T_{H2},冷源在吸热过程中温度从 T_{L1} 升高到 T_{L2},则热源与卡诺循环等温吸热过程、卡诺循环等温放热过程与冷源之间的传热方程分别为

$$\dot{Q}_1 = \frac{Q_1}{\tau_1} = k_H A_H \frac{(T_{H1} - T_1) - (T_{H2} - T_1)}{\ln \dfrac{T_{H1} - T_1}{T_{H2} - T_1}} \tag{2-55}$$

$$\dot{Q}_2 = \frac{Q_2}{\tau_2} = k_L A_L \frac{(T_2 - T_{L1}) - (T_2 - T_{L2})}{\ln \dfrac{T_2 - T_{L1}}{T_2 - T_{L2}}} \tag{2-56}$$

式中 k_H、k_L——热源与工质、工质与冷源之间的传热系数,kJ/(m^2·K);

A_H、A_L——热源与工质、工质与冷源之间的传热面积,m^2。

单位时间内工质从热源吸收的热量、工质排出到冷源的热量分别表示为

$$\dot{Q}_1 = \frac{Q_1}{\tau_1} = \dot{m}_H c_{p,H}(T_{H1} - T_{H2}) \tag{2-57}$$

$$\dot{Q}_2 = \frac{Q_2}{\tau_2} = \dot{m}_L c_{p,L}(T_{L2} - T_{L1}) \tag{2-58}$$

式中 $\dot{m}_H$、$\dot{m}_L$—— 热源工质、冷源工质的质量流量,kg/s;

$c_{p,H}$、$c_{p,L}$—— 热源工质、冷源工质的定压比热,kJ/(kg · K)。

联立式(2-55)与式(2-57)、式(2-56)与式(2-58),可以得到

$$T_{H2} = T_1 + (T_{H1} - T_1)\exp\left(-\frac{k_H A_H}{\dot{m}_H c_{p,H}}\right) \tag{2-59}$$

$$T_{L2} = T_2 - (T_2 - T_{L1})\exp\left(-\frac{k_L A_L}{\dot{m}_L c_{p,L}}\right) \tag{2-60}$$

忽略卡诺循环中进行得很快的两个绝热过程所用的时间,总的循环时间为

$$\tau_t = \tau_1 + \tau_2 = \frac{Q_1}{\dot{m}_H c_{p,H}(T_{H1} - T_{H2})} + \frac{Q_2}{\dot{m}_L c_{p,L}(T_{L2} - T_{L1})} \tag{2-61}$$

将式(2-59)和式(2-60)代入式(2-61),得

$$\tau_t = \frac{Q_1}{\mathrm{HE}(T_{H1} - T_1)} + \frac{Q_2}{\mathrm{LE}(T_2 - T_{L1})} \tag{2-62}$$

式中,HE、LE 的表达式分别如下:

$$\mathrm{HE} = \dot{m}_H c_{p,H}\left[1 - \exp\left(-\frac{k_H A_H}{\dot{m}_H c_{p,H}}\right)\right] \tag{2-63}$$

$$\mathrm{LE} = \dot{m}_L c_{p,L}\left[1 - \exp\left(-\frac{k_L A_L}{\dot{m}_L c_{p,L}}\right)\right] \tag{2-64}$$

热力循环的输出功率为

$$W = \frac{Q_1 - Q_2}{\tau_t} \tag{2-65}$$

考虑到 $\frac{Q_1}{T_1} = \frac{Q_2}{T_2}$, 可得

$$Q_1 = \frac{W\tau_t T_1}{T_1 - T_2} \tag{2-66}$$

$$Q_2 = \frac{W\tau_t T_2}{T_1 - T_2} \tag{2-67}$$

将式(2-66)、式(2-67)代入式(2-62),可以得到:

$$\tau_t = \frac{W\tau_t T_1}{HE(T_{H1} - T_1)(T_1 - T_2)} + \frac{W\tau_t T_2}{LE(T_2 - T_{L1})(T_1 - T_2)} \tag{2-68}$$

设 $\delta_H = T_{H1} - T_1, \delta_L = T_2 - T_{L1}$, 则输出功率为

$$W = \frac{HE\delta_H\delta_L LE(T_{H1} - T_{L1} - \delta_H - \delta_L)}{HE\delta_H T_{L1} + LE\delta_L T_{H1} + \delta_H\delta_L(HE - LE)} \tag{2-69}$$

由式(2-69)可知,对于一组特定的运行参数,T_{H1}、T_{L1}、HE 和 LE 是常数,功率 W 是 δ_H 和 δ_L 的函数,将 W 对于 δ_H 和 δ_L 进行优化,可得

$$T_1 = C_1\sqrt{T_{H1}} \quad 和 \quad T_2 = C_1\sqrt{T_{L1}} \tag{2-70}$$

式中,系数 C_1 的表达式为

$$C_1 = \frac{\sqrt{HET_{H1}} + \sqrt{LET_{L1}}}{\sqrt{HE} + \sqrt{LE}} \tag{2-71}$$

将式(2-70)和式(2-71)代入式(2-69),可以得到热机的最大输出功率:

$$W_{max} = \frac{HE \cdot LE(\sqrt{T_{H1}} - \sqrt{T_{L1}})^2}{(\sqrt{HE} + \sqrt{LE})^2} \tag{2-72}$$

在最大输出功率时的循环热效率为

$$\eta_t = 1 - \sqrt{\frac{T_{L1}}{T_{H1}}} \approx \eta_{CA} \tag{2-73}$$

从式(2-73)可以看出,最大输出功率时的循环热效率只取决于热源流体、冷源流体的进口温度。

2.5 能量系统的热力分析方法

对能量系统进行热力分析,是以热力学第一定律和热力学第二定律为基础,分析、研究能量系统在能量传送和能量转换过程中的合理性和有效性,目的在于寻找提高动力循环热经济性的方法和途径,从而提高整个能量系统的热经济性,减少能量损失,提高能量的利用率。

能量利用的合理性,是指用能方式是否符合科学原理,即能量利用是否符合能级匹配原则,不存在高能低用;能量利用的有效性,是指能量被有效利用的程度,即供给能量中有多少被利用。为了对实际用能设备和系统进行能量分析,需要一套制定分析模型、建立能

量平衡方程以及确立用能评价准则的方法,即能量分析法。

在能源应用科学史上,先后形成了两类能量分析法,一类是热力学第一定律分析法,通常称为能量平衡分析法、热平衡分析法、焓分析法;另一类是热力学第二定律分析法,包括熵分析法和㶲分析法两种。

2.5.1 能量平衡分析法

能量平衡分析法以热力学第一定律为基础,依据能量平衡原理,分析、揭示能量系统中能量在数量上的转换、传递、利用和损失的情况。

能量平衡分析法形成于 100 多年前,是传统的能量分析法,至今还在工程上广泛应用。这种方法由于以循环热效率、装置效率和设备效率来定量表征系统热功转换效果,所以也称为效率法;分析时能量项常以焓值表示,习惯上也称为焓分析法。

能量平衡分析法的基本内容包括:

(1)根据能量系统的热力学模型,进行系统的能量平衡计算;

(2)计算能量系统的热效率,评价能量系统的优劣;

(3)计算能量系统中主要设备和过程的热量损失,确定能量系统热损率的分布。

对于能量系统中的任一设备或过程,其能量平衡方程式为

$$E_{sup} = E_{obt} + E_{loss} \tag{2-74}$$

式中 E_{sup}——供给能量;

E_{obt}——获得能量;

E_{loss}——能量损失。

能量系统热经济性的评定指标为热效率,定义为

$$\eta_t = \frac{E_{obt}}{E_{sup}} = \frac{E_{sup} - E_{loss}}{E_{sup}} \tag{2-75}$$

能量平衡分析法存在以下几个方面的问题:

(1)能量平衡分析法只分析了能量在转化和传递过程中数量上的平衡,而没有考虑能量在质量上的差异和变化。

例如,高压蒸汽经节流变为低压蒸汽,由于节流过程前后焓值不变,从能量平衡的观点来看,可以认为没有能量损失。但实际上,这是一个典型的不可逆过程,存在着工质(蒸汽)做功能力的损失,而这种损失用能量平衡分析法是体现不出来的。

(2)能量平衡不能真实地反映能量利用的合理程度,不宜作为评价能量利用热力学完善性的尺度。

例如,工业锅炉热效率可高达 80%以上,而火力发电厂的热效率最高也只能达到 40%。但是,我们不能说工业锅炉的能量利用率比火力发电厂高 1 倍。因此,用热效率来评价设备或装置的热力学完善性就会发生错误。

(3)能量平衡不能确切地、本质地反映出用能过程中存在的问题和薄弱环节。

例如,根据热功当量定律,1 kW · h 电等于 3 600 kJ 的热量,但是如用 1 kW · h 电来开动一台热泵,那么它就能提供几倍或几十倍于 3 600 kJ 热量。这样的结果,用能量平衡的观点是无法理解的。

(4)难以判断能量综合利用的水平。

例如:两个同时使用热能和电能的过程,当其效率相等而用能的数量不相同时,那么它们各自用能过程的综合合理用能水平用能量平衡分析法便无法进行正确的描述。

以热力学第一定律为基础建立起来的表征能量数量关系的表达式,只揭示了能量在数量上转化与传递、利用和损失的情况,而没有涉及能量的质量变化。能量平衡表达式所指出的节能途径就是减少排入环境的热量,但并没有揭示出造成这部分损失的根本原因。所以只有既研究能的数量,同时又考虑能的质量的方法,才能满意地解决这些问题。

2.5.2 熵分析法

熵分析法以热力学第一定律和热力学第二定律为理论基础,着重研究各种热力过程中做功能力的变化。这种分析法通过计算热力系统或热力过程的熵增、理想功和损耗功,确定做功能力的损失,分析查找造成损失的原因,从而提出节能降耗、提高能量利用率的途径及措施。

热力学第二定律指出,过程的不可逆性必然导致做功能力的减小。引入状态参数熵后,又进而确定过程物系(参与能量交换的所有物质,包括能量内的所有物质,以及环境所含的物质)的熵增是过程不可逆性的度量。这样就把过程物系的熵增与做功能力的损失联系起来了,并由热力学建立了如下关系式:

$$\Delta I_{12} = T_0 \Delta S_g \tag{2-76}$$

式中 ΔI_{12}——热力系统由状态1经一个不可逆过程变化到状态2的做功能力损失;

ΔS_g——热力系统在过程1—2中的熵增;

T_0——环境的热力学温度。

熵和熵增具有可加性,复杂热力系统的熵增等于各子系统熵增之和:

$$\Delta S_g = \sum_{k=1}^{n} (\Delta S_g)_k \tag{2-77}$$

熵分析法中评价热力系统用能状况的准则为有效效率,定义为

$$\eta_e = \frac{W}{W_{max}} \tag{2-78}$$

式中 W_{max}——系统理论做功量;

W——系统有效输出功,等于系统理论做功量减去做功能力损失。

由熵分析法可以获得复杂热力系统中各子系统做功能力损失率的分布情况以及热力系统的热力学第二定律效率。需要说明的是,由于熵的定义比较抽象,一些实际热力过程熵产难以计算,因而这种方法在工程中应用较少。

2.5.3 㶲分析法

长期以来,对热力系统的热力分析普遍采用基于热力学第一定律的能量平衡分析法。由于能量具有数量和质量双重属性,能量平衡分析法只注重能量在转化和传递过程中数量上的平衡,并不考虑能量在质量上的差异和变化,因此不能确切、本质、全面地反映出用能过程中存在的薄弱环节,难以正确评价能量综合利用的水平。为了正确地指出节能的方向和途径,一种新的热力分析方法——㶲分析法逐步发展起来并日益受到重视。

烟分析法以热力学第一定律和热力学第二定律为基础,在系统能量平衡的基础上,进行烟平衡分析,确定各设备和过程的烟损失,找出引起烟损失的原因以及能量利用上的薄弱环节,为节能降耗、提高能量利用率指明方向。

烟分析法的主要内容包括以下几方面:

(1)对能量系统进行能量平衡,确定输入、输出系统的物流、能流以及各物流的状态参数;

(2)计算物流烟和热流烟;

(3)由烟平衡方程确定热力过程的烟损失;

(4)确定设备或过程的烟效率。

烟分析法的主要热力学指标是烟效率,定义为

$$\eta_e = \frac{E_{x,obt}}{E_{x,sup}} \tag{2-79}$$

式中　$E_{x,sup}$——供给系统烟;

$E_{x,obt}$——系统获得烟,等于供给系统烟减去系统烟损失。

烟分析方法之所以受到广泛重视并得到迅速发展,主要原因如下:

(1)烟值是衡量能量做功能力大小的统一尺度,能量的烟值越大,能量中可以转变为有用功的部分越多,则对这类能量就越要设法节约。

(2)烟效率是衡量设备或系统热力学完善程度的统一指标,烟效率越接近于1,设备或系统的热力过程就越完善。

(3)采用烟分析法可以准确揭示复杂热力系统中烟损失的部位、原因,为改进设备、节约能源指明方向。

(4)采用烟效率作为用能设备或系统的目标函数,可以获得相应的优化条件。

烟分析方法本身也在不断发展和完善,其中一个重要的发展方向是试图在系统设计中形成一个切实可行的烟分析与经济分析相结合的烟经济学方法,使得系统设计既在技术上可行,又在经济上合理,合乎能级匹配和合理用烟的原则。烟经济学已在经济优化和热力系统的改进方面取得了迅猛的发展,使烟分析在工程中得到实际应用。

2.5.4　两类分析方法的比较

能量平衡分析法以热力学第一定律为指导,应用能量方程,从能量转换的数量关系来评价过程和装置的能量利用率,其主要指标是第一定律效率,即热效率。能量平衡分析法只能求出能量的排出损失,但对于揭示由过程不可逆引起的能量损耗(功损失、烟损失)却无能为力。第一定律效率的高低,不足以说明过程和装置在能量利用上的完善程度,因而不能单凭能量平衡计算结果制定节能措施。

熵分析法、烟分析法都是以热力学第一定律和热力学第二定律为指导,以熵平衡方程、烟平衡方程为依据,从能量转换的质量(品位)及烟的利用程度来评价热力系统和热力过程的能量利用率。其主要指标是热力学效率和第二定律效率(即烟效率)。这两种方法可以求出热力系统和热力过程做功能力损失(烟损失)的大小及其分布情况,查出不可逆损耗及其原因,指出能量利用上的真正薄弱环节,便于制定有效的节能措施。

通过熵分析法和烟分析法可求出热力系统及过程的做功能力损失,但只知道能量损失的绝对数量还不足以全面反映装置及过程的热力学完善程度,还应知道其能量损失的相对

大小。为此,有必要进一步确定过程及系统的效率。

热效率表示过程所利用的各种形式的能量与所消耗的各种形式能量之比。虽然分子、分母所涉及的都是能量,但它们的品位可以不同,所以这种效率必然导致高品位能量与低品位能量等量齐观,正由于这个缘故,热效率并不是衡量和评价过程能量利用合理性的一种理想而统一的科学尺度。由于能量具有不同的质量,为了求得过程的真正效率,必须使分子、分母同属于真正的同类项,即必须用等价的能量相比较,这就是㶲效率。因为相同数量的㶲,不论为何种物流、能流所具有,理论上都是同品位、同使用价值、同数量的能量,它们都是严格的同类项。

从能量平衡分析法、熵分析法和㶲分析法的比较中可以看出,能量平衡分析法虽有其缺陷,但仍不失其重要性,因为它是热力系统设计的基础,同时也是熵分析法和㶲分析法的基础;熵分析法和㶲分析法所得结果是一致的,但㶲分析法比熵分析法更为方便和明晰,应用也更为广泛。

【例 2-3】 分别采用能量平衡分析法、熵分析法和㶲分析法对某型蒸汽动力装置进行热力分析,计算结果如表 2-1 所示。

表 2-1 某型蒸汽动力装置的热力分析

计算项目	能量平衡分析法		熵分析法		㶲分析法	
	计算值/MW	份额/%	计算值/MW	份额/%	计算值/MW	份额/%
燃料供给总能量	3 704.0	100.00	3 226.6	100.00	3 226.6	100.00
装置输出有效功率	839.7	22.67	841.1	26.07	839.8	26.03
锅炉能量损失	555.6	15.00	1 929.8	59.81	1 929.6	59.81
汽轮机内部损失	236.0	6.37	220.0	6.82	221.0	6.85
汽轮机摩擦损失	13.2	0.36	13.2	0.41	13.2	0.41
冷凝器能量损失	2 006.4	54.70	163.3	5.06	164.0	5.08
装置有效效率/%	22.67	26.07	26.03			

从表 2-1 中可以看出,同属于热力学第二定律分析法的熵分析法和㶲分析法所得结果非常接近,如果考虑到计算方法不同所带来的误差,基本上可以认为这两种方法的计算结果没有差别。而能量平衡分析法的计算结果与熵分析法、㶲分析法相比有比较明显的差异,主要表现在能量损失的含义及其分布上。

从能量平衡分析法的结果来看,蒸汽动力装置中能量损失最大的部位在冷凝器,其次是锅炉,再次是汽轮机,这里的能量损失指的是未被蒸汽动力装置利用的能量数量;而从熵分析法和㶲分析法的计算结果来看,能量损失最大的部分在锅炉,其次是汽轮机,再次是冷凝器, 这里的能量损失指的能量做功能力的损失。

显然,按照能量平衡分析法的结果去推断,只有大幅度减少在冷凝器中排入环境的热量才能有效提高蒸汽动力装置的能量利用率,但实际上,冷凝器向环境放热的温度只略高于环境温度,因此排出的热量做功能力非常低;而对于锅炉来说,由于燃料的化学能通过燃烧转化为热能,烟气与蒸汽之间的换热又存在很大温差,虽然散失到外界的能量数量并不多,但由于能质降低而导致的能量做功能力却大幅度下降,这是造成蒸汽动力装置热经济性不高的主要原因。

【例 2-4】 分别采用能量平衡分析法和㶲分析法对 LaSalle County 沸水堆核电站进行热力分析,计算结果如图 2-9 和图 2-10 所示。

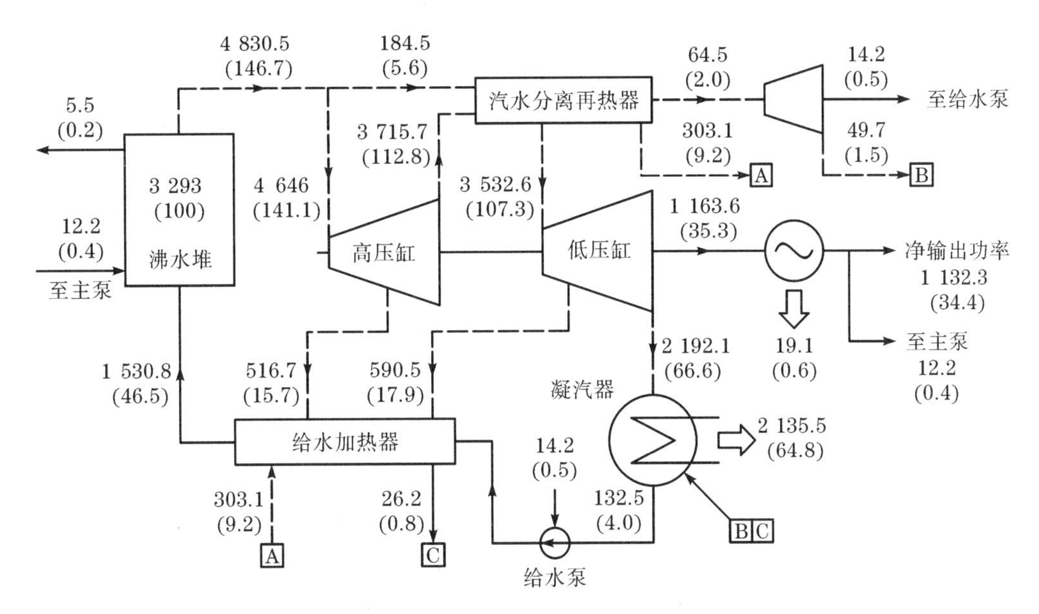

图 2-9 LaSalle County 沸水堆核电站热力分析能流图

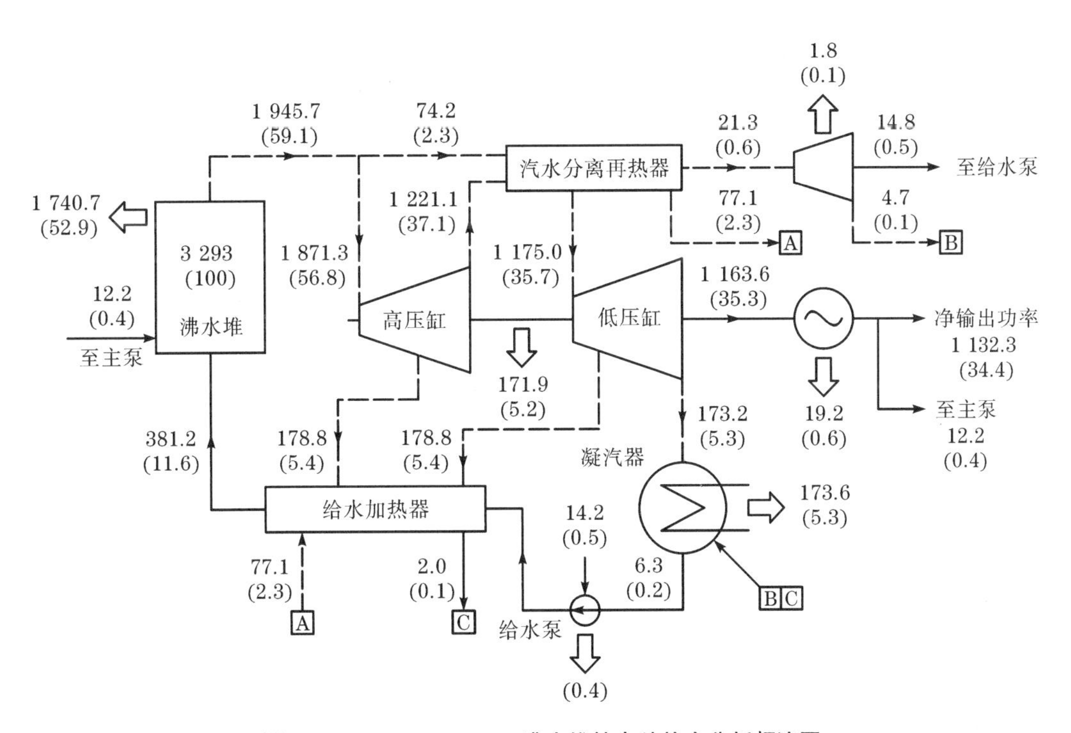

图 2-10 LaSalle County 沸水堆核电站热力分析㶲流图

图 2-9 所示为该沸水堆核电站热力分析能流图,图中给出了各主要设备能量流动的绝对值及其占反应堆热功率的份额(图中括号内的数值单位为%)。

图 2-10 所示为该沸水堆核电站热力分析㶲流图,图中给出了各主要设备㶲流动的绝对值及其占反应堆热功率的份额(图中括号内的数值单位为%)。

采用两种分析方法计算 LaSalle County 沸水堆核电站中的主要设备能量损失的结果比较列于表 2-2 中。

表 2-2　LaSalle County 沸水堆核电站热力分析结果比较

计算项目	能量平衡分析法		㶲分析法	
	能量损失/MW	损失份额/%	㶲损失/MW	损失份额/%
沸水反应堆	5.5	0.2	1 740.7	52.9
主汽轮机组	—	—	171.9	5.2
发电机	19.1	0.6	19.2	0.6
主冷凝器	2 135.5	64.8	173.6	5.3
泵和其他设备	—	—	—	0.4
给水加热器和回热器	—	—	—	1.1
合计	—	65.6	—	65.6
电厂效率/%	34.4		34.4	

由表 2-2 可以看出,两种分析方法计算结果的主要差异在于沸水堆和主冷凝器。能量平衡分析法并不考虑能量的质量特性,只关注能量在数量上的平衡关系,因此不能对能量系统和热力设备能量利用的合理性和有效性做出客观、真实的评价。

通过对能量平衡分析法和㶲分析法的比较,可以得出以下几个主要结论:

(1)采用㶲效率可以正确、全面地评价热力系统或过程的能量利用率,对节能潜力作出正确的判断。

(2)依据热力系统中各设备或过程的㶲损失分布,可以科学地诊断出用能过程的薄弱环节。

(3)根据㶲损失的原因可以指出提高热力系统热经济性的正确途径。

思考题与习题

2.1　热力分析过程中所划分的热力系统有几种类型,各有什么特点?

2.2　什么是热力学平衡状态? 达到热力学平衡状态的必要条件是什么?

2.3　什么是可逆过程与不可逆过程? 热力过程与热力循环的关系是什么?

2.4　能量按其做功能力大小可分为几类,各有什么特点?

2.5　简述热力学第一定律和热力学第二定律的基本内容。

2.6　简述熵增原理的基本含义。

2.7　简述有限时间热力学中内可逆循环的概念。

2.8　常见热力学分析方法分几类? 试比较其不同。

第3章　热力过程的㶲分析方法

为了从数量和质量两个方面来全面度量物系所具有的能量，英国科学家泰特(Tait)于1868年首次使用了“可用性”(Availability)的概念，确定了热量中的可转换部分与不可转换部分。1871年，英国科学家麦克斯韦(Maxwell)使用了“可用能”(Available Energy)的说法，并于1873年提出用闭口系统达到寂态时的可逆净功表示系统的可用能量。

1873年，美国科学家吉布斯(Gibbs)第一次导出了目前普遍使用的封闭系统热力学能㶲的公式。1889年，法国科学家高乌(Giuy)用总可逆轴功分析了可用能，得出了可用能损失和熵增的关系。1898年，瑞士的斯托多拉(Stodola)研究了工程实践中有重要意义的稳定物质流，导出了稳定物质流的最大技术功，还确认了输出总功损失与熵增的关系。这一关系被称为Giuy-Stodola原理，该原理奠定了计算可用能损失的基础。但由于其赋予的概念抽象难懂，没有引起广泛注意。

1941年，美国科学家基南(Keenan)系统地介绍了可用能、功损的概念，对前人的理论进行了总结，形成了较完整的理论体系。直到1950年，Keenan和Darrieus等人对这一概念作了简化，提出了稳流物系的㶲计算式，并用于分析蒸汽动力系统的热力学第二定律效率。

1956年Rant首次统一了㶲的含义，他按照Plank的理论把能分成在一定环境条件下可以转换的和不可转换的两部分，采用希腊词“ergo”(意为功或力)加上前缀“ex”(意为从其中、外部)来命名可以转换部分的能为“Exergy”，而把不可转换的部分命名为“Anergy”，我国分别翻译为“㶲”和“炁”。20世纪60年代，Bosnjakovic及Baehr分别在自己的著作中对㶲进行了广泛的讨论，对电厂进行了㶲分析。

世界性能源危机的出现，使得有效利用能源的重要性得到应有的重视，科学家们进行了广泛的研究工作，使㶲分析理论逐渐完善和发展起来。在俄罗斯、德国、日本以及欧美各国，这种热力分析方法已广泛应用于能源利用以及动力、低温工程、制冷、热泵、化工、冶金等工业部门。

3.1　㶲的基本概念

3.1.1　㶲与炁

1. 㶲的定义

㶲的概念建立在热力学第一定律和热力学第二定律的基础上，是能量在理论上所具有的最大做功能力的一种度量。在热力学中，㶲的定义有多种表述方式，常见的有以下几种：

(1)对于稳定不变的环境，单位质量的稳定流动工质从所处状态可逆变化到与环境介质相平衡的状态时所能做出的最大可用功。

(2)一定形式的能量或一定状态的物质,经过完全可逆的变化过程(如传热、传质、化学反应等),最后达到与环境完全平衡的状态,在这个可逆过程中该能量或物质所能做的最大功称为㶲。

(3)㶲是当热力学系统或能流与环境介质相互作用而达到完全平衡时,外界所得到的最大功。

在㶲的定义中,应该注意有三个约束条件:

(1)物质由给定状态变化到环境状态的做功过程是完全可逆的。

(2)物质做功过程的终态,是应与周围环境达到完全平衡的状态,包括热平衡、力平衡和化学平衡。

(3)在做功过程中,除环境以外没有其他热源或功源。

根据卡诺循环,无论是闭口系统中的工质,还是流经开口系统的流动工质,只要工质的热力状态与环境介质之间存在热力不平衡(例如工质的温度或者压力高于环境介质)时,工质就具有做出有用功的能力。

由㶲的定义可知,如果环境状态是确定的,则㶲的大小只决定于工质所处的状态,因此,㶲实际上是状态参数。显然,能量中含有的㶲值越多,其转换为有用功的能力就越大,可利用的价值就越高。

上述所规定的㶲,也称为热力㶲。目前,㶲的概念已经有所推广,将各种情况下的最大有用功都叫作㶲。例如,热量的做功能力称作热量㶲,机械能全部都是可用能,称作机械㶲。需要注意的是,热量㶲和机械㶲并不是热力状态参数。

2. 㶲的特点

㶲是一种能量,具有能的量纲和属性,但又与能的含义不完全相同。一般地讲,能的数量与质量是不统一的,而㶲代表了能中数量与质量统一的部分。各种形式的能中都含有一定量的㶲,不管哪种形式的能,其中所含的㶲都反映了各自能中数量与质量相统一的部分。这样,就可以用㶲来评价和比较各种不同形式的能。

由热力学第一定律和热力学第二定律可直接导出,在任意给定状态下,系统㶲都具有确定值。在实际过程中,系统所得到的功少于其所减少的㶲,这意味着部分㶲未转换为功,而是在不可逆过程中消失了。这是㶲与能的重要不同点,能是不会消失的,而㶲却可以消失,它只在可逆过程中服从守恒定律。在除此之外的所有情况下,它可能局部甚至全部消失,在不可逆过程中耗散而损失。表3-1对能与㶲的特点进行了比较。

表3-1 能与㶲的特点比较

能 E	㶲 E_x
①只与物质或能流的参数有关,而与环境介质参数无关; ②在任何过程中都遵循守恒定律,不能无由地产生和消失; ③能量总是具有非零值,等于 $E = mc^2$ 的相应值; ④不同形式能相互转换遵循热力学第二定律	①既与系统参数有关,也与环境介质参数有关; ②只在可逆过程中遵循守恒定律,而在各种实际不可逆过程中可局部或全部消失; ③㶲值可以等于零(当与环境介质完全平衡时,㶲值为零); ④不同形式能量的㶲值完全等价

3. 㶲与𬉼的关系

㶲相对的概念是𬉼。在一定的环境基准下,任何形式的能量理论上可转化为最大可用功的那部分称为㶲,不能转化为有用功的那部分称为𬉼。因此,系统的总能量 E_t 由㶲 E_x 和𬉼 A_n 两部分组成,即

$$E_t = E_x + A_n \tag{3-1}$$

不同形式的能量,其中包含的㶲与𬉼的比例通常各不相同,而某些形式的能量其包含的㶲或𬉼可能为零。例如,机械能、电能都是㶲,其𬉼为零;自然环境状态下的热能以及从环境输入或输出的热量都是𬉼,其㶲为零。

引入㶲和𬉼的概念后,关于能量的概念发生了根本性变化。热力学第一定律和热力学第二定律用㶲和𬉼的概念可以分别描述如下:

热力学第一定律——在能量转换和传递过程中㶲与𬉼的总量是守恒的。

热力学第二定律——一切实际过程(即不可逆过程)都是㶲递减、𬉼递增的过程,即实际过程总是朝着从㶲转换为𬉼的方向进行。

根据热力学第二定律,能量转化过程是沿着㶲减少、𬉼增加的方向进行的。㶲的减少不但表明能量数量的损失,而且表明能量质量的贬值,这才是真正意义上的能量损失。所谓节能,实质上就是节㶲;所谓能源危机,实质上就是㶲危机。因此在用能过程中,即在㶲转换为𬉼的过程中,就应该充分、有效地发挥㶲的作用,尽可能减少不必要和不合理的㶲损失,尽量避免宝贵的㶲轻易地、白白地转变为𬉼。

3.1.2 环境与环境状态

人类生活在地球表面的自然环境中,人为实现的能量传递和转换过程都在环境条件下进行。热力系统所进行的热力过程往往要与环境发生相互作用(能量和质量的交换),而当热力系统变化到与环境达到热力学平衡时就不可能再发生变化,即热力过程进行的深度是受到环境限制的。

为了表达系统处于某一状态的做功能力,先要确定一个基准态(或称基态、死态、寂态),并定义在基准态时系统的做功能力为零。由于系统总是处在周围的自然环境中,一切变化都是在环境中进行,所以要确定基准态就必须首先确定环境状态。

㶲是以环境作为基准的相对量,这里所说的"环境"是指系统外特定的一部分外界。一般来讲,凡系统以外的环境统称外界,可以有各种各样的外界,而且外界本身又可能是变动和不稳定的。为了分析研究问题方便,将环境看作是静止的、处于热力学平衡(热平衡、力平衡和化学平衡)状态的、强度参数(如压力、温度等)及化学组成不变(即使吸收或放出能量和物质时也不变)的庞大物系。系统周围的大气、河水、湖水、海水可以看作环境,有时地壳的外表部分也可以看作环境。这是由于地表、海洋和大气相对于系统而言近乎无限大,其强度参数不会因为环境与系统传递能量和质量而发生变化。因此,可以认为"环境"是无限广阔、内部保持均匀一致而且相对静止,专由地表、海洋和大气构成的理想外界。选择哪些物质作为环境,可根据热力过程发生的地点和性质而定。

任何一个热力系统的环境处于热力学平衡的状态,称为环境状态,并用脚标"0"表示热力系统处于环境状态的各参数,如 p_0、T_0、h_0、S_0 等。

系统与环境之间的平衡,依其性质可分为约束性平衡与非约束性平衡两类。

约束性平衡是指系统与环境之间达到了热平衡和力平衡。闭口系统与环境之间的平衡就属于这一类。这时,系统与环境之间不发生任何质量的迁移,既不会发生混合与扩散,也不会发生化学反应,所以这类平衡不涉及由浓度与组成变化引起的化学平衡问题。系统与环境达到约束性平衡时的状态称为"约束性死态"或"物理死态"。

非约束性平衡是指系统与环境之间达到了热平衡、力平衡和化学平衡,亦即达到了完全平衡。系统与环境达到非约束性平衡时的状态称为"非约束性死态"或"化学死态"。对于非约束性平衡,环境的物质组成及其成分至关重要,因为不仅要求系统的温度与压力应等于环境的温度与压力,而且系统的物质组成应与环境的物质组成有相同的部分。

环境介质具有以下两个特征:

(1)其参数与所分析的系统参数无关。也就是说,环境介质与系统相比应该足够大,以致于系统对它产生的任何作用所能引起的变化小到可以忽略的程度。

(2)其组成成分都处于完全的平衡态。实际的环境介质存在温度梯度、压力梯度以及化学势的梯度,在解决给定的大多数热力学问题时,这种情况完全可以忽略不计。

在大多数热力学问题中,环境介质参数可认为是常量,但在某些特殊情况下,也可能是变量。

3.1.3 㶲的基本性质

㶲具有以下性质:

(1)㶲具有能的属性。与能一样,㶲可以是状态量,也可以是过程量,一般来说,蕴含形式的能量所包含的㶲是状态量,迁移形式的能量所包含的㶲则是过程量。

(2)㶲具有等价性。它是一种用以度量各种形式能量转换能力的物理量,表示了能量转换时可能的极限值。从热力学角度来看,各种形式能量的㶲都是等价的。

(3)㶲具有互比性。㶲从数量与质量相结合的角度反映了能的价值,代表了能量中数量与质量相统一的部分。

(4)㶲具有相对性。㶲是以环境作为基准所取的相对量,系统在基准态时,其值为零,偏离基准态时其值不为零。

(5)㶲具有可分性。㶲可以分解为物理㶲、动能㶲、位能㶲、化学㶲等,而物理㶲又能分解为机械㶲与热㶲;化学㶲可以分解为扩散㶲与反应㶲。

(6)在可逆过程中,㶲具有守恒性,㶲的总值守恒不变。

(7)在不可逆过程中,㶲具有非守恒性,不可避免地总有一部分㶲要转变为𬌗。

3.2 㶲的分类及其计算

3.2.1 㶲的分类及其不平衡势

㶲是系统理论做功能力的一种度量,由于系统与环境之间存在某种不平衡势,因而系统具有一定的做功能力。根据不平衡势的不同,㶲可以划分为热量㶲(冷量㶲)、物质㶲和功源㶲三大类,各自又可细分为若干类型的㶲,具体内容如表3-2所示。

表 3-2 㶲的类型及其不平衡势

类型	子类		不平衡势
热量㶲(冷量㶲)			温度差
物质㶲	机械㶲	动能㶲	系统与环境之间的速度差
		位能㶲	系统与环境之间的高度差
	热力㶲	物理㶲	系统与环境之间的温度差和压力差
		化学㶲(反应㶲)	物质与环境基准物之间的化学势差
		化学㶲(扩散㶲)	浓度差
功源㶲	电力㶲		电位差
	水力㶲		水位差
	风力㶲		风压差
	地力㶲		地内与地表层压差
	波浪㶲		作用在海面上的风压与大气压之差

电能、机械能、水力能、风力能等属于高质能,不像热能那样受热力学第二定律的限制,可以完全转换为可用功,因此这些能量的㶲值与能量的数量相等。

3.2.2 热量㶲

高于环境温度的系统,在给定环境条件下发生可逆变化时,通过边界传递的热量中所能做出的最大有用功,即热量相对于环境所具有的最大做功能力称为热量㶲。

1. 热量㶲的计算

若以该系统作为热源,以环境作为冷源,设想在此热源与冷源之间有一系列微卡诺热机工作,以保证系统在放出热量 Q 的同时可逆地发生状态变化。假设系统向微卡诺热机提供的热量为 dQ, 根据卡诺循环的效率公式,这部分热量对外所做的最大有用功为

$$dW_{max} = \left(1 - \frac{T_0}{T}\right) dQ \qquad (3-2)$$

式中, $\left(1 - \frac{T_0}{T}\right)$ ——工作在 T 和 T_0 之间的卡诺循环的效率,又称为“卡诺因子 η_c”。

系统发生可逆变化时向一系列微卡诺热机提供的总热量为 $Q = \int dQ$, 其中所能做出的最大有用功为

$$W_{max} = \int dW_{max} = \int \left(1 - \frac{T_0}{T}\right) dQ = Q - T_0 \Delta S$$

即热量㶲为

$$E_{x,Q} = W_{max} = Q - T_0 \Delta S \qquad (3-3)$$

热量炕为

$$A_{n,Q} = Q - E_{x,Q} = T_0 \Delta S \qquad (3-4)$$

对于恒温热源,有

$$E_{x,Q}=\left(1-\frac{T_0}{T}\right)Q \tag{3-5}$$

$$A_{n,Q}=\frac{T_0}{T}Q \tag{3-6}$$

图 3-1 所示为热量㶲在 $T-s$ 图上的表示,其中图 3-1(a)所示为变温情况,图 3-1(b)所示为恒温情况。

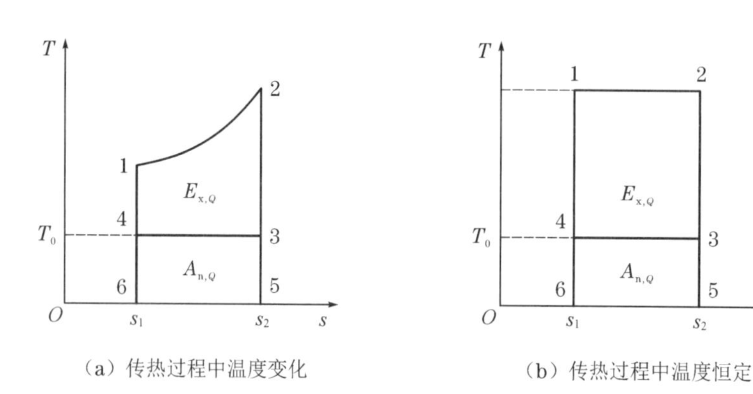

(a) 传热过程中温度变化　　(b) 传热过程中温度恒定

图 3-1　热量㶲在 T-s 图上的表示

图中区域 1—2—3—4—1 表示过程 1—2 吸收的热量 Q 相对于环境基准 T_0 所具有的热量㶲,而区域 3—5—6—4—3 表示热量 Q 中不能转换为㶲的那一部分,即热量炕。

2. 热量㶲的性质

(1)热量㶲是热量所能转换的最大有用功,是热量本身的固有特性。系统放出热量时,同时放出了该热量中的㶲;反之,系统吸收热量时,同时吸收了该热量中的㶲。

(2)热量㶲的大小不仅与热量 Q 有关,还与环境温度 T_0 及热源温度 T 有关。

(3)热量炕除了与 T_0 有关外,还与熵 S 有关,所以系统在可逆传热过程中的熵变可以作为热量炕的一种度量。

(4)热量㶲、热量炕与热量 Q 一样,都是过程量。

(5)系统在物理基准态条件下传递的热量 Q,无法转换为有用功,热量全部为热量炕。

(6)相同数量的热量 Q,在不同温度条件下具有的㶲不同。

【例 3-1】　一台稳定运行的供热锅炉,炉膛平均温度为 1 250 ℃,热负荷为 2.0×10^7 kW。设环境温度为 25 ℃,计算炉膛热源的㶲流值。

解　假设锅炉在稳定运行过程中炉膛温度不变,为一恒温热源,则其㶲值为

$$E_x=Q\left(1-\frac{T_0}{T}\right)=2.0\times10^7\times\left(1-\frac{25+273.15}{1\ 250+273.15}\right)=1.608\ 5\times10^7\ \text{kW}$$

【例 3-2】　一座以蒸汽为保温热源的油罐,加热蒸汽温度为 150 ℃,放出的热量为 45 kW,罐内油温保持为 60 ℃。若环境温度为 20 ℃,不考虑散热损失,计算加热蒸汽放出的㶲以及油吸收的㶲。

解　加热蒸汽在放热过程中温度不变,则放出的热量所具有的㶲为

$$E_{x,\text{steam}}=Q\left(1-\frac{T_0}{T_{\text{steam}}}\right)=45\times\left(1-\frac{20+273.15}{150+273.15}\right)=13.82\ \text{kW}$$

油在吸热过程中保持温度不变,则其吸收的热量所具有的㶲为

$$E_{x,oil} = Q\left(1 - \frac{T_0}{T_{oil}}\right) = 45 \times \left(1 - \frac{20 + 273.15}{60 + 273.15}\right) = 5.40\ \text{kW}$$

3.2.3 冷量㶲

工程上将低于环境温度下的系统与外界交换的热量称为冷量。热量自发地由高温物体传向低温物体,也可以说成冷量自发地由低温物体传向高温物体,即冷流与热流方向相反。

采用逆向循环,通过消耗一定的机械能,可以将热量从低温系统吸出,排向高温系统,因而逆向循环也称为制冷循环。在制冷循环中,从低温系统排走了热量 Q,相当于等效地向低温系统放出了冷量 Q',冷流与热流方向相反,即 $Q' = -Q$。

冷量相对于环境所具有的最大做功能力称为冷量㶲。与热量㶲相似,在冷量交换过程中,也伴随着冷量㶲的交换。

1. 冷量㶲的计算

低温系统温度 T 低于环境温度 T_0,如果在环境与低温系统之间有一可逆卡诺热机,在微逆向卡诺循环中自低温系统吸收热量为 $\mathrm{d}Q$,向环境放出热量为 $\mathrm{d}Q_0$,可逆热机消耗的最小有用功为 $\mathrm{d}W_{min}$,根据逆向卡诺循环制冷系数的表达式

$$\varepsilon = \frac{\mathrm{d}Q}{\mathrm{d}W_{min}} = \frac{T}{T_0 - T} \tag{3-7}$$

可以得到

$$\mathrm{d}W_{min} = \left(\frac{T_0}{T} - 1\right)\mathrm{d}Q \tag{3-8}$$

制冷循环的能量平衡方程为

$$\mathrm{d}Q_0 = \mathrm{d}W_{min} + \mathrm{d}Q = \frac{T_0}{T}\mathrm{d}Q \tag{3-9}$$

即逆向循环中排入环境的热量等于从低温系统中吸收的热量与外界消耗的机械能之和。

参照热量㶲的推导方法可以获得冷量㶲和冷量炕的表达式。

假设环境为高温热源,系统为低温热源,二者之间有一个可逆卡诺热机,在微正向卡诺循环中从环境吸收热量为$-\mathrm{d}Q_0$,向低温系统排出热量为$-\mathrm{d}Q$,则在微卡诺循环中对外界做出的最大可用功为

$$\mathrm{d}W_{max} = -\left(1 - \frac{T}{T_0}\right)\mathrm{d}Q_0 = \left(\frac{T}{T_0} - 1\right)\mathrm{d}Q_0 \tag{3-10}$$

$$\mathrm{d}W_{max} = (-\mathrm{d}Q_0) - (-\mathrm{d}Q) = -\mathrm{d}Q_0 - \mathrm{d}Q' \tag{3-11}$$

联立以上两式,可得

$$\mathrm{d}W_{max} = \left(\frac{T_0}{T} - 1\right)\mathrm{d}Q' \tag{3-12}$$

因此,在整个循环过程中,对外输出的最大有用功即冷量㶲为

$$E_{x,Q'} = W_{max} = \int\left(\frac{T_0}{T} - 1\right)dQ' = T_0\Delta S - Q' \tag{3-13}$$

由于排入环境的能量全部都转变成了炕,因此冷量炕为

$$A_{n,Q'} = -\int dQ_0 = \int\left(\frac{T_0}{T}\right)dQ' = T_0\Delta S \tag{3-14}$$

如果低温系统的温度恒定不变,则

$$E_{x,Q'} = \left(\frac{T_0}{T} - 1\right)Q' \tag{3-15}$$

$$A_{n,Q'} = \frac{T_0}{T}Q' \tag{3-16}$$

图 3-2 所示为冷量烟在 $T - s$ 图上的表示,其中图 3-2(a)所示为低温系统温度变化情况,图 3-2(b)所示低温系统温度恒定情况。

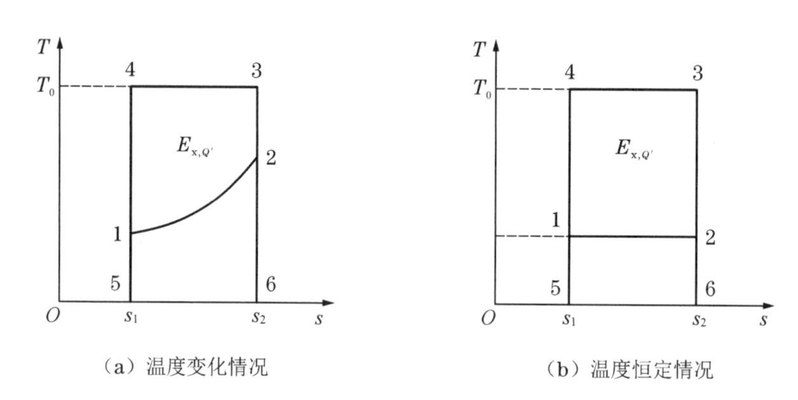

图 3-2 冷量烟在 T-s 图上的表示

图中区域 1—2—6—5—1 表示冷量,区域 1—2—3—4—1 表示冷量烟。

图 3-3 所示为热量烟与冷量烟的比较。

冷量烟与热量烟的不同之处在于:系统放出热量的同时,也放出热量烟,热量与热量烟的方向总是一致的,并且热量烟的数值总是小于热量的数值。而系统在吸收冷量的同时,却放出了冷量烟,冷量与冷量烟的方向总是相反的,并且当 $T < \frac{T_0}{2}$ 时,冷量烟 $E_{x,Q'}$ 的绝对值大于冷量 Q' 的绝对值。

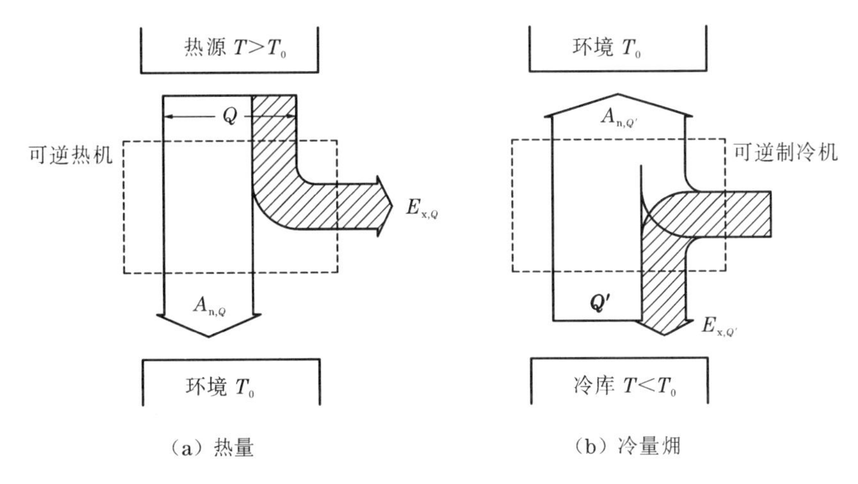

（a）热量　　（b）冷量㶲

图 3-3　热量㶲和冷量㶲的比较

2. 冷量㶲的性质

冷量㶲和冷量炕具有如下特性：

(1)冷量㶲是在给定环境条件下冷量所能做出的最大有用功,也是冷量的固有特性,与是否借助可逆热机无关。

(2)既然冷量也是热量,为过程量,所以冷量㶲和冷量炕也为过程量。

(3)冷量㶲值不仅与冷量大小有关,而且还与冷库和环境温度有关。在给定环境温度 T_0 情况下,一定冷量的冷量㶲随冷库温度 T 的降低而增大。

3.2.4　机械㶲

做宏观运动的热力系统所具有的动能和位能都属于机械能,可以全部转化为功,因此热力系统的动能和位能全部是㶲,分别称为"动能㶲"和"位能㶲"。

1. 动能㶲

如果取定系统的基准态(即与环境相平衡的状态)下的动能为零时,系统的动能全部为㶲,表示为

$$E_{x,k} = \frac{1}{2}mc^2 \tag{3-17}$$

式中　m——系统的质量;

c——系统相对于环境的运动速度。

2. 位能㶲

当取定系统基准态下的位能为零时,系统的位能全部为㶲,表示为

$$E_{x,p} = mgz \tag{3-18}$$

式中　g——重力加速度;

z——系统相对于环境基准的高度。

3.2.5 物理㶲

系统由所处的状态可逆变化到与环境呈约束性平衡态时所提供的最大有用功，为该系统的物理㶲，也即系统因温度和压力与环境的温度和压力不同时所具有的㶲称为物理㶲。

1. 热力学能㶲

处于某状态 (p, T) 的静止闭口系统，在只可能与环境进行热交换的条件下，可逆变化到不完全平衡环境状态 (p_0, T_0) 所能做出的最大有用功，称为该闭口系统处于该状态时具有的热力学能㶲，表示为 $E_{x,U}$。

当闭口系统发生微小可逆变化过程时，根据热力学第一定律，有

$$dQ = dU + p_0 dV + dW_{max} \tag{3-19}$$

式中 dQ——过程中与环境交换的热量；

dU——热力学能变化量；

$p_0 dV$——系统反抗环境压力 p_0 所做的容积功；

dW_{max}——系统做出的最大有用功。

因为是可逆过程，环境温度为 T_0，根据热力学第二定律，有

$$dQ = T_0 dS \tag{3-20}$$

代入式(3-19)，得

$$T_0 dS = dU + p_0 dV + dW_{max} \tag{3-21}$$

即

$$dW_{max} = -dU - p_0 dV + T_0 dS \tag{3-22}$$

从任意状态(p, T)到不完全平衡状态(p_0, T_0)积分，整理后得

$$E_{x,U} = (U + p_0 V - T_0 S) - (U_0 + p_0 V_0 - T_0 S_0) \tag{3-23}$$

对于单位质量工质，闭口系统的比热力学能㶲为

$$e_{x,u} = (u + p_0 v - T_0 s) - (u_0 + p_0 v_0 - T_0 s_0) \tag{3-24}$$

热力学能烁为

$$A_{n,U} = U - E_{x,U} = (U_0 + p_0 V_0 - T_0 S_0) - (p_0 V - T_0 S) \tag{3-25}$$

比热力学能烁为

$$a_{n,u} = u - e_{x,u} = (u_0 + p_0 v_0 - T_0 s_0) - (p_0 v - T_0 s) \tag{3-26}$$

热力学能㶲具有如下性质：

(1)静止闭口系统的热力学能㶲不仅与系统所处状态有关，而且还与不完全平衡环境状态有关。只有当环境状态一定时，热力学能㶲才取决于系统状态，才能将其看作一个状态参数。处于不完全平衡环境状态时静止闭口系统的热力学能㶲为零。

(2)静止闭口系统的热力学能㶲是给定状态下系统贮存能量的固有特性，与从给定状态可逆变化到不完全平衡环境状态采用什么样的可逆过程无关。

(3)当静止闭口系统在只可能与环境进行热交换的情况下，从状态 1 可逆地变化到另一状态 2 所能做出的最大有用功等于系统热力学能㶲的降落。

【例 3-3】 汽轮机入口处新蒸汽状态为 $p_1 = 1$ MPa 和 $t_1 = 300$ ℃，蒸汽容积为 $V_1 = 0.015$ m^3，膨胀做功后乏汽压力为 $p_2 = 0.14$ MPa，蒸汽容积为 $V_2 = 0.075$ m^3。设环境状态为

$p_0 = 0.1$ MPa 和 $t_0 = 20$ ℃。

(1)计算新蒸汽和乏汽的热力学能㶲;

(2)计算蒸汽在汽轮机内可能做出的最大有用功;

(3)设膨胀过程向环境大气散热 1.0 kJ,求汽轮机的实际做功量。

解　根据新蒸汽参数 p_1、t_1 查水蒸气表,得

$$v_1 = 0.25798 \text{ m}^3/\text{kg}, h_1 = 3052.1 \text{ kJ/kg}, s_1 = 7.1251 \text{ kJ/(kg·K)}$$

根据环境参数 p_0、t_0 查水蒸气表,得

$$v_0 = 0.0010017 \text{ m}^3/\text{kg}, h_0 = 83.95 \text{ kJ/kg}, s_0 = 0.2963 \text{ kJ/(kg·K)}$$

环境参数对应的热力学温度为

$$T_0 = t_0 + 273.15 = 293.15 \text{ K}$$

进入汽轮机的蒸汽质量为

$$m = \frac{V_1}{v_1} = \frac{0.015}{0.25798} = 0.05814 \text{ kg}$$

膨胀终点乏汽的比容为

$$v_2 = \frac{V_2}{m} = \frac{0.075}{0.05814} = 1.2900 \text{ m}^3/\text{kg}$$

根据乏汽参数 p_2、v_2 查水蒸气表,可得

$$t_2 = 124.6 \text{ ℃}, h_2 = 2721.6 \text{ kJ/kg}, s_2 = 7.3268 \text{ kJ/(kg·K)}$$

单位质量蒸汽在各状态下的热力学能分别为

$$u_1 = h_1 - p_1 v_1 = 3052.1 - 1 \times 10^6 \times 0.25798 \times 10^{-3} = 2794.12 \text{ kJ/kg}$$

$$u_2 = h_2 - p_2 v_2 = 2721.6 - 0.14 \times 10^6 \times 1.2900 \times 10^{-3} = 2541.00 \text{ kJ/kg}$$

$$u_0 = h_0 - p_0 v_0 = 83.95 - 0.1 \times 10^6 \times 0.0010017 \times 10^{-3} = 83.85 \text{ kJ/kg}$$

(1)新蒸汽的热力学能㶲为

$$\begin{aligned} E_{x,U_1} &= m[(u_1 - u_0) + p_0(v_1 - v_0) - T_0(s_1 - s_0)] \\ &= 0.05814 \times [(2794.12 - 83.85) + 0.1 \times 10^3 \times (0.25798 - 0.0010017) - \\ &\quad 293.15 \times (7.1251 - 0.2963)] \\ &= 0.05814 \times 734.11 = 42.68 \text{ kJ} \end{aligned}$$

乏汽的热力学能㶲为

$$\begin{aligned} E_{x,U_2} &= m[(u_2 - u_0) + p_0(v_2 - v_0) - T_0(s_2 - s_0)] \\ &= 0.05814 \times [(2541.00 - 83.85) + 0.1 \times 10^3 \times (1.2900 - 0.0010017) - \\ &\quad 293.15 \times (7.3268 - 0.2963)] \\ &= 0.05814 \times 525.06 = 30.53 \text{ kJ} \end{aligned}$$

(2)蒸汽在汽轮机内可能做出的最大有用功为

$$W_{max} = E_{x,U_1} - E_{x,U_2} = 42.68 - 30.53 = 12.15 \text{ kJ}$$

(3)实际过程做出的有用功为

$$W = m[w - p_0(v_2 - v_1)] = m[q - (u_2 - u_1) - p_0(v_2 - v_1)]$$
$$= -1.0 - 0.05814 \times [(2\ 541.00 - 2\ 794.12) + 0.1 \times 10^3 \times (1.290\ 0 - 0.257\ 98)]$$
$$= 7.72\ \mathrm{kJ}$$

由于实际过程是不可逆过程,实际有用功只有最大有用功的63.5%。

2. 稳定流动物质的物理㶲

稳定流动中的物质,在只可能与环境交换热量的情况下,从任意状态可逆变化到不完全平衡环境状态时所能做出的最大有用功,称为稳定流动物质的物理㶲。

质量为 m 的物质处于某一确定热力状态(p, T, h, z, c),假设物质流经稳定流动开口系统,变化到不完全平衡环境状态$(p_0, T_0, h_0, z_0 = 0, c_0 = 0)$。在这个过程中自环境吸热 dQ,并对外做出最大有用功为 dW_{max}。

根据稳定流动能量方程

$$dQ = dH + \frac{1}{2}mdc^2 + mgdz + dW_{max} \tag{3-27}$$

由于环境温度 T_0 恒定,故有

$$dQ = T_0 dS$$

式中,dS——稳定流动物质从进口到出口的熵增。

将上式代入式(3-27),得

$$dW_{max} = T_0 dS - \left(dH + \frac{1}{2}mdc^2 + mgdz\right) \tag{3-28}$$

将上式从给定状态到环境状态进行积分,考虑到 $z_0 = 0, c_0 = 0$,得

$$E_x = W_{max} = (H - H_0) - T_0(S - S_0) + \frac{1}{2}mc^2 + mgz \tag{3-29}$$

对于单位质量稳定流动物质,其比物理㶲为

$$e_x = w_{max} = (h - h_0) - T_0(s - s_0) + \frac{1}{2}c^2 + gz \tag{3-30}$$

则稳定流动物质的炕为

$$\begin{aligned} A_n &= E - E_x \\ &= \left(H + \frac{1}{2}mc^2 + mgz\right) - \left[(H - H_0) - T_0(S - S_0) + \frac{1}{2}mc^2 + mgz\right] \\ &= H_0 + T_0(S - S_0) \end{aligned} \tag{3-31}$$

比炕为

$$a_n = h_0 + T_0(s - s_0) \tag{3-32}$$

式(3-29)的导出并未限制从始态到基准态的变化是物理变化、化学变化或兼而有之,因此可作为物理㶲的基本计算式。只要能够确定系统在给定状态和基准态的焓值、熵值,即可由式(3-29)计算出稳流系统的物理㶲。

但是,各种物质在任意状态下的焓值和熵值并不是都能方便地确定,因此还必须寻求其他方法来解决任意状态下均相物系的物理㶲计算。

3. 任意状态下均相物系的物理㶲

由热力学关系式,对于等压变温过程,存在如下关系式:

$$\begin{cases} \Delta h = \int_{T}^{T_0} c_p \mathrm{d}T \\ \Delta s = \int_{T}^{T_0} \dfrac{c_p}{T} \mathrm{d}T \end{cases} \tag{3-33}$$

由热不平衡而引起的比热㶲为

$$e_{x,t} = T_0 \Delta s - \Delta h = T_0 \int_{T}^{T_0} \frac{c_p}{T} \mathrm{d}T - \int_{T}^{T_0} c_p \mathrm{d}T = \int_{T_0}^{T} \left(1 - \frac{T_0}{T}\right) c_p \mathrm{d}T \tag{3-34}$$

对于等温变压过程,存在如下关系式:

$$\begin{cases} \Delta h = \int_{p}^{p_0} \left[v - T\left(\dfrac{\partial v}{\partial T}\right)_p \right] \mathrm{d}p \\ \Delta s = \int_{p}^{p_0} \left[-\left(\dfrac{\partial v}{\partial T}\right)_p \right] \mathrm{d}p \end{cases} \tag{3-35}$$

由力不平衡而引起的比压力㶲为

$$\begin{aligned} e_{x,p} &= T_0 \Delta s - \Delta h \\ &= T_0 \int_{p}^{p_0} \left[-\left(\frac{\partial v}{\partial T}\right)_p \right] \mathrm{d}p - \int_{p}^{p_0} \left[v - T\left(\frac{\partial v}{\partial T}\right)_p \right] \mathrm{d}p \\ &= \int_{p_0}^{p} \left[v - (T - T_0)\left(\frac{\partial v}{\partial T}\right)_p \right] \mathrm{d}p \end{aligned} \tag{3-36}$$

合并以上两式,得到计算均相物系任意状态时比物理㶲的通式:

$$e_{x,ph} = e_{x,t} + e_{x,p} = \int_{T_0}^{T} \left(1 - \frac{T_0}{T}\right) c_p \mathrm{d}T + \int_{p_0}^{p} \left[v \quad (T \quad T_0)\left(\frac{\partial v}{\partial T}\right)_p \right] \mathrm{d}p \tag{3-37}$$

上式表明,任何均相物系的物理㶲可以分解为两部分:一部分是在压力不变下,由热不平衡引起的热㶲;另一部分是在环境温度下,由于力不平衡引起的压力㶲。

4. 理想气体的物理㶲

对于理想气体,有

$$pv = RT$$

$$\left(\frac{\partial v}{\partial T}\right)_p = \frac{R}{p}$$

$$\int_{p_0}^{p} \left[v - (T - T_0)\left(\frac{\partial v}{\partial T}\right)_p \right] \mathrm{d}p = RT_0 \ln \frac{p}{p_0}$$

因此,理想气体纯物质的摩尔物理㶲为

$$e_{x,ph} = \int_{T_0}^{T} \left(1 - \frac{T_0}{T}\right) c_p \mathrm{d}T + RT_0 \ln \frac{p}{p_0} \tag{3-38}$$

如果取 $\bar{c}_p$ 为 $T_0 \sim T$ 的平均定压比热,那么上式可简化为

$$e_{x,ph} = \bar{c}_p \left[(T - T_0) - T_0 \ln \frac{T}{T_0} \right] + RT_0 \ln \frac{p}{p_0} \tag{3-39}$$

对于理想气体混合物,摩尔物理㶲为

$$e_{x,ph}=\int_{T_0}^{T}\left(1-\frac{T_0}{T}\right)c_{pm}\mathrm{d}T+RT_0\ln\frac{p}{p_0} \tag{3-40}$$

式中,c_{pm}——理想气体混合物的定压比热,可按下式计算:

$$c_{pm}=\sum_{i=1}^{k}x_i c_{pi}$$

式中　x_i——理想气体混合物中组分 i 的摩尔分数;

c_{pi}——理想气体混合物中组分 i 的定压比热。

如果取 $\bar{c}_{pi}$ 为组分 i 在温度 $T_0\sim T$ 的平均定压比热,那么理想气体混合物的平均定压比热为

$$\bar{c}_{pm}=\sum_{i=1}^{k}x_i\bar{c}_{pi} \tag{3-41}$$

理想气体混合物的摩尔物理㶲为

$$e_{x,ph}=\bar{c}_{pm}\left[(T-T_0)-T_0\ln\frac{T}{T_0}\right]+RT_0\ln\frac{p}{p_0} \tag{3-42}$$

5. 真实气体的物理㶲

对于真实气体,如果知道合适的状态方程和定压比热随温度的变化规律,可用式(3-42)求解,但状态方程较为复杂,计算比较困难,所以往往用稳流系统物理㶲的基本式来计算。

对于真实气体纯物质,有

$$E_{x,ph}=G[h-h_0-T_0(s-s_0)]$$

对于真实气体混合物

$$E_{x,ph}=G_m[(h-h_0)_m-T_0(s-s_0)_m]$$

6. 不可压缩流体的物理㶲

对于不可压缩流体,其比容不随温度、压力而变化,可视为常数。式(3-37)中第二项可写为

$$\int_{p_0}^{p}\left[v-(T-T_0)\left(\frac{\partial v}{\partial T}\right)_p\right]\mathrm{d}p=\int_{p_0}^{p}v\mathrm{d}p=v(p-p_0) \tag{3-43}$$

则式(3-37)简化为

$$e_{x,ph}=\int_{T_0}^{T}\left(1-\frac{T_0}{T}\right)c_p\mathrm{d}T+v(p-p_0) \tag{3-44}$$

如视 c_p 为常数,上式进一步简化为

$$e_{x,ph}=c_p\left[(T-T_0)-T_0\ln\frac{T}{T_0}\right]+v(p-p_0) \tag{3-45}$$

对于纯水,$c_p=4.186\ 8\ \mathrm{kJ/(kg\cdot K)}$,$v=10^{-3}\ \mathrm{m^3/kg}$,则

$$e_{x,ph}=4.186\ 8\left[(T-T_0)-T_0\ln\frac{T}{T_0}\right]+(p-p_0)\times10^{-6} \tag{3-46}$$

【例3-4】 试分别计算10 MPa、500 ℃,4 MPa、500 ℃,10 MPa、400 ℃三种状态过热水蒸气的㶲值。取基准态为0.101 3 MPa、25 ℃。

解　计算结果如表3-3所示:

表 3-3 计算结果

压力 p/MPa	温度 t/℃	焓 h/(kJ/kg)	熵 S/[kJ/(kg·K)]	㶲 e_x/(kJ/kg)
10	500	3 372	6. 596	11 410. 08
4	500	3 445	7. 087	1 336. 69
10	400	3 093	6. 207	1 247. 06
3.171×10^{-3}	25	104. 8	0. 367 2	0

3.2.6 化学㶲

系统由约束性平衡态到达非约束性平衡态(基准态)时所提供的最大有用功,为该系统的化学㶲。也就是说,系统由于组成与环境不同时所具有的㶲称为化学㶲(标准化学㶲)。通常,系统由约束性平衡态到达非约束性平衡态,要经过化学反应和物理扩散两个过程。化学反应,先将原系统的物质转化为环境物质(基准物);物理扩散,将原系统或经化学反应后生成物的浓度"调节"(扩散)到规定环境中基准物的浓度。所以化学㶲又可细分为扩散㶲和化学反应㶲。

1. 扩散㶲

对于与环境不发生化学反应的纯物质,如 N_2、O_2、CO_2、Ar 等,这些物质本身就是基准物,且可以看成是理想气体,其扩散㶲就等于环境状态下该理想气体可逆地变化到该物质在环境中所具有的分压力时所做的最大有用功。根据㶲的基本表达式,有

$$E_{x,ch} = h - h_0 - T_0(s - s_0) = T_0\Delta s - \Delta h$$

对于理想气体的等温过程, $\Delta h = 0$, 因此

$$E_{x,ch} = T_0\Delta s = T_0R\ln\frac{p_0}{p_{0,i}} = RT_0\ln\frac{p_0}{x_{0,i}p_0} = -RT_0\ln x_{0,i} \tag{3-47}$$

式中 $p_{0,i}$——环境中组分 i 的分压力;

$x_{0,i}$——环境中组分 i 的摩尔分数。

根据上式计算的环境空气中各纯组分的扩散㶲列于表 3-4 中。

表 3-4 环境空气中各纯组分的扩散㶲

组分	N_2	O_2	H_2O	CO_2	Ar	He	Ne
摩尔分数/%	75. 60	20. 34	3. 12	0. 03	0. 91	0. 000 52	0. 001 8
扩散㶲/(kJ/kmol)	693. 36	3 947. 8	8 594. 9①	20 108	11 649	30 159	27 081

注:①该数据为理想气体水蒸气的扩散㶲,液态水的扩散㶲为零。

2. 化学反应㶲

物质的化学反应㶲可以通过有关的化学反应计算出来,例如用代数方程式表示的任意化学反应可写成

$$\gamma_1 A_1 + \gamma_2 A_2 + \gamma_3 A_3 + \cdots = \sum_i \gamma_i A_i = 0 \tag{3-48}$$

式中 A_i ——参与化学反应的第 i 种物质的分子式;

γ_i ——物质 i 的化学计量系数。

假设化学反应在标准条件下进行。根据㶲与理想功的关系式,反应的标准化学㶲变化等于反应过程的理想功:

$$-\sum_i \gamma_i E_{xch,i} = W_{id} \tag{3-49}$$

对于化学反应

$$W_{id} = T_0 \sum_i \gamma_i s_i^0 - \sum_i \gamma_i \Delta h_{f,i}^0 \tag{3-50}$$

合并上述两式,得

$$\sum_i \gamma_i E_{xch,i} = \sum_i \gamma_i \Delta h_{f,i}^0 - T_0 \sum_i \gamma_i s_i^0 \tag{3-51}$$

式中 $\Delta h_{f,i}^0$ ——物质 i 的标准生成焓;

s_i^0 ——物质 i 的标准熵。

只要知道各反应物质的标准生成焓、标准熵及除所求物质外其他物质的标准化学㶲,则由上式即可求得该物质的标准化学㶲。

另外,根据自由焓的定义 $G = h - Ts$,对于在 T_0 下进行的状态变化,有

$$\begin{aligned} W_{id} &= -\Delta h + T_0 \Delta s = (h_1 - T_0 s_1) - (h_2 - T_0 s_2) \\ &= G_1 - G_2 = -\Delta G \end{aligned} \tag{3-52}$$

对于在标准环境下进行的化学反应

$$W_{id} = -\sum_i \gamma_i \Delta G_{f,i}^0 \tag{3-53}$$

合并式(3-49)和(3-53),得

$$\sum_i \gamma_i E_{xch,i} = \sum_i \gamma_i \Delta G_{f,i}^0 \tag{3-54}$$

式中, $\Delta G_{f,i}^0$ ——物质 i 的标准生成自由焓。

3. 燃料的㶲

以环境温度为基准的燃料㶲称为燃料的化学㶲,燃料在非常压下所具有的㶲,称为燃料的物理㶲。在能源与节能工程实践中燃料的化学㶲经常用到。燃料的化学㶲可表示为

$$e_{x,f} = Q_{f,l} + T_0 \Delta S \tag{3-55}$$

式中 $Q_{f,l}$ ——燃料的低位发热值;

ΔS ——生成熵与反应熵之差。

该式可用于计算单一物质燃料的化学㶲。

(1)气体燃料的化学㶲

在已知气体燃料的各种成分时,燃料的化学㶲可由下式计算:

$$e_{x,f} = \sum_{i=1}^{n} x_i e_{x,fi}^0 + RT_0 \sum_{i=1}^{n} x_i \ln x_i \tag{3-56}$$

式中 x_i ——第 i 种成分的体积比率;

$e_{x,fi}^0$ ——第 i 种成分燃料的标准化学㶲;

R——气体常数。

当计算两个以上碳原子构成的气体燃料㶲值时,可使用朗特(Rant)近似公式:

$$e_{x,f} = 0.95Q_{g,h} \tag{3-57}$$

式中, $Q_{g,h}$——气体燃料的高位发热值。

(2)液体燃料的化学㶲

液体燃料化学㶲的计算可使用以下经验公式:

$$e_{x,f} = Q_{1,1}\left(1.003\,8 + 0.136\,5\frac{\beta_H}{\beta_C} + 0.030\,8\frac{\beta_O}{\beta_C} + 0.010\,4\frac{\beta_S}{\beta_C}\right) \tag{3-58}$$

式中,$Q_{1,1}$——液体燃料的低位发热量。

β_H、β_C、β_O、β_S——液体燃料中氢、碳、氧、硫元素的质量分数。

亦可使用朗特近似公式:

$$e_{x,f} = 0.975Q_{1,h} \tag{3-59}$$

式中, $Q_{1,h}$——液体燃料的高位发热值。

(3)固体燃料的化学㶲

固体燃料化学㶲常用的计算公式为

$$e_{x,f} = Q_{s,1}\left(1.006\,4 + 0.151\,9\frac{\beta_H}{\beta_C} + 0.061\,6\frac{\beta_O}{\beta_C} + 0.042\,9\frac{\beta_N}{\beta_C}\right) \tag{3-60}$$

式中 $Q_{s,1}$——固体燃料的低位发热量;

β_H、β_C、β_O、β_N——固体燃料中氢、碳、氧、氮元素的质量分数,其中氧元素质量不包括水分中的氧。

朗特近似公式为

$$e_{x,f} = Q_{s,1} + r_0\beta \tag{3-61}$$

式中 r_0——环境温度下水的汽化潜热;

β——燃料应用基的全水分质量分数。

表3-5列出了一些化学均质燃料的标准摩尔高低位发热量、反应㶲及燃料㶲。

表3-5 一些化学均质燃料的标准摩尔高低位发热量、反应㶲及燃料㶲

燃料分子式	Q_h^n	Q_l^n	$-\Delta G^n$	$e_{x,f}^n$	燃料分子式	Q_h^n	Q_l^n	$-\Delta G^n$	$e_{x,f}^n$
C(石墨)	393.5	393.5	394.4	410.5	S	296.6	296.6	299.8	—
H_2	285.9	241.8	237.3	235.3	CO	283.0	283.0	257.3	275.4
CH_4	890.5	802.3	818.1	830.3	C_2H_2	1 300	1 256	1 235	1 265
C_2H_4	1 411	1 323	1 332	1 360	C_2H_6	1 560	1 428	1 468	1 494
C_3H_6	2 059	1 926	1 970	2 012	C_3H_8	2 220	2 044	2 109	2 149
n-C_4H_{10}	2 879	2 658	2 748	2 803	n-C_5H_{12}	3 510	3 245	3 386	3 455
C_6H_6	3 268	3 135	3 202	3 293	C_6H_{12}	3 920	3 656	3 817	3 902
n-C_6H_{14}	4 164	3 855	4 023	4 106	n-C_7H_{14}	3 906	3 730	3 820	3 925
n-C_7H_{16}	4 817	4 465	4 660	4 757	n-C_8H_{18}	5 471	5 074	5 297	5 408
n-C_9H_{20}	6 125	5 684	5 934	6 059	n-$C_{10}H_{22}$	6 779	6 294	6 571	6 711
CH_2OH	7 266	638.4	702.5	716.7	C_2H_5OH	1 367.1	1 234.8	1 325.8	1 354.1

3.3 㶲损失与㶲平衡方程

热力学第二定律规定了能量系统中过程进行的方向,若使用㶲和𬌗的概念可以表述为:在可逆过程中,系统的㶲保持守恒;在不可逆过程中,将发生㶲向𬌗的转变,使㶲的总量减少。而当㶲转变为𬌗以后,𬌗不可能反向转变为㶲。不可逆过程中㶲的减少量被称为不可逆过程引起的㶲损失,简称㶲损失。

一切实际的热力过程中都存在不可逆因素,都会引起㶲损失。有限温差条件下的热交换、有限浓度差条件下的质量交换、黏性流动中的摩擦生热现象等都是典型的不可逆现象。既然不可逆过程会产生㶲损失,并且㶲损失全部变为𬌗,那么不可逆过程中不存在㶲守恒关系。为了分析问题方便,仿照建立不可逆过程熵平衡方程式的方法,在㶲不守恒的基础上附加一项不可逆㶲损失,则可建立起如下的数量平衡关系,即

$$E_{x,in} = E_{x,out} + \Delta E_x + E_{xl} \tag{3-62}$$

式中 $E_{x,in}$——输入系统的㶲;

$E_{x,out}$——输出系统的㶲;

ΔE_x——系统中㶲的变化;

E_{xl}——㶲损失。

上式中的㶲损失实际上全部是𬌗,因此该式不是㶲守恒方程式,只是由于等号两边数量相等,所以称为㶲平衡方程式。

㶲平衡方程与能量平衡方程具有本质的区别。能量平衡方程以热力学第一定律为理论基础,着眼于能量之间的数量关系,考虑热力系统中能量的有形损失(即外部损失);而㶲平衡方程则以热力学第一定律和第二定律为理论基础,着眼于能量做功能力的变化,考虑热力过程中能量在质量上的损失(即内部损失)。通过能量平衡方程可以给出能量系统及其各设备、各环节中能量有效利用和损失的实际数量,用以比较相同条件下工作的循环及热力设备的工作效果;通过㶲平衡方程可以给出能量系统及其各环节中由不可逆性所引起的做功能力的损失(即㶲损失),用以度量热力系统的热力学完善性。

3.3.1 典型系统和过程的㶲平衡方程及㶲损失

1. 稳定流动系统

对于有工质稳定流入、流出,与环境有热、功交换的开口系统,输入系统的㶲为

$$E_{x,in} = E_{x,Q} + E_{x,H_1} + \frac{1}{2}mc_1^2 + mgz_1 \tag{3-63}$$

式中 $E_{x,Q}$——由温度 T_H 的热源输入系统的热量㶲;

E_{x,H_1}——系统进口工质的焓㶲;

$\frac{1}{2}mc_1^2$、mgz_1——系统进口工质的动能㶲和位能㶲。

输出系统的㶲为

$$E_{x,out} = E_{x,W} + E_{x,H_2} + \frac{1}{2}mc_2^2 + mgz_2 \tag{3-64}$$

式中 $E_{x,W}$——系统向外输出的机械功；

E_{x,H_2}——系统出口工质的焓㶲；

$\frac{1}{2}mc_2^2$、mgz_2——系统出口工质的动能㶲和位能㶲。

输入系统的热量㶲为

$$E_{x,Q} = \int_1^2 \left(1 - \frac{T_0}{T_H}\right) \mathrm{d}Q \tag{3-65}$$

对于稳定流动系统，系统的㶲变化 $\Delta E_{x,U}=0$，则稳定流动系统的㶲平衡方程式为

$$E_{x,Q} + E_{x,H_1} + \frac{1}{2}mc_1^2 + mgz_1 = E_{x,W} + E_{x,H_2} + \frac{1}{2}mc_2^2 + mgz_2 + E_{xl} \tag{3-66}$$

由㶲平衡方程可以求得系统的㶲损失为

$$\begin{aligned} E_{xl} &= (E_{x,Q} - E_{x,W}) + (E_{x,H_1} - E_{x,H_2}) + \frac{1}{2}m(c_1^2 - c_2^2) + mg(z_1 - z_2) \\ &= \int_1^2 \left(1 - \frac{T_0}{T_H}\right) \mathrm{d}Q + (H_1 - H_2) - T_0(S_1 - S_2) + \\ &\quad \frac{1}{2}m(c_1^2 - c_2^2) + mg(z_1 - z_2) - E_{x,W} \end{aligned} \tag{3-67}$$

2. 静止闭口系统

对于与外界只有能量交换而没有质量交换的静止闭口系统，㶲平衡方程为

$$E_{x,Q} = E_{x,W} + \Delta E_{x,U} + E_{xl} \tag{3-68}$$

静止闭口系统㶲的变化为热力学能㶲的变化，即

$$\Delta E_{x,U} = E_{x,U_2} - E_{x,U_1} = (U_2 - U_1) + p_0(V_2 - V_1) - T_0(S_2 - S_1) \tag{3-69}$$

系统输出的机械功等于系统在从状态 1 变化到状态 2 的过程中所做的容积功 W_s 与环境压力下的膨胀功 $p_0(V_2 - V_1)$ 之差：

$$E_{x,W} = W_s - p_0(V_2 - V_1)$$

因此，系统经历不可逆过程的㶲损失为

$$E_{xl} = \int_1^2 \left(1 - \frac{T_0}{T_H}\right) \mathrm{d}Q + (U_1 - U_2) - T_0(S_1 - S_2) - W_s \tag{3-70}$$

3. 系统经历循环过程

闭口系统或者稳定流动系统经过一系列过程可以完成一个热力循环，工质经过一个循环又回到初始状态，工质的㶲没有发生变化，因此㶲平衡方程为

$$\oint \left(1 - \frac{T_0}{T}\right) \mathrm{d}Q = \oint \mathrm{d}W + E_{xl} \tag{3-71}$$

系统经过热力循环的㶲损失为

$$E_{xl} = \oint \left(1 - \frac{T_0}{T}\right) \mathrm{d}Q - \oint \mathrm{d}W = \int_H \left(1 - \frac{T_0}{T_H}\right) \mathrm{d}Q_1 - \int_L \left(1 - \frac{T_0}{T_L}\right) \mathrm{d}Q_2 - W \tag{3-72}$$

如果热力循环是可逆的,则 $E_{xl}=0$,循环的最大有用功为

$$W_{max}=\int_H\left(1-\frac{T_0}{T_H}\right)dQ_1-\int_L\left(1-\frac{T_0}{T_L}\right)dQ_2 \tag{3-73}$$

如果以环境为冷源,则有

$$E_{xl}=\int_H\left(1-\frac{T_0}{T_H}\right)dQ_1-W \tag{3-74}$$

$$W_{max}=\int_H\left(1-\frac{T_0}{T_H}\right)dQ_1 \tag{3-75}$$

由以上两式可以看出,热力循环中不可逆因素所导致的㶲损失为

$$E_{xl}=W_{max}-W \tag{3-76}$$

即㶲损失是指由不可逆过程所引起的㶲转换为炕的那部分能量。

4. 传热过程

对于传热过程,其㶲平衡方程为

$$E_{x,h}=E_{x,c}+E_{xl} \tag{3-77}$$

式中 $E_{x,h}$ ——加热介质放出的热量㶲;

$E_{x,c}$ ——吸热介质获得的热量㶲。

以一个表面式换热器为例,在环境温度为 T_0 的条件下,热流体的放热量为 Q_h,冷流体的吸热量为 Q_c,如果假设换热过程中热流体与冷流体的温度分别保持 T_h 与 T_c 不变,则热流体放出的热量㶲与冷流体获得的热量㶲分别为

$$E_{x,h}=Q_h\left(1-\frac{T_0}{T_h}\right),\quad E_{x,c}=Q_c\left(1-\frac{T_0}{T_c}\right) \tag{3-78}$$

则换热过程中的㶲损失为

$$E_{xl}=E_{x,h}-E_{x,c}=Q_h\left(1-\frac{T_0}{T_h}\right)-Q_c\left(1-\frac{T_0}{T_c}\right) \tag{3-79}$$

考虑换热过程中向环境的散热量 $\Delta Q=Q_h-Q_c$,上式可化为

$$E_{xl}=\Delta Q\left(1-\frac{T_0}{T_h}\right)+Q_cT_0\left(\frac{1}{T_c}-\frac{1}{T_h}\right) \tag{3-80}$$

在实际的换热过程中,冷、热流体的温度通常是变化的,假设热流体在放热过程中温度从 $T_{h,2}$ 降低到 $T_{h,1}$,冷流体在吸热过程中温度从 $T_{c,1'}$ 升高到 $T_{c,2'}$,如图3-4中(a)所示,则换热过程中热、冷流体的热量㶲分别为

$$\begin{aligned}E_{x,h}&=\int_1^2\left(1-\frac{T_0}{T_h}\right)dQ_h=Q_h-G_hc_{p,h}T_0\ln\frac{T_{h,2}}{T_{h,1}}\\E_{x,c}&=\int_{1'}^{2'}\left(1-\frac{T_0}{T_c}\right)dQ_c=Q_c-G_cc_{p,c}T_0\ln\frac{T_{c,2'}}{T_{c,1'}}\end{aligned} \tag{3-81}$$

式中 G_h、G_c ——换热器中热流体、冷流体的质量流量;

$c_{p,h}$、$c_{p,c}$ ——热流体、冷流体的平均定压比热。

换热过程中的㶲损失为

$$E_{xl}=(Q_h-Q_c)-G_hc_{p,h}T_0\ln\frac{T_{h,2}}{T_{h,1}}+G_cc_{p,c}T_0\ln\frac{T_{c,2'}}{T_{c,1'}} \tag{3-82}$$

如果忽略换热过程中的散热损失,同时考虑到

$$G_h c_{p,h} \Delta T_h = G_c c_{p,c} \Delta T_c \tag{3-83}$$

式中 ΔT_h—— 换热器中热流体的温降,$\Delta T_h = T_{h,2} - T_{h,1}$;

ΔT_c—— 换热器中冷流体的温升,$\Delta T_c = T_{c,2'} - T_{c,1'}$。

则上式可化为

$$E_{xl} = G_h c_{p,h} T_0 \left(\frac{\Delta T_h}{\Delta T_c} \ln \frac{T_{c,2'}}{T_{c,1'}} - \ln \frac{T_{h,2}}{T_{h,1}} \right) \tag{3-84}$$

图 3-4 所示为温差换热的㶲损失在 $T-s$ 图上的表示,其中图 3-4(a)所示为放热温度、吸热温度都变化的情况,图 3-4(b)所示为放热温度、吸热温度都恒定的情况。

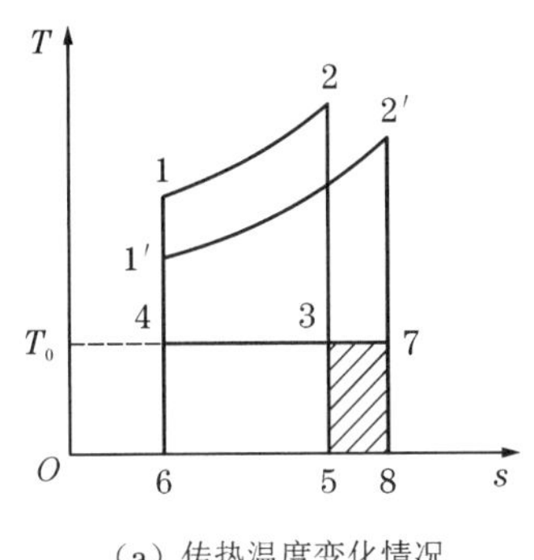

(a)传热温度变化情况

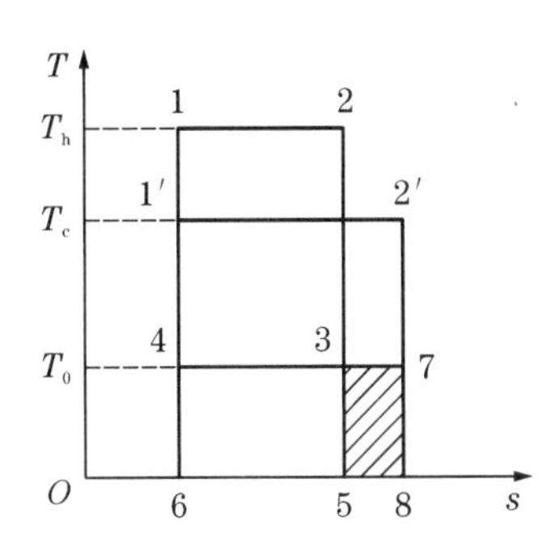

(b)传热温度恒定情况

图 3-4 温差传热引起的㶲损失

图中 1—2 为放热过程,1′—2′为吸热过程。如果不考虑传热过程中的散热损失,则区域 1—2—5—6—1 与区域 1′—2′—8—6—1′的面积相同,换热过程中的㶲损失为区域 3—7—8—5—3 所围的面积。

由式(3-78)可以看出,实际换热过程的㶲损失由两部分组成,一部分是由散热而引起的外部㶲损失,另一部分则是由于存在换热温差而引起的内部㶲损失。如果采取良好的热绝缘措施,消除换热过程中的散热损失,即 $Q_h = Q_c$,则外部㶲损失可以变为零。但是为了保证传热过程的正常进行,热流体与冷流体之间的传热温差必须存在,因此内部㶲损失是不能够被消除的。

5. 绝热节流过程

流体在绝热条件下流过一个节流阀,设环境温度为 T_0,节流阀前流体的㶲值为

$$E_{x,1} = (H_1 - H_0) - T_0(S_1 - S_0)$$

式中,H_0、S_0——流体在环境状态下的焓值和熵值。

节流阀后流体的㶲值为

$$E_{x,2} = (H_2 - H_0) - T_0(S_2 - S_0)$$

绝热节流过程的㶲平衡方程为

$$E_{x,1} = E_{x,2} + E_{xl}$$

由于绝热节流过程前后焓值不变,即 $H_1 = H_2$,则绝热节流过程中㶲损失为

$$E_{xl} = E_{x,1} - E_{x,2} = T_0(S_2 - S_1) = T_0 \Delta S_{12} \tag{3-85}$$

3.3.2 㶲损失的分类及其性质

一切实际过程都是不可逆过程,必定伴随着各种㶲损失,㶲损失的大小揭示了过程的不可逆程度,反映了过程中能量转换与利用的完善程度。根据㶲损失产生的部位,可以将其分成内部㶲损失和外部㶲损失两部分。这种划分方法具有一定的相对性。例如,对于孤立系统,由于一切不可逆因素都存在于系统内部,因此系统的㶲损失都是内部㶲损失;而对于非孤立系统,不可逆因素既可能存在于系统内部,也可能存在于系统外部,因此系统的㶲损失由内部㶲损失和外部㶲损失两部分组成。

1. 内部㶲损失与外部㶲损失

内部㶲损失是由热力系统内部过程的不可逆因素所引起的㶲损失,这类不可逆因素包括节流、流体阻力、机械摩擦、有限温差传热和浓度差等。内部㶲损失也称为㶲耗散,指在热力系统内部的不可逆过程中耗散为炕的那部分㶲。

外部㶲损失是由热力系统外界的不可逆因素引起的㶲损失,既与系统有关又与环境介质有关。典型的外部㶲损失有:由系统热绝缘不善向环境散热而引起的㶲损失(亦称㶲散逸),向环境排放未加利用的废热而引起的㶲损失(亦称㶲排放)等。

2. 㶲损失的性质

无论是㶲散逸或㶲排放,都没有产生实际效益,白白弃之于环境。因此,从节能的角度考虑,在合理的技术经济条件下,应该尽可能将它们减少到最低限度。

能量损失与㶲损失,原则上是有着不同内容的。能量损失按其本质来说是不科学的,因为根据能量守恒原理,能量是不会消失的,而对于某一系统的损失,或者对于某一目的的损失,如果一部分能量按其形式或参数对其不利时,可以这样说。而㶲损失正相反,它可以完全消失,它是与能量耗散相联系而消失的。

综上所述,㶲是反映能量的诸方面中的一个,即其在一定环境条件下的可转换性。

由以上分析可以得出如下结论:

(1)㶲耗散是由于系统内部的不可逆性造成的,其值的大小取决于过程的不可逆程度,过程的不可逆程度越大,㶲耗散也越大。

(2)由于一切实际过程都是不可逆过程,㶲耗散实际上是不可避免的。只有设法减少,而不能完全消除。

(3)大部分情况下,耗散的㶲都是高质能,如因摩擦而耗散的机械㶲,因流动阻力而耗散的动能㶲,因电阻而耗散的电能㶲。

但是内部㶲损失却不尽然,虽然由于内部不可逆性使㶲部分转变为炕,然而这种转变与过程进行的推动力有着密切关系。为了使过程能以一定速率进行,必须要有各种相应的势差作为推动力,以克服一定的阻力。例如流体的流动要有压差作为推动力,以克服流动阻力;热量的传递需要温差作为推动力,以克服热阻;质量的迁移与化学反应的进行需要化学势差作为推动力。各种势差的存在又势必导致产生内部㶲损失,势差越大,㶲损失也越大。若要减小㶲损失,必须减小势差,但也将使过程的推动力随之降低。从这个意义上讲,过程中的内部㶲损失是不可避免的,可以理解为为了推动过程进行所付出㶲的代价。

【例 3-5】 汽轮机入口新蒸汽参数为 3.5 MPa、435 ℃，流量为 11 kg/s；蒸汽在汽轮机内膨胀至 0.5 MPa、180 ℃时以 2 kg/s 的流量抽出，其余蒸汽继续膨胀至 0.005 MPa，干度为 0.82 时排出汽轮机。设环境状态为 0.1 MPa、20 ℃，忽略蒸汽的动能㶲与位能㶲。试计算：

(1)新蒸汽、抽汽和乏汽的㶲值；

(2)汽轮机可能输出的最大有用功率；

(3)汽轮机实际输出的功率；

(4)汽轮机因膨胀过程不可逆所引起的㶲损失。

解 根据新蒸汽参数 $p_1=3.5$ MPa，$t_1=435$ ℃，查水蒸气表得

$$h_1 = 3\ 304.1\ \text{kJ/kg}, s_1 = 6.959\ 9\ \text{kJ/(kg·K)}$$

根据抽汽参数 $p_2=0.5$ MPa，$t_2=180$ ℃，查水蒸气表得

$$h_2 = 2\ 811.4\ \text{kJ/kg}, s_2 = 6.964\ 7\ \text{kJ/(kg·K)}$$

根据乏汽参数 $p_3=0.005$ MPa，$x_3=0.82$，查水蒸气表得

$$h_3 = 137.77 + 0.82 \times (2\ 561.6 - 137.77) = 2\ 125.3\ \text{kJ/kg}$$

$$s_3 = 0.476\ 3 + 0.82 \times (8.396\ 0 - 0.476\ 3) = 6.970\ 5\ \text{kJ/(kg·K)}$$

乏汽流量为

$$G_3 = G_1 - G_2 = 11 - 2 = 9\ \text{kg/s}$$

根据环境状态 $p_0=0.1$ MPa，$t_0=20$ ℃，查水和水蒸气表得

$$h_0 = 84.0\ \text{kJ/kg}, s_0 = 0.296\ 3\ \text{kJ/(kg·K)}$$

(1)计算各蒸汽的㶲值

新蒸汽的㶲值：

$$\begin{aligned}E_{x,1} &= G_1[(h_1 - h_0) - T_0(s_1 - s_0)]\\ &= 11 \times [(3\ 304.1 - 84.0) - (20 + 273) \times (6.959\ 9 - 0.296\ 3)]\\ &= 13\ 944.3\ \text{kW}\end{aligned}$$

抽汽的㶲值：

$$\begin{aligned}E_{x,2} &= G_2[(h_2 - h_0) - T_0(s_2 - s_0)]\\ &= 2 \times [(2\ 811.4 - 84.0) - (20 + 273) \times (6.964\ 7 - 0.296\ 3)]\\ &= 1\ 547.1\ \text{kW}\end{aligned}$$

乏汽的㶲值：

$$\begin{aligned}E_{x,3} &= G_3[(h_3 - h_0) - T_0(s_3 - s_0)]\\ &= 9 \times [(2\ 125.3 - 84.0) - (20 + 273) \times (6.970\ 5 - 0.296\ 3)]\\ &= 771.8\ \text{kW}\end{aligned}$$

(2)计算汽轮机可能输出的最大有用功率

由可逆条件下的㶲平衡方程可得

$$N_{max} = E_{x,1} - E_{x,2} - E_{x,3} = 13\ 944.3 - 1\ 547.1 - 771.8 = 11\ 625.4\ \text{kW}$$

(3)计算汽轮机实际输出功率

由汽轮机的能量方程可得

$$\begin{aligned}N_t &= G_1h_1 - G_2h_2 - G_3h_3 = 11 \times 3\ 304.1 - 2 \times 2\ 811.4 - 9 \times 2\ 125.3\\ &= 11\ 594.6\ \text{kW}\end{aligned}$$

(4)计算汽轮机因膨胀过程不可逆引起的㶲损失

由实际过程的㶲平衡方程可得

$$E_{xl} = E_{x,1} - E_{x,2} - E_{x,3} - N_t = N_{max} - N_t = 11\ 625.4 - 11\ 594.6 = 30.8\ \text{kW}$$

3.3.3 㶲效率

通过㶲平衡可以求出各热力过程及整个系统或设备的㶲损失,这仅指出了做功能力损失的绝对量。若全面分析各过程及系统或设备的能量转换和利用情况,仅确定㶲的损失显然是不够的,因为不能据此直接分析、比较和判断出过程及系统或设备㶲的利用情况,以及各个热力过程对整个系统或设备影响的大小。因此,确定过程及系统或设备能量损失的相对程度是十分必要的。为了评价热力过程及系统或设备的热力学完善性,引入了㶲效率的概念。

㶲效率是基于热力学第二定律的分析所提出的一种用来衡量过程及系统或设备热力学完善性的指标,与基于热力学第一定律的分析所提出的热效率互有联系,但比热效率更能深刻地揭示出能量转换、利用和损耗的实质。㶲效率的一般定义式为

$$\eta_{ex} = \frac{\text{系统有效利用的㶲}}{\text{外界供给系统的㶲}} = \frac{E_{x,eff}}{E_{x,sup}} \tag{3-86}$$

对于不同的热力系统或设备,有效利用的㶲以及外界供给的㶲的确定可能会有所不同,即使对同一系统或设备,也会由于个人理解的不同而确定出不同的㶲效率,尤其是在进出系统或设备的㶲流较多时更容易出现这种情况。因此,㶲效率的定义具有一定的不确定性。

1. 传递㶲效率

传递㶲效率是常用的一种㶲效率,定义为热力系统或设备的输出总㶲与输入总㶲的比值,即

$$\eta_{ex} = \frac{\text{系统输出总㶲}}{\text{系统输入总㶲}} = \frac{\sum_{i=1}^{n}(E_{x,i})_{out}}{\sum_{j=1}^{m}(E_{x,j})_{in}} \tag{3-87}$$

上式中的输入总㶲与输出总㶲均为包括以热量、功和物流传递以及其他可能的形式带入、带出系统的㶲的总和。

传递㶲效率实际上是通过一个系统或设备传递而得到的㶲与交由该系统或设备来传递的㶲的比值,其定义建立在㶲平衡方程的基础上,具有如下特性:

(1)普遍适用于一切过程;

(2)只表征系统或设备内部热力学完善性;

(3)不反映系统或设备中过程的性质与目的。

传递㶲效率的不足之处是并不区分系统输出㶲中哪些部分是有用的、哪些部分是无益的,因此不能区别各种情况,真实地反映系统或设备的热力学完善程度。从本质上说,传递㶲效率反映的只是系统或设备中过程的不可逆性对热力学完善程度的单一影响,比较适用于诸如传热、流体传输以及轴功传递等能量传递过程。

例如,对于核电厂热力系统中的冷凝器,如果忽略运行过程中的散热,则冷凝器的传递㶲效率为

$$\eta_{ex}=\frac{\text{循环冷却水吸收的热量㶲}}{\text{汽轮机排汽冷凝放出的热量㶲}}$$

实际上循环冷却水流经冷凝器所吸收的热量㶲最终被循环冷却水带入了环境,完全不能被利用,因此按照式(3-80)的定义,冷凝器的㶲效率应该等于零。

由此可以看出,热力系统或设备的输出㶲并不完全是被有效利用的㶲,如果忽略这一事实,就不能正确地反映热力系统的经济性。

2. 目的㶲效率

从能量利用的角度来看,热力系统或设备中进行的过程都是为了达到能量转换或传输的目的,根据此目的可以确定输出㶲中哪些是有效利用的㶲,哪些不是,从而确定热力系统或设备的㶲效率。通常将达到目的所获得的㶲与外界供给的㶲之比称为目的㶲效率,定义式同式(3-80)。

仍以冷凝器为例,其主要作用是作为电厂热力系统中的热阱,实现热力循环中的定温放热过程。外界供给的㶲等于汽轮机排汽在冷凝器中完全凝结所放出的热量㶲,而输出㶲是排入环境的,因而在冷凝器内部传热过程中能被有效利用的㶲是零。

本书后面所提到的㶲效率,如果没有特别说明,指的都是目的㶲效率。

表3-6列出了常见热工设备或过程的供给㶲和有效利用㶲的表达式。

表3-6 常见热工设备或过程的供给㶲和有效利用㶲

序号	热工设备	供给㶲	有效利用㶲
1	锅炉	燃料㶲 $E_{x,f}$	蒸汽吸收㶲 $G_s(e_{x,fh}-e_{x,fw})$
2	燃烧室	$E_{x,f}$	$G_g e_{x,g}-G_a e_{x,a}$
3	汽轮机	$G_s(e_{x,1}-e_{x,2})$	N_i
4	压缩机或泵	原动机功率 N_p	流体吸收㶲 $G_f(e_{x,2}-e_{x,1})$
5	节流阀	阀前流体㶲 $G_f e_{x,1}$	阀后流体㶲 $G_f e_{x,2}$
7	压缩式制冷机	N_p	$\left(1-\frac{T_0}{T_1}\right)Q_1$
8	吸收式制冷机	$\int_1^2\left(1-\frac{T_0}{T_h}\right)\mathrm{d}Q_h$	$\left(1-\frac{T_0}{T_1}\right)Q_1$
9	蒸汽喷射制冷机	$G_s(e_{x,1}-e_{x,2})$	$\left(1-\frac{T_0}{T_1}\right)Q$
10	蒸汽压缩变热	N_p	$\left(1-\frac{T_0}{T_h}\right)Q$
11	混合式换热器	$G_h(e_{x,h1}-e_{x,l2})$	$G_l(e_{x,l2}-e_{x,l1})$
12	表面式换热器	$G_h(e_{x,h1}-e_{x,h2})$	$G_l(e_{x,l2}-e_{x,l1})$
13	暖气取暖	蒸汽放出㶲 $G_s(e_{x,1}-e_{x,2})$	$\left(1-\frac{T_0}{T_h}\right)Q$

表 3-6(续)

序号	热工设备	供给㶲	有效利用㶲
14	电热取暖	消耗电功率 N_e	$\left(1-\frac{T_0}{T_h}\right)Q$

3. 㶲效率与热效率的关系

㶲效率与热效率之间既有区别又有联系,主要表现在以下几个方面:

(1)热效率建立在热力学第一定律的基础上,表示过程利用的各种形式的能量对所消耗的各种形式能量之比。虽然分子、分母所涉及的都是能量,但它们的品位可能不同,所以这种效率必然导致高品位能量与低品位能量等量齐观,正由于这个缘故,热效率并不是衡量和评价过程能量利用合理性的一种理想的、统一的科学尺度。由于能量具有不同的质量,为了求得过程的真正效率,必须使分子、分母同属于真正的同类项,即必须用等价的能量相比较,这就是㶲效率。因为相同数量的㶲,不论为何种物流、能流所具有,理论上都是同品位、同使用价值、同数量的能量,它们都是严格的同类项。

(2)二者分析的结论差别很大。例如,对于锅炉而言,现在大型工业锅炉热效率可达 90%以上。从热平衡的观点来看,是比较完善的。但从㶲平衡的角度来分析,锅炉很不完善。这是因为锅炉的热能损失在数量上并不多,但是能质上则由于烟气和工质有很大的温差,这种高温差传热导致的不可逆性引起了很大的㶲损失。又如,对冷凝器的分析,从热平衡的观点看,认为排热数量太多,热量损失很大,是节能的重点所在。而从㶲平衡的观点来分析,则认为排热虽多,但其质量甚低,因而㶲损失所占比重很小,节能的真正潜力并不在此。

(3)热效率是不等质效率,用其来衡量过程或系统的优劣不够合理;㶲效率是真实而本质地反映了能量的质和量的转换和利用程度优劣的尺度。

它们之间又有一定的联系,因为两者都是研究同一对象的,所以必有其内在的联系。另外,热平衡和㶲平衡方法的联系还表现在它们的分析结果可以相互校核,热效率和㶲效率之间具有一定的数量关系。

㶲效率比用损耗功大小或者熵产生大小来评价过程更为简单明晰,更能准确定量地反映过程的不可逆程度,它已成为过程热力学分析的一项主要指标。

因此,㶲效率能准确、定量地反映出过程的不可逆程度,是评价各类热工过程和用能设备热力学完善性的统一尺度。

用㶲效率来评价和衡量各类热工和用能设备能量利用的完善程度是一项十分有意义的工作。这是因为某一类热工和用能设备的㶲效率的平均值,直接反映了该类热工和用能设备能量转换的优劣。通过分析各类热工和用能设备㶲损失的构成及比较其㶲的平均程度,则可揭示出能量转换过程的薄弱环节,即过程不可逆程度较大的所在,从而指出了节能改造的目标和方向。

由于㶲效率从质量和数量两个方面反映出过程及系统或设备的热力学不可逆程度,因此,目前在能源和节能工程中的各种热力分析中得到了广泛的应用。主要有以下几个方面:确定各热力过程的㶲损失对㶲效率的影响,从而确定它们在整个系统中所占的比重和地位,为改善热力过程、提高能量利用率指出主要矛盾所在;分析各单元过程的条件对㶲损失的影响,以便确定为减少㶲损失应采取的措施;作为统一的衡量指标,用以评价热力过程或系统及设备的优劣程度。

㶲效率指出了提高某个系统或设备㶲的利用程度尚有多大潜力,但是㶲效率并不能直接指出整个系统或设备中㶲损失的分布情况以及每个环节㶲损失所占的比重大小,因而也就不能直接揭示出薄弱环节。可以通过定义㶲损系数或者㶲损率,揭示过程中㶲转变的部位和程度。

3.3.4　㶲损率及㶲损系数

1. 㶲损率

系统中总的㶲损失为 $\sum E_{\mathrm{xl},i}$,其中某个环节或过程的局部㶲损失 $E_{\mathrm{xl},i}$ 所占的比例称为此环节或过程的㶲损率,即

$$d_i = \frac{E_{\mathrm{xl},i}}{\sum E_{\mathrm{xl},i}} \tag{3-88}$$

㶲损率表示局部㶲损失相对于总㶲损失的份额,在比较、评定热力系统中各环节或过程的㶲损失及对总㶲损失的影响方面有很多优点,但在比较、评定不同系统的㶲利用与损失的场合时,由于各系统总㶲损失不同,因而以总㶲损失为比较基准的㶲损率,在不同系统间就没有可比性,不能表征不同系统的㶲损失大小与㶲利用程度。而且㶲损率与㶲效率之间没有明确的、直接的关系,不能由㶲损率直接得出㶲效率。

2. 㶲损系数

热力系统或设备中第 j 个过程或环节的局部㶲损失占整个系统或设备总供给㶲的比例,称为该过程或环节的㶲损系数,即

$$\xi_j = \frac{\text{过程或环节}\,j\,\text{的局部㶲损失}}{\text{系统或设备的总供给㶲}} = \frac{E_{\mathrm{xl},j}}{E_{\mathrm{x,sup}}} \tag{3-89}$$

系统或设备的总㶲损系数为

$$\xi = \frac{E_{\mathrm{xl}}}{E_{\mathrm{x,sup}}} = \sum_{j=1}^{n} \frac{E_{\mathrm{xl},j}}{E_{\mathrm{x,sup}}} = \sum_{j=1}^{n} \xi_j \tag{3-90}$$

根据系统的㶲平衡方程

$$E_{\mathrm{x,sup}} = E_{\mathrm{x,eff}} + \sum_{j=1}^{n} E_{\mathrm{xl},j}$$

可以得到系统㶲效率与过程㶲损系数的关系

$$1 = \frac{E_{\mathrm{x,eff}}}{E_{\mathrm{x,sup}}} + \sum_{j=1}^{n} \frac{E_{\mathrm{xl},j}}{E_{\mathrm{x,sup}}} = \eta_{\mathrm{ex}} + \sum_{j=1}^{n} \xi_j = \eta_{\mathrm{ex}} + \xi \tag{3-91}$$

这是㶲平衡方程的又一形式。

该式提供了一种进行热力系统分析的方法。通过对热力系统中各个过程的㶲损情况进行分析,可以反映出热力系统中用能过程的薄弱环节,同时,利用上式可以方便地确定系统用能的合理性和有效性。

3.4 㶲分析法

㶲分析法是以热力学第一定律和热力学二定律为基础的第二类热力学分析法,以热力系统或过程为分析对象,在质量平衡和能量平衡的基础上,计算各物流和能流的㶲值,通过㶲平衡确定㶲损失及其分布,找出㶲损失的原因以及能量利用上的薄弱环节,从而为节能降耗、提高能量利用率指明正确方向。

㶲分析法的主要内容有:

(1) 进行质量平衡和能量平衡计算,确定输入、输出系统的工质流量、能流量以及工质的状态参数(如温度、压力等);

(2) 计算物流㶲和热流㶲;

(3) 由㶲平衡方程确定各过程的㶲损失;

(4) 确定系统的㶲效率。

3.4.1 㶲分析的单元法

当需要对能量系统进行详细分析时,仅把该系统作为一个整体而做一般评价是远远不够的,需要详细分析组成能量系统的所有环节的㶲损失大小,以及它们在总㶲损失中所占地位,从而确定最大损失的存在部位,找出提高系统热经济完善性的努力方向。

在实际分析过程中,总是将一个完整的能量系统划分为若干个组成单元,通过逐一对组成单元进行分析,掌握系统整体热经济性完善程度。这种将一个完整的能量系统分成若干个单元,对各单元逐一进行㶲损失计算与分析的方法,称为㶲分析的单元法,包括以下三个阶段:

(1)根据需要将能量系统划分为单元;

(2)对所划分的单元逐一进行㶲分析计算;

(3)将计算结果以表格或线图形式表示出来。

能量系统的单元划分是单元法分析的重要一环,也是整个计算分析的基础。单元如何划分,要视不同问题的不同要求而定,即唯一地取决于系统分析的任务和目的。一般来说,能量系统单元划分的原则为:

(1)将给定系统划分为单元时,所划分的单元数取决于研究问题的详细程度。研究要求越详细,单元划分的个数也越多,给出的分析结果也就越精细。

(2)组成系统的单元可以是主辅设备,也可以是系统的连接通道所涉及的过程,因而组成系统的具体单元可以分为两类,即设备单元和过程单元,前者可以包括后者。

3.4.2 典型单元的㶲分析

1. 膨胀过程

在能量系统中,膨胀和压缩是常见的过程。膨胀过程一般是在其起点高于环境温度的条件下进行的,目的是实现将物流㶲转换为机械功,在电厂热力系统中,这种转换过程在汽轮机中进行。

以单位质量蒸汽的单级膨胀为例,若汽轮机对环境是绝热的,㶲平衡方程为

$$e_{x,1} = e_{x,2} + w + e_{xl} \tag{3-92}$$

式中 $e_{x,1}$、$e_{x,2}$—— 膨胀前、后蒸汽的比㶲;

w—— 单位质量蒸汽在膨胀过程中对外做的功,$w = h_1 - h_2$;

e_{xl}—— 膨胀过程中的比㶲损失。

该汽轮机的效率为

$$\eta_{ex} = \frac{w}{e_{x,1} - e_{x,2}} = 1 - \frac{e_{xl}}{e_{x,1} - e_{x,2}}$$

在绝热条件下,系统不存在外部㶲损失,则

$$e_{xl} = T_0(s_2 - s_1)$$

如果不计机械摩擦,考虑到 $e_{x,1} - e_{x,2} = (h_1 - h_2) - T_0(s_1 - s_2)$,则㶲效率可以表示为

$$\eta_{ex} = \frac{h_1 - h_2}{(h_1 - h_2) - T_0(s_1 - s_2)} = \frac{h_1 - h_2}{(h_1 - h_2) + e_{xl}} \tag{3-93}$$

2. 节流过程

在电厂热力系统中,节流过程随处可见。有意造成的节流过程往往用于两种目的:一是通过节流,使压力较高的工质降低压力,以满足生产过程的工艺要求;二是通过节流降低工质压力而减少工质㶲的数量,进而达到减少汽轮机输出功率的目的,这从热经济性来说是一种㶲的浪费,但由于它是一种简便易行的功率调节方法,因此在工程中仍然得到广泛应用。

对于单位质量工质的绝热节流过程,其㶲平衡方程为

$$e_{x,1} = e_{x,2} + e_{xl} \tag{3-94}$$

式中 $e_{x,1}$、$e_{x,2}$—— 绝热节流前、后工质的比㶲;

e_{xl}—— 节流过程中的比㶲损失。

节流过程的㶲损失可表示为

$$e_{xl} = (h_1 - h_2) - T_0(s_1 - s_2)$$

式中 h_1、h_2——节流前、后单位质量工质的焓,kJ/kg;

s_1、s_2——节流前、后单位质量工质的熵,kJ/(kg·K)。

由于绝热节流过程中工质的焓保持不变,即 $h_1 = h_2$,则上式可变为

$$e_{xl} = T_0(s_2 - s_1)$$

节流过程中的㶲损失由黏滞摩擦所引起,此过程的㶲效率为

$$\eta_{ex} = \frac{e_{x,2}}{e_{x,1}} \tag{3-95}$$

3. 压缩过程

压缩过程的始点温度一般高于环境温度。同膨胀过程一样,压缩也有单级压缩和多级压缩之别。

以单位质量工质的单级压缩为例,其㶲平衡方程为

$$e_{x,1} + w_c = e_{x,2} + e_{x,q} + e_{xl} \tag{3-96}$$

式中 $e_{x,1}$、$e_{x,2}$——压缩前、后工质的比㶲；

w_c——压缩单位质量工质所消耗的外部功；

$e_{x,q}$——压缩过程中传递给外界的比热量㶲；

e_{xl}——压缩过程中的比㶲损失。

若压缩过程是绝热的，则 $e_{x,q}=0$，上式变为

$$w_c = e_{x,2} - e_{x,1} + e_{xl}$$

则绝热压缩过程的㶲效率为

$$\eta_{ex} = \frac{e_{x,2} - e_{x,1}}{w_c} = 1 - \frac{e_{xl}}{w_c} \tag{3-97}$$

4. 传热过程

传热过程一般可以分为两类。第一类传热过程是通过导热、对流传热或辐射传热等方式，将热量从一种载热介质传递到另一种载热介质，从而实现能量的交换，这是能量系统中最为常见的一种过程；第二类传热过程则以热量从系统传递到环境，或从环境传入系统为特征。

由有限温差换热所引起的传热过程的不可逆性，是换热器中造成㶲损失的不可逆因素的最基本形式，这是热能从高温传向低温而导致的热能质量降低的结果。在实际的换热器中，为了维持一定的传热速率，必须保证传热介质之间有足够的温差，因此这种形式的不可逆性是不可避免的。

换热器内部传热过程的㶲平衡方程为

$$E_{x,Q_1} = E_{x,Q_2} + E_{x,\Delta Q} + E_{xl} \tag{3-98}$$

式中 E_{x,Q_1}、E_{x,Q_2}——热流体放出的热量㶲和冷流体吸收的热量㶲；

$E_{x,\Delta Q}$——向环境散失的热量㶲；

E_{xl}——传热过程中的㶲损失。

由于向环境散失的热量㶲不能被有效利用，因而也应计入㶲损失，则换热器的㶲效率为

$$\eta_{ex} = \frac{E_{x,Q_2}}{E_{x,Q_1}} = \frac{\int\left(1 - \frac{T_0}{T_2}\right)\mathrm{d}Q_2}{\int\left(1 - \frac{T_0}{T_1}\right)\mathrm{d}Q_1} \tag{3-99}$$

【例3-6】 一个保温良好的管壳式换热器，管侧加热介质的流量为0.05 kg/s，进、出口温度分别为150 ℃和35 ℃，壳侧吸热介质的进、出口温度分别为25 ℃和110 ℃。已知加热介质、吸热介质的平均定压比热分别为4.35 kJ/(kg·K)和4.69 kJ/(kg·K)，环境温度为25 ℃，试确定换热器在传热过程中的能量损失及其效率。

解 在传热过程中，加热介质放出的热量为

$$Q_1 = G_1 c_{p1}(t_{1i} - t_{1o}) = 0.05 \times 4.35 \times (150 - 35) = 25\ \mathrm{kW}$$

忽略传热过程中的散热损失，吸热介质吸收热量等于放热介质放出热量，即 $Q_2 = Q_1$。根据吸热介质的吸热方程

$$Q_2 = G_2 c_{p2}(t_{2o} - t_{2i})$$

得吸热介质的质量流量

$$G_2 = \frac{Q_2}{c_{p2}(t_{2o} - t_{2i})} = \frac{25}{4.69 \times (110 - 25)} = 0.0627 \text{ kg/s}$$

加热介质放出的㶲为

$$\begin{aligned} E_{x1} &= \int_{T_{1o}}^{T_{1i}} \left(1 - \frac{T_0}{T}\right) G_1 c_{p1} \mathrm{d}T = Q_1 - G_1 c_{p1} T_0 \ln \frac{T_{1i}}{T_{1o}} \\ &= 25 - 0.05 \times 4.35 \times (25 + 273.15) \ln \frac{150 + 273.15}{35 + 273.15} \\ &= 4.43 \text{ kW} \end{aligned}$$

吸热介质得到的㶲为

$$\begin{aligned} E_{x2} &= \int_{T_{2i}}^{T_{2o}} \left(1 - \frac{T_0}{T}\right) G_2 c_{p2} \mathrm{d}T = Q_2 - G_2 c_{p2} T_0 \ln \frac{T_{2o}}{T_{2i}} \\ &= 25 - 0.0627 \times 4.69 \times (25 + 273.15) \ln \frac{110 + 273.15}{25 + 273.15} \\ &= 3 \text{ kW} \end{aligned}$$

传热过程中的㶲损失为

$$E_{xl} = E_{x1} - E_{x2} = 4.43 - 3 = 1.43 \text{ kW}$$

换热器的㶲效率为

$$\eta_{ex} = \frac{E_{x2}}{E_{x1}} \times 100\% = \frac{3}{4.43} \times 100\% = 67.72\%$$

3.4.3 单元的串联和并联模型

任何一个复杂系统都可以认为是由若干分系统组成的,而每一个分系统可划分为若干个子系统,每个子系统又可认为是由若干基本单元(或设备)所组成。基本单元之间的组合不外乎并联或串联这两种最基本的形式。

如果后一单元的输入㶲是前一单元的有效输出,或者后一单元作为代价的㶲是前一单元作为收益的㶲,则称单元间为串联。如果几个单元的输入和有效输出分别相互平行,或者几个单元作为代价的㶲与作为收益的㶲分别相互平行,则称单元间为并联。

这里所谓的并联或串联,不是依工质流的方向或组合加以划分的,因此可能与工质的自然流向一致,也可能并不一致。此外,在并联组合中,几个单元的代价㶲与收益㶲的方向可以完全相同,也可以相反,前者称为同向并联,后者称为逆向并联。

依据并联与串联的不同组合方式,能量系统一般可以分为“并串组合”与“串并组合”两种基本组合模型。复杂系统也往往可以看成是这两种基本组合模型按并联或串联的再组合。

在热力系统的㶲分析中,为使问题简化,经常会用到“黑箱模型”的概念。设备的黑箱模型,是指把设备看作由不透明边界所包围的系统,以实线表示边界,带箭头的实线表示输入、输出,带箭头的虚线表示设备内部不可逆损失。这是不考虑设备内部实际过程,借助输入、输出的能流信息来研究设备的用能过程宏观特性的一种方法,其无法确定设备内部各个具体过程的㶲损系数。

与黑箱模型相对的概念是白箱模型,是指将分析对象看作由透明边界包围的系统,可以对系统内各个过程逐个进行分析,计算各过程的㶲损系数。

如果将热力系统内所有设备均视为黑箱,黑箱之间以㶲流线连接起来,形成网络,这种分析模型称为黑箱网络模型或者灰箱模型。

1. 黑箱串联模型

如图 3-5 所示,整个系统由若干个相互串联的单元组成,前一个单元的有效输出㶲供给后一个单元,即 $E_{x,eff}(i)=E_{x,sup}(i+1)$。

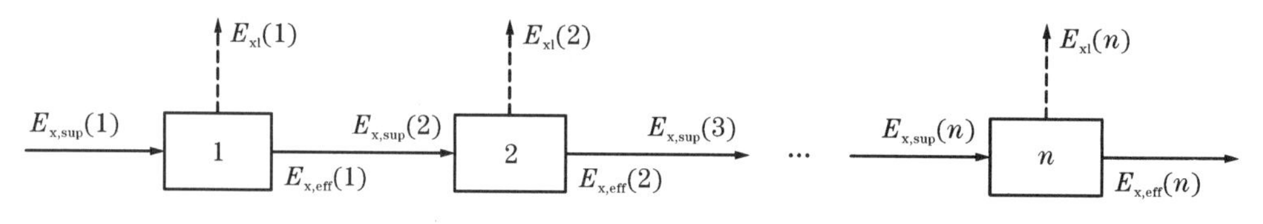

图 3-5 串联单元模型

每个单元的㶲平衡方程及㶲效率为

$$E_{x,sup}(1)=E_{x,eff}(1)+E_{xl}(1)\quad,\quad \eta_{ex}(1)=\frac{E_{x,eff}(1)}{E_{x,sup}(1)}$$

$$E_{x,sup}(2)=E_{x,eff}(2)+E_{xl}(2)\quad,\quad \eta_{ex}(2)=\frac{E_{x,eff}(2)}{E_{x,sup}(2)}$$

$$\cdots$$

$$E_{x,sup}(n)=E_{x,eff}(n)+E_{xl}(n)\quad,\quad \eta_{ex}(n)=\frac{E_{x,eff}(n)}{E_{x,sup}(n)}$$

除第一个单元外,其他单元均未从系统外获得任何供给㶲,因此整个系统的供给㶲即为第一个单元的供给㶲,即 $E_{x,sup}=E_{x,sup}(1)$;整个系统有效利用的㶲即为最后一个单元的有效输出㶲,即 $E_{x,eff}=E_{x,eff}(n)$。

因此,整个系统的㶲平衡方程为

$$E_{x,sup}(1)=E_{x,eff}(n)+\sum_{i=1}^{n}E_{xl}(i)\tag{3-100}$$

整个系统的㶲效率为

$$\eta_{ex}=\frac{E_{x,eff}(n)}{E_{x,sup}(1)}=\frac{E_{x,eff}(1)}{E_{x,sup}(1)}\frac{E_{x,eff}(2)}{E_{x,sup}(2)}\cdots\frac{E_{x,eff}(n)}{E_{x,sup}(n)}=\eta_{ex}(1)\eta_{ex}(2)\cdots\eta_{ex}(n)\tag{3-101}$$

系统中第 i 个单元的㶲损系数为

$$\xi_i=\frac{E_{xl}(i)}{E_{x,sup}(1)}=\frac{E_{x,sup}(i)-E_{x,eff}(i)}{E_{x,sup}(1)}\tag{3-102}$$

整个系统的㶲效率与各单元㶲损系数之间的关系为

$$\eta_{ex} = 1 - \sum_{i=1}^{n} \xi_i \tag{3-103}$$

2. 黑箱并联模型

如图 3-6 所示,整个系统由若干个相互并联的单元所组成,外界对每个单元都有供给烟,所有单元的有效输出烟之和即为整个系统的有效输出烟。

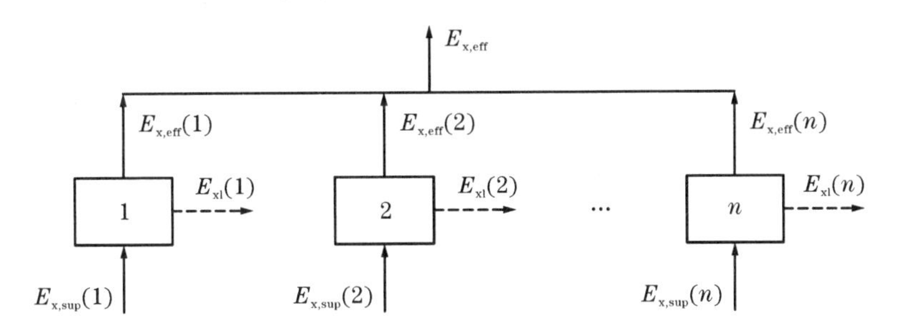

图 3-6　并联单元模型

每一个单元的烟平衡方程及烟效率为

$$E_{x,sup}(1) = E_{x,eff}(1) + E_{xl}(1) \quad , \quad \eta_{ex}(1) = \frac{E_{x,eff}(1)}{E_{x,sup}(1)}$$

$$E_{x,sup}(2) = E_{x,eff}(2) + E_{xl}(2) \quad , \quad \eta_{ex}(2) = \frac{E_{x,eff}(2)}{E_{x,sup}(2)}$$

$$\cdots$$

$$E_{x,sup}(n) = E_{x,eff}(n) + E_{xl}(n) \quad , \quad \eta_{ex}(n) = \frac{E_{x,eff}(n)}{E_{x,sup}(n)}$$

整个系统的烟平衡方程及烟效率为

$$\sum_{i=1}^{n} E_{x,sup}(i) = \sum_{i=1}^{n} E_{x,eff}(i) + \sum_{i=1}^{n} E_{xl}(i) \tag{3-104}$$

$$\eta_{ex} = \frac{\sum_{i=1}^{n} E_{x,eff}(i)}{\sum_{i=1}^{n} E_{x,sup}(i)} \tag{3-105}$$

系统中第 i 个设备的烟损系数为

$$\xi_i = \frac{E_{xl}(i)}{\sum_{i=1}^{n} E_{x,sup}(i)} \tag{3-106}$$

整个系统的烟效率与各个单元烟损系数的关系为

$$\eta_{ex} = 1 - \sum_{i=1}^{n} \xi_i \tag{3-107}$$

3.5 能级分析原理

能级的概念建立在㶲分析的基础上,用以表征能量的质量高低,其含义为向系统提供的单位能量中含有㶲值的份额,即

$$\lambda = \frac{E_x}{E} \tag{3-108}$$

式中 E ——向系统提供的能量;

E_x ——向系统提供的能量中所含有㶲值。

能级系数是衡量能量质量的指标,其大小表示能量级别的高低。显然,对于机械能、电能、核能等高级能,$\lambda = 1$;对于热能这样的低级能,$0 < \lambda < 1$;对于自然环境下(大气、天然水、大地)的热量,$\lambda = 0$,属于僵态能或寂态能。

能级系数被定义为㶲量与能量的比值,应当注意该式只有当㶲与能取相同的计算基准时才成立。㶲是以给定环境作为计算基准得出的一个相对值,㶲计算的基准已成为一种约定成俗,具有相对不变性,凡是与给定环境处于平衡状态下的系统其㶲量为零。能量也是以人为选定的某个状态作为计算基准得出的一个相对值,但与㶲计算的基准不同,能量计算的基准具有较大任意性。为了使能级能够真正表示能量的品质,应该使能量与㶲的计算具有相同的计算起点(基准)。当能量与㶲的计算基准不一样时,应当把任意基准下的能量折合到与㶲计算基准一致时的能量,这样才能使用㶲量与能量之比去计算能级。通常情况下取环境状态作为能量与㶲计算的基准。按照能级的定义,当系统处于环境状态时,其能级等于0。

既然能量具有量与质两方面的特性,因此在用能过程中必须注意能量在数量上的完全利用和质量上的合理匹配。㶲分析揭示了用能过程的热力学完善性,而对于大系统能量利用的合理性,只有通过能级平衡分析才能正确评定。能级匹配的正确含义是指所供应能量(能源)的能级与所需能量(用户)的能级之间的匹配,而不是其他的能量能级间的匹配。

以一个表面式换热器为例,若热流体放出的热量及其㶲值为 Q_1、$E_{x,1}$,冷流体吸收的热量及其㶲值为 Q_2、$E_{x,2}$,换热器向环境的散热量及其㶲值为 Q_3、$E_{x,3}$,则此换热器的能量平衡方程为

$$Q_1 = Q_2 + Q_3 \tag{3-109}$$

该设备的㶲平衡方程为

$$E_{x,1} = E_{x,2} + E_{x,3} + E_{xl,in} \tag{3-110}$$

式中,$E_{xl,in}$ ——换热器在传热过程中的内部㶲损失。

用式(3-110)除以式(3-109),得到能级平衡方程

$$\frac{E_{x,1}}{Q_1} = \frac{E_{x,2} + E_{x,3} + E_{xl,in}}{Q_2 + Q_3} \tag{3-111}$$

换热器向环境散热而排出的㶲实质上是传热过程中的外部㶲损失,令 $E_{xl,out} = E_{x,3}$,则式(3-111)可以表示为

$$\frac{E_{x,1}}{Q_1} = \frac{E_{x,2} + E_{xl,out} + E_{xl,in}}{Q_2 + Q_3} = \frac{E_{x,2}}{Q_2 + Q_3} + \frac{E_{xl}}{Q_2 + Q_3} \tag{3-112}$$

式中,E_{xl} ——换热器在传热过程中的总㶲损失,$E_{xl} = E_{xl,out} + E_{xl,in}$。

根据能级的定义,热流体放出热量的能级为 $\lambda_1=\dfrac{E_{x,1}}{Q_1}$,冷流体吸收热量的能级为 $\lambda_2=\dfrac{E_{x,2}}{Q_2}$,代入式(3-112)中得

$$\lambda_1=\lambda_2\frac{Q_2}{Q_2+Q_3}+\frac{E_{xl}}{Q_2+Q_3}=\lambda_2\eta_e+\frac{E_{xl}}{Q_1}\tag{3-113}$$

式中,η_e——换热器的热效率,$\eta_e=\dfrac{Q_2}{Q_1}$。

换热器热流体与冷流体之间的能级差为

$$\Delta\lambda=\lambda_1-\lambda_2=\frac{Q_2E_{xl}-Q_3E_{x,2}}{Q_2(Q_2+Q_3)}\tag{3-114}$$

换热器的能级效率为

$$\eta_\lambda=\frac{\lambda_2}{\lambda_1}\tag{3-115}$$

能级损失系数为

$$\xi_\lambda=\frac{\Delta\lambda}{\lambda_1}\tag{3-116}$$

联立式(3-113)和式(3-115),并考虑到换热器的㶲损系数为 $\xi=\dfrac{E_{xl}}{E_{x,1}}$,有

$$\eta_\lambda\eta_e+\xi=1\tag{3-117}$$

【例3-7】 质量流量为1.20 kg/s的空气流经一逆流式换热器,从0.28 MPa、25 ℃的状态被燃气加热至125 ℃;质量流量为1.04 kg/s的燃气从0.13 MPa、250 ℃的状态冷却至98 ℃,然后排入环境。设空气的平均定压比热为1.01 kJ/(kg·K),燃气的平均定压和定容比热分别为0.84 kJ/(kg·K)和0.63 kJ/(kg·K),环境状态为0.1 MPa、20 ℃,分别用能量分析、㶲分析和能级分析确定换热器的效率。

解　在计算过程中,不计空气和燃气通过换热器的压力和动能变化。

(1)能量分析

在换热器中,燃气放出的热量为

$$Q_{gas,1}=1.04\times0.84\times(250-98)=132.79\ \text{kW}$$

空气吸收的热量为

$$Q_{air}=1.20\times1.01\times(125-25)=121.20\ \text{kW}$$

换热器的散热损失为

$$\Delta Q=Q_{gas,1}-Q_{air}=132.79-121.20=11.59\ \text{kW}$$

从换热器排入环境的燃气向环境放出的热量为

$$Q_{gas,2}=1.04\times0.84\times(98-20)=68.14\ \text{kW}$$

在使用燃气对空气进行加热的过程中,燃气放出的总热量为

$$Q_{gas}=Q_{gas,1}+Q_{gas,2}=132.79+68.14=200.93\ \text{kW}$$

因此,该热力过程的热效率和能量损失系数分别为

$$\eta_Q=\frac{Q_{air}}{Q_{gas}}=\frac{121.20}{200.93}=0.60$$

$$\xi_Q = \frac{\Delta Q + Q_{gas,2}}{Q_{gas}} = \frac{11.59 + 68.14}{200.93} = 0.40$$

(2)㶲分析

在换热器中,燃气放出的热量㶲为

$$E_{x1,gas} = G_{gas} c_p \left[(T_1 - T_2) - T_0 \ln \frac{T_1}{T_2} \right]$$

$$= 1.04 \times 0.84 \times \left[(250 - 98) - (20 + 273.15) \times \ln \frac{250 + 273.15}{98 + 273.15} \right]$$

$$= 44.88 \text{ kW}$$

燃气带入环境的热量㶲为

$$E_{x2,gas} = G_{gas} \left[c_p (T_2 - T_0) - c_p T_0 \ln \frac{T_2}{T_0} + R T_0 \ln \frac{p}{p_0} \right]$$

其中,燃气的气体常数为

$$R = c_p - c_v = 0.84 - 0.63 = 0.21 \text{ kJ/(kg·K)}$$

则有

$$E_{x2,gas} = 1.04 \times \left[0.84 \times (98 - 20) - 0.84 \times (20 + 273.15) \times \ln \frac{98 + 273.15}{20 + 273.15} + 0.21 \times (20 + 273.15) \ln \frac{0.13}{0.1} \right] = 24.52 \text{ kW}$$

燃气在整个放热过程中放出的热量㶲为

$$E_{x,gas} = E_{x1,gas} + E_{x2,gas} = 44.88 + 24.52 = 69.40 \text{ kW}$$

空气在换热器中吸收的热量㶲为

$$E_{x,air} = G_{air} c_p \left[(T_1 - T_2) - T_0 \ln \frac{T_1}{T_2} \right]$$

$$= 1.2 \times 1.01 \times \left[(125 - 25) - (20 + 273.15) \times \ln \frac{125 + 273.15}{25 + 273.15} \right]$$

$$= 18.44 \text{ kW}$$

换热器中的㶲损失为

$$E_{xl} = E_{x1,gas} - E_{x,air} = 44.88 - 18.44 = 26.44 \text{ kW}$$

整个放热过程的㶲效率和㶲损系数分别为

$$\eta_{ex} = \frac{E_{x,air}}{E_{x,gas}} = \frac{18.44}{69.40} = 0.266$$

$$\xi_{ex} = \frac{E_{xl} + E_{x2,gas}}{E_{x,gas}} = \frac{26.44 + 24.52}{69.40} = 0.734$$

(3)能级分析

在整个放热过程中,燃气放热量的能级为

$$\lambda_{gas} = \frac{E_{x,gas}}{Q_{gas}} = \frac{69.40}{200.93} = 0.3454$$

空气吸热量的能级为

$$\lambda_{air} = \frac{E_{x,air}}{Q_{air}} = \frac{18.44}{121.2} = 0.1521$$

燃气与空气之间的能级差为

$$\Delta\lambda = \lambda_{gas} - \lambda_{air} = 0.345\,4 - 0.152\,1 = 0.193\,3$$

能级效率和能级损失系数分别为

$$\eta_{\lambda} = \frac{\lambda_{air}}{\lambda_{gas}} = \frac{0.152\,1}{0.345\,4} = 0.44$$

$$\xi_{\lambda} = \frac{\Delta\lambda}{\lambda_{gas}} = \frac{0.193\,3}{0.345\,4} = 0.56$$

为便于比较，三种方法的计算结果列于表 3-7 中。

表 3-7　换热器热力分析结果比较

序号	能量分析		㶲分析		能级分析	
1	燃气放出热量/kW	200.93	燃气的热量㶲/kW	69.40	输入能级	0.345 4
2	空气吸收热量/kW	121.20	空气吸收热量㶲/kW	18.44	输出能级	0.152 1
3	带入环境热量/kW	68.14	带入环境㶲/kW	24.52	损失能级	0.193 3
4	散热损失/kW	11.59	㶲损失/kW	26.44	—	—
5	热效率	0.60	㶲效率	0.266	能级效率	0.44
6	能量损失系数	0.40	㶲损系数	0.734	能级损失系数	0.56

【例 3-8】　冬季房间取暖，室外环境温度为-5 ℃，要保持室温为 20 ℃，应向室内提供 100 kW 的热功率。有四种加热方案：

(1)电炉加热，电炉置于室内，电阻丝工作温度为 1 200 ℃。

(2)燃煤加热，火炉工作温度为 800 ℃。

(3)暖气加热，加热蒸汽是 0.5 MPa 的饱和水蒸气，通过暖气管道向室内放热，出口水温为 20 ℃并被回收循环使用。

(4)热泵加热。

分别用能量分析、㶲分析和能级分析对四种方案进行热力分析。

解　能量分析、㶲分析和能级分析的结果如表 3-8 所示。

表 3-8　房间采暖过程热力分析结果

分析方法	计算项目		电炉加热	燃煤加热	暖气加热	热泵加热
能量分析	输入能量	形式	电能	化学能	热能	机械能
		数量/kJ	100	115	100	10
	获得能量	形式	热能	热能	热能	热能
		数量/kJ	100	100	100	100
	热经济指标	名称	电炉效率	燃烧效率	传热效率	供暖系数
		数值	100%	87%	100%	10

表 3-8(续)

分析方法	计算项目	电炉加热	燃煤加热	暖气加热	热泵加热
㶲分析	㶲源供给的㶲/kW	100	110.4	34.4	10
	有效利用的㶲/kW	8.5	8.5	8.5	8.5
	㶲损失/kW	91.5	101.9	25.9	1.5
	㶲效率/%	8.5	7.7	24.7	85.0
能级分析	输入能量能级	1	0.96	0.344	0.1
	获得能量能级	0.085	0.085	0.085	0.085
	能级差	0.915	0.875	0.249	0.015
	能级效率/%	8.5	8.85	24.71	85

思考题与习题

3.1 简述㶲的基本概念及其性质。

3.2 一股温度为 90 ℃、流量为 20 kg/s 的热水,与另一股温度为 50 ℃、流量为 30 kg/s 的热水绝热混合。设环境温度为 20 ℃,试计算混合过程的㶲损失。

3.3 核电厂蒸汽发生器出口新蒸汽参数为 $p_1=5.4$ MPa, $x_1=0.997\ 5$,经主蒸汽管道进入汽轮机时蒸汽参数变为 $p_2=5.2$ MPa, $x_2=0.992\ 5$。设环境参数为 $p_0=0.1$ MPa, $t_0=20$ ℃,试计算主蒸汽管道内蒸汽流动过程的㶲损失。

3.4 汽轮机入口新蒸汽参数为 3.5 MPa、450 ℃,出口乏汽参数为 0.2 MPa、160 ℃,环境状态为 0.1 MPa、20 ℃。忽略宏观动能和位能的变化,试计算:

(1)汽轮机实际输出功;

(2)汽轮机可能做出的最大有用功;

(3)蒸汽在汽轮机内膨胀过程的㶲损失。

3.5 汽轮机进口蒸汽参数为 $p_1=6.4$ MPa, $x_1=0.997\ 5$,排汽压力为 $p_2=0.004$ MPa,汽轮机相对内效率为 $\eta_{oi}=0.82$。若环境参数为 $p_0=0.1$ MPa, $t_0=20$ ℃,试计算汽轮机的㶲效率。

3.6 使用电热器对环境条件下(0.1 MPa、15 ℃)的 5 kg 水加热,将其加热到 90 ℃。设水的平均定压比热为 4.19 kJ/(kg·K),试求加热过程中的㶲损失和能级差。

3.7 一个房间用电加热取暖,室内温度为 25 ℃时耗电 5 kW,当环境温度为 0 ℃时,试计算电热装置的㶲效率。

第4章　核电厂的热力循环

核电厂使用铀、钚等可裂变材料作为核燃料，将核燃料在可控链式裂变反应中产生的能量转换为电能。在目前的技术水平下，还不能实现大规模将核裂变能直接转换为电能的过程，而是需要经历几种能量形式的转换，如图 4-1 所示。

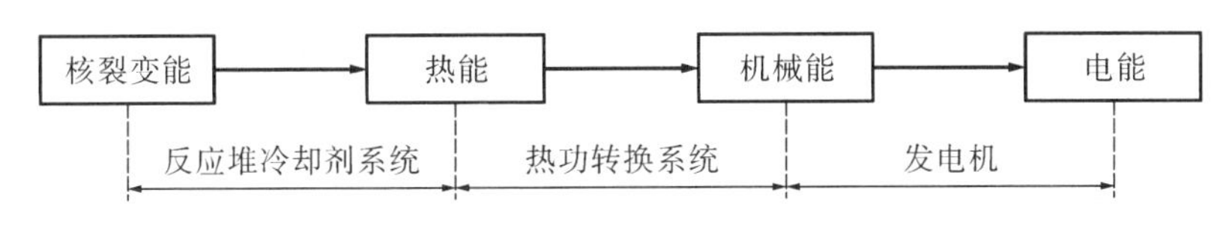

图 4-1　核电厂能量转换过程

核裂变能转换为热能的过程在反应堆内实现，通过反应堆冷却剂系统将堆芯核燃料释热传递到热功转换系统，进而实现热能转换为机械能过程，最后由发电机将机械能转换为电能。其中，热功转换系统的形式取决于所采用的热力循环。对于水冷堆（如压水堆、沸水堆、重水堆、石墨水冷堆等）核电厂、液态金属冷却堆核电厂、采用蒸汽循环的气冷堆核电厂，其热功转换系统以水/水蒸气作为循环工质，采用的是蒸汽动力装置的朗肯（Rankine）循环；对于采用直接循环的气冷堆核电厂，其热功转换系统以高温气体作为循环工质，采用的是气体布雷顿（Brayton）循环。

热力循环的完善性对于核电厂的热经济性指标具有重大影响，因此分析和评价热功转换过程的完善性，研究提高核电厂热经济性指标的途径，是核电厂设计和运行中的一个重要课题。对热力循环的研究建立在热力学第一定律及第二定律的基础上。对实际热力循环的研究通常分为两个步骤：

（1）将实际循环简化为理想的可逆循环，即暂时忽略不可逆因素的影响，研究影响该热力循环效率的主要因素以及为提高热效率而可能采取的措施；

（2）在研究理想可逆循环的基础上，进一步研究实际循环中存在的不可逆损失，找出损失的部位、大小、原因以及相互关系，研究减少不可逆损失的方法，分析提高热经济性的可能程度。

下面以压水堆核电厂和采用直接循环的高温气冷堆核电厂为例，分别介绍朗肯循环和布雷顿循环的基本原理与热力循环分析的基本方法。

4.1　朗肯循环

热经济性对核能利用的影响

压水堆核动力装置的热力系统从总体上分为压水堆及一回路系统、二回路系统两大部分，在核电厂中分别属于核岛和常规岛。压水堆核电厂普遍采用只能产生饱和蒸汽的自然循环蒸汽发生器，因而其二回路系统采用的是饱和蒸汽朗肯循环。

根据热力学第二定律,在相同界限的温度之间,卡诺循环的热效率最高,图4-2所示为 $T-s$ 图上的饱和蒸汽的卡诺循环。

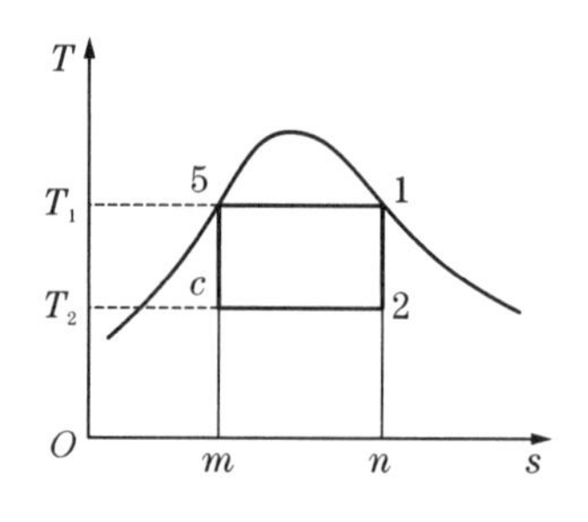

图 4-2 饱和蒸汽的卡诺循环

其中,1—2为绝热膨胀过程,2—c 为定温(定压)放热过程,c—5为绝热压缩过程,5—1为定温(定压)吸热过程。卡诺循环的热效率可表示为

$$\eta_t = 1 - \frac{T_2}{T_1} \tag{4-1}$$

在吸热温度 T_1 和放热温度 T_2 之间,尽管卡诺循环的热效率最高,但在实际的核动力装置中并不采用卡诺循环。这是因为,虽然过程1—2可以在汽轮机中近似实现,过程2—c 可以在冷凝器中近似实现,过程5—1可以在蒸汽发生器中近似实现,但由于状态 c 处于饱和水与饱和汽共存的湿蒸汽区,湿蒸汽的比容比水大1 000~2 000倍,使用泵实现绝热压缩过程 c—5极为困难。

4.1.1 理想朗肯循环

为避免实现蒸汽卡诺循环所带来的困难,在工程实际中蒸汽动力装置普遍采用朗肯循环,图4-3所示为 $T-s$ 图上理想朗肯循环。

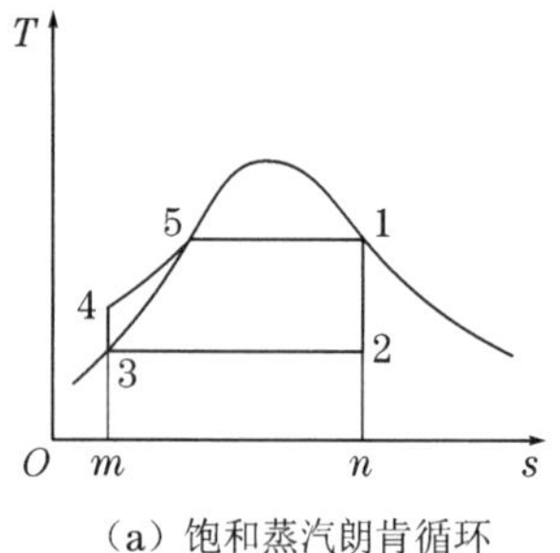

(a) 饱和蒸汽朗肯循环

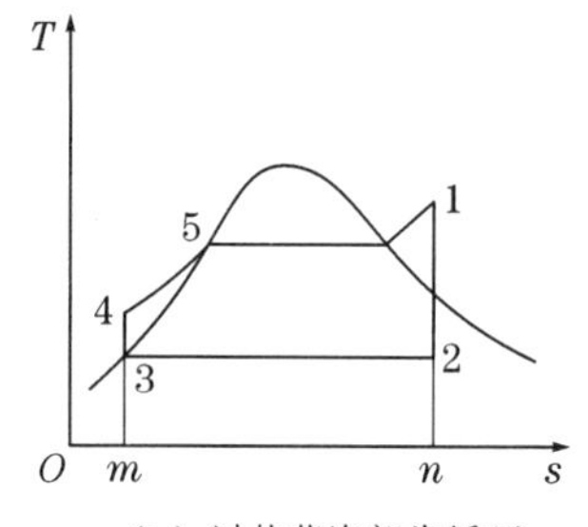

(b) 过热蒸汽朗肯循环

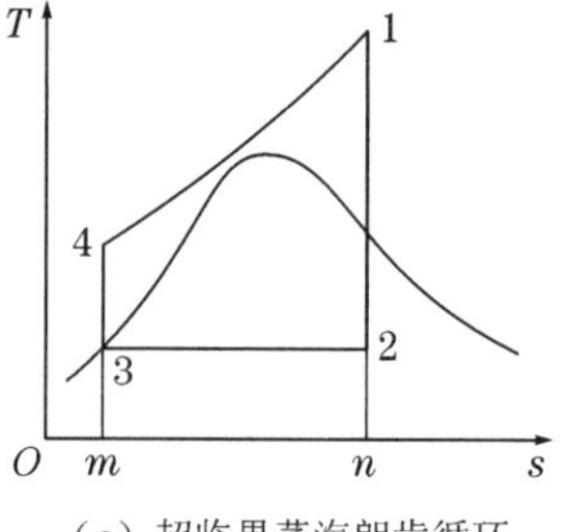

(c) 超临界蒸汽朗肯循环

图 4-3 $T-s$ 图上的理想朗肯循环

朗肯循环与蒸汽卡诺循环的主要不同之处在于:乏汽的凝结是完全的,即不是止于状态 c,而是一直进行到状态3,使乏汽全部液化;完全凝结使循环中多了一段不饱和水的加热过程4—5,减小了循环的平均温差,使热效率降低,但压缩水较压缩汽水混合物方便得多,因而有利于简化设备。

核电厂、热力发电厂以及船用蒸汽动力装置使用的蒸汽动力循环都是在朗肯循环的基础上改进得到的,朗肯循环是各种复杂的蒸汽动力装置的基本循环。

朗肯循环与卡诺循环的区别在于,水的加热不在定温下进行,如果采用过热蒸汽,在过热区加热也不是定温条件。因此,朗肯循环的热效率低于在相同温限间工作的卡诺循环。

图4-4所示为压水堆核动力装置的基本热力循环。

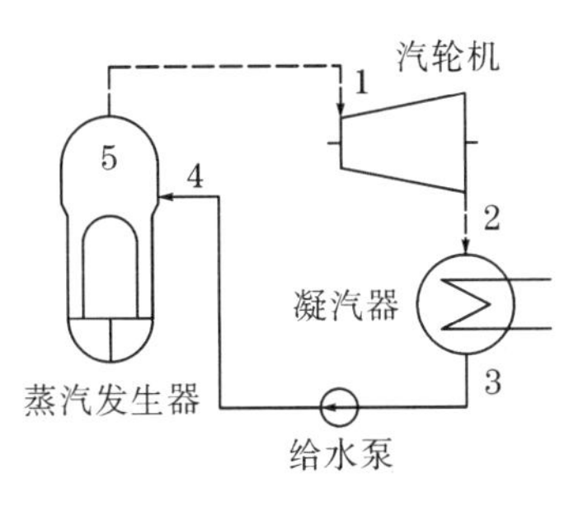

（a）热力系统原理流程

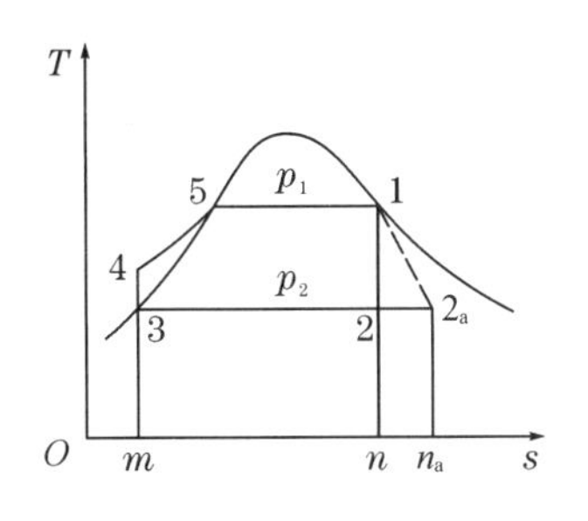

（b）T-s图上的朗肯循环

图 4-4 压水堆核动力装置的基本热力循环

与图 4-3 相对应，4—5—1 为二回路工质在蒸汽发生器中的定压吸热过程，在一回路冷却剂加热下从不饱和水变为饱和蒸汽；1—2 为蒸汽在汽轮机中的绝热膨胀过程，膨胀终了状态 2 为低压湿蒸汽，称为乏汽或废汽；2—3 为乏汽在冷凝器中的定压（定温）放热过程，乏气被循环水冷却而凝结为饱和水；3—4 为凝结水在给水泵中的绝热压缩过程，压力升高，再次进入蒸汽发生器，开始下一个循环。

核动力装置在稳定工况下正常运行时，工质处于稳定流动状态。如果以每千克工质为基准，在蒸汽发生器内的定压吸热过程 4—5—1 中，二回路工质从一次侧冷却剂的吸热量为

$$q_1 = h_1 - h_4 \tag{4-2}$$

其等于 T-s 图上 m—4—5—1—n—m 的面积。

在汽轮机内的绝热膨胀过程 1—2 中，蒸汽所做的理论功为

$$w_T = h_1 - h_2 \tag{4-3}$$

在冷凝器内的定压（定温）放热过程 2—3 中，乏汽向循环冷却水放出的热量为

$$q_2 = h_2 - h_3 \tag{4-4}$$

其等于 T-s 图上 m—3—2—n—m 的面积。

在绝热压缩过程 3—4 中，水泵对凝水所做的功为

$$w_P = h_4 - h_3 \tag{4-5}$$

整个循环中工质完成的净功为

$$w_0 = w_T - w_P = (h_1 - h_2) - (h_4 - h_3) \tag{4-6}$$

其等于 T-s 图上 1—2—3—4—5—1 的面积。

循环有效热量为

$$q_0 = q_1 - q_2 = (h_1 - h_4) - (h_2 - h_3) = (h_1 - h_2) - (h_4 - h_3) \tag{4-7}$$

其等于 T-s 图上 1—2—3—4—5—1 的面积。

由此可见

$$q_0 = w_0$$

循环热效率为

$$\eta_t = \frac{w_0}{q_1} = \frac{q_1 - q_2}{q_1} = \frac{(h_1 - h_2) - (h_4 - h_3)}{h_1 - h_4} = \frac{w_T - w_P}{q_1} \tag{4-8}$$

通常给水泵消耗的能量与主汽轮机的做功量相比很小，不会超过 1%，略去水泵功对计算精度的影响很小，但对分析计算循环热效率变化的大致趋向更为方便。此时有

$$h_4 \approx h_3$$

则循环热效率的近似表达式为

$$\eta_t = \frac{w_T}{q_1} = \frac{h_1 - h_2}{h_1 - h_3} \tag{4-9}$$

理想朗肯循环的汽耗率为

$$d_0 = \frac{3\ 600}{w_T - w_P} \approx \frac{3\ 600}{h_1 - h_2} \quad \mathrm{kg/(kW \cdot h)} \tag{4-10}$$

4.1.2 有摩阻的实际朗肯循环

实际上蒸汽在动力装置中的各个过程都是不可逆过程。例如,新蒸汽从蒸汽发生器出口到主汽轮机入口要经过一系列的管道、阀门,由于流动摩擦和散热,使新蒸汽的压力和温度都有所降低;蒸汽经过汽轮机时的绝热膨胀过程,由于汽流速度很高,汽流内部的摩阻损失以及喷嘴内壁与叶片对汽流的摩阻损失相当大,使实际过程与理想可逆过程的差别较为显著。因此,实际朗肯循环与理想朗肯循环存在较大差别。

对于实际的蒸汽动力循环,热力循环本身的损失主要有高压蒸汽管道中的散热和节流损失、汽轮机中的内部损失等方面。

1. 汽轮机内部膨胀过程的不可逆损失

蒸汽在汽轮机中膨胀做功时,会产生进汽机构节流损失、喷嘴损失、动叶损失、余速损失、湿汽损失、级内漏汽损失、鼓风摩擦损失等各种内部损失,从而使得蒸汽在汽轮机内的可用焓降只有一部分能够转变为机械功。在图 4-4 中,理想的绝热膨胀过程为 1—2,在考虑了蒸汽在汽轮机内部的各项损失后,实际的膨胀过程变为 1—2_a,在热力循环吸热量 q_1 不变的情况下,热力循环放热量 q_2 增大,增大的部分为 2—2_a—n_a—n—2 的面积。

蒸汽经过汽轮机时所做的实际内部功为

$$w_{T_a} = h_1 - h_{2_a} = (h_1 - h_2) - (h_{2_a} - h_2) \tag{4-11}$$

显然,少做的功等于多排出的热量。

汽轮机内部膨胀过程的不可逆程度用汽轮机相对内效率来描述,定义为汽轮机内部蒸汽实际做的功与理论功之比,简称汽轮机效率,即

$$\eta_{oi} = \frac{w_{T_a}}{w_T} = \frac{h_1 - h_{2_a}}{h_1 - h_2} \tag{4-12}$$

汽轮机相对内效率一般为 0.8~0.88,对于大功率汽轮机,可以达到 0.92。

2. 蒸汽管道中的散热和节流损失

蒸汽管道中的散热损失是由于蒸汽温度与环境有差异,但蒸汽管道都有较好的热绝缘保护层,所以散热损失一般较小,低于 1%。散热损失的结果使蒸汽温度有所降低,使蒸汽的做功能力降低。

节流损失是由蒸汽流经管道、阀门和节流阀时的阻力而产生的,其压降可达到初始压力的 3%或更大,节流前后蒸汽的焓值是不变的,因而节流损失与散热损失的性质不同,不是热量的损失,而是做功能力的损失。

管径愈大,阻力愈小,节流损失和压降也愈小,但设备投资较大,而且散热损失也要增

大。所以管道的大小有一个最佳值,即节流损失也有一个确定的值。

蒸汽管道中的散热和节流损失用管道损失系数来描述,其定义式为

$$\eta_{mp}=\frac{(h_1-h_{2_a})-\Delta h_{mp}}{h_1-h_{2_a}}=1-\frac{\Delta h_{mp}}{h_1-h_{2_a}} \tag{4-13}$$

式中, Δh_{mp} ——由于散热和节流而减少的蒸汽焓降。

通常, $\eta_{mp}=0.95\sim0.98$。

3. 热力循环之外的损失

图4-5所示为压水堆核动力装置中能量传递的主要过程。

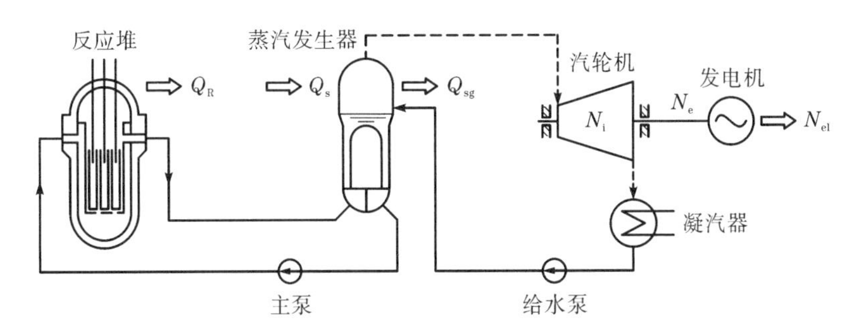

图4-5 压水堆核动力装置中能量传递的主要过程

一回路冷却剂流经堆芯,将核燃料释放出的热量带出,在蒸汽发生器内再传递给二回路给水,使之沸腾产生饱和蒸汽。由于一回路主管道存在散热损失,如果不考虑主泵运行传递给冷却剂的能量,可以用一回路能量利用系数 η_1 来衡量一回路系统能量传递的完善程度:

$$\eta_1=\frac{Q_s}{Q_R} \tag{4-14}$$

式中 Q_s ——核蒸汽供应系统热功率;

Q_R ——反应堆热功率。

蒸汽发生器存在散热及排污损失,通常用蒸汽发生器效率 η_{sg} 来衡量蒸汽发生器一、二次侧间能量传递的完善程度:

$$\eta_{sg}=\frac{Q_{sg}}{Q_s} \tag{4-15}$$

式中, Q_{sg} ——蒸汽发生器二次侧热功率。

考虑了汽轮机内部损失及管道流动损失后,蒸汽在汽轮机内实际做的功为

$$N_i=Q_{sg}\eta_t\eta_{oi}\eta_{mp} \tag{4-16}$$

蒸汽在汽轮机中产生的机械功并未全部传递给发电机,其中一部分用于克服轴承摩擦、带动主滑油泵及调节系统消耗能量。因此,发电机输入轴上获得的有效功率 N_e 总是小于汽轮机的内功率 N_i,二者的比值称为汽轮机组的机械效率:

$$\eta_m=\frac{N_e}{N_i} \tag{4-17}$$

考虑到发电机的电气损耗和机械摩擦,发电机的输出电功率 N_{el} 将小于汽轮机的有效

功率 N_e，二者的比值称为发电机效率：

$$\eta_{ge}=\frac{N_{el}}{N_e} \tag{4-18}$$

综合考虑上述各项损失,核电厂的效率可表示为

$$\eta_{el}=\frac{N_{el}}{Q_R}=\frac{Q_s}{Q_R}\frac{Q_{sg}}{Q_s}\frac{N_i}{Q_{sg}}\frac{N_e}{N_i}\frac{N_{el}}{N_e}=\eta_1\eta_{sg}\eta_t\eta_{oi}\eta_{mp}\eta_m\eta_{ge} \tag{4-19}$$

【例 4-1】 如图 4-4 所示的压水堆核动力装置,蒸汽发生器出口新蒸汽压力为 4 MPa,干度为 0.997 5,汽轮机乏汽压力为 4 kPa,分别按理想朗肯循环和实际朗肯循环(汽轮机相对内效率 $\eta_{oi}=0.8$)考虑,以单位质量流量(1 kg/s)的工质为计算基准,试确定:

(1)新蒸汽在蒸汽发生器中吸收的热量,乏汽在凝汽器中放出的热量及乏汽的湿度;

(2)汽轮机做出的理论功率与水泵消耗的理论功率;

(3)循环的热效率及汽耗率。

解 1.按照理想朗肯循环计算

首先查水和水蒸气参数表,得到各状态点蒸汽的参数。

状态 1:蒸汽发生器出口新蒸汽

已知 $p_1=4$ MPa,$x_1=0.997\ 5$,新蒸汽的焓值和熵值为

$$h_1=h_1'+x_1(h_1''-h_1')$$
$$=1\ 087.4+0.997\ 5\times(2\ 800.3-1\ 087.4)=2\ 796.02\ \text{kJ/kg}$$

$$s_1=s_1'+x_1(s_1''-s_1')$$
$$=2.796\ 5+0.997\ 5\times(6.068\ 5-2.796\ 5)=6.060\ 3\ \text{kJ/(kg}\cdot\text{K)}$$

状态 2:汽轮机出口乏汽

已知 $p_2=4$ kPa,蒸汽在汽轮机内绝热膨胀,即 $s_2=s_1=6.060\ 3$ kJ/(kg·K)。

乏汽的干度和焓值为

$$x_2=\frac{s_2-s_2'}{s_2''-s_2'}=\frac{6.060\ 3-0.422\ 5}{8.475\ 5-0.422\ 5}=0.70$$

$$h_2=h_2'+x_2(h_2''-h_2')$$
$$=121.41+0.70\times(2\ 554.5-121.41)=1\ 824.57\ \text{kJ/kg}$$

状态 3:冷凝器出口凝水

乏汽在冷凝器中定压(定温)放热,凝水为运行压力下的饱和水,故有

$$p_3=p_2=4\ \text{kPa},h_3=h_2'=121.41\ \text{kJ/kg},v_3=1.004\ 1\times10^{-3}\ \text{m}^3/\text{kg}$$

状态 4:蒸汽发生器入口给水

水在泵的压缩下比容变化极小,忽略其变化,有

$$p_4=p_1=4\ \text{MPa},v_4=v_3=1.004\ 1\times10^{-3}\ \text{m}^3/\text{kg}$$

$$h_4=h_3+w_p=h_3+v_4(p_4-p_3)=121.42+1.004\ 1\times10^{-3}\times(4\times10^3-4)$$
$$=125.42\ \text{kJ/kg}$$

(1)新蒸汽在蒸汽发生器中吸收的热量为

$$q_1=G_s(h_1-h_4)=1\times(2\ 796.02-125.42)=2\ 670.6\ \text{kW}$$

乏汽在凝汽器内放出的热量为

$$q_2=G_s(h_2-h_3)=1\times(1\ 824.57-121.41)=1\ 703.16\ \text{kW}$$

(2)汽轮机的理论功率为

$$w_T = G_s(h_1 - h_2) = 1 \times (2\ 796.02 - 1\ 824.57) = 971.45\ \text{kW}$$

水泵消耗的理论功率为

$$w_P = G_s(h_4 - h_3) = 1 \times (125.42 - 121.41) = 4.01\ \text{kW}$$

水泵消耗功率与汽轮机理论功率的比值为

$$\frac{w_P}{w_T} = \frac{4.01}{971.45} = 0.411\%$$

(3)循环热效率

$$\eta_t = \frac{w_T - w_P}{q_1} = \frac{971.45 - 4.01}{2\ 670.6} = 0.362\ 2$$

循环的汽耗率为

$$d_0 = \frac{G_s}{w_T - w_P} = \frac{1 \times 3\ 600}{971.45 - 4.01} = 3.72\ \text{kg/(kW·h)}$$

2.按照实际朗肯循环计算

工质在状态点1、3、4的参数值同理想朗肯循环,蒸汽在汽轮机内实际膨胀终点为2_a,由于$\eta_{oi} = \dfrac{h_1 - h_{2_a}}{h_1 - h_2}$,则有

$$\begin{aligned} h_{2_a} &= h_1 - \eta_{oi}(h_1 - h_2) \\ &= 2\ 796.02 - 0.80 \times (2\ 796.02 - 1\ 824.57) = 2\ 018.86\ \text{kJ/kg} \end{aligned}$$

$$x_{2_a} = \frac{h_{2_a} - h_2'}{h_2'' - h_2'} = \frac{2\ 018.86 - 121.41}{2\ 554.5 - 121.41} = 0.78$$

(1)新蒸汽在蒸汽发生器内吸收的热量为

$$q_1 = G_s(h_1 - h_4) = 2\ 670.6\ \text{kW}$$

乏汽在凝汽器内放出的热量为

$$q_2 = G_s(h_{2_a} - h_3) = 1 \times (2\ 018.86 - 121.41) = 1\ 897.45\ \text{kW}$$

与理想朗肯循环相比,向凝汽器放出的热量增加了

$$\Delta q_2 = 1\ 897.45 - 1\ 703.16 = 194.29\ \text{kW}$$

(2)汽轮机的实际功率为

$$w_T = G_s(h_1 - h_{2_a}) = 1 \times (2\ 796.02 - 2\ 018.86) = 777.16\ \text{kW}$$

与理想朗肯循环相比,汽轮机功率降低了

$$\Delta w_T = 971.45 - 777.16 = 194.29\ \text{kW}$$

水泵消耗的功率为

$$w_P = G_s(h_4 - h_3) = 4.01\ \text{kW}$$

水泵消耗功率与汽轮机实际功率的比值为

$$\frac{w_P}{w_T} = \frac{4.01}{777.16} = 0.516\%$$

(3)循环热效率

$$\eta_t = \frac{w_T - w_P}{q_1} = \frac{777.16 - 4.01}{2\ 670.6} = 0.289\ 5$$

循环的汽耗率为

$$d_0 = \frac{G_s}{w_T - w_P} = \frac{1 \times 3\ 600}{777.16 - 4.01} = 4.66\ \mathrm{kg/(kW \cdot h)}$$

从上述计算结果可以看出:

①水泵耗功与汽轮机输出功率相比很小,通常将其忽略不计。

②由于蒸汽膨胀过程存在不可逆损失,使汽轮机实际功率减少,热力循环效率降低,汽耗率增大。

③汽轮机实际功率与理想功率相比的减小量,等于实际循环中通过凝汽器多排入环境的热量。

④实际膨胀过程终点的蒸汽湿度小于绝热膨胀过程的蒸汽湿度。

4.2 蒸汽参数对循环效率的影响

由式(4-8)可知,朗肯循环的热效率 η_t 取决于汽轮机入口新蒸汽焓 h_1、汽轮机出口乏汽焓 h_2 和凝结水焓 h_3,其中 h_1 决定于新蒸汽的压力 p_1 和温度 T_1,h_2 和 h_3 决定于乏汽的压力 p_2 和温度 T_2。因此,蒸汽初参数(p_1,T_1)和蒸汽终参数(p_2,T_2)是影响朗肯循环热效率的重要因素。

压水堆核动力装置多采用饱和蒸汽的朗肯循环,新蒸汽和乏汽的压力与温度是一一对应关系。改变蒸汽参数,则蒸汽的压力和温度同时发生变化。

4.2.1 蒸汽初参数的影响

如果保持蒸汽终参数不变,提高蒸汽初参数,如图4-6所示,热力循环由1—2—3—4—5—1变为1_a—2_a—3—4_a—5_a—1_a,由于循环的平均放热温度不变,而平均吸热温度提高,因而循环热效率 η_t 提高。

图4-7所示为火力发电厂朗肯循环效率随蒸汽初温、初压的变化情况。从图中曲线可以看出,随着蒸汽初参数的提高,循环热效率也相应提高。

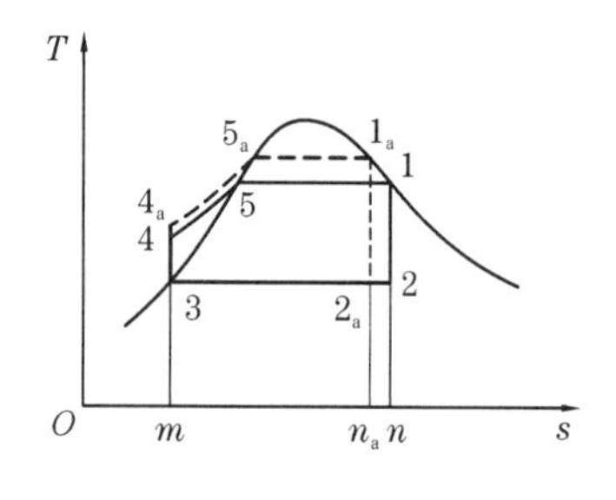

图4-6 蒸汽初参数的影响

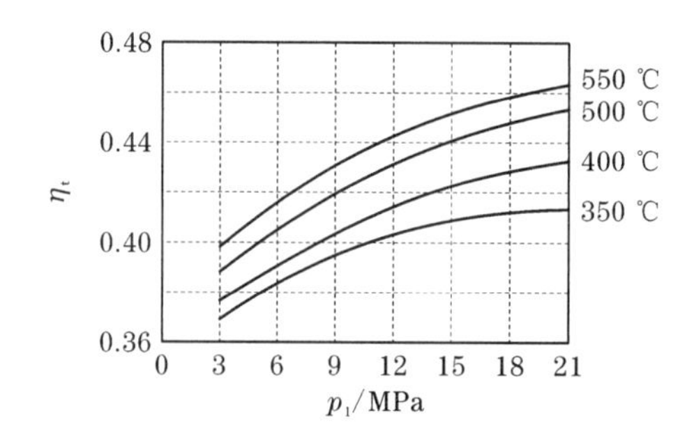

图4-7 朗肯循环效率与蒸汽初参数的关系

对于采用饱和蒸汽朗肯循环的压水堆核电厂来说,提高蒸汽初参数虽然可以提高循环热效率,但同时也带来了以下问题。

(1)汽轮机出口蒸汽湿度增加。如果汽轮机排汽湿度过大,将对汽轮机最末几级叶片产生冲蚀,影响汽轮机的运行安全,同时还会降低汽轮机的内效率。在工程中,一般要求汽轮机乏汽湿度不高于12%。

(2)蒸汽发生器运行压力提高,要求给水泵扬程增加,一方面增大了给水泵叶轮的轴向推力,另一方面,对于单位质量流量的工质而言,还使给水泵消耗的功率增加。

(3)对蒸汽发生器、汽轮机、蒸汽管道及阀门的强度、耐温性能要求提高,设备投资增大。

提高蒸汽初参数,还受到蒸汽发生器一回路侧冷却剂运行温度的影响。图 4-8 所示为蒸汽发生器一、二次侧工质的温度分布,在蒸汽发生器的结构参数和传热管材料不变的情况下,要提高蒸汽温度,除了采用强化换热措施,提高蒸汽发生器传热面一、二次侧传热系数之外,还必须提高一回路侧冷却剂的温度,但受到反应堆热工安全准则的制约。

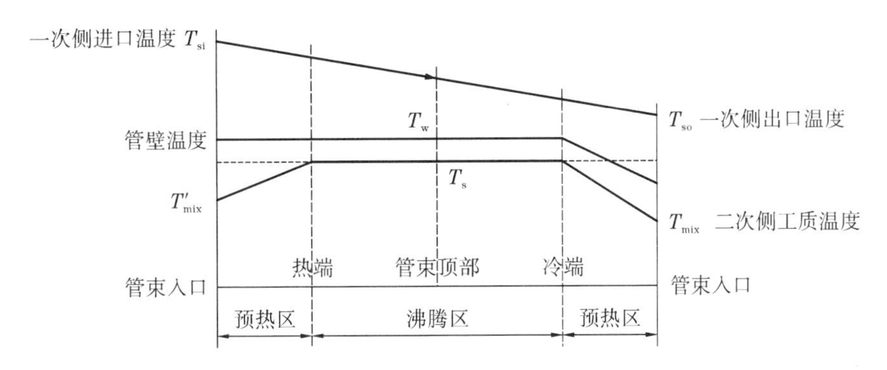

图 4-8 蒸汽发生器一、二次侧工质温度分布

近年来,压水堆核电厂的二回路蒸汽参数有明显提高的趋势,如美国早期核电厂的蒸汽压力为 4.2 MPa,目前已经提高到 7.5~7.7 MPa,这对于提高核电厂经济性起到了重要作用。但是压水堆核电厂蒸汽初参数的进一步提高受到一次侧参数的严格制约,不会再有大幅度的提高。

4.2.2 蒸汽终参数的影响

如果保持蒸汽初参数不变,降低蒸汽终参数,如图 4-9 所示,热力循环由 1—2—3—4—5—1 变为 1—2_a—3_a—4_a—5—1,由于循环的平均吸热温度不变,而平均放热温度降低,因而循环热效率 η_t 提高。图 4-10 所示为蒸汽终压对朗肯循环效率的影响曲线。从图中可以看出,汽轮机排汽压力降低,则循环热效率相应提高,而且对于较低的蒸汽初参数影响更为敏感。因此,降低排汽压力是提高电厂热经济性的主要方法之一。

降低蒸汽终参数,在改善循环热效率的同时,也带来一些不利之处:

(1)会增加汽轮机排汽湿度,不利于汽轮机的安全、有效运行。

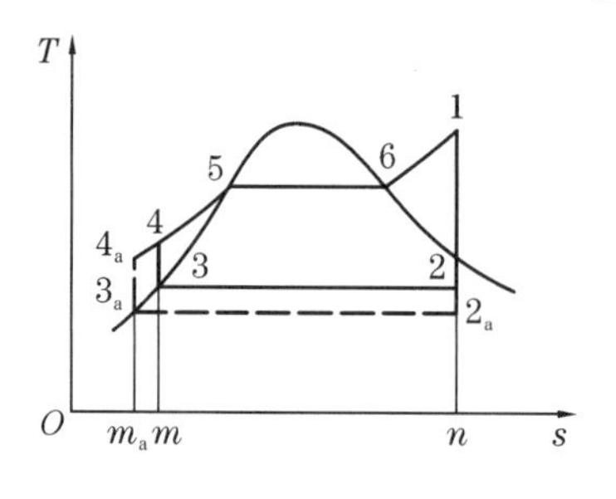

图 4-9　蒸汽终参数的影响

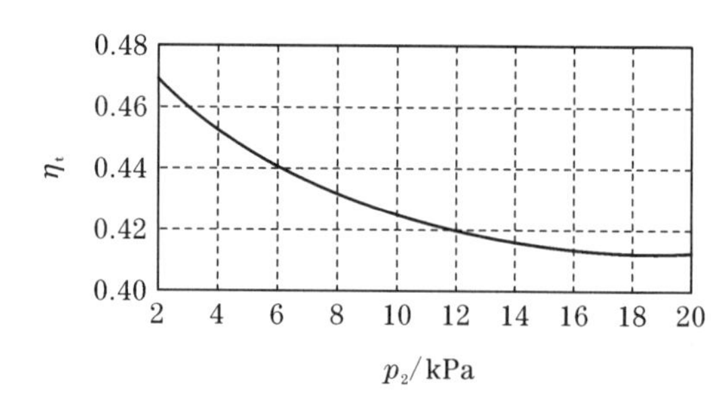

图 4-10　朗肯循环效率与蒸汽终参数的关系

(2)过多地降低蒸汽终压,将使蒸汽在汽轮机喷嘴出口处斜切口中膨胀,而在斜切口中的膨胀能力用尽时,蒸汽将在级外膨胀,有用焓降不再变化。

(3)凝汽器出口水温降低,需要增大第一级给水回热器中的加热蒸汽量,使得通过汽轮机低压缸最后几级的蒸汽流量减少,汽轮机发出的功率下降。

降低蒸汽终参数,主要受到自然条件和技术条件两方面因素的制约:

(1)凝汽器中凝水的温度不可能低于当地冷却水温度。

核电厂凝汽器所需的循环冷却水来自大海或江河,其温度 T_{sw} 受当地地理条件的影响。

对于电厂热力系统来说,循环冷却水起到冷源的作用。汽轮机排汽在凝汽器中凝结成水,其冷凝温度一定要大于循环冷却水温度,以保证有足够大的传热温差,因此,可以说循环冷却水的温度是蒸汽循环中排汽温度的理论极限。

在热力发电厂的设计中,各国根据各自的自然条件,采用不同的排汽压力,我国一般取为 4.4~5.4 kPa。现代大型热力发电厂的背压通常为 4 kPa,对应的冷凝温度为 28.98 ℃。

(2)循环冷却水温升及凝汽器端差

循环冷却水的进出口温升 ΔT_{sw} 及凝结蒸汽与循环冷却水出口温度之间的端差 δT 构成了排汽温度的技术极限,如图 4-11 所示。

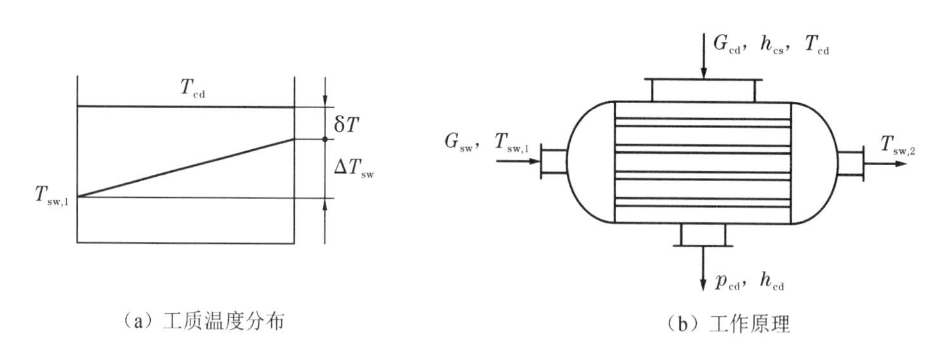

(a) 工质温度分布　　(b) 工作原理

图 4-11　凝汽器工作过程示意图

汽轮机排汽在凝汽器中的冷凝温度可表示为

$$T_{cd} = T_{sw,1} + \frac{h_{cs} - h_{cd}}{c_p m} + \delta T = T_{sw,1} + \Delta T_{sw} + \delta T \tag{4-20}$$

式中　$T_{sw,1}$——凝汽器进口循环冷却水温度;

h_{cs}、h_{cd}——汽轮机排汽焓及凝结水焓;

c_p—— 循环冷却水的定压比热；

m ——凝汽器的冷却倍率，定义为

$$m = \frac{G_{sw}}{G_{cd}} \tag{4-21}$$

其中 G_{sw} ——进入凝汽器的循环冷却水流量；

G_{cd} ——进入凝汽器的蒸汽流量。

显然，要降低汽轮机的排汽温度，只有减小 ΔT_{sw} 和 δT。

一方面，若减小循环冷却水温升 ΔT_{sw}，则要求增大循环冷却水流量及相应的循环泵功率，从而使运行费用增加；另一方面，ΔT_{sw} 减小可以使凝汽器的传热面积减小，但又会降低设备投资费用。对某核电厂的计算表明，ΔT_{sw} 由 7 ℃增加至 8 ℃时，凝汽器传热面积增加约 10%，而循环水量则减少 14%。据初步发电成本分析，增加的设备费用可在约 7 年内由节省运行费用而收回。

为了保证凝汽器中传热过程的顺利进行，要求 δT 取足够大的值，因此，δT 的减小是极其有限的。

除了对热经济性影响之外，凝汽器背压对于汽轮机最后几级叶片长度及排汽口尺寸有重要影响。因此，蒸汽终参数的选择应根据各方面因素综合考虑。

4.2.3 一、二回路参数的相互制约

图 4-12 所示为压水堆核电厂一回路冷却剂温度与二回路工质温度之间的相互关系。

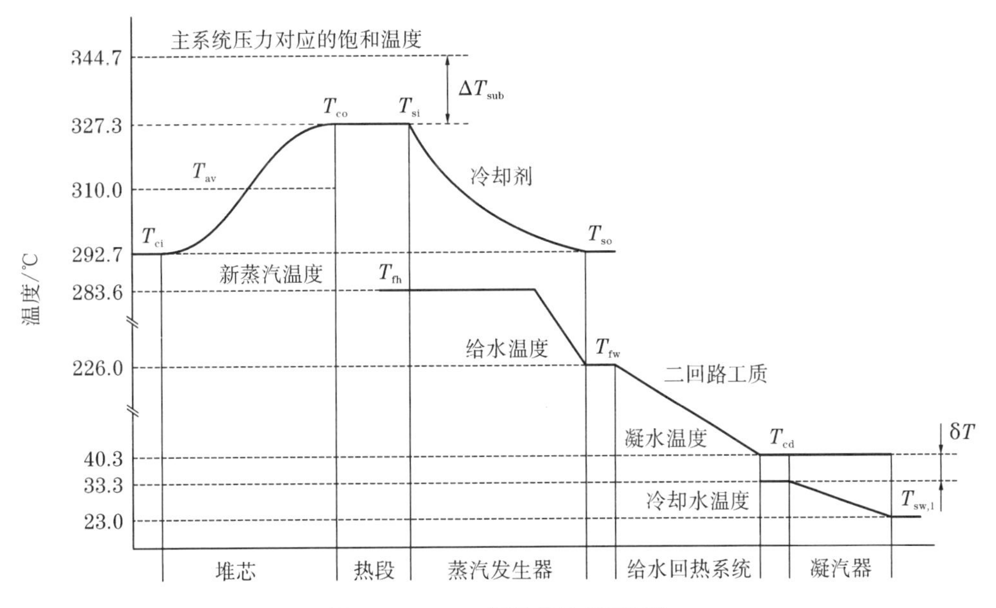

图 4-12 一、二回路参数相互制约

反应堆及一回路系统工作压力约为 15.5 MPa，堆芯出口温度约为 320 ℃，冷却剂的沸腾裕量(欠热度)约为 25 ℃；汽轮机的蒸汽进口压力为 5.5～7 MPa，相应的饱和温度为 270～286 ℃。为了保证顺利传热，蒸汽发生器一、二次侧工质之间必须有足够大的温差。

蒸汽发生器的传热方程为

$$q_s = FK\Delta T_m \tag{4-22}$$

式中 F——蒸汽发生器有效传热面积;

K——蒸汽发生器有效传热系数;

ΔT_m——蒸汽发生器平均传热温差,其计算式为

$$\Delta T_m = \frac{T_{si} - T_{so}}{\ln \dfrac{T_{si} - T_{fh}}{T_{so} - T_{fh}}} \tag{4-23}$$

根据蒸汽发生器的传热方程,提高二回路蒸汽初参数主要有以下两种途径:

(1)提高一次侧冷却剂温度,在蒸汽发生器结构参数和传热条件不变的情况下,使二次侧蒸汽参数相应提高。

目前,反应堆堆芯燃料元件包壳广泛采用锆-4 合金制造。锆合金具有良好的核性能及机械性能,与锆-2 合金相比,锆-4 合金(1.55Sn、0.20Fe、0.10Cr、Ni<0.007)由于含镍量降低,而加入了等量的铁以增加高温下的抗氧化性能及机械性能,因此锆-4 合金的机械性能与锆-2 合金相当,但其吸氢性能仅为锆-2 合金的 1/3~1/2。

锆合金与高温水接触会发生金属-水化学反应并放出反应热,反应方程式为

$$Zr + 2H_2O \longrightarrow ZrO_2 + 2H_2 + 热 \tag{4-24}$$

这一过程导致锆包壳氧化,1 kg 锆氧化可以产生 0.5 m^3 氢气和 6 500 kJ 热量,产生的氢和热量将使包壳脆化,最终导致元件破裂或熔化。因此,在反应堆热工设计中,通常将堆芯燃料元件包壳与冷却剂相接触的外表面最高温度限制在 350 ℃以下。

由此可以看出,通过提高压水堆核电厂一次侧冷却剂温度来提高蒸汽初参数,其潜力是极其有限的。

(2)减小蒸汽发生器一、二次侧工质之间的平均换热温差 ΔT_m,在一次侧冷却剂参数不变的情况下,使二次侧蒸汽参数相应提高。

可以采用强化换热措施,在蒸汽发生器有效传热面积保持不变时,减小平均换热温差 ΔT_m;也可以通过增大蒸汽发生器有效传热面积 F 来减小 ΔT_m,而这都需要增加设备投资费用。恰当地平衡一、二回路参数可使发电成本最低,这里存在最佳值的选择问题,此时,增加循环热效率所带来的得益正好为所增加的投资及电厂运行费用所平衡。

4.3 给水回热循环

在蒸汽动力装置的朗肯循环中,给水从热源获得的热量,大约有 60% 在定压(定温)放热过程 2—3 中排向冷源,是热力循环经济性不高的基本原因;而定压吸热过程 4—5—1 中 4—5 这一段是给水由不饱和水吸热变为饱和水的过程,温度相对较低,降低了热力循环的平均吸热温度,影响热力循环的经济性。

回热循环是从汽轮机中间级抽汽,对蒸汽发生器给水进行加热,使给水温度升高后再进入蒸汽发生器,可提高二回路工质在蒸汽发生器内的平均吸热温度,减少与一次侧冷却剂的温差,而且汽轮机排出的乏汽量减少,排向冷源的热量也减少,这都有利于提高循环热效率。实践表明,采用回热循环可使电厂热力系统经济性提高 10%~15%,因此近代大中型

火力发电厂、核电厂几乎全部采用回热循环。

图 4-13 所示为理想单级回热循环的原则性热力系统原理流程图与 $T-s$ 图。

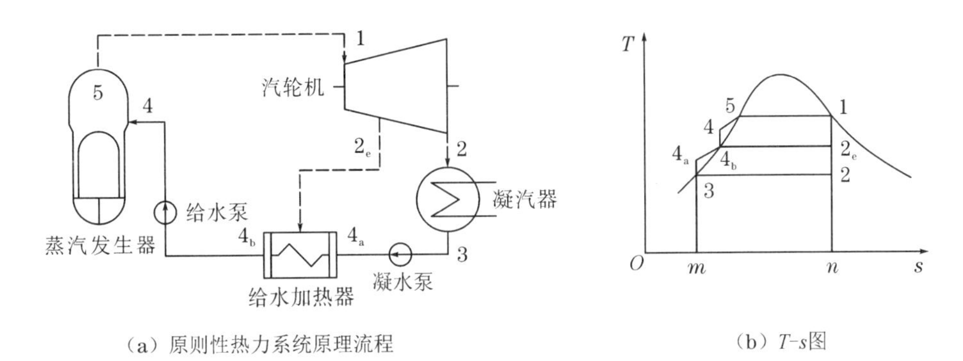

（a）原则性热力系统原理流程　（b）T-s图

图 4-13　理想单级给水回热循环

4.3.1　给水回热循环热效率

1. 单级回热循环的热效率

如图 4-13 所示，单位质量(1 kg)的新蒸汽在汽轮机内由状态 1 绝热膨胀到状态 2_e 时，抽出 α kg 蒸汽对给水加热，蒸汽放热使给水温度升高，其凝水与给水完全混合，成为状态 4_b 的饱和水；剩余的$(1-\alpha)$ kg 蒸汽在汽轮机内继续绝热膨胀到状态 2，排入凝汽器中定压放热后成为凝水，由凝水泵打入给水加热器吸热，然后由给水泵打入蒸汽发生器。

根据能量平衡方程

$$\alpha(h_{2_e}-h_{4_b})=(1-\alpha)(h_{4_b}-h_{4_a}) \tag{4-25}$$

抽汽量 α 的表达式为

$$\alpha=\frac{h_{4_b}-h_{4_a}}{h_{2_e}-h_{4_a}} \tag{4-26}$$

忽略水泵功，则循环功为

$$w_T\approx(h_1-h_{2_e})+(1-\alpha)(h_{2_e}-h_2) \tag{4-27}$$

循环吸热量为

$$q_1=h_1-h_{4_b} \tag{4-28}$$

循环热效率为

$$\eta_t=1-\frac{h_2-h_3}{(h_1-h_3)+\dfrac{\alpha}{1-\alpha}(h_1-h_{2_e})} \tag{4-29}$$

由于 $\dfrac{\alpha}{1-\alpha}(h_1-h_{2_e})>0$，故抽汽回热循环热效率大于朗肯循环热效率。

理想单级回热循环的汽耗率为

$$d_0=\frac{3\,600}{w_T}=\frac{3\,600}{(h_1-h_{2_e})+(1-\alpha)(h_{2_e}-h_2)} \tag{4-30}$$

上式经变形可得

$$d_0 = \frac{3\ 600}{(h_1 - h_2) - \alpha(h_{2_e} - h_2)} > \frac{3\ 600}{h_1 - h_2} \tag{4-31}$$

即理想单级回热循环的汽耗率大于理想朗肯循环的汽耗率。

2. 多级回热循环的热效率

根据热力学原理,采用饱和蒸汽工作时,相应的极限回热循环具有与卡诺循环相同的热效率。但是,极限回热循环要求加热级数无限多,这在系统设计上是不现实的。在工程实践中一般都采用有限级数的给水回热系统,以实现设计优化。

图 4-14 所示为 Z 级给水回热循环系统,工质以单位质量流量(1 kg/s)为基准。图中各变量的含义如下:

α_i —— 第 i 级加热器消耗的抽汽量;

$\alpha_{f,i}$—— 第 i 级加热器入口给水流量;

$q_{h,i}$—— 蒸汽在第 i 级加热器中的凝结放热量;

τ_i —— 第 i 级加热器中给水焓升;

$h_{e,i}$—— 第 i 级抽汽焓值;

$h_{f,i}$—— 第 i 级加热器出口给水焓值;

h_{s0}——蒸汽发生器运行压力下的饱和水焓。

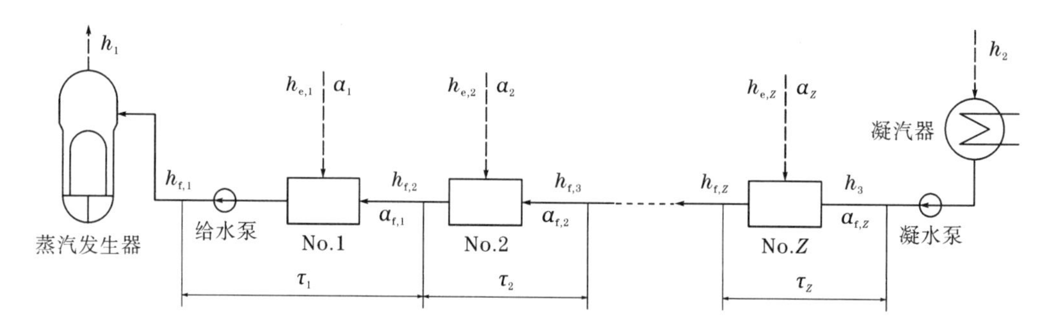

图 4-14 多级理想给水回热循环

各主要参数之间的关系如表 4-1 所示。

表 4-1 回热系统主要参数相互关系

回热级数 Z	抽汽量 α_i	给水量 $\alpha_{f,i}$	抽汽放热量 $q_{h,i}$	给水焓升 τ_i
1	α_1	$\alpha_{f,1} = 1 - \alpha_1$	$q_{h,1} = h_{e,1} - h_{f,1}$	$\tau_1 = h_{f,1} - h_{f,2}$
2	α_2	$\alpha_{f,2} = 1 - \alpha_1 - \alpha_2$	$q_{h,2} = h_{e,2} - h_{f,2}$	$\tau_2 = h_{f,2} - h_{f,3}$
⋮	⋮	⋮	⋮	⋮
$Z-1$	α_{Z-1}	$\alpha_{f,Z-1} = 1 - \sum_{i=1}^{Z-1}\alpha_i$	$q_{h,Z-1} = h_{e,Z-1} - h_{f,Z-1}$	$\tau_{Z-1} = h_{f,Z-1} - h_{f,Z}$
Z	α_Z	$\alpha_{f,Z} = 1 - \sum_{i=1}^{Z}\alpha_i$	$q_{h,Z} = h_{e,Z} - h_{f,Z}$	$\tau_Z = h_{f,Z} - h_3$

考虑理想回热循环，即假定所有给水加热器都是混合式，端差为零，不计抽汽压损和给水泵耗功，忽略给水回热系统的散热损失。

根据第一级加热器的热平衡式

$$\alpha_1(h_{e,1} - h_{f,1}) = (1 - \alpha_1)(h_{f,1} - h_{f,2}) \tag{4-32}$$

将 $q_{h,1}$、τ_1 代入上式，整理后得

$$\begin{cases} \alpha_1 = \dfrac{\tau_1}{q_{h,1} + \tau_1} \\ \alpha_{f,1} = 1 - \alpha_1 = \dfrac{q_{h,1}}{q_{h,1} + \tau_1} \end{cases} \tag{4-33}$$

由第二级加热器的热平衡式

$$\alpha_2 q_{h,2} = (1 - \alpha_1 - \alpha_2)\tau_2 \tag{4-34}$$

可以得到

$$\begin{cases} \alpha_2 = (1 - \alpha_1)\dfrac{\tau_2}{q_{h,2} + \tau_2} = \left(\dfrac{q_{h,1}}{q_{h,1} + \tau_1}\right)\left(\dfrac{\tau_2}{q_{h,2} + \tau_2}\right) \\ \alpha_{f,2} = 1 - \alpha_1 - \alpha_2 = \left(\dfrac{q_{h,1}}{q_{h,1} + \tau_1}\right)\left(\dfrac{q_{h,2}}{q_{h,2} + \tau_2}\right) \end{cases} \tag{4-35}$$

依此类推，可得到第 Z 级加热器的相应系数

$$\begin{aligned} \alpha_Z &= \left(\frac{q_{h,1}}{q_{h,1} + \tau_1}\right)\left(\frac{q_{h,2}}{q_{h,2} + \tau_2}\right)\cdots\left(\frac{q_{h,Z-1}}{q_{h,Z-1} + \tau_{Z-1}}\right)\left(\frac{\tau_Z}{q_{h,Z} + \tau_Z}\right) \\ \alpha_{f,Z} &= \left(\frac{q_{h,1}}{q_{h,1} + \tau_1}\right)\left(\frac{q_{h,2}}{q_{h,2} + \tau_2}\right)\cdots\left(\frac{q_{h,Z}}{q_{h,Z} + \tau_Z}\right) = \prod_{i=1}^{Z}\frac{1}{1 + \dfrac{\tau_i}{q_{h,i}}} \end{aligned} \tag{4-36}$$

在热力循环中，工质从热源吸收的热量 q_1 以及排向冷源的热量 q_2 分别为

$$\begin{cases} q_1 = h_1 - h_{f,1} \\ q_2 = (1 - \alpha_1 - \alpha_2 - \cdots - \alpha_Z)(h_2 - h_3) = \alpha_{f,Z}(h_2 - h_3) \end{cases} \tag{4-37}$$

则回热循环效率为

$$\eta_t = 1 - \frac{q_2}{q_1} = 1 - \frac{h_2 - h_3}{h_1 - h_{f,1}}\prod_{i=1}^{Z}\frac{1}{1 + \dfrac{\tau_i}{q_{h,i}}} \tag{4-38}$$

令 $q_{h,0} = h_1 - h_{s,0}$，$q_c = h_2 - h_3$，$\tau_0 = h_{s,0} - h_{f,1}$，则上式化为

$$\eta_t = 1 - \frac{q_c}{q_{h,0} + \tau_0}\prod_{i=1}^{Z}\frac{1}{1 + \dfrac{\tau_i}{q_{h,i}}} \tag{4-39}$$

在多级抽汽回热的情况下，汽轮机组的理论功为

$$\begin{aligned} w_T = {} & (h_1 - h_{e,1}) + (1 - \alpha_1)(h_{e,1} - h_{e,2}) + (1 - \alpha_1 - \alpha_2)(h_{e,2} - h_{e,3}) + \cdots + \\ & \left(1 - \sum_{i=1}^{Z}\alpha_i\right)(h_{e,Z} - h_2) \end{aligned}$$

$$= (h_1 - h_2) - \alpha_1(h_{e,1} - h_2) - \alpha_2(h_{e,2} - h_2) - \cdots - \alpha_Z(h_{e,Z} - h_2) \quad (4-40)$$

令 $Y_i = \dfrac{h_{e,i} - h_2}{h_1 - h_2}$，定义其为回热抽汽做功不足系数，则上式化为

$$w_T = (h_1 - h_2)(1 - \alpha_1 Y_1 - \alpha_2 Y_2 - \cdots - \alpha_Z Y_Z)$$

$$= (h_1 - h_2)\left(1 - \sum_{i=1}^{Z} \alpha_i Y_i\right) \quad (4-41)$$

忽略给水泵耗功，则多级回热循环的汽耗率为

$$d_0 = \frac{3\,600}{w_T} = \frac{3\,600}{(h_1 - h_2)\left(1 - \sum\limits_{i=1}^{Z} \alpha_i Y_i\right)} \quad \mathrm{kg/(kW \cdot h)} \quad (4-42)$$

令 $\beta = \dfrac{1}{1 - \sum\limits_{i=1}^{Z} \alpha_i Y_i}$，定义其为因回热抽汽而增大的汽耗系数，则上式化为

$$d_0 = \frac{3\,600}{h_1 - h_2}\beta > \frac{3\,600}{h_1 - h_2} \quad (4-43)$$

由此可见，采用抽汽回热后，与理想朗肯循环相比，汽耗率增大。

在有限抽汽回热的情况下，回热循环整个吸热过程(包括给水加热、蒸汽发生器内给水吸热蒸发)的不可逆性损失，等于下列两种损失之和：

(1)各加热器中由于抽汽与给水之间有一定温度差而引起的做功能力损失，亦即由各回热器内部过程不可逆性而造成的做功能力损失；

(2)与同温限的卡诺循环相比，回热循环中是因温度 T_0 的热源与工质(给水或蒸汽)之间的热交换有一定温度差而引起的做功能力损失，亦即由于回热外部不可逆性而造成的做功能力损失。

4.3.2 影响回热循环热经济性的主要因素

影响给水回热循环热经济性的主要参数为回热分配比 τ、相应的最佳给水温度 $T_{fw,opt}$ 和回热级数 Z。三者紧密联系，互相影响。

1. 最佳回热分配

对于 Z 级理想回热循环，通过求取热效率最大值而求其最佳回热分配。最佳回热分配时应使 η_t 最大，即按下列条件求极值：

$$\frac{\partial \eta_t}{\partial h_{f,1}} = 0,\ \frac{\partial \eta_t}{\partial h_{f,2}} = 0,\ \cdots,\ \frac{\partial \eta_t}{\partial h_{f,Z}} = 0$$

将式(4-38)写成如下形式：

$$\eta_t = 1 - \frac{q_c q_{h,1} q_{h,2} \cdots q_{h,Z}}{(q_{h,0} + \tau_0)(q_{h,1} + \tau_1)(q_{h,2} + \tau_2)\cdots(q_{h,Z} + \tau_Z)} \quad (4-44)$$

当热力循环的蒸汽初、终参数给定时，h_1、h_2、$q_{h,0}$、q_c 均为常数。

首先求 η_t 对 $h_{f,1}$ 的偏导数，即 $\frac{\partial \eta_t}{\partial h_{f,1}}=0$，考虑到

$$\frac{\partial \tau_0}{\partial h_{f,1}}=-1,\ \frac{\partial \tau_1}{\partial h_{f,1}}=1,\ \frac{\partial q_{h,1}}{\partial h_{f,1}}=q'_{h,1}$$

而且其余的 τ、q 与 $h_{f,1}$ 无关，即

$$\frac{q_{h,2}\cdots q_{h,Z}}{(q_{h,2}+\tau_2)\cdots(q_{h,Z}+\tau_Z)}=\text{常数}$$

因此，由 $\frac{\partial \eta_t}{\partial h_{f,1}}=0$ 可得

$$\frac{\partial}{\partial h_{f,1}}\left[\frac{q_{h,1}}{(q_{h,0}+\tau_0)(q_{h,1}+\tau_1)}\right]=0 \tag{4-45}$$

将其展开后可以得到

$$(q_{h,0}+\tau_0)-(q_{h,1}+\tau_1)-(q_{h,0}+\tau_0)\tau_1\frac{q'_{h,1}}{q_{h,1}}=0 \tag{4-46}$$

即

$$\tau_1=\frac{q_{h,0}+\tau_0-q_{h,1}}{1+(q_{h,0}+\tau_0)\frac{q'_{h,1}}{q_{h,1}}} \tag{4-47}$$

然后求 η_t 对 $h_{f,2}$ 的偏导数，同理可得

$$\frac{\partial}{\partial h_{f,2}}\left[\frac{q_{h,2}}{(q_{h,1}+\tau_1)(q_{h,2}+\tau_2)}\right]=0 \tag{4-48}$$

展开后可以得到

$$(q_{h,1}+\tau_1)-(q_{h,2}+\tau_2)-(q_{h,1}+\tau_1)\tau_2\frac{q'_{h,2}}{q_{h,2}}=0 \tag{4-49}$$

即

$$\tau_2=\frac{q_{h,1}+\tau_1-q_{h,2}}{1+(q_{h,1}+\tau_1)\frac{q'_{h,2}}{q_{h,2}}} \tag{4-50}$$

依此类推，可以得到

$$\tau_Z=\frac{q_{h,Z-1}+\tau_{Z-1}-q_{h,Z}}{1+(q_{h,Z-1}+\tau_{Z-1})\frac{q'_{h,Z}}{q_{h,Z}}} \tag{4-51}$$

式(4-51)为理想回热循环的最佳回热分配的通式。

如果再进一步简化，忽略一些次要因素，即可获得其他更为近似的最佳回热分配通式。例如，若忽略 q 随 τ 的变化，即 $\frac{\partial q_{h,Z}}{\partial h_{f,Z}}=q'_{h,Z}=0$，则式(4-51)可以简化为

$$\begin{aligned}\tau_Z&=q_{h,Z-1}+\tau_{Z-1}-q_{h,Z}\\&=(h_{e,Z-1}-h_{f,Z-1})+(h_{f,Z-1}-h_{f,Z})-(h_{e,Z}-h_{f,Z})\end{aligned}$$

$$= h_{e,Z-1} - h_{e,Z} \tag{4-52}$$

这种回热分配方法是使每一级加热器中的给水焓升等于前一级至本级的蒸汽在汽轮机中的焓降,简称为“焓降分配法”。

还有其他一些回热分配方法,其中常见的有以下几种:

(1)平均分配法

这种回热分配方法是使每一级加热器的焓升相等,即

$$\tau_Z = \tau_{Z-1} = \cdots = \tau_2 = \tau_1 = \tau_0 = \frac{h_{s,0} - h_3}{Z + 1} \tag{4-53}$$

(2)等焓降分配法

这种回热分配方法是使每一级加热器的给水焓升等于汽轮机的各级焓降,即

$$h_1 - h_{e,1} = h_{e,1} - h_{e,2} = h_{e,2} - h_{e,3} = \cdots = h_{Z-1} - h_Z \tag{4-54}$$

(3)几何级数分配法

这种回热分配方法是使各级加热器的给水焓升按几何级数分配,即

$$\frac{\tau_0}{\tau_1} = \frac{\tau_1}{\tau_2} = \frac{\tau_2}{\tau_3} = \cdots = \frac{\tau_{Z-1}}{\tau_Z} = m \tag{4-55}$$

一般取 m 为 1.01~1.04。

按照最佳回热分配通式所确定的抽汽点分布在实际电厂中常常难以严格遵守。汽轮机的级数有限,抽汽室中的压力也是一定的,而且可能与保证最佳热效率的压力不等;另外,除氧器的设置以及从汽轮机排汽管抽汽的需要也会使计算得到的抽汽点分布做一些改变。不过,少许的改变通常不会引起热效率的显著变化。

最终确定抽汽点的分布时,通常需要在每一具体的情况下对根据所选择系统算得的装置效率与抽汽点最佳分布得到的效率进行比较。

2. 最佳给水温度

给水回热加热提高了循环吸热过程的平均温度,同时使冷源损失减少,提高了循环的热经济性。使循环热经济性最高的给水温度称为最佳给水温度,它与回热级数、给水回热分配方式密切相关。

图 4-15 所示为单级回热时给水温度 T_{fw} 与循环热效率 η_t、热耗率 q_0、汽耗率 d_0 和循环吸热量 q_1 的关系曲线。

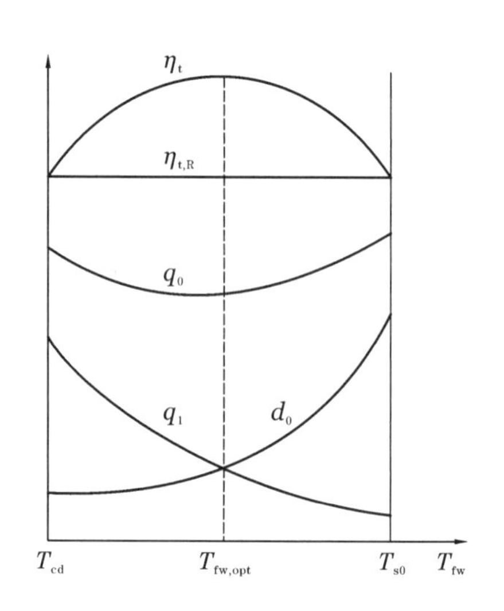

图 4-15　单级回热的最佳给水温度

从图中可以看出,如果给水温度 T_{fw} 等于凝汽器出口凝水温度 T_{cd},此时没有回热,循环热效率 η_t 即等于朗肯循环热效率 $\eta_{t,R}$。在利用抽汽回热来加热给水时,给水温度随着抽汽压力的提高而提高,热效率也随之增加,当抽汽压力达到某一数值时,循环效率

达最大值，这时对应的给水温度称为最佳给水温度 $T_{fw,opt}$。

如果继续提高抽汽压力，给水温度虽然随之相应提高，但循环热效率却开始降低。原因在于循环吸热量 q_1 虽然不断降低，但是单位质量蒸汽在汽轮机中的做功却相应减少，势必要增加汽耗率 d_0，使冷源损失增加，当增加较快时，热耗率 q_0 不断增大，循环热效率 η_t 相应降低。当抽汽压力提高到新汽压力时，循环热效率 η_t 又等于朗肯循环热效率 $\eta_{t,R}$，即此时的给水回热已经无益于提高循环热效率。

理论分析结果表明，单级回热循环的最佳给水温度为

$$T_{fw,opt} = \frac{T_{s,0} - T_{cd}}{2} \tag{4-56}$$

式中，$T_{s,0}$——蒸汽发生器运行压力下的饱和水温度。

对于多级抽汽回热循环，同样也存在最佳的给水温度，其大小与回热级数、回热分配方式有关。

采用不同的回热分配方法，获得的最佳给水温度表达式也不相同。若按平均分配法进行回热分配时，最佳给水温度对应的焓值为

$$h_{fw,opt} = h_3 + Z\tau_Z = h_3 + \frac{Z}{Z+1}(h_{s,0} - h_3) \tag{4-57}$$

按等焓降分配法进行回热分配时，最佳给水温度对应的焓值为

$$h_{fw,opt} = h_3 + \sum_{i=1}^{Z} \tau_i = h_3 + (h_1 - h_{e,Z}) \tag{4-58}$$

按几何级数分配法进行回热分配时，最佳给水温度对应的焓值为

$$h_{fw,opt} = h_3 + \sum_{i=1}^{Z} \tau_i = h_3 + \tau_Z(m^{Z-1} + \cdots + m + 1) = h_3 + \tau_Z \frac{m^Z - 1}{m - 1} \tag{4-59}$$

在考虑给水回热系统的经济效益时，不能单纯追求热经济性，还必须全面考虑电厂的技术经济指标，即还要考虑系统和设备投资、运行维护费用、折旧费用以及燃料价格等因素。给水温度的提高，固然有利于提高核电厂循环热效率，减小核燃料的消耗，但增设给水回热系统必然使核电厂热力系统复杂化，增加设备投资费用和运行费用。

通过技术经济比较确定的最佳给水温度，简称为经济的最佳给水温度，显然其低于理论最佳给水温度。

3. 最佳回热级数

如果给水回热分配采用平均分配法，则 q、τ 均为定值，式(4-44)可写为

$$\eta_t = 1 - \left(\frac{q}{q+\tau}\right)^{Z+1} = 1 - \frac{1}{\left(1 + \frac{\tau}{q}\right)^{Z+1}} = 1 - \frac{1}{\left[1 + \frac{h_{s,0} - h_3}{(Z+1)q}\right]^{Z+1}} \tag{4-60}$$

令 $\dfrac{h_{s,0} - h_3}{q} = M$，当热力循环初、终参数给定时，$M$ 为一定值。

当 $Z = \infty$ 时，由上式可得

$$\eta_t = 1 - \frac{1}{e^M} \tag{4-61}$$

由式(4-60)可知,η_t 是 Z 的随增函数,即 Z 愈大,η_t 愈高,但$\left(1+\frac{M}{Z+1}\right)^{Z+1}$是收敛级数,增长率是递减的,极值为 e^M。

图 4-16 所示为最佳给水温度和回热级数与循环热效率的关系。图中坐标定义为

$$\Phi = \frac{\Delta\eta_{t,Z}}{\Delta\eta_{t,\infty}}$$

$$\mu = \frac{T_{fw} - T_{cd}}{T_{s,0} - T_{cd}}$$

式中,$\Delta\eta_{t,Z}$、$\Delta\eta_{t,\infty}$—— 回热级数分别为 Z 和 ∞ 时循环热效率的增加量。

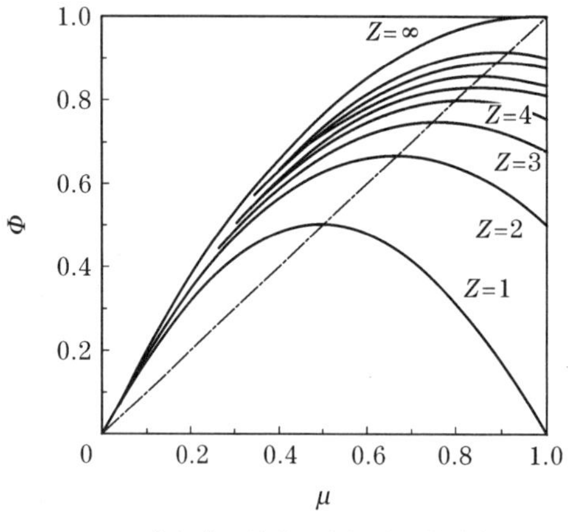

(a) 回热级数、给水温度与循环热效率的关系

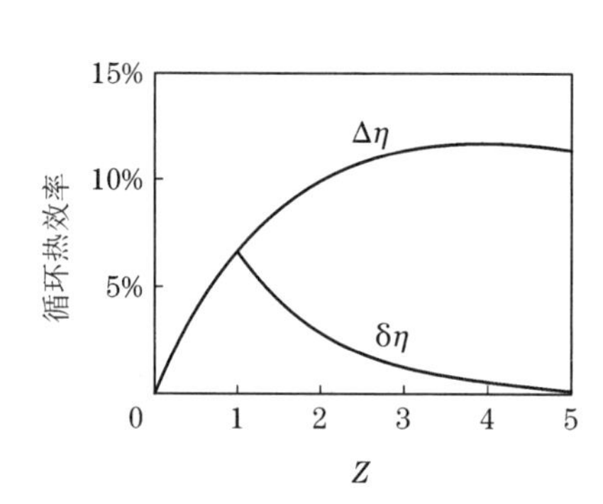

(b) 回热级数与循环热效率的关系

图 4-16 给水回热的热经济性

由图中曲线可以看出,回热循环的基本规律为:

(1)循环热效率 η_t 是回热级数 Z 的随增函数,即回热循环的热效率随着回热级数增加而提高;同时它又是收敛级数,提高的幅度随着级数的增加而递减,其数值见表 4-2。

表 4-2 回热级数的热经济效率

项目	回热级数 Z								
	0	1	2	3	4	5	6	…	Z
Φ	0	$\frac{1}{2}$	$\frac{2}{3}$	$\frac{3}{4}$	$\frac{4}{5}$	$\frac{5}{6}$	$\frac{6}{7}$	…	$\frac{Z}{Z+1}$
η_t 提高幅度递减值		$\frac{1}{2}$	$\frac{1}{6}$	$\frac{1}{12}$	$\frac{1}{20}$	$\frac{1}{30}$	$\frac{1}{42}$	…	$\frac{Z}{Z(Z+1)}$

(2)当给水温度一定时,热经济性也随着回热级数的增加而提高,但其增长率同样也是

递减的。

(3)对任一回热级数,均有其相应的最佳给水温度,而且它是随着级数的增加而提高。

(4)对任一回热级数的实际给水温度,虽与最佳值有所偏离,但对热经济性的影响不大。

从前面已经看到,对于同样数量的给水回热加热器,对给水的加热量在经济上合理并不等于热效率观点上的最佳值,前者总是小于后者。对于给定的 Z 个回热加热器,存在一个特定的给水温度 T_{fw},在此温度下单位贴现费用 $z_{e,opt}$ 最小。比较不同的加热器数 Z 时算得的 $z_{e,opt}$,很容易找到能达到最佳的总经济性时($z_{e,opt}$ 最小)的最佳回热加热器数 Z_{opt} 和最佳给水温度 $T_{fw,opt}$。

给水的最佳回热级数也需要根据全面的技术经济分析来确定,因此,实际的最佳回热级数总是小于理论的最佳回热级数。

表 4-3 给出了不同新蒸汽参数下给水回热系统的形式以及对循环效率的影响,表 4-4 列出了美国大机组在不同新蒸汽参数下采用的给水温度和回热级数。

表 4-3 不同新蒸汽参数下给水回热的效果

新蒸汽压力/MPa	新蒸汽温度/℃	回热级数	给水温度/℃	循环效率增量 $\Delta\eta_t$/%
3.5	435	3	145	7~8
9.0	535	5	215	11~13
13.0	535	7	230	15~16
24.0	560	8~9	245	17~18

表 4-4 美国大机组采用的给水温度和回热级数

新蒸汽压力/MPa	新蒸汽温度/℃	给水温度/℃	回热级数
10.0~12.7	538~566	230~240	5~6
14~18	538~566	240~260	6~7
≥24	538~566	260~280	7~9

现代压水堆核电厂蒸汽初压对应的饱和温度为 280~290 ℃,采用的给水温度几乎都为 20~240 ℃。表 4-5 所示为一些典型核电厂给水回热系统的主要参数。

表 4-5 不同核电机组给水回热系统的主要参数

主要参数	单位	Marble Hill	Tricastin	Standard	秦山一期	大亚湾
电功率	MWe	1 150	920	1 000	300	925
新蒸汽压力	MPa	6.82	5.66	6.45	5.34	6.1
新蒸汽温度	℃	饱和	273	280	268	278
回热级数	—	5+除氧器	6	6+除氧器	6+除氧器	6+除氧器
给水温度	℃	226.7	219.4	218	221.5	226

【例4-2】 如图4-13所示的核动力装置采用回热循环,蒸汽发生器出口新蒸汽压力为4 MPa,干度为0.997 5,汽轮机抽汽点压力为0.2 MPa,乏汽冷凝压力为4 kPa。考虑理想回热循环,试计算循环热效率及汽耗率。

解 首先查水和水蒸气参数表,确定各状态点的热力参数。

状态1:蒸汽发生器出口新蒸汽

已知 $p_1=4$ MPa, $x_1=0.997\ 5$,蒸汽的焓值和熵值分别为

$$h_1 = 2\ 796.02\ \text{kJ/kg}, s_1 = 6.060\ 3\ \text{kJ/(kg}\cdot\text{K)}$$

状态 2_e:汽轮机抽汽点参数

已知 $p_{2_e}=0.2$ MPa,由于1—2_e为绝热膨胀过程,故有 $s_{2_e}=s_1=6.060\ 3$ kJ/(kg·K)。

抽汽的干度和焓值分别为

$$x_{2_e} = \frac{s_{2_e} - s'_{2_e}}{s''_{2_e} - s'_{2_e}} = \frac{6.060\ 3 - 1.530\ 1}{7.126\ 8 - 1.530\ 1} = 0.809$$

$$h_{2_e} = h'_{2_e} + x_{2_e}(h''_{2_e} - h'_{2_e}) = 504.7 + 0.809 \times (2\ 706.3 - 504.7)$$

$$= 2\ 285.79\ \text{kJ/kg}$$

状态2:汽轮机出口乏汽

已知 $p_2=4$ kPa,1—2为绝热膨胀过程,有 $s_2=s_1=6.060\ 3$ kJ/(kg·K)。乏汽的干度和焓值分别为

$$x_2 = 0.70, h_2 = 1\ 824.57\ \text{kJ/kg}$$

状态3:凝汽器出口凝水

$$p_3 = 4\ \text{kPa}, h_3 = 121.41\ \text{kJ/kg}, v_3 = 1.004\ 1 \times 10^{-3}\ \text{m}^3/\text{kg}$$

状态 4_a:给水回热器入口给水

$$p_{4_a} \approx p_{2_e} = 0.2\ \text{MPa}$$

$$h_{4_a} = h_3 + v_3(p_{4_a} - p_3) = 121.41 + 1.004\ 1 \times 10^{-3} \times (0.2 - 0.004) \times 10^3$$

$$= 121.61\ \text{kJ/kg}$$

状态 4_b:给水回热器出口给水

$$p_{4_b} \approx p_{2_e} = 0.2\ \text{MPa}, h_{4_b} = h'_{2_e} = 504.7\ \text{kJ/kg}, v_{4_b} = 1.060\ 8 \times 10^{-3}\ \text{m}^3/\text{kg}$$

状态4:蒸汽发生器入口给水

$$p_4 \approx p_1 = 4\ \text{MPa}$$

$$h_4 = h_{4_b} + v_{4_b}(p_4 - p_{4_b}) = 504.7 + 1.060\ 8 \times 10^{-3} \times (4 - 0.2) \times 10^3$$

$$= 508.73\ \text{kJ/kg}$$

抽汽量为

$$\alpha = \frac{h_{4_b} - h_{4_a}}{h_{2_e} - h_{4_a}} = \frac{504.7 - 121.61}{2\ 285.79 - 121.61} = 0.177$$

汽轮机做功为

$$w_T = (h_1 - h_{2_e}) + (1 - \alpha)(h_{2_e} - h_2)$$

$$= (2\ 796.02 - 2\ 285.79) + (1 - 0.177)(2\ 285.79 - 1\ 824.57)$$
$$= 889.81\ \text{kJ/kg}$$

水泵消耗功为

$$w_P = (1 - \alpha)(h_{4_a} - h_3) + (h_4 - h_{4_b})$$
$$= (1 - 0.177)(121.61 - 121.42) + (515.2 - 504.8)$$
$$= 4.19\ \text{kJ/kg}$$

循环净功为

$$w_s - w_P = 889.81 - 4.19 = 885.62\ \text{kJ/kg}$$

工质吸热量

$$q_1 = h_1 - h_4 = 2\ 796.02 - 508.73 = 2\ 287.29\ \text{kJ/kg}$$

循环热效率

$$\eta_t = \frac{w_T - w_P}{q_1} = \frac{885.62}{2\ 287.29} = 0.387\ 2$$

循环的汽耗率为

$$d_0 = \frac{1}{w_T - w_P} = \frac{3\ 600}{885.62} = 4.065\ \text{kg/(kW} \cdot \text{h)}$$

与例 4-1 相比较,由于采用抽汽回热,使循环净功减少

$$\Delta w_0 = 971.45 - 885.62 = 85.83\ \text{kJ/kg}$$

蒸汽发生器热负荷减少

$$\Delta q_1 = 2\ 670.6 - 2\ 287.29 = 383.31\ \text{kJ/kg}$$

热效率提高

$$\Delta \eta_t = 0.387\ 2 - 0.362\ 2 = 0.025$$

汽耗率增加

$$\Delta d_0 = 4.065 - 3.72 = 0.345\ \text{kg/(kW} \cdot \text{h)}$$

4.4 蒸汽再热循环

4.4.1 理想蒸汽再热循环

对于饱和蒸汽的朗肯循环,提高蒸汽初参数可以提高循环热效率,但会引起乏汽干度减小,对汽轮机的运行产生不利影响。为了改善循环热效率,解决乏汽湿度过高的问题,研究和发展了蒸汽的再热循环。图 4-17 所示为单级再热循环的原则性热力系统图与 $T-s$ 图。

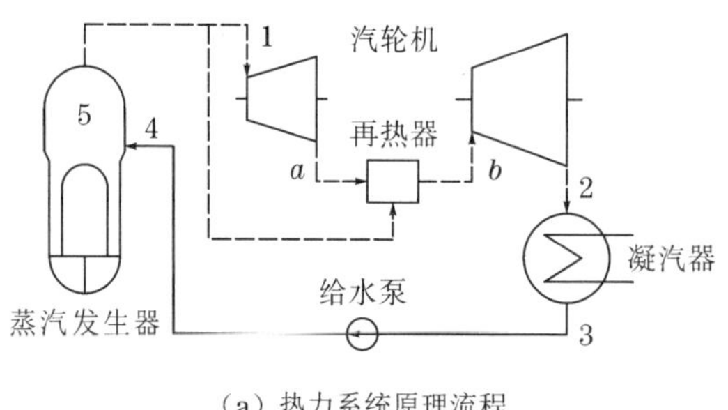

(a) 热力系统原理流程

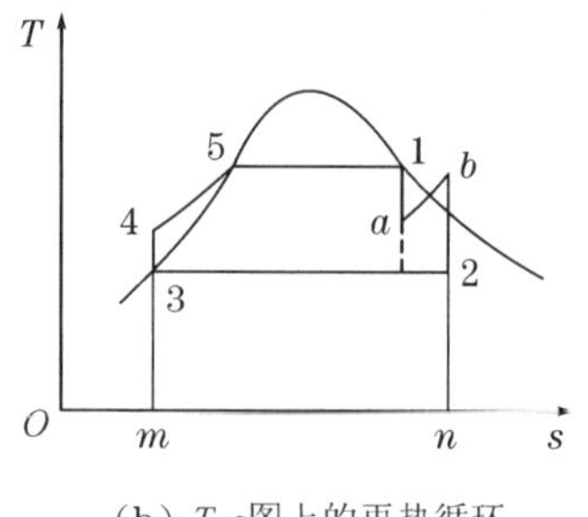

(b) T-s图上的再热循环

图 4-17 单级再热循环的原则性热力系统与 T-s 图

目前大型火力发电厂大都采用蒸汽中间再热系统,其主要目的是提高低压缸进口蒸汽参数,从而提高大容量机组的热经济性。但是对于压水堆核电厂而言,采用再热的主要目的是提高蒸汽在汽轮机中膨胀终点的干度。以某饱和蒸汽核汽轮机为例,若不采取任何措施,当蒸汽膨胀至 5 kPa 时,其蒸汽湿度将接近 30%。为了保障汽轮机组低压缸的安全运行,设置了中间汽水分离器及低压缸级间去湿结构,但末级叶片湿度仍接近 20%;在此基础上再增加蒸汽中间再热,蒸汽被加热至过热,则末级叶片的湿度约为 11%,因此,核汽轮机在采取蒸汽再热措施后,末级湿度已与常规电厂机组相近。

理想的蒸汽再热循环可以看作是无再热的基本循环(即朗肯循环)与再热过程构成的附加循环所组成的循环。采用蒸汽中间再热是否能提高整个再热循环的热效率,取决于附加循环的平均吸热温度是否高于基本循环的相应值。

若忽略水泵功,理想再热循环的热效率为

$$\eta_t = \frac{w_0}{q_1} = \frac{(h_1 - h_a) + (h_b - h_2)}{(h_1 - h_4) + (h_b - h_a)} = \frac{(h_1 - h_2) + \Delta q_{rh}}{(h_1 - h_4) + \Delta q_{rh}} \tag{4-62}$$

式中,Δq_{rh}—— 中间再热吸收的热量,$\Delta q_{rh} = h_b - h_a$。

理想再热循环的汽耗率为

$$d_0 = \frac{3\ 600}{w_0} = \frac{3\ 600}{(h_1 - h_2) + \Delta q_{rh}} \tag{4-63}$$

由于 $\Delta q_{rh} > 0$,因此在蒸汽初、终参数相同的情况下,理想再热循环的汽耗率低于理想朗肯循环的汽耗率。

由以上两式可见,再热循环热效率的高低与中间再热压力 p_a 有关。若再热后蒸汽温度 T_b 相同,提高中间再热压力可使循环热效率提高,但会减小膨胀终点乏汽干度的改善程度。选取中间再热压力时,既要提高乏汽干度,又要尽可能达到提高循环热效率的目的。因此,最佳再热压力的数值需要根据给定的循环条件进行全面的技术经济分析来确定。

采用再热循环后,单位质量蒸汽所做的功增加,故汽耗率可降低,有利于减轻给水泵和凝汽器的负担。但是,由于管道、阀门及相关设备增多,增加了投资费用,并且使运行管理费用增加。

4.4.2 最佳再热压力

最佳再热压力涉及许多因素,如蒸汽初压与初温、中间再热前后的汽轮机内效率、中间再热后的温度与压力、给水温度、回热分配等。

由汽轮机高压缸排汽返回到低压缸的蒸汽,因为流动阻力而导致压力降,称为再热压损。再热压损降低了机组的热经济性,减小再热压损,虽可以提高机组的热经济性,但须加大管径,其金属耗量和投资费用都要随之增大,一般再热压损取高压缸排汽压力的8%~12%。

目前使用的中间再热压力为初始压力的20%~30%,此时循环热效率可提高2%~5%,再热循环也可采用多次再热循环,经济技术上合理即可。

【例4-3】 如图4-17所示具有中间再热的核动力装置,蒸汽发生器出口新蒸汽压力4 MPa、干度为0.997 5;蒸汽在高压缸内绝热膨胀后排出,经过蒸汽再热器加热到230 ℃,然后进入低压缸内绝热膨胀;乏汽冷凝压力为4 kPa。假设凝水在水泵中的升压过程也是等熵的,当高压缸排汽压力为0.8 MPa、0.9 MPa、1.0 MPa时,试分别计算相应的循环热效率、乏汽干度以及汽耗率。

解 参照例4-1,计算过程及结果列于表4-6中:

表4-6 计算过程及结果

参数	单位	计算公式或来源	计算数值		
高压缸排汽压力 p_a	MPa	给定	0.8	0.9	1.0
高压缸排汽熵值 s_a	kJ/(kg·K)	$s_a = s_1$	6.060 3	6.060 3	6.060 3
高压缸排汽干度 x_a		$x_a = \frac{s_a - s'_a}{s''_a - s'_a}$	0.87	0.876 5	0.882
高压缸排汽焓值 h_a	kJ/kg	$h_a = h'_a + x_a(h''_a - h'_a)$	2 501.45	2 521.46	2 538.6
再热蒸汽压力 p_b	MPa	$p_b = p_a$	0.8	0.9	1.0
再热蒸汽温度 T_b	℃	给定	230	230	230
再热蒸汽焓值 h_b	kJ/kg	$h_b = f(p_b, T_b)$	2 906.6	2 902.2	2 897.8
再热蒸汽熵值 s_b	kJ/(kg·K)	$s_b = f(p_b, T_b)$	6.954 2	6.893 1	6.837 7
低压缸排汽压力 p_2	MPa	给定	0.004	0.004	0.004
低压缸排汽熵值 s_2	kJ/(kg·K)	$s_2 = s_b$	6.954 2	6.893 1	6.837 7
低压缸排汽干度 x_2		$x_2 = \frac{s_2 - s'_2}{s''_2 - s'_2}$	0.811	0.80	0.797
低压缸排汽焓值 h_2	kJ/kg	$h_2 = h'_2 + x_2(h''_2 - h'_2)$	2 094.65	2 067.88	2 060.58
循环过程吸热量 q_1	kJ/kg	$q_1 = (h_1 - h_4) + (h_b - h_a)$	3 075.74	3 051.33	3 029.79
循环输出功 w_t	kJ/kg	$w_t = (h_1 - h_a) + (h_b - h_2)$	1 106.52	1 108.88	1 094.64

表 4-6(续)

参数	单位	计算公式或来源	计算数值		
消耗水泵功 w_p	kJ/kg	$w_p = h_4 - h_3$	4.01	4.01	4.01
循环热效率 η_t		$\eta_t = \frac{w_t - w_p}{q_1}$	0.358	0.362	0.36
循环的汽耗率 d_0	kg/(kW·h)	$d_0 = \frac{1}{w_t - w_p}$	3.265	3.258	3.300

从上述计算结果可以看出,与理想朗肯循环相比,采用再热循环后热效率没有明显提高,但排汽干度增大,循环汽耗率下降。

4.5 具有再热的回热循环

现代大型压水堆核电厂普遍采用具有再热的回热循环,在提高循环热效率的基础上,可以减小蒸汽在汽轮机膨胀终点的湿度。

理想的再热回热循环热效率为

$$\eta_t = 1 - \frac{h_2 - h_3}{(h_1 - h_4) + \Delta q_{rh}} \prod_{i=1}^{Z} \frac{1}{1 + \frac{\tau_i}{q_{hi}}} \tag{4-64}$$

相应的汽耗率为

$$d_0 = \frac{3\ 600}{(h_1 - h_2) + \Delta q_{rh}} \frac{1}{\left(1 - \sum_{i=1}^{Z} \alpha_i Y_i\right)} \tag{4-65}$$

再热回热循环的热经济性涉及许多因素,即:蒸汽初压与初温,排汽压力,中间再过热前后的汽轮机相对内效率,中间再过热后的压力、温度和再过热的压损,给水温度,回热分配及回热系统的不可逆所引起的损失,给水泵工作过程不可逆性引起的损失等。

再热回热循环的回热分配具有一定的特殊性,主要有以下几个特点:

(1)为了减少机组的回热抽汽口,通常都是将一部分的高压缸排汽作为一级回热抽汽,而高压缸排汽压力是按照最佳再热压力和最佳回热分配来确定的,如选定第二级加热器的端差,则该级的给水温度也随之确定。

(2)一般再热式机组的高压缸有一级回热抽汽口,以保证最佳给水温度。有的机组高压缸由于内缸结构特殊没有抽汽口。

(3)再过热后的各级抽汽温度、过热度和焓值都增加了,使换热过程的温差加大,增加了㶲损,削弱了回热效果。通常做法是加大冷段蒸汽作为回热抽汽的那一段加热器的焓升,并适当减少再热之后低压缸的各级回热抽汽加热器的焓升,以减少整个回热过程的不可逆损失,提高给水回热的热经济性。

(4)虽然再热过程有削弱回热效果的一面,但只要再热、回热的参数匹配得当,仍有足够的热经济效果。

典型压水堆核电厂二回路热力系统原理流程图如图 4-18 所示,表 4-7 为秦山一期核电厂和大亚湾核电厂热力系统的主要特点。

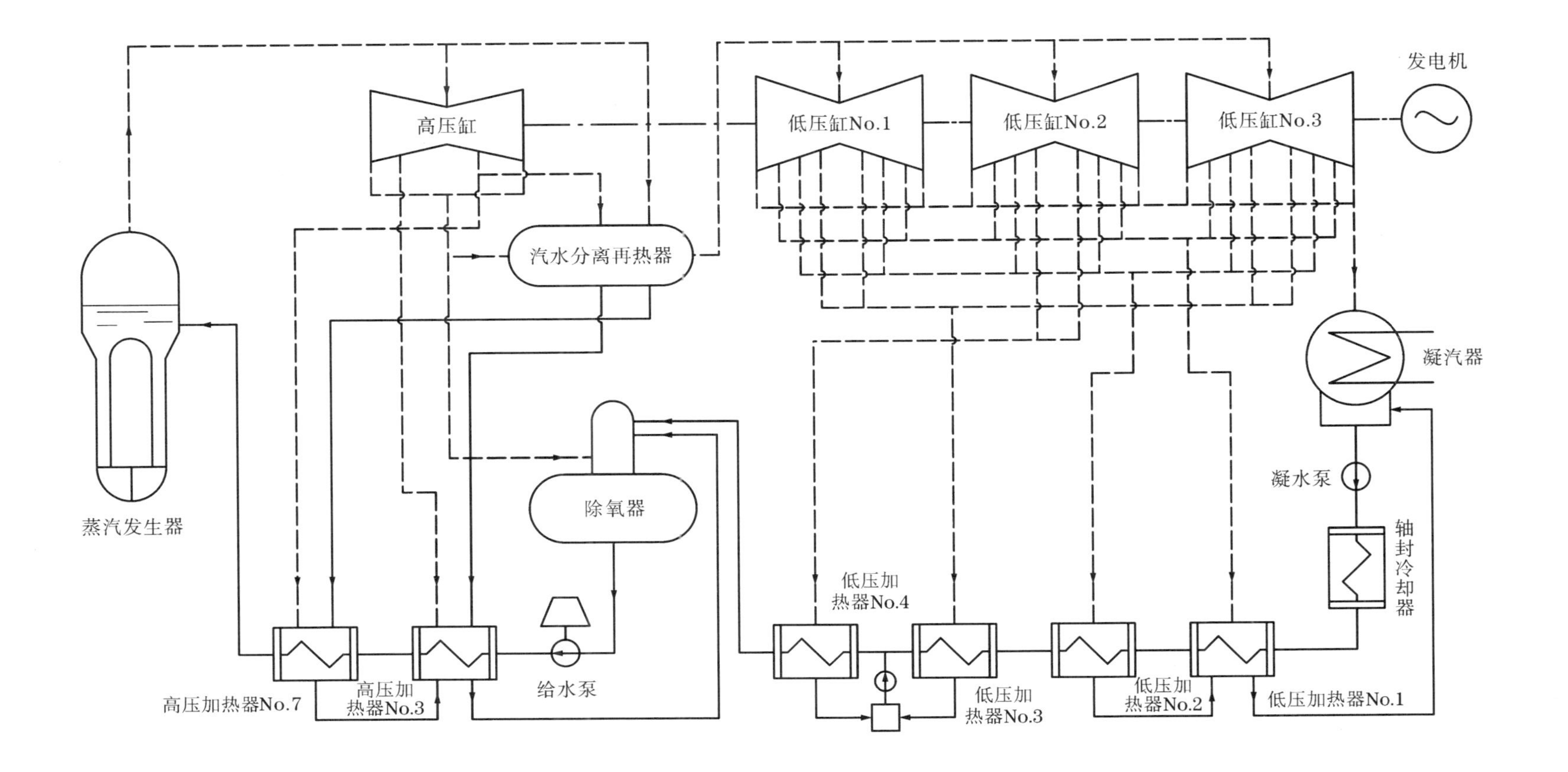

图4-18　典型压水堆核电厂二回路热力系统原理流程

表 4-7　秦山一期核电厂、大亚湾核电厂热力系统的主要特点

序号	项目		秦山一期	大亚湾
1	反应堆热功率/MW		966	2 775
2	净电功率/MW		300	925
3	核蒸汽供应系统总热功率/MW		1 035	2 785
4	主冷却剂系统环路数		2	3
5	汽轮发电机组	高压汽轮机	双流路,1 台	双流路,1 台
		低压汽轮机	双流路,2 台	双流路,3 台
6	抽汽级数	高压缸	三级	三级
		低压缸	四级	四级
7	汽水分离/再热系统		中间汽水分离/二级再热器	中间汽水分离/二级再热器
8	给水回热系统	高压加热器	三级	二级
		除氧器	一级	一级
		低压加热器	三级	四级

4.6　布雷顿循环

布雷顿循环是一种气体动力循环,在循环过程中作为工质的气体没有相变。工程实践中采用这种热力循环的能量系统有燃气轮机动力装置、高温气冷堆核电厂等。

4.6.1　简单布雷顿循环

1. 理想布雷顿循环

理想的简单布雷顿循环由绝热压缩、等压加热、绝热膨胀和等压冷却四个过程组成,图 4-19 所示为燃气轮机动力装置的原理流程。

在开式循环中,由大气吸入的空气经过离心压缩机压缩后,送入燃烧室与喷入的燃料混合燃烧,产生高温高压燃气。燃气进入燃气轮机膨胀做功,乏气排入大气。在闭式循环中,燃气轮机排出的乏气进入冷却器,被冷却介质冷却降温后,再进入压缩机,进行下一次循环。图 4 - 20 所示为布雷顿循环的 $p-V$ 图和 $T-s$ 图。

过程 1—2 为可逆绝热压缩过程,压缩机的耗功为

$$w_c = h_2 - h_1 \tag{4-66}$$

式中,h_1、h_2——压缩机进口、出口空气的焓。

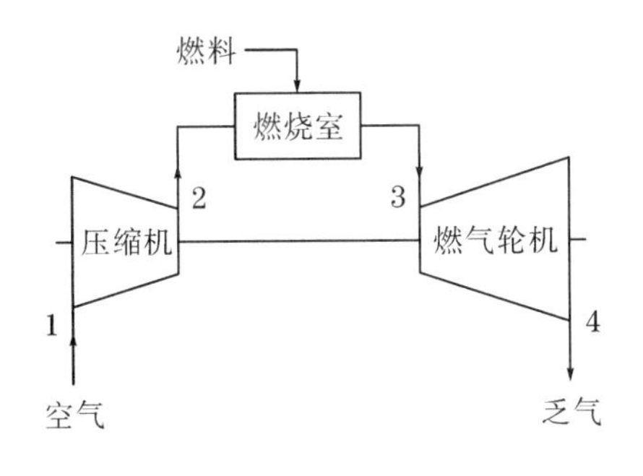

(a) 开式循环

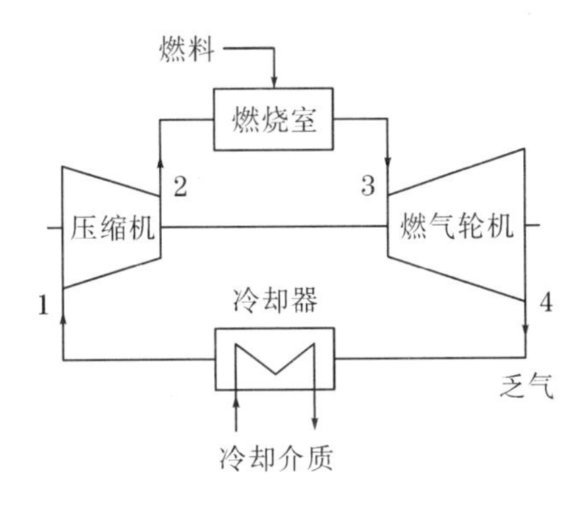

(b) 闭式循环

图 4-19 燃气轮机动力装置的原理流程

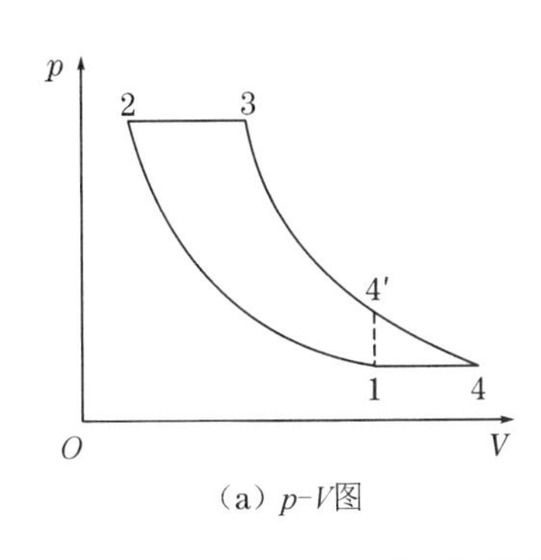

(a) p-V图

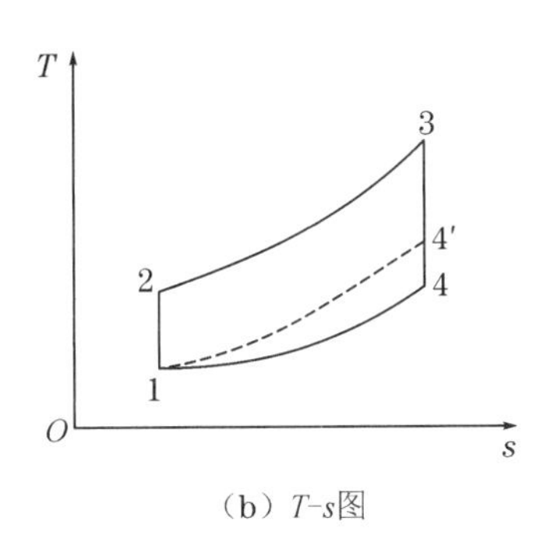

(b) T-s图

图 4-20 布雷顿循环的 p-V 图和 T-s 图

如空气定压比热 c_p 为常数,对于理想气体,有

$$w_c = h_2 - h_1 = c_p(T_2 - T_1) \tag{4-67}$$

式中,T_1、T_2——压缩机进口、出口空气的温度。

过程 2—3 为等压燃烧过程,空气的吸热量为

$$q_1 = h_3 - h_2 = c_p(T_3 - T_2) \tag{4-68}$$

式中 h_3——燃烧室出口燃气的焓;

T_3——燃烧室出口燃气的温度。

过程 3—4 为可逆绝热膨胀过程,燃气轮机对外所做的功为

$$w_t = h_3 - h_4 = c_p(T_3 - T_4) \tag{4-69}$$

式中 h_4——燃气轮机出口乏气的焓;

T_4——燃气轮机出口乏气的温度。

过程 4—1 为乏气排入大气中的等压冷却过程,排入大气的热量为

$$q_2 = h_4 - h_1 = c_p(T_4 - T_1) \tag{4-70}$$

理想布雷顿循环的热效率为

$$\eta_t = \frac{w_t - w_c}{q_1} = \frac{c_p(T_3 - T_4) - c_p(T_2 - T_1)}{c_p(T_3 - T_2)}$$

$$= 1 - \frac{T_4 - T_1}{T_3 - T_2} = 1 - \frac{T_1\left(\dfrac{T_4}{T_1} - 1\right)}{T_2\left(\dfrac{T_3}{T_2} - 1\right)} \tag{4-71}$$

对于等熵过程1—2和3—4,理想气体的压力和温度之间存在以下关系:

$$\frac{T_2}{T_1}=\left(\frac{p_2}{p_1}\right)^{\frac{\kappa-1}{\kappa}} \qquad \frac{T_3}{T_4}=\left(\frac{p_3}{p_4}\right)^{\frac{\kappa-1}{\kappa}} \tag{4-72}$$

由于 $p_1=p_4, p_2=p_3$,得

$$\frac{T_2}{T_1}=\frac{T_3}{T_4} \quad 或 \quad \frac{T_3}{T_2}=\frac{T_4}{T_1} \tag{4-73}$$

令压缩比 $r_p=\frac{p_2}{p_1}=\frac{p_3}{p_4}$,则布雷顿循环热效率可表示为

$$\eta_t=1-\frac{T_1}{T_2}=1-\frac{1}{r_p^{\frac{\kappa-1}{\kappa}}} \tag{4-74}$$

布雷顿循环输出的净功可以表示为

$$w=c_p(T_3-T_4)-c_p(T_2-T_1)=c_pT_1\left[\frac{T_3}{T_1}\left(1-\frac{1}{r_p^{\frac{\kappa-1}{\kappa}}}\right)-\left(r_p^{\frac{\kappa-1}{\kappa}}-1\right)\right] \tag{4-75}$$

根据式(4-74),布雷顿循环的热效率随着空气压缩比变化的趋势如图4-21(a)所示($\kappa=1.4$);根据式(4-75),循环净输出功是循环最高温度与最低温度之比、压缩比的函数,其变化趋势如图4-21(b)所示,其中温度比 $r_T=\frac{T_3}{T_1}$,并假设进气温度 $T_1=300$ K。

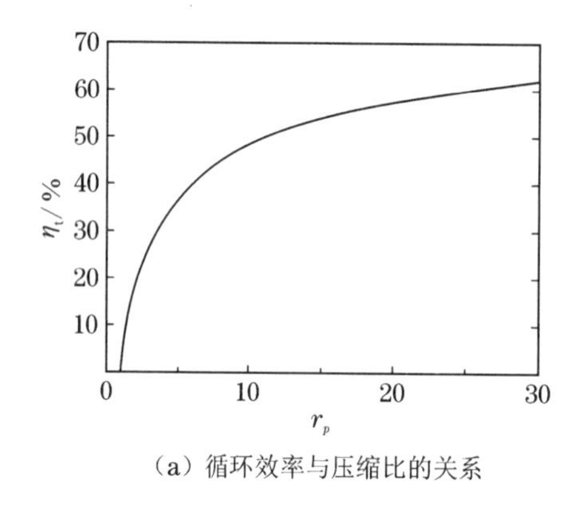

(a)循环效率与压缩比的关系

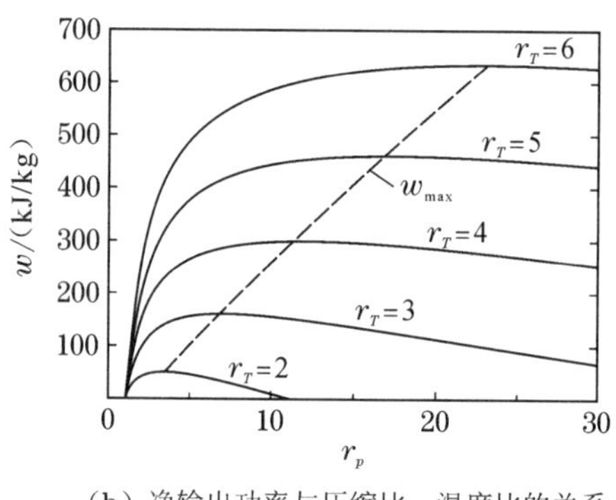

(b)净输出功率与压缩比、温度比的关系

图4-21 布雷顿循环效率、净输出功率与压缩比的关系

对于确定的 r_T,对式(4-75)求微分 $\left(\frac{\partial w}{\partial r_p}\right)=0$,可以获得最大净输出功对应的压缩比:

$$r_{p,\max}=\frac{p_2}{p_1}=\left(\frac{T_3}{T_1}\right)^{\frac{\kappa}{2(\kappa-1)}} \tag{4-76}$$

2. 实际布雷顿循环

理想布雷顿循环中膨胀与压缩均为等熵过程,然而在实际过程中由于存在不可逆因素,这些过程都有能量损失。

压缩机等熵效率 η_C 定义为等熵压缩功 w_C 与实际压缩功 $w_{C,a}$ 的比值,即

$$\eta_C = \frac{w_C}{w_{C,a}} = \frac{h_{2s} - h_1}{h_2 - h_1} = \frac{T_{2s} - T_1}{T_2 - T_1} \tag{4-77}$$

燃气轮机等熵效率 η_T 定义为实际功 $w_{T,a}$ 与理论功 w_T 的比值，即

$$\eta_T = \frac{w_{T,a}}{w_T} = \frac{h_3 - h_4}{h_3 - h_{4s}} = \frac{T_3 - T_4}{T_3 - T_{4s}} \tag{4-78}$$

使用等熵压缩功的定义，可以得到压缩机实际压缩功的表达式：

$$w_{C,a} = \frac{c_p T_1}{\eta_C}(r_p^{\frac{\kappa-1}{\kappa}} - 1) \tag{4-79}$$

同样，可以得到燃气轮机实际功的表达式：

$$w_{T,a} = \eta_T c_p T_3 \left(1 - \frac{1}{r_p^{\frac{\kappa-1}{\kappa}}}\right) \tag{4-80}$$

实际的净功为

$$w_a = w_{T,a} - w_{C,a} = c_p T_1 \left[\eta_T \frac{T_3}{T_1}\left(1 - \frac{1}{r_p^{\frac{\kappa-1}{\kappa}}}\right) - \frac{1}{\eta_C}(r_p^{\frac{\kappa-1}{\kappa}} - 1)\right] \tag{4-81}$$

实际循环热效率为

$$\eta_{t,a} = \frac{\eta_T \frac{T_3}{T_1}\left(1 - \frac{1}{r_p^{\frac{\kappa-1}{\kappa}}}\right) - \frac{1}{\eta_C}(r_p^{\frac{\kappa-1}{\kappa}} - 1)}{\frac{T_3}{T_1} - \frac{1}{\eta_C}(r_p^{\frac{\kappa-1}{\kappa}} - 1) - 1} \tag{4-82}$$

图 4-22 所示为理想布雷顿循环与实际布雷顿循环相关特性的比较。

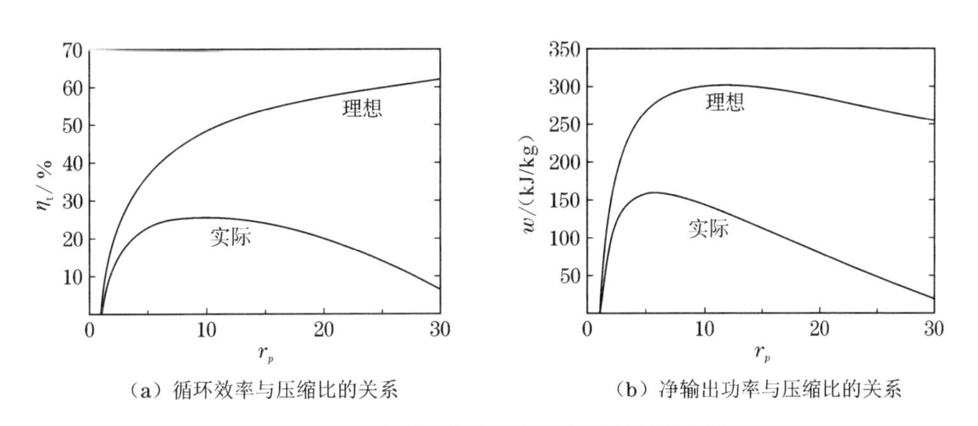

（a）循环效率与压缩比的关系　　（b）净输出功率与压缩比的关系

图 4-22　理想循环与实际循环相关特性的比较

4.6.2　改进的布雷顿循环

为了改善布雷顿循环的效率，可以采取回热、再热与间冷等措施。

1. 回热循环

从简单布雷顿循环的 $T-s$ 图可以看出，燃气轮机排气温度 T_4 比压缩机出口温度 T_2 还

高很多,排气损失的热量 q_2 很大,循环热效率较低。

为了提高热效率,可以采取用燃气轮机排气的废热加热压缩空气的回热措施。带回热的布雷顿循环如图 4-23 所示。

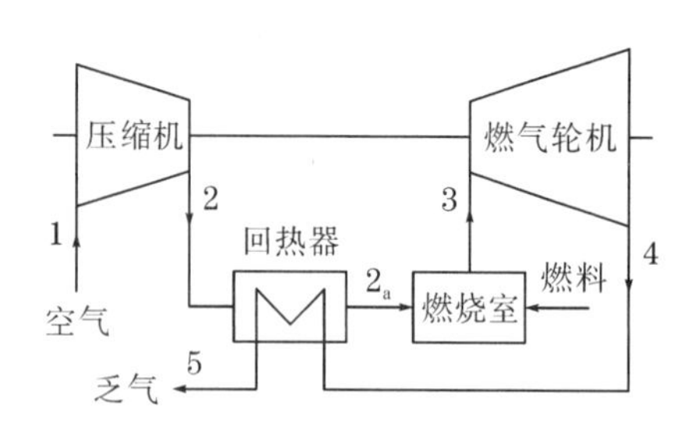

(a)热力系统原理流程

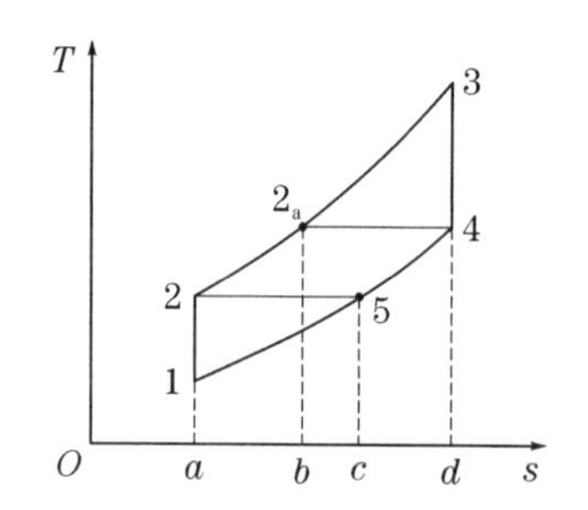

(b)T-s图上的布雷顿回热循环

图 4-23　带回热的布雷顿循环

过程 1—2 为空气压缩过程,压缩机消耗的功率为

$$w_c = h_2 - h_1$$

过程 2—2_a 为回热过程,空气的吸热量为

$$q_{rg,2} = h_{2_a} - h_2$$

过程 2_a—3 为空气在燃烧室中的吸热过程,吸热量为

$$q_1 = h_3 - h_{2_a}$$

过程 3—4 为气体在燃气轮机内的膨胀做功过程,所做的功为

$$w_t = h_3 - h_4$$

过程 4—5 为乏气在回热器中的放热过程,放热量为

$$q_{rg,1} = h_4 - h_5$$

过程 5—1 为乏气向环境放热的过程,放热量为

$$q_2 = h_5 - h_1$$

根据循环热效率的定义式,带回热的布雷顿循环的热效率为

$$\eta_{t,rg} = 1 - \frac{q_2}{q_1} = 1 - \frac{h_5 - h_1}{h_3 - h_{2_a}} = 1 - \frac{(h_4 - h_1) - (h_4 - h_5)}{(h_3 - h_2) - (h_{2_a} - h_2)} \tag{4-83}$$

回热的极限是回热器出口的空气温度 T_{2_a} 等于燃气轮机出口乏气的温度 T_4,不考虑回热器传热过程的散热损失,有 $h_{2_a} - h_2 = h_4 - h_5 = q_{rg}$,因此有

$$T_{2_a} = T_4 \quad T_5 = T_2$$

$$h_{2_a} = h_4 \quad h_5 = h_2$$

综合以上温度与热平衡的关系,式(4-83)可以重写为

$$\eta_{t,rg} = 1 - \frac{(h_4 - h_1) - q_{rg}}{(h_3 - h_2) - q_{rg}} \geqslant 1 - \frac{h_4 - h_1}{h_3 - h_2} = \eta_t \tag{4-84}$$

可以看出,带回热的布雷顿循环的热效率比简单布雷顿循环的热效率高。

2. 再热循环

布雷顿循环的输出功随最高温度比的增大而增大，但工质流体的最高温度受到结构材料耐热温度的限制。在最高温度条件不变的情况下，提高循环效率的方法之一是使用再热，即将燃气轮机排气送入再热器加热，然后送往下一级燃气轮机膨胀做功，可以采用一级再热或两级再热。由于采取了再热措施，排气温度升高，回热器的换热效果也有所改善。图 4-24 所示为采用再热的布雷顿循环。

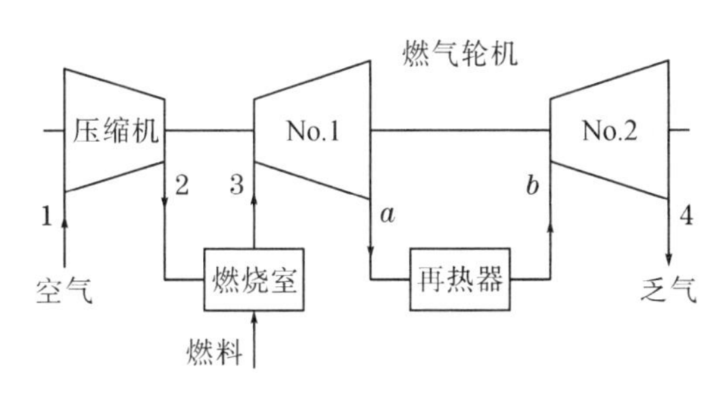

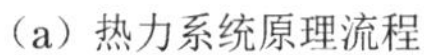
(a) 热力系统原理流程

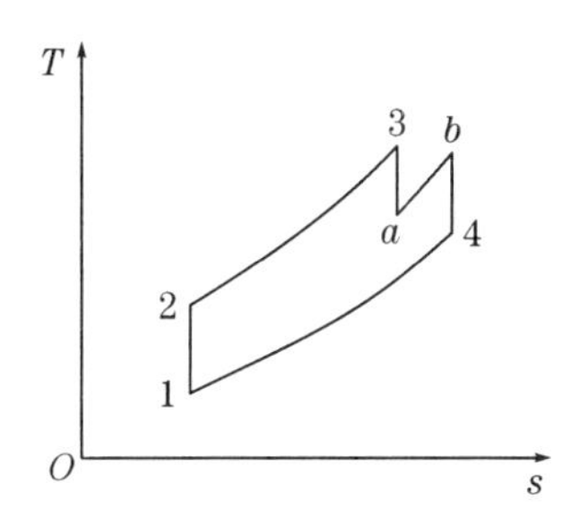

(b) T-s图上的布雷顿再热循环

图 4-24　采用再热的布雷顿循环

过程 1—2 为气体压缩过程，压缩机消耗的功率为

$$w_c = h_2 - h_1$$

过程 2—3 为气体在燃烧室中的吸热过程，吸热量为

$$q_1' = h_3 - h_2$$

过程 3— a 为气体在 No. 1 燃气轮机中的膨胀过程，所做的功为

$$w_{t,1} = h_3 - h_a$$

过程 a—b 为气体在再热器中的吸热过程，吸热量为

$$q_1'' = h_b - h_a$$

过程 b —4 为气体在 No. 2 燃气轮机中的膨胀过程，所做的功为

$$w_{t,2} = h_b - h_4$$

过程 4—1 为乏气向环境放热的过程，放热量为

$$q_2 = h_4 - h_1$$

根据循环热效率的定义式，采用再热的布雷顿循环的热效率为

$$\eta_{t,rh} = 1 - \frac{q_2}{q_1} = 1 - \frac{q_2}{(q_1' + q_1'')}$$

$$= 1 - \frac{h_4 - h_1}{(h_3 - h_2) + (h_b - h_a)} \geqslant 1 - \frac{h_4 - h_1}{h_3 - h_2} = \eta_t \qquad (4-85)$$

可以看出，采用再热的布雷顿循环的热效率比简单布雷顿循环的热效率高。

3. 带中间冷却、再热和回热的布雷顿循环

与蒸汽动力循环不同，燃气轮机循环的压缩机消耗较大的功率。为减小压缩机的功率消耗，对压缩中间气体进行冷却。图 4-25 所示为带中间冷却、再热和回热的布雷顿循环。

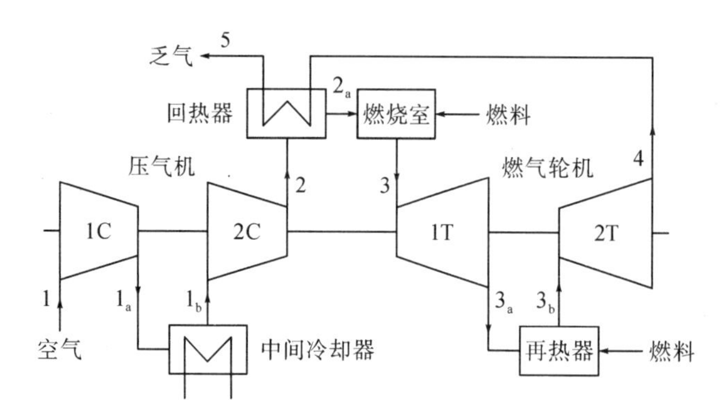

(a) 热力系统原理流程

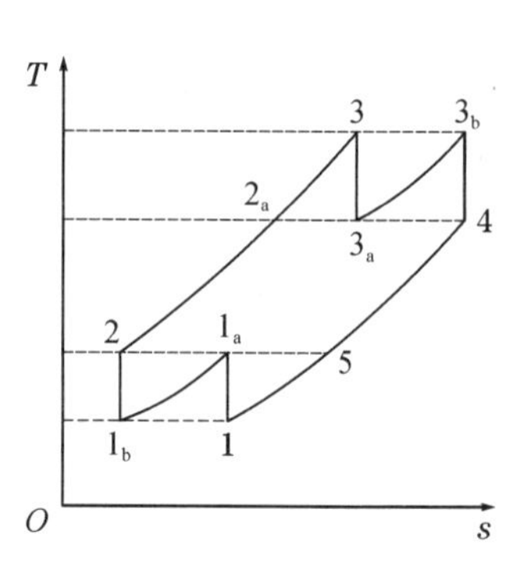

(b) T-s图上的热力循环

图 4-25　带中间冷却、再热和回热的布雷顿循环

过程 $1—1_a$ 为空气在第一级压缩机(1C)中的压缩过程,压缩机消耗的功率为

$$w_{c,1} = h_{1_a} - h_1$$

过程 $1_a—1_b$ 为经 1C 压缩的空气在中间冷却器中的放热过程,放热量为

$$q_{2,1} = h_{1_a} - h_{1_b}$$

过程 $1_b—2$ 为空气在第二级压缩机(2C)中的压缩过程,压缩机消耗的功率为

$$w_{c,2} = h_2 - h_{1_b}$$

过程 $2—2_a$ 为经 2C 压缩的空气在回热器中的吸热过程,吸热量为

$$q_{rg,1} = h_{2_a} - h_2$$

过程 $2_a—3$ 为空气在燃料室中的吸热过程,吸热量为

$$q_{1,1} = h_3 - h_{2_a}$$

过程 $3—3_a$ 为气体在第一级燃气轮机(1T)中的膨胀做功过程,所做的功为

$$w_{t,1} = h_3 - h_{3_a}$$

过程 $3_a—3_b$ 为 1T 的排气进入再热器中的吸热过程,吸热量为

$$q_{1,2} = h_{3_b} — h_{3_a}$$

过程 $3_b—4$ 为再热气体在第二级燃气轮机(2T)中的膨胀做功过程,所做的功为

$$w_{t,2} = h_{3_b} - h_4$$

过程 4—5 为 2T 的排气进入回热器中的放热过程,放热量为

$$q_{rg,2} = h_4 - h_5$$

过程 5—1 为排出的乏气向环境放热过程,放热量为

$$q_{2,2} = h_5 - h_1$$

根据循环热效率的定义式,有

$$\eta_t = \frac{w_t - w_c}{q_1} = \frac{(w_{t,1} + w_{t,2}) - (w_{c,1} + w_{c,2})}{q_{1,1} + q_{1,2}}$$

$$= \frac{(h_3 - h_{3_a}) + (h_{3_b} - h_4) - (h_{1_a} - h_1) - (h_2 - h_{1_b})}{(h_3 - h_{2_a}) + (h_{3_b} - h_{3_a})} \qquad (4-86)$$

对于两级压缩和两级膨胀，当两级压缩机和两级燃气轮机均具有相同的压力比时，压缩机消耗功最小，燃气轮机输出功最大，即

$$\frac{p_{1_a}}{p_1}=\frac{p_2}{p_{1_b}} \quad 和 \quad \frac{p_3}{p_{3_a}}=\frac{p_{3_b}}{p_4}$$

假设进入第一级和第二级压缩机的空气温度相同，且各级压缩机具有相同的效率，则各级压缩机出口的空气温度也相同。对于燃气轮机，也有类似的假设，则

$$T_1=T_{1_b} \quad T_2=T_{1_a}=T_5 \quad T_{2_a}=T_{3_a}=T_4 \quad T_3=T_{3_b}$$

$$h_1=h_{1_b} \quad h_2=h_{1_a}=h_5 \quad h_{2_a}=h_{3_a}=h_4 \quad h_3=h_{3_b}$$

根据以上温度和焓值关系，式(4-86)可以重新写为

$$\eta_{t,B}=\frac{(h_3-h_2)-(h_4-h_1)}{h_3-h_4}>1-\frac{h_4-h_1}{h_3-h_2}=\eta_t \tag{4-87}$$

由此可见，带中间冷却、再热和回热的布雷顿循环的热效率比简单布雷顿循环的热效率高。

高温气冷堆与布雷顿闭式循环相结合，主要采取回热和间冷组合的热力措施，来大幅度提高循环效率和比功。因此，这种系统具有高初温、高效率、高比功、良好的变工况特性以及改善系统性能的最大潜力。

4.6.3　布雷顿-朗肯联合循环

将高循环初温的布雷顿闭式氦气循环和低排热温度的朗肯闭式蒸汽循环相结合，利用蒸汽循环吸收氦气循环的高温排热，实现能量的梯级利用，进而提高能量的利用水平。图4-26所示为理想的布雷顿-朗肯联合循环。

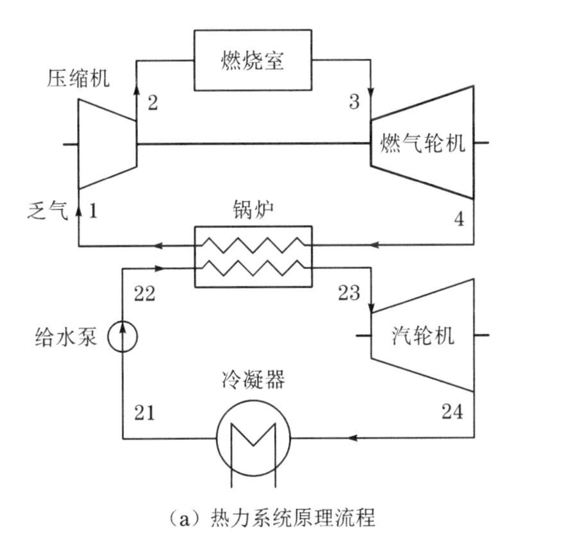

(a) 热力系统原理流程

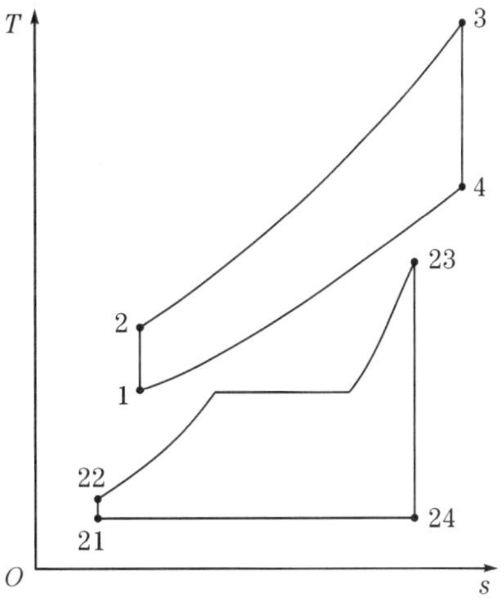

(b) T-s图上的布雷顿-朗肯联合循环

图4-26　布雷顿-朗肯联合循环

布雷顿循环的吸热量为

$$Q_{1,g}=G_g(h_3-h_2) \tag{4-88}$$

式中，G_g ——布雷顿循环中工质的质量流量。

布雷顿循环定压放热过程 4—1 中排出的热量全部被朗肯循环的定压吸热过程 22—23 所吸收，即

$$Q_{2,g} = Q_{1,v} \tag{4-89}$$

$$G_g(h_4 - h_1) = G_v(h_{23} - h_{22}) \tag{4-90}$$

式中，G_v ——朗肯循环中工质的质量流量。

朗肯循环的放热量为

$$Q_{2,v} = G_v(h_{24} - h_{21}) \tag{4-91}$$

联合循环对外做出的循环净功为

$$W = Q_{1,g} - Q_{2,v} = G_g(h_3 - h_2) - G_v(h_{24} - h_{21}) \tag{4-92}$$

则联合循环的热效率为

$$\eta_t = 1 - \frac{Q_{2,v}}{Q_{1,g}} = 1 - \frac{G_v(h_{24} - h_{21})}{G_g(h_3 - h_2)} = 1 - \frac{(h_4 - h_1)(h_{24} - h_{21})}{(h_{23} - h_{22})(h_3 - h_2)} \tag{4-93}$$

联合循环的热效率与布雷顿循环效率 $\eta_{t,g}$ 和朗肯循环效率 $\eta_{t,v}$ 的关系如下：

$$\begin{aligned}\eta_t &= 1 - \frac{Q_{2,v}}{Q_{1,g}} = 1 - \frac{Q_{2,v}}{Q_{2,g}}\frac{Q_{1,v}}{Q_{1,g}} = 1 - (1 - \eta_{t,v})(1 - \eta_{t,g}) \\ &= \eta_{t,v} + \eta_{t,g}(1 - \eta_{t,v}) = \eta_{t,g} + \eta_{t,v}(1 - \eta_{t,g})\end{aligned} \tag{4-94}$$

由于 $\eta_{t,g}(1 - \eta_{t,v})$ 和 $\eta_{t,v}(1 - \eta_{t,g})$ 均大于零，因而有 $\eta_t > \eta_{t,g}$ 和 $\eta_t > \eta_{t,v}$，即联合循环效率大于布雷顿循环效率和朗肯循环效率。

1. 直接联合循环

高温气冷堆采用氦气作为冷却剂，反应堆出口氦气温度可高达 850~1 300 ℃，因而有条件采用多种热力循环实现能量转换。氦气轮机循环与蒸汽轮机循环联合，图 4-27 所示为采用直接联合循环的核电厂热力系统原理流程。

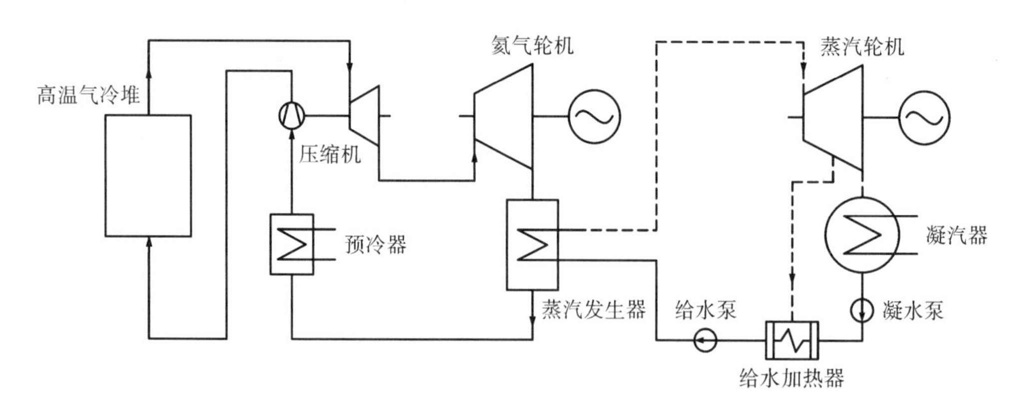

图 4-27　采用直接联合循环的核电厂热力系统原理流程

反应堆出口的高温氦气(6.9 MPa、900 ℃)首先流经驱动压缩机的氦气轮机，然后进入主发电氦气轮机膨胀做功，驱动发电机产生电力。主氦气轮机排出的氦气仍具有较高的压力和温度(2.6 MPa、556 ℃)，其进入直流蒸汽发生器对二次侧的水进行加热后被冷却到约

150 ℃,再经预冷器冷却到 30 ℃左右,由压缩机增压到 7.0 MPa 后送入反应堆,进行下一轮氦气循环。

直流蒸汽发生器产生的过热蒸汽(4 MPa、526 ℃)送往汽轮发电机组,在蒸汽轮机中膨胀做功后排出的乏汽进入凝汽器,冷却后形成的凝水经给水加热器加热、给水泵增压后送到蒸汽发生器,进行下一轮汽水循环。

直接联合循环的热效率可达 48%,但是增加了系统的投资成本,且不能排除发生堆芯进水事故的可能性。

2. 间接联合循环

为了避免事故工况下汽水回路的水进入堆芯,工程中还采用由三个回路组成的间接联合循环,其热力系统原理流程如图 4-28 所示,一回路、二回路的工质都是氦气,三回路的工质是水和水蒸气。

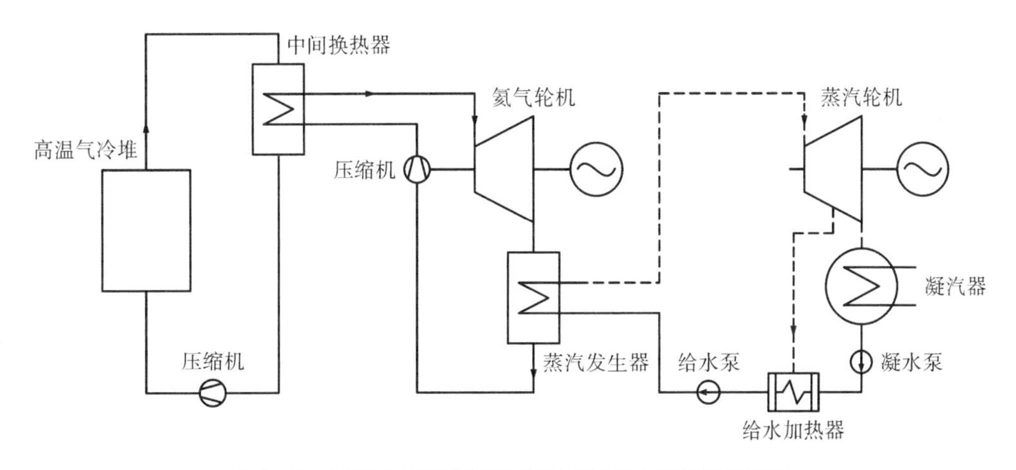

图 4-28 采用间接联合循环的核电厂热力系统原理流程

在一回路中,氦气在压缩机的驱动下在回路中循环流动,流经反应堆吸收堆芯核燃料裂变释放的热量,反应堆出口的高温氦气(约 900 ℃)经过中间换热器对二回路的氦气进行加热,之后被冷却至 300 ℃,再由压缩机送回反应堆。

在二回路中,从中间换热器吸热后的二回路氦气进入氦气轮机膨胀做功,驱动发电机产生电力。氦气轮机排出的乏气进入蒸汽发生器,对三回路的给水进行加热并使之产生蒸汽,放热后的乏气经压缩机送入中间换热器,开始下一个循环。

在三回路中,蒸汽发生器产生的蒸汽在汽轮机内膨胀做功,驱动发电机产生电力。汽轮机排出的乏汽进入凝汽器凝结放热,形成的凝结水由凝水泵输送至给水回热系统加热,然后由给水泵增压后送入蒸汽发生器。

思考题与习题

4.1 朗肯循环与卡诺循环有何区别与联系?实际动力循环为什么不采用卡诺循环?

4.2 蒸汽初、终参数的变化对核电厂热经济性有什么影响?

4.3 蒸汽发生器出口饱和蒸汽压力为 p_s =6.5 MPa,蒸汽干度为 x_s =0.997 5;汽轮机入口蒸汽压力为 p_1 = 6.3 MPa,蒸汽干度为 x_1 = 0.97;汽轮机出口乏汽压力为 p_2 = 0.005 MPa;汽轮机相对内效率为 η_{oi} =0.85。忽略水泵功,试计算:

(1)汽轮机的内部功;

(2)循环热效率;

(3)管道损失系数。

4.4 采用给水回热对提高循环热效率有何好处?

4.5 采用再热循环的目的是什么,对循环热效率有何影响?

4.6 影响布雷顿循环热效率的主要因素有哪些?

4.7 布雷顿循环与朗肯循环组成的联合循环,其热效率取决于哪些影响因素?

第5章 核电厂热力系统的热平衡分析

核电厂热力系统的热平衡计算,对于核电厂的设计、运行及技术改造都具有重要的作用。核电厂的在线运行监测诊断系统更是需要通过热平衡计算来确定由某些运行参数及系统变化所导致的经济指标的变化。

根据热平衡分析的计算结果,可以指出能量转换、传递及分配过程中能量损失的数量和原因,评价能量利用的热力学完善程度,同时也可为热力系统的㶲分析提供依据。

5.1 传统的热平衡分析方法

定量计算电厂热力系统热效率的方法主要有效率法、热平衡方法、循环函数法、等效焓降法、矩阵法等几种。本章重点介绍效率法,同时对热平衡方法、循环函数法和等效焓降法也作简要介绍。

(1)热平衡法

热平衡法通常可分为串联法和并联法。

依据热力学第一定律,针对抽汽回热系统中的每一级加热器列出其热平衡方程,在此基础上计算出各级加热器的抽汽量。

在串联算法中,计算次序从抽汽压力最高的一级加热器开始,逐次计算各级加热器的抽汽量。在每一级加热器抽汽量的计算中,一般只有一个未知数,手工计算也很方便。

在并联算法中,对所有加热器的热平衡方程进行联合求解,一次求出全部抽汽量。

由于给水加热器热平衡方程是关于抽汽量的线性代数方程,所以总可以用矩阵方程来表示,非常适合于用计算机求解。在实际应用中,常常会交叉使用串联法和并联法。并联法的数学表达式更为简便,串联法在算法实现上会更有利。

(2)循环函数法

循环函数法是将给水回热系统划分为若干加热单元,以求取单元进水系数为基本特征的方法。对于整个热力系统,分为主循环和辅助循环,主循环与辅助循环可以叠加。

在计算性能指标时可以分步进行,主循环与辅助循环对性能指标的影响也具有可加性。当热力系统局部变动时,相当于在主循环上附加了一个辅助循环,只需要对变动的辅助循环进行计算,即可得出性能指标的变化,这就给变工况计算和不同方案比较论证带来了极大的方便。尤其当对电厂的不同方案进行比较、优选时,该方法比热平衡法要简便。

(3)等效焓降法

等效焓降法着眼于热力系统的局部定量分析,其目的是避免当热力系统结构或参数局部变化时需要对整个热力系数进行全部计算。

等效焓降法是以新蒸汽流量不变为前提的,分为定热量等效焓降法和变热量等效焓降法两种。

在等效焓降法中,新蒸汽参数、再热参数、排汽参数及各加热器参数均应已知,且保持不变,这一条件在实际机组性能分析中难以得到保证,会使等效焓降法的计算结果有一定的误差。当机组工况变化较大时,误差会较大,不适用于在线性能诊断。此外,等效焓降法中所需要的各回热系统汽水参数仍需要用热平衡法求取,所以等效焓降法作为电厂热力系统分析方法不够完整。

(4)矩阵法

矩阵法是热平衡法的矩阵表达,用矩阵运算来计算抽汽量,然后计算热力系统各项经济性指标,这种方法比较适合于计算机处理。

5.2 核电厂热力系统的定功率法

能量系统或设备有效利用的能量占外界提供能量的百分比,称为能量系统或设备的效率。效率法以热力学第一定律为依据,用热效率来定量地表示能量系统或设备能量利用的有效程度。对电厂热力系统进行热平衡分析的效率法又分为定功率法、定流量法两种。

定功率法以机组的电功率为定值,通过计算求得所需的蒸汽量,设计、运行部门应用较为普遍。定流量法以进入汽轮机的蒸汽量为定值,计算能发出多少电功率,汽轮机制造厂多用这种计算方法。

工程中通常采用的热平衡法为定功率法,即在已知汽轮机的形式、容量、初终参数,机组回热系统的连接方式及各级抽汽的汽水参数,高、低压汽轮机的相对内效率,冷却水温度等条件的情况下,计算额定工况时机组的耗汽量和各级回热抽汽量,进而确定机组的热经济指标。

5.2.1 计算所需的初始条件

现代压水堆核电厂都采用具有蒸汽中间再热的回热循环,对其热力系统的热平衡分析主要是对具有再热的回热循环汽轮发电机组进行热力计算。

进行热力计算必须已知核电厂热力系统的组成形式、主要系统中能量传输转换的机理、主要设备之间的热力学联系以及电厂的容量、计算工况下的主要热力参数等,具体内容包括以下几个方面:

1. 核电厂的类型及总体参数

这方面主要指反应堆堆型、核电厂系统组成、反应堆及一回路系统主要参数、额定电功率等。

目前运行中的核电厂绝大多数为压水堆型,其中以采用自然循环式蒸汽发生器居多,少量的核电厂采用直流蒸汽发生器。按照核电厂的容量,反应堆及一回路系统一般分为两个或三个环路,每个冷却剂环路分担的电功率为300 MW。

一般压水堆核电厂主回路系统的工作压力约为15 MPa,冷却剂在反应堆进口处温度为280~300 ℃,在出口处温度为310~330 ℃,冷却剂流量为15 000~21 000 t/h。图5-1所示为1 000 MW压水堆核电厂反应堆冷却剂系统示意图。

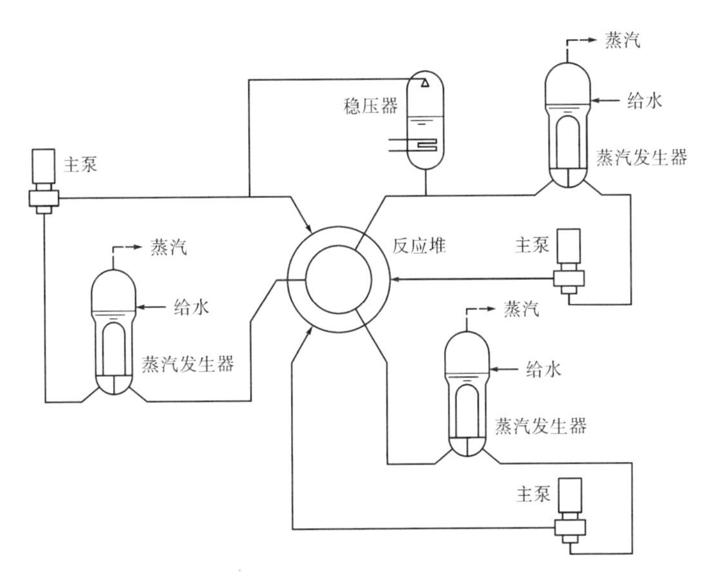

图 5-1　1 000 MW 压水堆核电厂反应堆冷却剂系统示意图

2. 汽轮机的形式及蒸汽初终参数

压水堆核电厂通常采用凝汽式饱和蒸汽汽轮机，由一个双流路高压汽轮机、两个或三个双流路低压汽轮机组成。

蒸汽初参数是指蒸汽发生器出口新蒸汽的参数。自然循环蒸汽发生器产生的饱和蒸汽压力为 5~7 MPa，湿度为 0.4%~0.5%；直流蒸汽发生器产生的微过热蒸汽压力为 5~7 MPa，过热度为 20~30 ℃。

蒸汽终参数是指汽轮机背压或凝汽器工作压力，一般为 4.4~5.4 kPa。

压水堆核电厂汽轮机通常使用 5~7 MPa、湿度 0.4%~0.5%的饱和蒸汽或过热度为 20~30 ℃的微过热蒸汽，其可用焓仅为常规高温高压火电机组(新蒸汽压力 16~17 MPa、温度 500~550 ℃)的 60%左右，因此核汽轮机的新蒸汽质量流量为同功率常规火电机组的 170%~190%，容积流量为其 165%~175%。由于排汽容积流量大，为了提高汽轮机的效率，需要增加低压缸的数目和提高汽轮机末级叶片的高度。

3. 核电厂原则性热力线图

计算工况下的核电厂热力系统原则性热力线图，包括机组回热系统的连接方式及各级抽汽的汽水参数，蒸汽再热系统的连接方式及相应的再热蒸汽参数。

核电厂的热力线图，是按照给定的热力循环形式，将用规定的符号表示的主、辅热力设备由表示工质流动关系的线段连接在一起的线路图。根据使用目的和编制方法的不同，分为原则性热力线图和全面性热力线图。

原则性热力线图表明工质在完成给定热力循环时所必须流经的各种热力设备之间的连接关系，具有以下几个特点：

(1)同类型、同参数的设备在热力线图上只表示一个。

(2)只表示设备之间的主要联系，备用设备和管路、附件都不表示。

(3)除计算工况必须的附件外,一般附件均不表示。

原则性热力线图实质上表明了工质的能量转换及热量利用的过程,反映了电厂能量转换过程的技术完善程度和热经济性。

4. 汽轮发电机组的效率

汽轮机的内效率、机械效率和发电机效率可参考表 5-1 取值。

表 5-1　汽轮发电机组的效率

额定功率/MW	内效率 η_i	机械效率 η_m	发电机效率 η_{ge}
0.75~6	0.76~0.82	0.965~0.985	0.93~0.96
12~25	0.82~0.85	0.985~0.99	0.965~0.975
50~100	0.85~0.87	~0.99	0.98~0.985
>125	>0.87	>0.99	>0.985

现代压水堆核电厂的额定功率都较大,如大亚湾核电厂每个机组的额定电功率为 900 MW,我国第一座实验性核电厂——秦山一期核电厂的额定电功率相对较小,但也有 300 MW,因此汽轮机的机械效率 $\eta_m = 0.99 \sim 0.995$,发电机效率 $\eta_{ge} = 0.98 \sim 0.99$。

5. 循环冷却水温度

这需要根据核电厂运行地域的水文资料来确定。如大亚湾核电厂的循环冷却水温度取为 24 ℃,秦山一期核电厂的循环冷却水温度则取为 18 ℃。

6. 其他有关参数

(1)新蒸汽、再热蒸汽和各级回热抽汽的压力损失

新蒸汽压力损失一般取为蒸汽初压的 3%~7%;蒸汽通过再热器和往返管道产生 8%~12%的压降。

加热蒸汽从汽轮机某一级后抽出流入加热器中,由于存在流动阻力,加热器中的汽侧压力都低于抽汽口压力,更低于级后压力。从汽轮机级后到抽汽口的压降称为内部压降,从抽汽口到加热器的压降称为外部压降。通常内、外压降之和不超过抽汽绝对压力的 10%,热力计算时各级回热抽汽压力损失取为该级抽汽压力的 4%~8%。

(2)加热器形式、端差及散热率

加热器分为表面式、混合式两种类型。工程上大多采用表面式加热器,加热介质与吸热介质不交混。图 5-2 所示为表面式加热器工作原理及温度曲线和端差。

各加热器的上端差为 θ_u(各加热器压力下的饱和水温度与被加热水温度之差)、下端差为 θ_d(离开疏水冷却器的水温与其被加热水进口温度之差)。加热器端差值的大小通常由技术经济计算决定,一般为 3~8 ℃。对于小功率机组,端差值为 6~8 ℃;对于高参数大功率机组,端差值为 0~3 ℃。

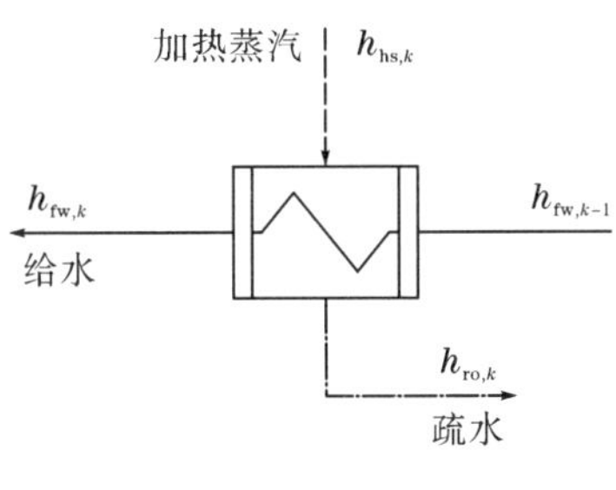

（a）工作流程

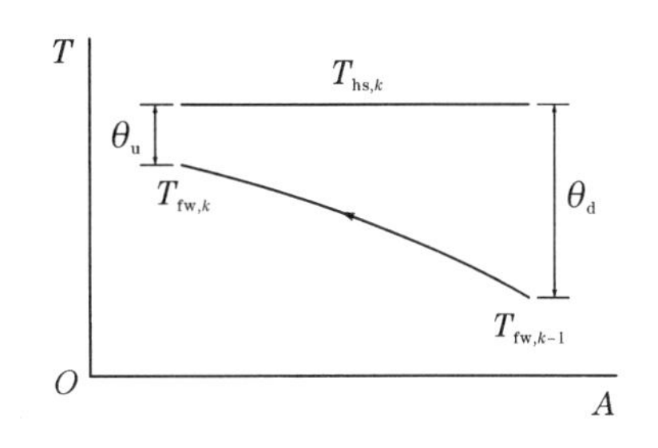

（b）温度变化曲线和端差

图 5-2 表面式加热器工作原理

在混合式加热器中，加热蒸汽与给水直接混合，蒸汽和温度较低的给水接触后凝结成水，放出热量使给水温度升高。混合式加热器可以把给水加热到与加热蒸汽压力对应的饱和温度，加热端差为零。除氧器一般采用混合式加热器，高压加热器和低压加热器一般采用表面式加热器，其中高压加热器通常为带疏水冷却器的串流疏水式，低压加热器则通常为串流疏水式。

机组的热经济性随着端差的降低而提高，若给水温度一定而其他条件不变时，由于有端差，抽汽压力及其焓值都有所提高，因而降低了机组热经济性。减少加热器端差时要求增大传热面积，从而增加投资，因此端差要通过综合的技术经济比较后确定。

各级加热器的散热损失：以加热器效率考虑时取为 0.97~0.99，以各级加热蒸汽焓的利用系数考虑时取为 0.985。

(3)厂用电负荷

核电厂的厂用电负荷是指核电厂在正常启动、运行、停堆、检修以及因事故停堆过程中自身所需的电力负荷，具有需要量大和可靠性要求高的特点。核电厂在正常运行时，厂用电负荷主要来自发电机组输出的电能。图 5-3 所示为核电厂输电系统示意图。

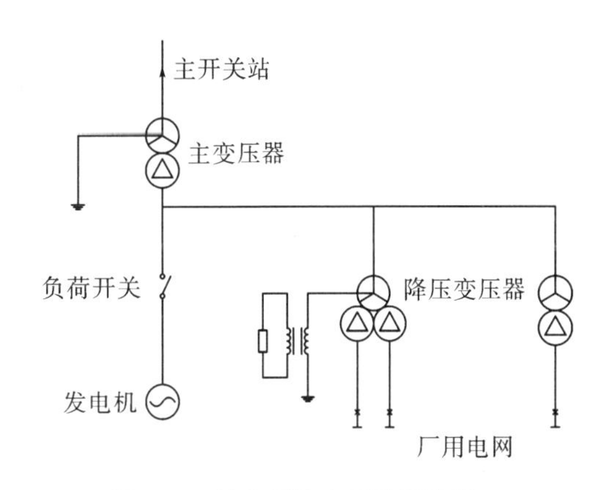

图 5-3 核电厂输电系统示意图

核电厂厂用电负荷大多为泵类负载，其次为电热元件及送排风机，主要用电设备和系统有：主冷却剂泵、稳压器电热元件、上充泵、设备冷却水泵、高压安注泵、停堆冷却泵、安全壳喷淋泵、安全壳消氢系统的吸气鼓风机、电动主给水泵、凝水泵、电厂配套设施（即 BOP 系统）等。一般来说，厂用电负荷为核电厂总电功率的 5%~10%。

5.2.2 主要计算步骤

对压水堆核电厂热力系统进行热平衡计算，计算过程中需要列出的基本方程有三类：质量平衡方程、各加热器的热平衡方程以及汽轮机组的功率方程。

热平衡计算一般采用简单迭代法，基本步骤如下：

1. 已知核电厂的净电功率为 N_{net},假设电站有效效率为 $\eta_{e,npp}$,则反应堆热功率为

$$Q_R = \frac{N_{net}}{\eta_{e,npp}} \tag{5-1}$$

2. 确定所有主泵对冷却剂的加热功率 Q_{mcp},忽略散热损失的影响,计算核蒸汽供应系统的热功率:

$$Q_s = Q_R + Q_{mcp} \tag{5-2}$$

3. 根据 Q_s 进行蒸汽发生器的热平衡计算,确定总给水量 G_{fw}:

$$G_{fw} = \frac{Q_s\eta_{sg}(1+\xi_p)}{(h_{fh} - h'_s) + (1+\xi_p)(h'_s - h_{fw})} \tag{5-3}$$

式中 ξ_p ——蒸汽发生器排污率,一般取为新蒸汽产量的1%左右;

h_{fh} ——蒸汽发生器出口新蒸汽焓,kJ/kg;

h'_s ——蒸汽发生器运行压力下的饱和水焓,kJ/kg;

h_{fw} ——蒸汽发生器给水焓,kJ/kg。

4. 进行二回路系统各设备耗汽量计算,确定总蒸汽耗量:

$$D_s = \sum_{i=1}^{n} G_{s,i} \tag{5-4}$$

(1)根据前面计算得到的蒸汽发生器总给水量 G_{fw},进行给水回热系统热平衡计算,确定汽轮机各级抽汽点的抽汽量 $G_{se,k}$ 及主凝汽器出口的凝水量 G_{cd}。

根据汽水流量的绝对量列出各级加热器的热平衡方程,每一级加热器都要建立热平衡方程。在工程计算中,通常以汽轮机汽耗量的相对量表示各级抽汽份额和凝汽份额,再根据功率方程求得汽轮机汽耗量,求出各级抽汽量和凝汽流量的绝对值。有时先近似估算根据各级加热器的热平衡方程求出各级抽汽量的绝对值,再计算机组的电功率、效率以及其他热经济性指标。

Z 级回热加热系统,有 Z 个抽汽系数和一个凝汽系数,共 $(Z+1)$ 个未知数,需用 $(Z+1)$ 元一次方程联立求解,即利用 Z 个加热器的热平衡方程和一个汽轮机的功率方程,共 $(Z+1)$ 个方程式求解 $(Z+1)$ 个未知数。计算的程序视回热系统的连接方式而定。一般从高压加热器开始,依次求出其抽汽系数,直到压力较低的加热器。

(2)汽轮发电机组的耗汽量计算,确定额定满功率运行时高、低压缸的耗汽量及中间汽水分离/再热器的耗汽量。

(3)给水泵计算,确定给水泵汽轮机的耗汽量或者给水泵电动机的输入功率。

(4)主凝汽器热平衡计算,确定主凝汽器中的凝水量 G'_{cd}。

(5)比较 G_{cd} 与 G'_{cd},若

$$\frac{|G_{cd} - G'_{cd}|}{G_{cd}} > 0.01$$

则修正 G_{fw},返回步骤(1)进行迭代计算,直到满足精度为止。

5. 根据 D_s 进行蒸汽发生器热平衡计算,确定核蒸汽供应系统热功率 Q'_s:

$$Q'_s = \frac{D_s[(h_{fh} - h'_s) + (1+\xi_p)(h'_s - h_{fw})]}{\eta_{sg}} \tag{5-5}$$

6. 设 Q_{mcp} 为定值,计算反应堆热功率 Q'_R,进一步确定电站有效效率:

$$\eta'_{e,npp} = \frac{N_{net}}{Q'_R} = \frac{N_{net}}{Q'_s - Q_{mcp}} \tag{5-6}$$

7. 比较假设效率与计算效率,若

$$|\eta_{e,npp} - \eta'_{e,npp}| < \varepsilon \quad (通常\ \varepsilon = 0.001)$$

成立,热平衡计算结束,否则重新设定 $\eta_{e,npp}$,重复上述步骤的计算,直至满足要求为止。

5.3 主要设备的热平衡分析模型

压水堆核电厂是由各种热力设备按照热力学原理有机组成并包含能量转换、传递及分配等各种热力过程的复杂能量系统。虽然热力设备的数量众多,但根据其工作原理和用能方式,可以大致划分为反应堆、泵、换热设备、汽轮发电机组以及其他设备等几大类。分类建立热力设备的热量平衡分析模型,有助于简化复杂热力系统的热力分析。

5.3.1 反应堆

反应堆是核电厂的核心设备,主要实现核裂变能向热能的转换以及核燃料释热向冷却剂的传递。反应堆在运行过程中,为了防止堆芯内的放射性物质外泄,通常都有良好的屏蔽,反应堆本体向环境散热量极小。由于反应堆散热损失不易计算并且数值很小,在热量平衡分析过程中常常予以忽略,不考虑反应堆的热量损失。

5.3.2 蒸汽发生器

压水堆核电厂中广泛使用的蒸汽发生器有三种:立式 U 形管自然循环蒸汽发生器、卧式自然循环蒸汽发生器以及立式直流蒸汽发生器。其中立式 U 形管自然循环蒸汽发生器在欧美各国广泛使用,我国已投入运行的大亚湾核电厂、秦山核电厂使用的也是这种形式的蒸汽发生器。

图 5-4(a)所示为立式 U 形管自然循环蒸汽发生器结构示意图,图 5-4(b)所示为直流蒸汽发生器结构示意图。

1. 立式 U 形管自然循环蒸汽发生器的传热计算

在现代压水堆核电厂中,反应堆及一回路系统包括 2~3 个冷却剂环路,每个环路有一台蒸汽发生器和一台主冷却剂泵。在正常运行时,每个环路中的冷却剂流量为反应堆总冷却剂流量的 1/2 或 1/3。

如果忽略主管道散热以及主泵运行时加入冷却剂中的热量,则核蒸汽供应系统分配到每台蒸汽发生器的热功率为

$$Q_{s1} = G_{c1} c_p (T_{si} - T_{so}) = \frac{G_c}{N_c} c_p (T_{co} - T_{ci}) \tag{5-7}$$

式中 G_c、G_{c1}——流经反应堆及单台蒸汽发生器的冷却剂流量,kg/s;

c_p ——反应堆冷却剂的平均定压比热,kJ/(kg·K);

T_{si}、T_{so} ——蒸汽发生器进、出口冷却剂温度,℃;

T_{ci}、T_{co} ——反应堆进、出口冷却剂温度,℃;

N_c ——冷却剂环路数。

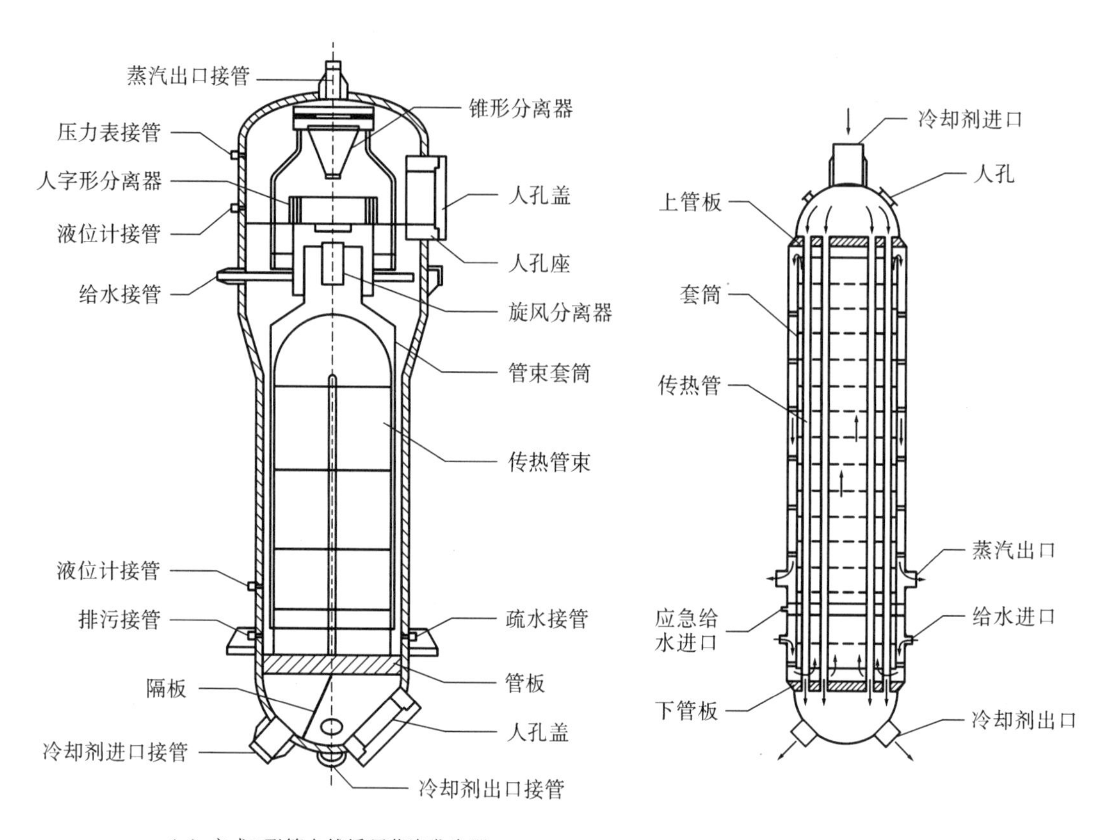

图 5-4 立式 U 形管自然循环蒸汽发生器和直流蒸汽发生器

考虑到蒸汽发生器的散热损失,二回路侧工质吸收的热功率为

$$Q_{sg} = Q_{s1} \cdot \eta_{sg} \tag{5-8}$$

式中,η_{sg} ——蒸汽发生器热效率,取0.98~0.99。

蒸汽发生器的传热方程为

$$Q_{sg} = 10^{-3} F \cdot K \cdot \Delta T_m \tag{5-9}$$

式中 F ——蒸汽发生器有效传热面积,m^2;

K ——蒸汽发生器总换热系数,$W/(m^2 \cdot K)$;

ΔT_m ——蒸汽发生器一、二次侧平均传热温差,℃。

蒸汽发生器中的传热过程由传热管内一回路冷却剂对管壁的强制对流换热、传热管壁和污垢层的导热以及传热管外壁面对二回路工质的沸腾放热等几部分组成。将传热管看作薄壁圆筒,则总换热系数为

$$K = \frac{1}{\frac{1}{\alpha_1} \cdot \frac{d_{ca}}{d_{si}} + R_w + R_s + \frac{1}{\alpha_2} \cdot \frac{d_{ca}}{d_{so}}} \tag{5-10}$$

式中　α_1——一次侧对流换热系数，W/(m^2·K)；

R_w、R_s——传热管的管壁热阻和污垢热阻，(m^2·K)/W；

α_2——二次侧沸腾换热系数，W/(m^2·K)；

d_{si}、d_{so}——传热管内径和外径，m；

d_{ca}——传热管计算直径，通常取传热管外径为计算直径，即 $d_{ca} = d_{so}$。

当工质按顺流或逆流方式工作时，传热温差由下式确定：

$$\Delta T_m = \frac{\Delta T_{max} - \Delta T_{min}}{\ln \frac{\Delta T_{max}}{\Delta T_{min}}} \tag{5-11}$$

式中，ΔT_{max}、ΔT_{min}——计算区段两端最大、最小温差。

如果 $\frac{\Delta T_{max}}{\Delta T_{min}} \leqslant 1.7$，则

$$\Delta T_m = \frac{\Delta T_{max} + \Delta T_{min}}{2} \tag{5-12}$$

由于传热机理的制约，立式U形管自然循环蒸汽发生器的新蒸汽参数随功率负荷而变化，图5-5所示为M310机组使用的立式U形管自然循环蒸汽发生器的静态特性。

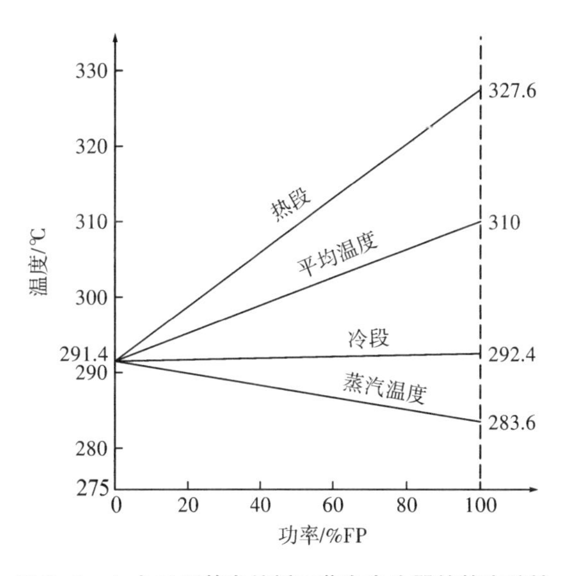

图5-5　立式U形管自然循环蒸汽发生器的静态特性

在所计算的功率水平下，假设蒸汽发生器二次侧工作压力为 p_s，据此条件计算总换热系数 K，然后根据核蒸汽供应系统分配到单台蒸汽发生器的热负荷 Q_{sg}，可以确定蒸汽发生器一、二次侧的平均传热温差为

$$\Delta T_m = 10^3 \frac{Q_{sg}}{F \cdot K} \tag{5-13}$$

蒸汽发生器进、出口冷却剂的温差为

$$\Delta T_c = T_{si} - T_{so} = \frac{Q_{sg1}}{\eta_{sg} G_{c1} c_p} \tag{5-14}$$

已知反应堆及一回路系统中冷却剂的平均温度为 T_m，则蒸汽发生器进、出口冷却剂温度分别为

$$T_{si} = T_m + \frac{\Delta T_c}{2},\quad T_{so} = T_m - \frac{\Delta T_c}{2} \tag{5-15}$$

根据蒸汽发生器一、二次侧对数平均温差的计算式(5-11)，可以确定二次侧工质的蒸发温度为

$$T_s = \frac{T_{si} - T_{so} e^A}{1 - e^A} \tag{5-16}$$

式中，A—— 系数，$A = \frac{\Delta T_c}{\Delta T_m}$。

与 T_s 相对应的饱和压力 p'_s，即为蒸汽发生器二次侧新蒸汽压力。若满足

$$\frac{|p_s - p'_s|}{p_s} < 0.01$$

则蒸汽发生器热平衡计算结束，否则重新设定 p_s，重复以上计算过程，直至满足要求为止。

蒸汽发生器的蒸汽产量与热负荷、新蒸汽参数相关，通过上述迭代计算确定给定负荷下的新蒸汽参数后，即可按下式确定单台蒸汽发生器的蒸汽产量：

$$G_{s1} = \frac{Q_{sg}}{h_{fh} - h'_s + (1 + \xi_p)(h'_s - h_{fw})} \tag{5-17}$$

式中 h_{fh} ——蒸汽发生器出口新蒸汽焓值，kJ/kg；

h'_s ——蒸发压力 p_s 下的饱和水焓值，kJ/kg；

ξ_p ——排污系数，通常取为新蒸汽流量的1%；

h_{fw} ——给水焓值，kJ/kg。

整个核蒸汽供应系统的新蒸汽产量为

$$D_s = G_{s1} \cdot N_c \tag{5-18}$$

在计算蒸汽发生器总换热系数 K 时，需要首先确定一、二次侧换热系数及管壁材料和污垢的热阻，具体计算过程分别介绍如下。

2. 一次侧换热系数

传热管内的换热属于管内强制对流紊流放热过程，放热系数 α_1 一般采用 Dittus-Bolter 方程计算：

$$\alpha_1 = 0.023 \frac{\lambda_c}{d_{si}} Re^{0.8} Pr^{0.4} \tag{5-19}$$

式中 λ_c ——冷却剂的导热系数，W/(m·K)；

Pr——冷却剂的普朗特数；

Re——冷却剂的雷诺数，由下式计算：

$$Re = \frac{w_c \cdot d_{si}}{\nu_c} \tag{5-20}$$

其中　ν_c ——冷却剂的运动黏度系数,m^2/s;

w_c ——传热管内冷却剂的流速,m/s,计算式为

$$w_c = \frac{4}{\pi d_{si}^2 N_s} \frac{G_{c1}}{\rho_c} \tag{5-21}$$

式中　N_s ——传热管数目,根;

ρ_c ——冷却剂密度,kg/m^3。

3. 管壁及污垢热阻

在蒸汽发生器中,管壁热阻一般达到总热阻的40%~50%。若以传热管外径为基准,管壁热阻的计算公式为

$$R_w = \frac{d_{so}}{2\lambda_w} \ln \frac{d_{so}}{d_{si}} \tag{5-22}$$

式中,λ_w ——传热管材料的导热系数,W/(m·K)。

在工程计算中,通常用以下公式近似计算:

$$R_w = \frac{d_{so} - d_{si}}{2\lambda_w} \tag{5-23}$$

对于因科镍-600(Inconel-600)、因科洛依-800(Incoloy-800)等蒸汽发生器常用的传热管材料,其导热系数可根据传热管温度从表5-2中查得。

表5-2　蒸汽发生器传热管常用材料的导热系数　　单位:W/(m·K)

材料	温度/℃								
	21	93	204	316	427	538	649	760	871
Inconel-600	14.65	15.91	17.58	19.26	20.93	22.61	24.70	26.80	28.89
Incoloy-800	17.72	12.98	14.65	16.75	18.42	20.0	21.77	23.86	25.96

因科镍-600的导热系数也可根据CE公司推荐的公式计算:

$$\lambda_w = 14.244 + 1.555 \times 10^{-2} t_w \tag{5-24}$$

式中,t_w ——传热管壁的平均温度,℃。

因科洛依-800的导热系数也可根据KWU公司推荐的公式计算:

$$\lambda_w = 11.628 + 1.57 \times 10^{-2} t_w \tag{5-25}$$

污垢热阻是指由于管壁积垢而产生的热阻,它与传热管材料及运行水质等因素有关。在工程计算中,有三种处理污垢热阻的方法:

(1)减小对流换热系数,以考虑相应侧的污垢影响。

(2)在计算总换热系数时,不考虑污垢热阻,而在确定传热面积时,引入一个储备系数,此系数通常与堵管裕量、热力计算误差等因素综合考虑,一般可取10%左右。

(3)采用经验数据。

早期蒸汽发生器设计通常取污垢热阻值$5.25\times10^{-5}\,m^2\cdot℃/W$,后来由于传热管材料的改进,二回路水质又采取了严格的控制措施,使二次侧污垢明显减小。西屋公司在参考安全分析报告(RESAR)中推荐的污垢热阻值为$8.77\times10^{-6}\,m^2\cdot℃/W$。

通常在计算过程中,根据有关资料的推荐,取污垢热阻 R_s 的数值为

$$R_s = (5.16 \sim 6.88) \times 10^{-5} \quad m^2 \cdot K/W \tag{5-26}$$

4. 二次侧换热系数

立式 U 型管自然循环蒸汽发生器二次侧工质在流动过程中,要先后经历具有不同传热特性的预热区和沸腾区,其中预热区为单相对流传热和欠热沸腾换热,沸腾区为管间沸腾换热。在进行详细的热工设计和传热计算时,应该分段计算蒸汽发生器二次侧的换热系数。

(1)预热区的对流换热系数

当二次侧流体在管外纵向冲刷传热管束时,换热系数可按 Dittus-Bolter 公式计算,公式中的管子内径应用流道的当量直径代替;当二次侧流体在管外流动,且预热段又装有用以固定管束和提高放热强度的支撑板时,换热系数可按装有支撑板的管壳式热交换器壳侧的换热系数公式计算;对于管束进入区及装有支撑板的情况,可按横向冲刷管束时的换热系数公式计算,并考虑冲击角的影响。

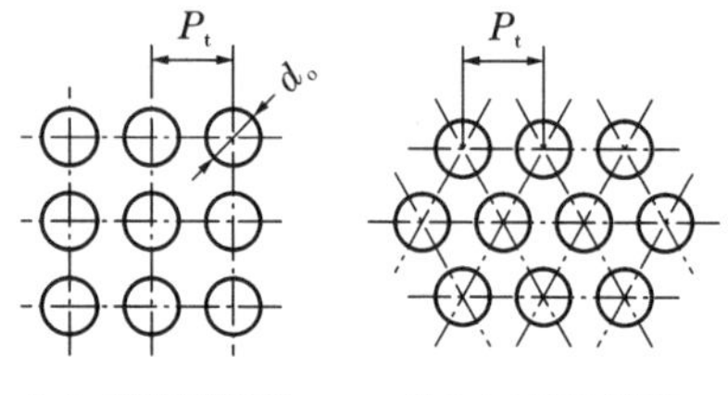

(a) 正方形排列 (b) 三角形排列

图 5-6 传热管排列方式

图 5-6 所示为蒸汽发生器传热管的常见排列方式,不同的排列方式下传热系数的计算略有不同。

美国电力研究所(EPRI)开发的用于蒸汽发生器稳压和瞬态分析的 ATHOS 程序在进行单相对流传热计算时,推荐了一组具有相同形式的计算公式,都考虑了纵向冲刷和横向冲刷管束两种不同情况。

$$\alpha_{2,a} = C_1 Re^{C_2} Pr^{C_3} \frac{\lambda_s}{d_e} \tag{5-27}$$

式中 C_1、C_2、C_3——系数,列于表 5-3 中;

λ_s ——蒸汽发生器二次侧预热区给水的导热系数,W/(m·℃);

d_e ——二次侧管束间流道的当量直径,m。

表 5-3 对流传热关系式中系数的取值

传热管及排列形式	纵向			横向		
	C_1	C_2	C_3	C_1	C_2	C_3
EPRI78	0.03	0.8	0.333	0.29	0.6	0.333
RCPE81	$0.013+0.033\beta_v$	0.8	0.4	1.5	0.563	0.333
正方形排列	$0.042\frac{P_t}{d_{so}}-0.024$	0.8	0.4	0.547	0.563	0.333
三角形排列	$0.026\frac{P_t}{d_{so}}-0.006$	0.8	0.4	0.547	0.563	0.333

注:P_t 为蒸汽发生器传热管束节距,mm。

β_v 为考虑流体冲击角的系数。

对于立式 U 形管自然循环蒸汽发生器,其管束间的实际流动既不是纵向,也不是严格的横向冲刷。ATHOS 程序在分别计算纵向及横向冲刷放热系数后,采用其均方根值作为有

效换热系数。

(2)预热区的欠热沸腾换热系数

欠热沸腾换热系数的计算,多采用以下两种形式较为简单的公式。

①Jens-Lottes 公式

$$\alpha_{2,b} = 1.264 q_s^{0.75} e^{p_s/6.2} \tag{5-28}$$

式中　p_s——二次侧压力,MPa;

q_s——热流密度,W/m^2。

公式的试验条件为:管子内径 3.63~5.74 mm,管子长度为管子内径的 21~168 倍,系统压力 0.7~17.2 MPa,水温 115~340 ℃,质量流速范围 11~1.05×10^4 kg/(m^2·s),热流密度达到 12.5×10^6 W/m^2。

②Thom 公式

$$\alpha_{2,b} = 44.4 q_s^{0.5} e^{p_s/8.7} \tag{5-29}$$

公式的试验条件为:系统压力 5.17~13.8 MPa,热流密度为(2.8~6.0)$\times10^5$ W/m^2。

(3)沸腾区的管间沸腾换热系数

自然循环蒸汽发生器二次侧沸腾区传热属于管间沸腾传热,目前在工程上大多采用大空间泡核沸腾传热计算公式。工程设计中推荐的计算公式除了 Jens-Lottes 公式和 Thom 公式之外,较常用的还有以下公式。

①Rohsenow 公式

$$\alpha_{2,c} = \left(\frac{c_p'}{C_1\, r\, Pr'}\right)\left(\mu'\, r\sqrt{\frac{g(\rho'-\rho'')}{\sigma}}\right)^{0.33} q_s^{0.67} \tag{5-30}$$

式中　c_p——饱和水的定压比热,J/(kg·K);

C_1——取决于加热表面-液体组合的常数,对水-镍不锈钢可取 0.013;

r——汽化潜热,J/kg;

Pr'——饱和水的普朗特数;

μ'——饱和水的动力黏度,kg/(m·s);

ρ'、ρ''——饱和水、饱和蒸汽的密度,kg/m^3;

σ——水-汽界面的表面张力,N/m。

②Kutateradze 简化公式

$$\alpha_{2,c} = 5 p_s^{0.2} q_s^{0.7} \tag{5-31}$$

该式适用于计算 0.02~10 MPa 内水在大空间沸腾的放热系数。

由于沸腾传热机理比较复杂,并且沸腾传热与传热面状况等因素有关,所以按照不同公式计算得出的沸腾换热系数相差较大。一般情况下,为了简化计算,往往忽略预热段的影响,直接用 Kutateradze 简化公式计算蒸汽发生器二次侧的平均换热系数,对于热力分析而言,其计算精度还是可以接受的。

5.3.3　给水回热系统

回热循环可以提高热力循环效率,因而压水堆核电厂普遍采用回热循环。给水回热系统与汽轮机抽汽系统共同构成回热循环,是核电厂二回路热力系统的重要组成部分,由多级给水加热器以及疏水冷却器、疏水箱、疏水泵等设备和相应的管系组成,对提高核电厂热经济性具有重要作用。

给水加热器分为低压加热器、除氧器和高压加热器,低压加热器位于凝水泵与除氧器之间,高压加热器位于给水泵与蒸汽发生器之间。从凝汽器来的凝结水依次通过低压加热器、除氧器和高压加热器,被加热到一定温度后送入蒸汽发生器,加热蒸汽主要来自汽轮机高、低压缸的各级抽汽。

根据加热蒸汽与给水接触方式的不同,给水加热器可分为表面式和混合式两种类型。

1. 表面式给水加热器

压水堆核电厂中的低压给水加热器和高压给水加热器均为表面式,加热器通过金属受热面来实现热量传递。根据给水加热器中汽水介质传热方式的不同,一般将给水加热器分为串流疏水式加热器和疏水汇流式加热器两种类型。

(1)串流疏水式加热器

图 5-7 所示为带疏水冷却器的串流疏水式加热器。这种加热器前端串联一个疏水冷却器,汽轮机抽汽、辅助蒸汽以及下游加热器的疏水在加热器中对给水加热,形成的汽水混合物排入疏水冷却器,对进入加热器的给水进行预热,然后作为该级加热器的疏水排走。

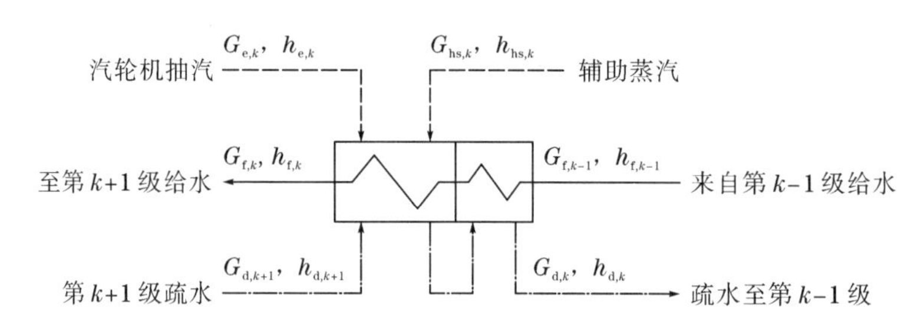

图 5-7　带疏水冷却器的串流疏水式加热器

假设给水加热器为第 k 级,单位质量流量的加热介质在其中放出的热量分别为

汽轮机抽汽　　$q_{h,k} = h_{e,k} - h_{d,k}$

辅助蒸汽　　$q'_{h,k} = h_{hs,k} - h_{d,k}$

疏水　　$\gamma_k = h_{d,k+1} - h_{d,k}$

单位质量流量的给水在加热器中的焓升为

$$\tau_k = h_{f,k} - h_{f,k-1}$$

根据给水加热器的工作流程,其质量平衡方程、热量守恒方程分别为

$$G_{d,k} = G_{e,k} + G_{hs,k} + G_{d,k+1} \tag{5-32}$$

$$(G_{e,k}q_{h,k} + G_{hs,k}q'_{h,k} + G_{d,k+1}\gamma_k)\eta_k = G_{f,k}\tau_k \tag{5-33}$$

式中,η_k——第 k 级给水加热器的热效率。

辅助加热蒸汽的流量和焓值通常是给定的,则给水加热器所消耗的抽汽量为

$$G_{e,k} = G_{f,k}\frac{\tau_k}{\eta_k q_{h,k}} - G_{hs,k}\frac{q'_{h,k}}{q_{h,k}} - G_{d,k+1}\frac{\gamma_k}{q_{h,k}} \tag{5-34}$$

对于没有疏水冷却器的给水加热器,计算方法也完全相同。

(2)疏水汇流式给水加热器

图 5-8 所示为疏水汇流式给水加热器,汽轮机抽汽、辅助蒸汽的疏水在加热器出口与给水汇集到一起,送往下游的给水加热器。

以图 5-8(b)所示的给水加热器为例,单位质量流量的加热介质在加热器中放出的热量分别为

汽轮机抽汽　　$q_{h,k} = h_{e,k} - h_{f,k-1}$

辅助蒸汽　　$q'_{h,k} = h_{hs,k} - h_{f,k-1}$

疏水　　$\gamma_k = h_{d,k+1} - h_{f,k-1}$

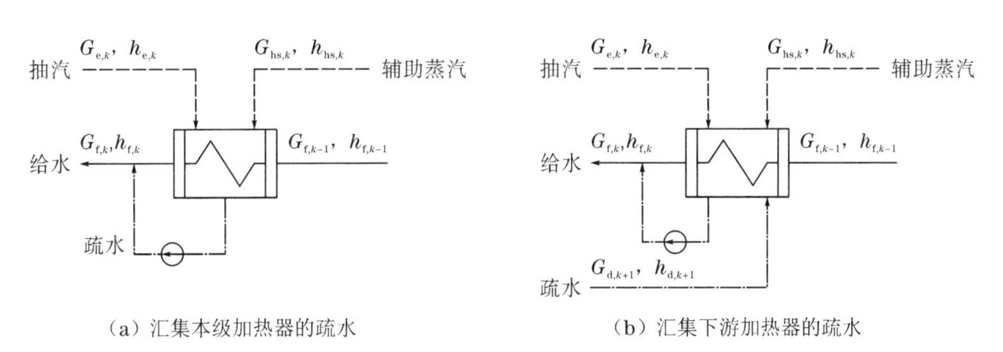

(a) 汇集本级加热器的疏水　　(b) 汇集下游加热器的疏水

图 5-8　疏水汇流式给水加热器

单位质量流量的给水在加热器中的焓升为

$$\tau_k = h_{f,k} - h_{f,k-1}$$

根据疏水汇流式给水加热器的工作原理,其质量平衡方程、热平衡方程为

$$G_{f,k} = G_{f,k-1} + G_{e,k} + G_{hs,k} + G_{d,k+1} \tag{5-35}$$

$$(G_{e,k}q_{h,k} + G_{hs,k}q'_{h,k} + G_{d,k+1}\gamma_k)\eta_k = G_{f,k}\tau_k \tag{5-36}$$

则给水加热器所消耗的抽汽量为

$$G_{e,k} = G_{f,k}\frac{\tau_k}{\eta_k q_{h,k}} - G_{hs,k}\frac{q'_{h,k}}{q_{h,k}} - G_{d,k+1}\frac{\gamma_k}{q_{h,k}} \tag{5-37}$$

给水加热器进口给水流量为

$$G_{f,k-1} = G_{f,k} - G_{hs,k} - G_{d,k+1} - \left(G_{f,k}\frac{\tau_k}{\eta_k q_{h,k}} - G_{hs,k}\frac{q'_{h,k}}{q_{h,k}} - G_{d,k+1}\frac{\gamma_k}{q_{h,k}}\right) \tag{5-38}$$

2. 混合式给水加热器

混合式给水加热器没有金属材料构成的传热面,加热蒸汽与给水直接混合并进行传热,属于疏水汇流式加热器中的一种。

在压水堆核电站给水回热系统中,热力除氧器属于混合式给水加热器,其作用是将给水加热到除氧器运行压力下的饱和状态,以除去水中溶解的氧和其他气体。

根据运行压力的大小,除氧器可以分为真空式、大气压式和高压式三类。真空式除氧器由于凝结水在经过部分处于真空的设备和管道时仍有漏入空气的可能,因此只是一种辅助装置。在中参数机组中一般采用 0.12 MPa 或 0.25 MPa 的大气压式除氧器,在高参数机组中一般采用 0.6 MPa 的高压除氧器,在超高压机组中,为保证良好的给水品质,有时还把

凝汽器作为真空式除氧器使用,作为高压除氧器的补充。

发电机组采用的热力除氧器通常由除氧塔(除氧头)和给水箱两部分组成,给水除氧主要是在除氧塔中进行。按结构分类,除氧器可分为淋水盘式、喷雾填料式等;按传热机理,除氧器可分为雾化、泡沸和旋膜三种。图 5-9 所示为淋水盘式除氧器,其属于大气压式除氧器。

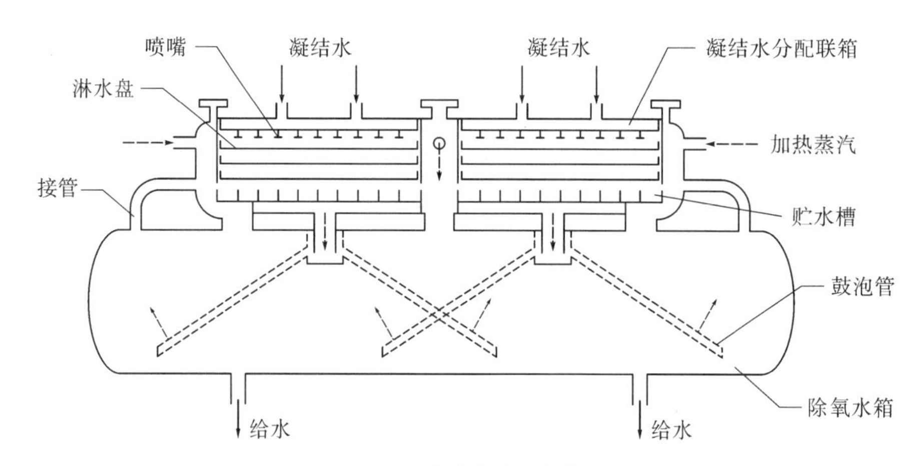

图 5-9　淋水盘式除氧器

淋水盘式除氧器的基本工作原理是:需要除氧的给水从除氧器上部的接管进入凝结水分配联箱,由喷嘴以雾滴形式喷出,在下落过程中被逆向流动的蒸汽加热到饱和,水中溶解的氧和其他气体有 80%~90%被分离出来。水滴落到淋水盘上,通过淋水盘上的小孔分散成细水流,依次通过各级淋水盘后下落除氧水箱,在下落过程中继续被向上流动的蒸汽加热,水中残留的气体绝大部分都被除去。分离出的气体由除氧器上部排气口不断排出。

加热蒸汽由中央接管及进口接管进入,一部分由淋水盘最下层的通汽孔上升并加热细水流,另一部分从除氧水箱下部的蒸汽管中逸出,对除氧水进行鼓泡加热,防止因散热降温而造成二次溶氧。

进入除氧器的给水通常包括低压给水加热器输送来的给水、汽水分离-再热器和高压给水加热器的疏水,加热蒸汽则来自汽轮机高压缸的抽汽。除氧水箱中的水由给水泵抽出,逐级流经各级高压给水加热器,被加热至最终给水温度,然后进入蒸汽发生器。图 5-10 所示为除氧器的热平衡关系。

设除氧器为给水回热系统中的第 k 级加热器,则单位质量流量的汽轮机抽汽在除氧器中放出的热量为

$$q_{\mathrm{h},k}=h_{\mathrm{e},k}-h_{\mathrm{f},k}$$

单位质量流量的疏水在除氧器中放出的热量为

$$\gamma_k=h_{\mathrm{d},k+1}-h_{\mathrm{f},k}$$

单位质量流量的给疏水在除氧器中的焓升为

$$\tau_k=h_{\mathrm{fw},k}-h_{\mathrm{fw},k-1}$$

根据除氧器的工作原理,忽略除氧器排气造成的蒸汽损失和除氧器本体的散热损失,则除氧器的质量平衡方程、热平衡方程分别为

$$G_{\mathrm{f},k-1}+G_{\mathrm{d},k+1}+G_{\mathrm{e},k}=G_{\mathrm{f},k}\qquad(5-39)$$

$$G_{e,k}q_{h,k} + G_{d,k+1}\gamma_k = G_{f,k}\tau_k \tag{5-40}$$

联立以上两式,可得

$$G_{e,k} = G_{f,k}\frac{\tau_k}{q_{h,k}} - G_{d,k+1}\frac{\gamma_k}{q_{h,k}} \tag{5-41}$$

$$G_{f,k-1} = G_{f,k} - G_{d,k+1} - G_{e,k} \tag{5-42}$$

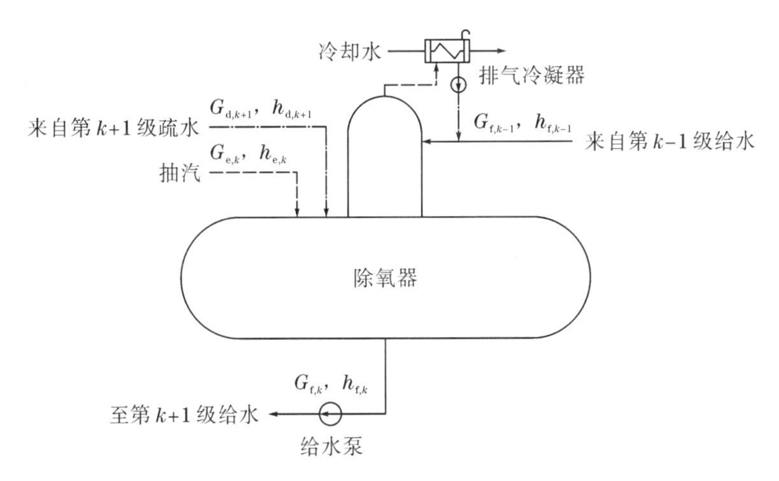

图 5-10 除氧器的热平衡关系

从以上热平衡关系式可以看出,对于单位质量加热蒸汽放出的热量 q、单位质量疏水放出的热量 γ 这两个物理量,在表面式换热器与混合式换热器中的定义是有区别的。

5.3.4 汽水分离-蒸汽再热器

从汽轮机高压缸排出的蒸汽湿度很大,大约为 12%,为防止蒸汽中夹带的水分对低压汽轮机叶片造成冲蚀,保证汽轮机的正常工作寿命,提高低压汽轮机的相对内效率,通常采用汽水分离-再热器来提高低压缸进汽的干度和温度。蒸汽的再热不仅可以提高低压汽轮机末级的蒸汽干度,减少大型低压汽轮机叶片的腐蚀,还能提高低压汽轮机的功率输出。与非再热循环相比,两级再热方式可使循环热效率提高 1.8%~2.5%。

图 5-11 所示为核电厂中普遍采用的卧式汽水分离-再热器示意图。从汽轮机高压缸排出的低压湿饱和蒸汽,从下部接管进入汽水分离-再热器,经过汽水分离组件,有大约98%的水分被除去,蒸汽的干度显著提高,然后依次进入第一级、第二级蒸汽再热器,被加热至微过热状态,然后送往汽轮机低压缸。第一级蒸汽再热器的加热蒸汽通常为来自汽轮机高压缸的首级抽汽,第二级蒸汽再热器的加热蒸汽为来自主蒸汽管道的新蒸汽,加热蒸汽放热后形成的汽水混合物汇集到专设疏水箱,最后送到给水加热器。

某些蒸汽再热器还装有辅助汽水分离器及放空系统,对抽汽进行汽水分离,排放来自再热器的不冷凝气体,如图 5-12 所示,而第二级蒸汽再热器的加热蒸汽为新蒸汽,因而不需要辅助汽水分离器,其余部分结构与第一级再热器类似。

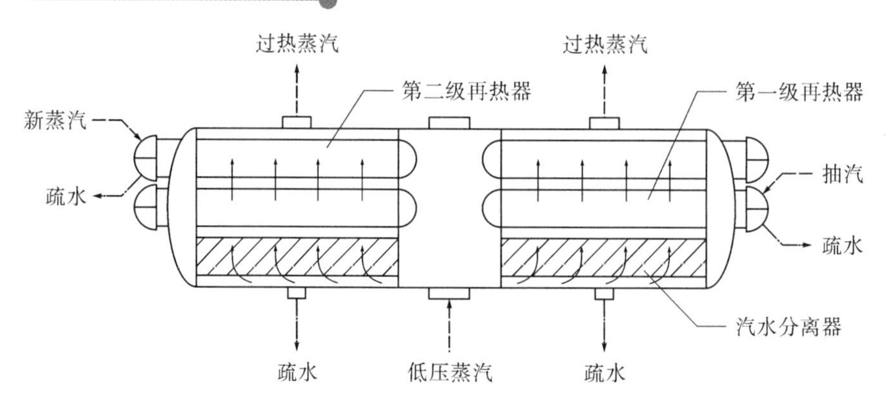

图 5-11　卧式汽水分离-再热器示意图

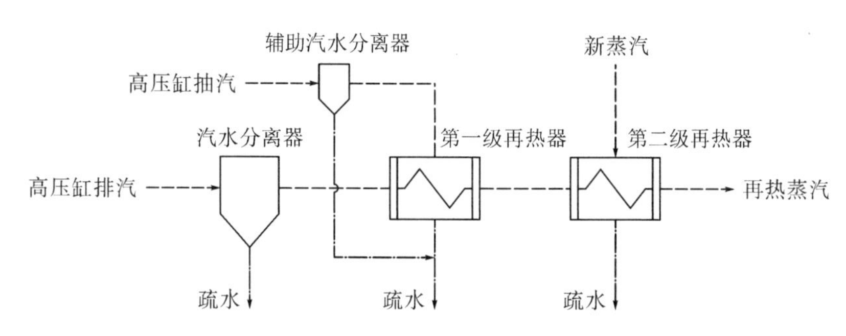

图 5-12　带辅助汽水分离器的蒸汽再热器

设汽轮机高压缸排汽参数为 $(p_{zh}、x_{zh})$，进入汽水分离器的湿蒸汽流量为 G_{zh}，经过汽水分离后蒸汽的干度为 x_{spo}，在汽水分离器中，湿蒸汽中的水分主要是在金属丝网中或波纹板束表面分离的，因此分离过程中必然存在着流动阻力，设汽水分离器中蒸汽压降为 Δp_{sp}，则汽水分离器出口蒸汽压力为

$$p_{spo} = p_{zh} - \Delta p_{sp}$$

假设分离器疏水是对应于出口压力 p_{spo} 的饱和水，则分离器出口蒸汽焓 h_{spo}、疏水焓 h_{spw} 均可通过查水蒸气表求出。如果忽略散热损失，汽水分离器中的能量、质量平衡方程分别为

$$G_{zh} = G_{spw} + G_{spo} \tag{5-43}$$

$$G_{zh} h_{zh} = G_{spw} h_{spw} + G_{spo} h_{spo} \tag{5-44}$$

式中　h_{zh}——高压汽轮机排汽焓值，kJ/kg；

G_{spw}、G_{spo}——汽水分离器疏水流量、出口蒸汽流量，kg/s 。

解上述方程，可得：

$$G_{spo} = G_{zh} \frac{h_{zh} - h_{spw}}{h_{spo} - h_{spw}} \tag{5-45}$$

进一步可以求出 G_{spw}。

蒸汽再热器的热平衡计算与一般换热设备类似，这里不再赘述。

5.3.5　汽轮发电机

汽轮发电机是压水堆核电厂中实现将热能转换为电能的重要设备。在工作过程中，汽轮机将蒸汽发生器产生的蒸汽所具有的热能转换为蒸汽流的动能，再转换为机械能，驱动发电机发电。

汽轮机在运行时，存在着各种内部能量损失，除去喷嘴损失、动叶损失、余速损失之外，还有摩擦鼓风损失、级内漏汽损失、湿汽损失及节流损失等。汽轮机的内部损失造成汽轮机内部蒸汽做功能力下降，部分蒸汽的动能耗散为热能并被蒸汽流所吸收，使蒸汽的焓增加。如果忽略汽轮机的轴封漏汽损失和散热损失，则蒸汽在汽轮机通流部分的膨胀过程没有热量损失。

汽轮机的内功率为

$$N_{i} = N_{ih} + N_{il} \tag{5-46}$$

式中，N_{ih}、N_{il}——高、低压汽轮机的内功率，其值分别为

$$\begin{cases} N_{ih} = G_{0h}h_{0h} - \sum\limits_{k=1}^{m} G_{seh,k}h_{seh,k} - G_{zh}h_{zh} \\ N_{il} = G_{0l}h_{0l} - \sum\limits_{k=1}^{n} G_{sel,k}h_{sel,k} - G_{zl}h_{zl} \end{cases} \tag{5-47}$$

汽轮机产生的机械能在传送过程中，由于轴承摩擦等原因使得部分机械能耗散为热能，被滑油吸收并带走。这部分能量损失可用汽轮机的机械效率表示：

$$\eta_{mt} = \frac{N_{t}}{N_{i}} \tag{5-48}$$

式中，N_{t}——汽轮机的输出有效功率，kW。

电机在汽轮机的驱动下产生电能，由于机械损失和电气损失使部分能量转换为热能，被冷却用的氢气带走，其能量损失用发电机的有效效率表示：

$$\eta_{me} = \frac{N_{e}}{N_{t}} \tag{5-49}$$

式中，N_{e}——发电机的输出有效电功率，kW。

因此，汽轮发电机组中的能量损失主要是汽轮机功率传输过程及发电机内的损失，其值可表示为

$$\Delta N_{te} = N_{i} - N_{e} = \left(\frac{1}{\eta_{mt}\eta_{me}} - 1\right) N_{e} \tag{5-50}$$

5.3.6　凝汽器

凝汽器是汽轮发电机组的重要组成部分，其功用是接收来自低压汽轮机和旁路系统、汽轮给水泵以及排污箱的蒸汽，回收启动时的疏水和给水加热系统的疏水，使之冷凝成水，并建立所需要的背压。图5-13所示为凝汽器工作原理图。

假设计算工况下凝汽器压力为p_{cd}，若凝水过冷度为δT_{cd}，则凝水的温度和焓值分别为

$$T_{cd} = T_{cd,s} - \delta T_{cd},\quad h_{cd} = f(p_{cd},\ _{cd})$$

式中　$T_{cd,s}$ ——凝汽器工作压力对应的饱和温度；

h_{cd} ——凝水焓值，根据 p_{cd}、δT 从水蒸气表中查出。

凝汽器的热负荷为

$$Q_{cd} = \sum_{j=1}^{n} G_{cd,j}(h_{cd,j} - h_{cd}) \tag{5-51}$$

式中，$G_{cd,j}$、$h_{cd,j}$—— 进入凝汽器中的第 j 股工质的质量流量和焓值。

忽略散热损失，凝汽器的热平衡方程为

$$Q_{cd} = G_{sw}c_p(T_{sw,2} - T_{sw,1}) \tag{5-52}$$

式中　G_{sw}、c_p ——循环冷却水流量及其定压比热；

$T_{sw,1}$、$T_{sw,2}$——循环冷却水进、出口温度。

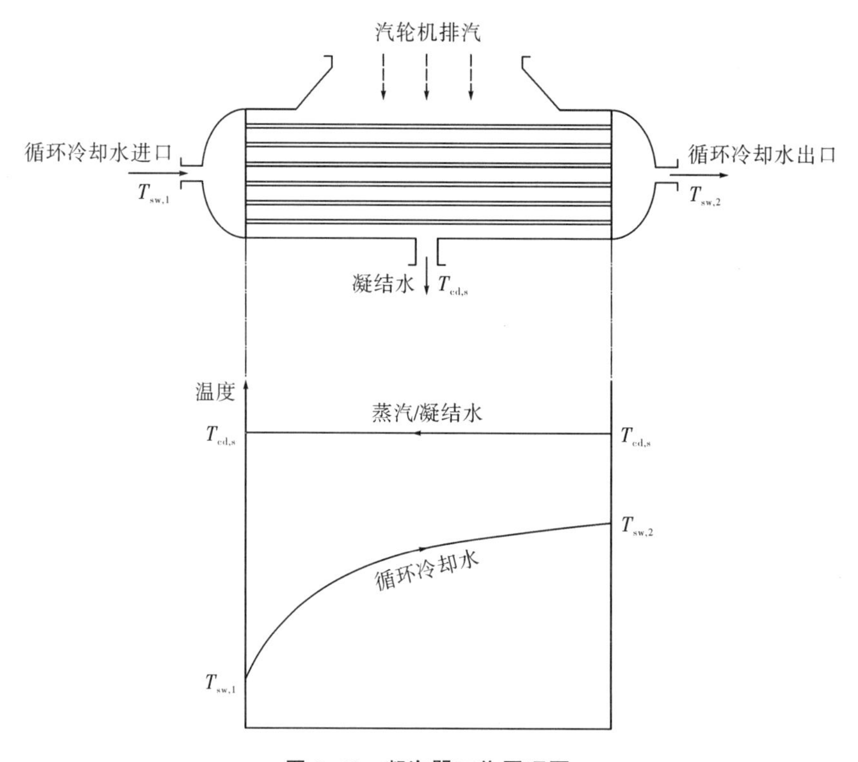

图 5-13　凝汽器工作原理图

排入凝汽器中的疏水、蒸汽放出的热量完全被循环冷却水吸收，并带出热力循环，散失在环境中，因此凝汽器中的热量损失为

$$\Delta Q_{cd} = Q_{cd}$$

根据凝汽器的传热方程，可得凝汽器的平均传热温差

$$\Delta T_m = 10^{-3}\frac{Q_{cd}}{F_c K} \tag{5-53}$$

式中　F_c ——凝汽器的有效传热面积，m^2；

K ——凝汽器的总换热系数，W/(m^2·℃)。

考虑到

$$\Delta T_m = \frac{\Delta T_{sw}}{\ln\left(1 + \frac{\Delta T_{sw}}{\delta T}\right)} \tag{5-54}$$

式中 ΔT_{sw}—— 循环冷却水温升,$\Delta T_{sw} = T_{sw,2} - T_{sw,1}$;

δT—— 凝汽器端差,$\delta T = T_{cd} - T_{sw,2}$。

令 $C_1 = \frac{\Delta T_{sw}}{\Delta T_m}$, 则

$$T_{cd,s} = T_{cd} + \delta T_{cd} = T_{sw,2} + \frac{\Delta T_{sw}}{e^{C_1} - 1} + \delta T_{cd} \tag{5-55}$$

根据上式确定的温度查水蒸气表,即可得到凝汽器工作压力 $p'_{cd} = f(T_{cd,s})$,与前面假设的 p_{cd} 进行比较,如果误差满足精度要求,即可结束计算,否则用 p'_{cd} 替代 p_{cd},进行下一轮计算。

在工程设计中,普遍采用凝汽器总体换热系数的简化计算方法,即认为整个冷却面积具有平均的换热系数。实际上在凝汽器中冷却面积的不同区段,蒸汽参数、冷却水参数、空气浓度、汽流速度、冷却水流速以及局部冷凝管的排列形式都不相同,因而各区段内的换热系数也不相同。但由于总体换热系数计算公式基于大量的模拟试验和实物试验数据,所以在使用中仍具有一定的精度。

1. 美国传热学会(HEI)公式

HEI 公式是西方国家广泛采用的电站凝汽器总换热系数计算公式,简单明了,使用方便,各种有关冷却管材料品种、规格以及冷却水温的修正系数比较齐全,不需要预先假定任何参数,即可直接计算出结果,不足之处是考虑的影响因素较少。

HEI 公式的表达式为

$$K = C\,\zeta_c\,\beta_T\,\beta_m\sqrt{v_w} \tag{5-56}$$

式中 β_T ——冷却水温修正系数,按图 5-14 所示曲线选取;

ζ_c ——清洁系数,根据冷却水质、蒸汽纯度及其对冷却管材料的影响选取,见表 5-4;

β_m ——冷却管材料与壁厚修正系数,见表 5-5;

v_w ——冷却管内冷却水的流速,m/s;

C ——计算系数,取决于冷却管外径,见表 5-6。

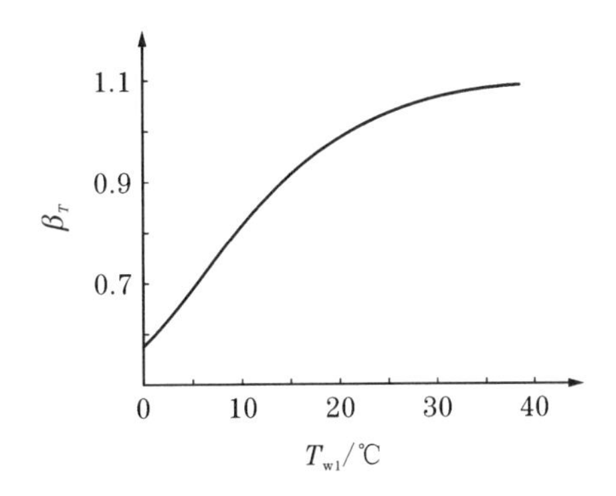

图 5-14 冷却水温度修正系数 β_T

表 5-4 清洁系数 ζ_c

项目	ζ_c
直流供水和清洁水	0.80~0.85
循环供水和经化学处理的水	0.75~0.80
脏污水和会形成矿物沉淀的水	0.65~0.75
新管	0.80~0.85
具有连续清洗的凝汽器	0.85
钛冷凝管	0.90

表 5-5 冷却管材料与壁厚的修正系数 β_m

壁厚/mm	材料					
	海军黄铜	铝黄铜	B10	B30	不锈钢	钛
0.56	1.06	1.03	0.99	0.93	0.83	0.85
0.71	1.04	1.02	0.97	0.90	0.79	0.81
0.89	1.02	1.00	0.94	0.87	0.75	0.77
1.24	1.00	0.97	0.90	0.82	0.69	0.71
1.65	0.96	0.94	0.85	0.77	0.63	—

表 5-6 计算系数 C 的取值

冷却管外径/mm	15.9~19.1	22.2~25.4	28.6~31.8	34.9~38.1
计算系数 C	2 747	2 706	2 665	2 623

2. 别尔曼公式

别尔曼公式是苏联以及包括中国在内的一些国家广泛使用的电站凝汽器总换热系数计算公式,考虑了各种运行因素和设计参数对凝汽器换热系数的影响以及它们之间的相互关系,适用于冷却水温 $T_{w1} \leq 45$ ℃、管内流速 $v_w = 1 \sim 2.5$ m/s 和真空系统严密性正常的固定式汽轮机凝汽器总换热系数的计算。

别尔曼公式的不足之处是计算量较大,对凝汽器在设计工况下的换热系数进行计算时,必须预先假定比蒸汽负荷,计算较为麻烦。

别尔曼公式的表达式为

$$K = 4\ 070\zeta \beta_w \beta_T \beta_Z \beta_d \tag{5-57}$$

式中 ζ ——考虑冷却管内表面清洁状态、材料及壁厚的修正系数;

β_w ——考虑冷却管内流速的修正系数;

β_T ——考虑冷却水温的修正系数;

β_Z ——考虑冷却水流程数的修正系数;

β_d ——考虑凝汽器蒸汽负荷变化的修正系数。

修正系数 ζ 按下式确定:

$$\zeta = \zeta_s \zeta_m \tag{5-58}$$

式中 ζ_s—— 主要取决于冷却水供水方式的系数,取值为:

当供水方式为直流供水且水中含盐量较低时,$\zeta_s = 0.85 \sim 0.90$;

当供水方式为循环供水时,$\zeta_s = 0.75 \sim 0.85$。

ζ_m——取决于冷却管材料与壁厚的系数,取值见表 5-7。

表 5-7 冷却管壁厚为 1 mm 时 ζ_m 的取值

冷却管材料	黄铜	B5	B30	不锈钢
系数 ζ_m	1.0	0.95	0.92	0.85

修正系数 β_w 按下式确定:

$$\beta_w = \left(\frac{1.1 v_w}{\sqrt[4]{d_i}}\right)^{\chi} \tag{5-59}$$

式中 d_i ——冷却管内径,mm;

χ ——计算指数,计算式为

$$\chi = \begin{cases} 0.12\zeta(1 + 0.15T_{w1}) & \dfrac{\chi}{\zeta} \leqslant 0.6 \\ 0.6\zeta & \dfrac{\chi}{\zeta} > 0.6 \end{cases} \tag{5-60}$$

修正系数 β_T 主要取决于冷却水温度 T_{w1},还与修正系数 ζ 及凝汽器的比蒸汽负荷 g_s 有关,计算公式为

$$\beta_T = \begin{cases} 1 - \dfrac{(0.52 - 0.0072g_s)\sqrt{\zeta}}{10^3}(35 - T_{w1})^2 & T_{w1} \leqslant 35\ ℃ \\ 1 + 0.002(T_{w1} - 35) & 35\ ℃ < T_{w1} < 45\ ℃ \end{cases} \tag{5-61}$$

式中,g_s ——凝汽器比蒸汽负荷,$g/(m^2 \cdot s)$。

修正系数 β_Z 主要取决于冷却水流程数 Z,还与冷却水温度 T_{w1} 有关,计算公式为

$$\beta_Z = 1 + \frac{Z-2}{10}\left(1 - \frac{T_{w1}}{45}\right) \tag{5-62}$$

由上式可以看出,当 $Z = 2$ 时,$\beta_Z = 1$;当 $Z = 1$ 且 $T_{w1} < 45$ ℃ 时,$\beta_Z < 1$。

系数 β_d 用于考虑凝汽器变工况计算时蒸汽负荷的修正。当凝汽器在比蒸汽负荷从额定值 g_s 至 g'_s 的变工况范围内运行时,$\beta_d = 1$,其中

$$g'_s = (0.8 - 0.01T_{w1})g_s \tag{5-63}$$

当凝汽器在比蒸汽负荷降低至 $g''_s < g'_s$ 的条件下运行时,则

$$\beta_d = \frac{g''_s}{g'_s}\left(2 - \frac{g''_s}{g'_s}\right) \tag{5-64}$$

3. 分部计算关系式

分部计算关系式由苏联工程师推出,是根据大量传热学试验、凝汽器工业性试验结果

及运行经验得出的经验公式。其中直接利用了传热学中蒸汽凝结放热的理论计算公式,并将其中的冷却水侧和蒸汽侧的换热系数整理成适用于整台凝汽器、全面考虑了各种影响因素的表达式,所表示出来的凝汽器传热过程的物理意义非常明确。

分部计算关系式不足之处是计算时需要预先假定比蒸汽负荷及冷却管束的几何特性,因而计算过程比较烦杂,计算工作量大。

分部计算关系式的基本思想是分别计算出适用于整个凝汽器的冷却水侧对流放热系数 α_w 和蒸汽侧对流放热系数 α_s 后,直接利用下式计算总的换热系数:

$$K = \frac{1}{\frac{1}{\alpha_w}\frac{d_o}{d_i} + \frac{1}{\alpha_s} + \frac{d_o}{2\lambda}\ln\frac{d_o}{d_i}} \tag{5-65}$$

式中 d_o ——冷却管外径,mm;

λ ——冷却管壁材料的导热系数,W/(m·℃)。

冷却水与冷却管内壁面之间的换热属于管内强制对流换热,其放热系数使用工程中普遍采用的 Dittus-Bolter 方程计算:

$$\alpha_w = 0.023Re^{0.8}Pr^{0.4}\frac{\lambda_w}{d_i} \tag{5-66}$$

式中,λ_w ——冷却水的导热系数,W/(m·℃)。

式(5-66)中冷却水的物性参数 Re、Pr 和 λ_w 以冷却水的平均温度作为定性温度。

蒸汽侧蒸汽与冷却管外壁面之间的对流换热系数计算式为

$$\alpha_s = 12.9\Pi^{0.1}Nu^{-0.5}\left(1 + \frac{Z}{2}\right)^{1/3}\bar{S}^{0.15}\alpha_n\varepsilon_0^{-0.04} \tag{5-67}$$

式中 Π ——系数,用于考虑汽流对冷却管上凝结水膜层的动力作用;

Nu——纯净静止蒸汽在单根水平圆管外壁上发生凝结时的努塞尔数;

$\bar{S}$ ——无量纲系数;

α_n ——纯净静止蒸汽在单根水平圆管外壁上发生膜状凝结时的对流放热系数;

ε_0——蒸汽在凝汽器管束中刚开始凝结时的相对空气含量。

系数 Π 的计算式为

$$\Pi = \frac{\rho_s v_s^2}{\rho_c g d_o} = \frac{\rho_s\left(\frac{G_{cd}}{\rho_s f_s}\right)^2}{\rho_c g d_o} \tag{5-68}$$

式中 ρ_s——按凝汽器压力 p_{cd} 确定的蒸汽密度,kg/m³;

ρ_c——凝结水密度,kg/m³;

v_s ——蒸汽进口处冷却管之间最窄通道处的蒸汽平均流速,m/s;

f_s ——管束蒸汽进口处各冷却管之间最窄通道面积之和,m²。

无量纲系数 $\bar{S}$ 的定义式为

$$\bar{S} = \frac{\text{管束蒸汽进口处各冷却管之间最窄通道面积之和}f_s}{\text{管束全部冷却管构成的冷却面积}A}$$

$$= \frac{WL}{\pi d_o NL} = \frac{W}{\pi d_o N} \tag{5-69}$$

式中 W——管束蒸汽进口处各冷却管之间最窄通道宽度之和,m;
　　L——冷却管长度,m;
　　N——冷却管数目,根。

对流放热系数 α_n 按努塞尔公式计算:

$$\alpha_n = 0.728\sqrt[4]{\frac{\rho_c r \lambda_c^3 g}{\upsilon_c \Delta T_s d_o}} \tag{5-70}$$

式中 λ_c——凝结水导热系数,W/(m·℃);
　　υ_c——凝结水运动黏度,m^2/s;
　　r——汽化潜热,J/kg。

Nu 按下式计算:

$$Nu = \frac{\alpha_n d_o}{\lambda_c} \tag{5-71}$$

系数 ε_0 的计算式为

$$\varepsilon_0 = \frac{G_{air}}{G_{cd}} \tag{5-72}$$

式中,G_{air}——漏入凝汽器中的空气量,kg/s。

5.3.7 泵

压水堆核电厂热力系统中主要的泵有主冷却剂泵、给水泵、凝水泵、循环水泵等,根据使用条件的不同,泵的驱动形式采用电动机驱动或者辅汽轮机驱动。一般认为,泵在工作时存在以下几种损失:

(1)由流体在流道中的摩擦和局部阻力造成的水力损失;

(2)由密封不严及液体回流造成的流量损失;

(3)由部件摩擦损耗造成的机械损失。

这些损失实际上是泵在工作过程中由于存在不可逆因素而使部分机械能耗散为热能,由于泵的工作部件直接与流体相接触,耗散的能量基本上被流体所吸收,使流体的温度升高,根据能量平衡原理,可以近似认为泵的能量在数量上基本没有损失。

通常用泵效率来评价泵的能量利用的完善程度:

$$\eta_p = \frac{N_{pe}}{N_p} \tag{5-73}$$

式中 N_p——泵的输入轴功率,kW;
　　N_{pe}——泵的有效输出功率,可按下式计算:

$$N_{pe} = \frac{G_f H_f}{102} \tag{5-74}$$

式中 G_f——流体的质量流量,kg/s;
　　H——泵的扬程,m 水柱(mH_2O)。

1. 电动泵

对于电动泵,如主泵、凝水泵等,驱动电机在工作时,由于电枢绕组中的铜损、铁损和机

械损耗造成了能量的损失,损失的能量转化为热能或者被设备冷却水带走,或者散失到周围空气中。电动机的效率为

$$\eta_m = \frac{N_p}{N_m} \tag{5-75}$$

式中,N_m——电动机的输入功率,kW。

因此电动泵在工作过程中的能量损失主要是电动机的损失:

$$\Delta N_{mp} = N_m - N_p = \left(\frac{1}{\eta_p \eta_m} - \frac{1}{\eta_p}\right)\frac{G_f H_f}{102} \tag{5-76}$$

2. 汽动泵

汽动泵由功率较小的汽轮机驱动,在大容量的压水堆核电厂中,给水泵普遍采用汽动。图 5-15 所示为大亚湾核电厂使用的汽动给水泵装置示意图。

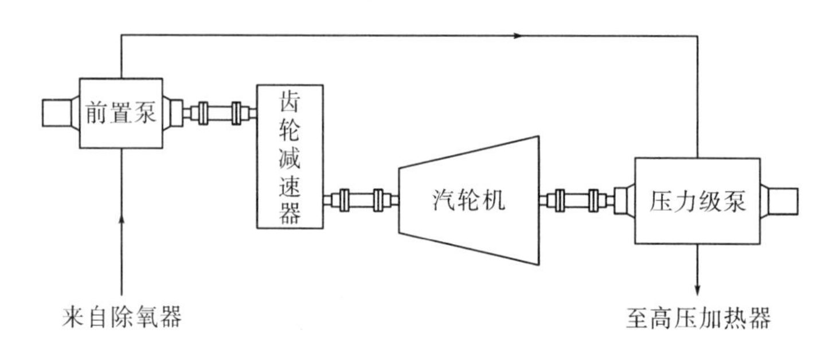

图 5-15　汽动给水泵装置示意图

汽轮机在工作过程中,由于蒸汽绝热膨胀过程的不可逆,使部分机械能耗散为热能并被蒸汽所吸收,如果忽略漏泄和散热损失,则蒸汽在汽轮机内的膨胀过程没有热量损失;机械功在传递过程中由于轴承、齿轮减速器的摩擦造成能量耗散为热能并被滑油带走,这部分能量损失可用机械效率来表示:

$$\eta_{mt} = \frac{N_p}{N_i} = \frac{N_p}{G_s H_i} \tag{5-77}$$

式中　N_i——汽轮机的内功率,kW;

G_s——汽轮机的蒸汽耗量,kg/s;

H_i——蒸汽在汽轮机中的内焓降,kJ/kg。

由此可见,汽动泵在工作时的能量损失为:

$$\Delta N_{tp} = N_i - N_p = \left(\frac{1}{\eta_p \eta_{mt}} - \frac{1}{\eta_p}\right)\frac{G_f H_f}{102} \tag{5-78}$$

在一回路冷却剂系统中,由于主泵对冷却剂做功,使得核蒸汽供应系统的热功率一般要比压水堆热功率大,主泵对冷却剂的加热功率等于主泵电机的输入电功率减去电机的冷却和损耗功率,即相当于泵的输入功率,这样,一回路系统中主泵对冷却剂的总加热功率可用下式计算:

$$Q_{mcp} = \frac{G_c \cdot H_{mcp}}{102\eta_{mcp}} \tag{5-79}$$

式中 G_c ——流经堆芯的总冷却剂流量,kg/s;

H_{mcp} ——主泵总压头,m 水柱(mH_2O);

η_{mcp} ——主泵的有效效率。

5.4 热平衡分析示例

为了说明核动力装置热平衡计算的基本过程,这里给出一个核动力装置局部热平衡计算的例子。图 5-16 所示为采用三级抽汽回热的核动力装置热线图,热线图的大部分计算工作已经完成,结果标在图中。

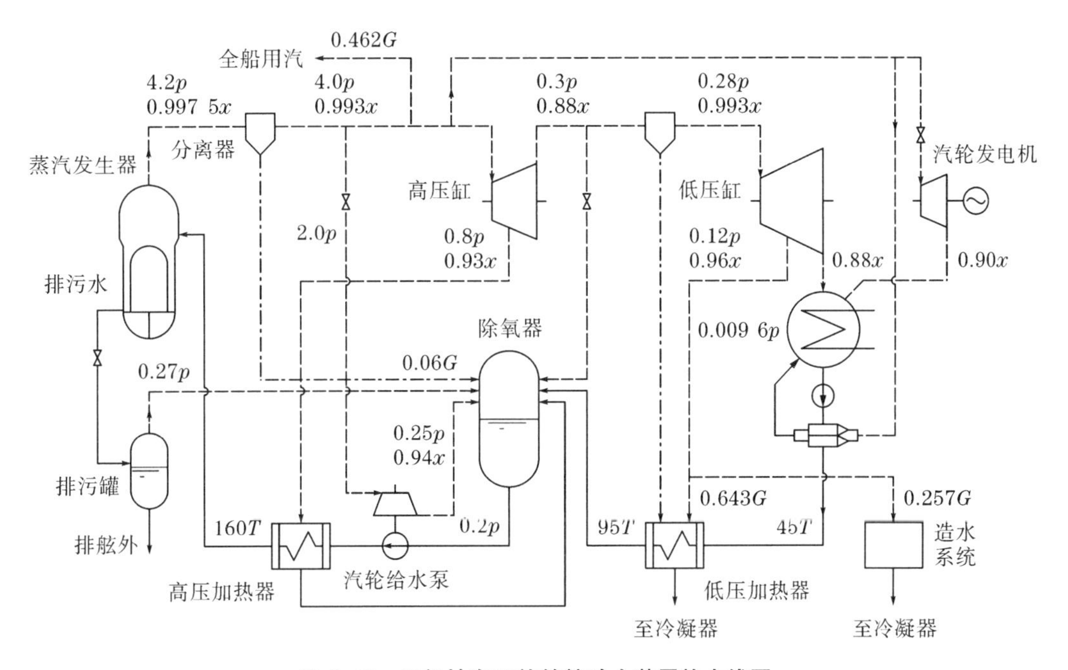

图 5-16 三级抽汽回热的核动力装置热力线图

除了热线图中已给定的参数之外,其他给定参数见表 5-8。

表 5-8 部分已知参数

序号	名称	符号	单位	数值
1	装置有效功率	N_e	kW	6 615
2	蒸汽发生器热功率占反应堆热功率的份额	η_{sg}	—	0.996 9
3	蒸汽发生器排污率	ξ_{pw}	—	0.011 64
4	排污罐压力	p_{pw}	MPa	0.27
5	主冷凝器压力	p_c	kPa	4.9
6	辅冷凝器压力	p_{ac}	kPa	6.45
7	低压汽轮机排汽处至冷凝器阻力损失	Δp_c	kPa	0.27

表 5-8(续)

序号	名称	符号	单位	数值
8	高压汽轮机机械效率	$\eta_{m,ht}$	—	0.980 2
9	低压汽轮机机械效率	$\eta_{m,lt}$	—	0.980 2
10	高压汽轮机减速器效率	$\eta_{g,ht}$	—	0.975 1
11	低压汽轮机减速器效率	$\eta_{g,lt}$	—	0.975 1
12	轴系效率	η_{w}	—	0.947 9
13	汽轮发电机功率	$N_{e,g}$	kW	2×640
14	发电机效率	η_{g}	—	0.932
15	发电汽轮机有效效率	$\eta_{e,gt}$	—	0.542 7
16	发电汽轮机排汽至冷凝器阻力损失	Δp_{ac}	kPa	0. 27
17	给水量为 18 kg/s 时给水泵出口至蒸汽发生器入口给水管道的流动阻力	$\Delta p_{fw,v_0}$	MPa	0.573 4
18	给水泵出口至蒸汽发生器入口的静压降	$\Delta p_{fw,c}$	MPa	0.294 2
19	给水泵效率	η_{fwp}	—	0.568
20	给水泵汽轮机机械效率	$\eta_{m,fwpt}$	—	0.891

要求采用定功率法进行热平衡计算,确定以下参数:核动力装置效率、反应堆功率、蒸汽发生器总蒸汽产量、主汽轮机耗汽量、汽轮发电机总耗汽量、给水泵汽轮机耗汽量、给水泵给水量、汽轮机中间抽汽量、低压汽轮机耗汽量、给水泵扬程。

解 1. 确定各点热力参数

(1)蒸汽发生器

蒸汽发生器的运行压力 $p_s=4.2$ MPa,该压力下的饱和水、饱和蒸汽焓分别为

$$h'_s=1\ 101.6\ \text{kJ/kg}\qquad h''_s=2\ 799.4\ \text{kJ/kg}$$

则新蒸汽焓为

$$\begin{aligned}h_{fh}&=h'_s+x_{fh}(h''_s-h'_s)\\&=1\ 101.6+0.997\ 5\times(2\ 799.4-1\ 101.6)=2\ 795.2\ \text{kJ/kg}\end{aligned}$$

已知给水温度 $T_{fw}=160$ ℃,给水压力取为

$$p_{fw}=p_s+0.1=4.3\ \text{MPa}$$

查水蒸气表,得到给水焓 $h_{fw}=677.64$ kJ/kg。

(2)排污罐

进入排污罐的排污水为蒸汽发生器工作压力下的饱和水。

排污罐运行压力为 $p_{pw}=0.27$ MPa,闪发蒸汽、排舷外水的焓值分别等于该压力下的饱和蒸汽、饱和水的焓值:

$$h_{pw,s}=2\ 719.9\ \text{kJ/kg}\qquad h_{pw,w}=546.24\ \text{kJ/kg}$$

(3)主分离器

主分离器出口蒸汽压力 $p_{msp}=4.0$ MPa,该压力下饱和水、饱和蒸汽的焓和熵分别为

$$h'_{msp}=1\ 087.4\ \text{kJ/kg}\qquad s'_{msp}=2.796\ 5\ \text{kJ/(kg·K)}$$

$$h''_{msp}=2\ 800.3\ \text{kJ/kg}\qquad s''_{msp}=6.068\ 5\ \text{kJ/(kg·K)}$$

则主分离器出口蒸汽焓、熵分别为

$$h_{msp,s} = 1\ 087.4 + 0.993 \times (2\ 800.3 - 1\ 087.4) = 2\ 788.3\ \text{kJ/kg}$$

$$s_{msp,s} = 2.796\ 5 + 0.993 \times (6.068\ 5 - 2.796\ 5) = 6.045\ 6\ \text{kJ/(kg·K)}$$

(4)发电汽轮机

排汽压力 $p_{g,to} = p_{ac} + \Delta p_{ac} = 6.45 + 0.27 = 6.72\ \text{kPa}$

(5)主汽轮机高压缸

抽汽焓 $h_{ht,e} = 720.94 + 0.93 \times (2\ 767.5 - 720.94) = 2\ 624.24\ \text{kJ/kg}$

排汽焓 $h_{ht,o} = 561.43 + 0.88 \times 2\ 163.2 = 2\ 465.05\ \text{kJ/kg}$

(6)主汽轮机低压缸

进汽焓 $h_{lt,i} = 551.44 + 0.993 \times 2\ 170.1 = 2\ 706.35\ \text{kJ/kg}$

抽汽焓 $h_{lt,e} = 439.36 + 0.96 \times 2\ 244.1 = 2\ 593.7\ \text{kJ/kg}$

排汽压力 $p_{lt,o} = p_c + \Delta p_c = 4.9 + 0.27 = 5.17\ \text{kPa}$

排汽焓 $h_{lt,o} = 137.77 + 0.869 \times 2\ 423.8 = 2\ 244.05\ \text{kJ/kg}$

(7)中间分离器

疏水焓近似为低压缸进汽压力下的饱和水,焓值为 $h_{spw} = 551.44\ \text{kJ/kg}$。

(8)汽轮给水泵

给水泵进口给水的压力和温度分别为 $p_{fwp,i} = 0.31\ \text{MPa}$, $T_{fwp,i} = 120\ ℃$,则相应的焓值为 $h_{fwp,i} = 503.80\ \text{kJ/kg}$。

给水泵汽轮机的排汽压力和蒸汽干度分别为 $p_{fwpt,o} = 0.24\ \text{MPa}$, $x_{fwpt,o} = 0.94$,排汽焓值为 $h_{fwpt,o} = 2\ 583.44\ \text{kJ/kg}$。

2. 进行热平衡计算

(1) 设装置有效效率为 $\eta_{e,npp} = 0.18$,则反应堆热功率为

$$Q_R = \frac{N_{net}}{\eta_{e,npp}} = \frac{6\ 615}{0.18} = 36\ 750\ \text{kW}$$

(2)两台蒸汽发生器的热负荷为

$$Q_{sg} = Q_R \cdot \eta_{sg} = 36\ 750 \times 0.996\ 9 = 36\ 636\ \text{kW}$$

蒸汽发生器的总蒸汽产量为

$$\begin{aligned} G_s &= \frac{Q_{sg}}{(h_{fh} - h'_s) + (1 + \xi_{pw})(h'_s - h_{fw})} \\ &= \frac{36\ 636}{(2\ 795.2 - 1\ 101.6) + (1 + 0.011\ 64)(1\ 101.6 - 677.64)} \\ &= 17.26\ \text{kg/s} \end{aligned}$$

总给水量为

$$G_{fw} = (1 + \xi_{pw}) G_s = (1 + 0.011\ 64) \times 17.26 = 17.46\ \text{kg/s}$$

(3)给水泵扬程及给水泵汽轮机耗汽量计算

汽轮给水泵出口至蒸汽发生器入口给水管道的阻力系数为

$$\xi = \frac{\Delta p_{fw,v}}{G_{fw}^2} = \frac{\Delta p_{fw,v_0}}{G_{fw_0}^2} = \frac{0.573\ 4}{18^2} = 0.001\ 77$$

给水管道的流动阻力为

$$\Delta p_{fw,v} = \xi\ G_{fw}^2 = 0.001\ 77 \times 17.46^2 = 0.539\ 5\ \text{MPa}$$

给水泵扬程

$$H_{fwp} = \frac{p_{fw} + \Delta p_{fw,v} + \Delta p_{fw,c} - p_{fwp,i}}{\rho g}$$

$$= \frac{(4.3 + 0.539\ 5 + 0.294\ 2 - 0.31) \times 10^6}{927.17 \times 9.807} = 530.5\ \text{mH}_2\text{O}$$

给水泵输出有效功率

$$N_{e,fwp} = G_{fw} H_{fwp} g = 17.46 \times 530.5 \times 9.807 \times 10^{-3} = 90.84\ \text{kW}$$

给水泵汽轮机的内焓降为

$$H_{i,fwpt} = h_{msp,s} - h_{fwpt,o} = 2\ 788.3 - 2\ 583.44 = 204.86\ \text{kJ/kg}$$

所以,给水泵汽轮机的耗汽量为

$$G_{s,fwpt} = \frac{N_{e,fwp}}{H_{i,fwpt}\eta_{fwp}\eta_{m,fwpt}} = \frac{90.84}{204.86 \times 0.568 \times 0.891} = 0.876\ \text{kg/s}$$

(4)高压给水加热器耗汽量计算

高压给水加热器疏水焓 $h_{hw} = 570.9\ \text{kJ/kg}$

耗汽量为

$$G_{s,hte} = \frac{h_{fw} - h_{fwp,i}}{h_{ht,e} - h_{hw}} G_{fw} = \frac{677.64 - 503.80}{2\ 624.24 - 570.9} \times 17.46 = 1.478\ \text{kg/s}$$

(5)发电汽轮机耗汽量计算

查焓熵图可得汽轮机绝热焓降 $H_{a,gt} = 917.98\ \text{kJ/kg}$,总耗汽量为

$$G_{s,gt} = \frac{N_{e,g}}{H_{a,gt}\eta_g\eta_{e,gt}} = \frac{2 \times 640}{917.98 \times 0.932 \times 0.542\ 7} = 2.757\ \text{kg/s}$$

(6)主汽轮机组耗汽量计算

主汽轮机由高压缸和低压缸组成,主汽轮机的功率方程为

$$N_e = (N_{i,ht}\eta_{m,ht}\eta_{g,ht} + N_{i,lt}\eta_{m,lt}\eta_{g,lt})\eta_w$$

$$N_{i,ht} = G_{s,ht}(h_{ht,i} - h_{ht,o}) - G_{s,hte}(h_{ht,e} - h_{ht,o})$$

$$N_{i,lt} = G_{s,lt}(h_{lt,i} - h_{lt,o}) - G_{s,lte}(h_{lt,e} - h_{lt,o})$$

将已知参数代入以上方程,得

$$N_{i,ht} + N_{i,lt} = \frac{6\ 615}{0.980\ 2 \times 0.975\ 1 \times 0.947\ 9} = 7\ 301.32$$

$$N_{i,ht} = 323.25 G_{s,ht} - 235.283$$

$$N_{i,lt} = 462.3 G_{s,lt} - 314.685$$

即

$$323.25 G_{s,ht} + 462.3 G_{s,lt} = 7\ 851.288 \tag{a}$$

中间分离器的质量守恒方程、能量平衡方程分别为

$$G_{s,hto} = G_{s,lt} + G_{sp,w} + 0.26$$

$$(G_{s,hto} - 0.26) h_{ht,o} = G_{s,lt} h_{lt,i} + G_{sp,w} h_{sp,w}$$

消去 $G_{sp,w}$,得

$$G_{s,hto} = \frac{h_{lt,i} - h_{sp,w}}{h_{ht,o} - h_{sp,w}} G_{s,lt} + 0.26 = 1.126 G_{s,lt} + 0.26$$

代入高压缸的质量守恒方程，得到

$$\begin{aligned} G_{s,ht} &= G_{s,hte} + G_{s,hto} \\ &= 1.478 + 1.126G_{s,lt} + 0.26 = 1.738 + 1.126G_{s,lt} \end{aligned} \tag{b}$$

方程式(a)(b)联立求解，得 $G_{s,ht}=11.67$ kg/s，$G_{s,lt}=8.82$ kg/s。

(7)二回路系统总耗汽量

$$\begin{aligned} D_s &= G_{全船用} + G_{msp,w} + G_{s,fwpt} + G_{s,gt} + G_{喷射泵} + G_{s,ht} \\ &= 0.462 + 0.06 + 0.876 + 2.757 + 0.132 + 11.67 = 15.957\ \text{kg/s} \end{aligned}$$

(8)计算装置有效效率

蒸汽发生器热负荷

$$\begin{aligned} Q'_{sg} &= D_s[(h_{fh} - h'_s) + (1 + \xi_{pw})(h'_s - h_{fw})] \\ &= 15.957 \times 2\ 122.495 = 33\ 868.6\ \text{kW} \end{aligned}$$

反应堆热功率

$$Q'_R = \frac{Q'_{sg}}{\eta_{sg}} = \frac{33\ 868.6}{0.996\ 9} = 33\ 973.9\ \text{kW}$$

装置有效效率

$$\eta'_{e,npp} = \frac{N_e}{Q'_R} = \frac{6\ 615}{33\ 973.9} = 0.194\ 7$$

(9)比较假设效率 $\eta_{e,npp}$ 与计算效率 $\eta'_{e,npp}$

$$\varepsilon = |\eta_{e,npp} - \eta'_{e,npp}| = |0.18 - 0.194\ 7| = 0.014\ 7$$

由于 $\varepsilon>0.000\ 1$，不满足收敛精度，所以假设 $\eta_{e,npp}=0.194\ 7$，进行下一轮迭代计算。经过四次迭代计算，装置效率满足收敛精度要求，结束计算，计算结果列于表5-9中。

表5-9 部分待定参数计算结果

序号	项目名称	单位	第1次	第2次	第3次	第4次
1	核动力装置效率	—	0.18	0.194 7	0.196 5	0.196 6
2	反应堆功率	kW	36 750	33 975.35	33 664.12	33 647
3	蒸汽发生器总蒸汽产量	kg/s	17.26	15.96	15.81	15.80
4	主汽轮机耗汽量	kg/s	11.67	11.60	11.60	11.60
5	汽轮发电机总耗汽量	kg/s	2.757	2.757	2.757	2.757
6	给水泵汽轮机耗汽量	kg/s	0.876	0.797	0.788	0.788
7	给水泵给水量	kg/s	17.46	16.14	15.99	15.99
8	高压汽轮机中间抽汽量	kg/s	1.478	1.366	1.356	1.356
9	低压汽轮机耗汽量	kg/s	8.82	8.86	8.87	8.87
10	给水泵扬程	mH_2O	530.5	521.86	520.99	520.99

5.5 核电厂热力系统热平衡计算结果分析

根据有关资料提供的数据,对秦山一期 300 MW、大亚湾 900 MW 压水堆核电厂热力系统进行热平衡计算,计算结果如表 5-10、表 5-11 所示。

表 5-10 压水堆核电厂热力系统热平衡分析结果

序号	设备名称	能量损失系数/%		损失主要原因
		秦山一期核电厂	大亚湾核电厂	
1	压水反应堆	0	0	—
2	蒸汽发生器	0.638	0.201	散热
3	蒸汽再热器	0.201	0.004	
4	给水加热系统	0.978	0.314	
5	凝汽器	64.944	65.539	散热及循环冷却海水带走热量
6	汽轮发电机	1.086	0.253	散热、机械摩擦及电气损失
7	主泵	0.022	0.020	电机的铜损、铁损及摩擦损失或辅汽轮机的散热及机械损失
8	凝水泵	0.013	0.012	
9	给水泵	0.063	0.010	
10	主抽汽器	0.0	0.0	散热
11	汽水分离器	0.0	0.0	流动摩擦、散热及漏泄
13	主蒸汽管道	0.401	0.0	
14	废汽管道	0.0	0.0	
总计		68.346	66.354	
电站净效率/%		31.654	33.646	

表 5-11 热力系统中几类主要设备的损失份额

序号	设备类型		能量损失系数/%		占总能量损失的份额/%	
			秦山一期核电厂	大亚湾核电厂	秦山一期核电厂	大亚湾核电厂
1	反应堆		0	0	0	0
2	换热设备	蒸汽发生器 蒸汽再热器 给水加热器 凝汽器	66.761	66.058	97.681	99.554
3	汽轮发电机		1.086	0.253	1.588	0.382
4	泵类	主泵、给水泵、凝水泵	0.098	0.043	0.144	0.064

表 5-11(续)

序号	设备类型		能量损失系数/%		占总能量损失的份额/%	
			秦山一期核电厂	大亚湾核电厂	秦山一期核电厂	大亚湾核电厂
5	其他	主蒸汽管道 汽水分离器 主抽汽器 废汽管道	0.401	0.0	0.587	0.0

由以上两表可以看出,在压水堆核电厂热力系统中,换热设备的热量损失占反应堆热功率的 66% 左右,其中大约 65% 的热量是在凝汽器中排出了热力循环;而其他热力设备(包括反应堆、汽轮发电机、泵类及其他设备等)的能量损失只有 0.296%~1.585%。在热力系统总热量损失中,换热设备的热量损失占 97% 以上,成为压水堆核电厂热力系统中热量损失最大的一类设备,因此提高热力系统热经济性的根本途径在于减小换热设备的热量损失。

造成换热设备热量损失的主要原因有两个方面:一是热力系统运行过程中大量热量通过凝汽器排出热力循环,散失到环境之中;二是换热过程中的散热损失。从热平衡分析结果来看,前者是造成系统热量损失的根本原因,所以主要着眼点应该放在设法减少动力装置热力循环中热量的排泄的散失上。目前压水堆核电厂热力系统普遍采用的是具有回热、再热的蒸汽热力循环,要减少凝汽器中的热量损失,必须进一步改善热力系统的回热和再热方式,或者突破现有热力循环形式的限制,采用全新概念的热力循环。

压水堆核电厂在运行过程中,存在着核裂变能→热能→机械能→电能等一系列能量转换过程以及能量的分配和传输过程,热平衡分析的结果反映的是这些过程中能量损失的数量,并没有反映出热力系统中各个部位和环节不同形式甚至相同形式的能量的差异,也不能确切指出能量转换的方向和可能性,因此热平衡分析所反映的压水堆核电厂热力系统能量利用完善程度的信息是片面的、不完整的,难以为全面、准确地指出改善系统热经济性的有效途径提供充分的理论依据。

综合上述分析,可以得出以下几点结论:

(1)凝汽器是压水堆核电厂热力系统中热量损失最大的设备,损失的主要原因是占反应堆热功率 65% 左右的热量在凝汽器中被循环冷却海水带出了热力循环,散失在环境中。

(2)造成压水堆核电厂热力系统能量损失的主要原因是系统中热力设备尤其是换热设备的热量损失,因此提高整个热力系统热效率的根本途径在于减小热力系统的动力循环中各设备的散热损失以及减少向环境排放的热量。

(3)热平衡分析法反映的是能量在数量上的平衡,并不能对能量在质量上的差异和变化进行评价,因此无法全面反映能量系统用能的合理程度。

5.6 等效焓降法

常规的热力计算是定功率计算,需联立求解 $(Z + 1)$ 元方程式,运算烦琐;而且在任一汽水流量或参数发生变化时,必须就整个系统重新定量地计算一遍,既增加计算工作量,又易引起计算过程中的误差。

等效焓降法是苏联学者库兹涅佐夫于20世纪60年代提出的一种定流量计算方法,它认为机组的新蒸汽流量和燃料供热量均为定值,将热力系统中任何局部变化对热经济性的影响,仅归因于机组内功率的变化,即

$$\delta\eta_i = \frac{\eta_i' - \eta_i}{\eta_i} = \frac{\frac{H'}{Q} - \frac{H}{Q}}{\frac{H}{Q}} = \frac{\Delta H}{H} \tag{5-79}$$

式中 η_i、η_i'——热力系统变化前、后的机组内效率;

H、H'——热力系统变化前、后机组的实际焓降。

这样,热力系统局部改变时,不会使各级抽汽量全部变化,只是引起有局部变化的某几级抽汽量和热量的改变,仅需要在该局部范围内分析计算其做功量(内功即实际焓降)的变化,即可求得整个热力系统变化后的热经济效果。可见,等效焓降法是用局部定量计算来代替常规的对整个热力系统的烦琐运算,简化了热力系统的计算。

等效焓降法是分析计算电厂热力系统的一种新方法,其前提是新蒸汽流量和燃料供给的热量保持不变,循环的初、终参数和汽态线不变,而以内功率的变化来分析计算其经济性。对于已确定的热力系统,其汽水诸参数均为已知,即可计算 H_j、η_j 和热经济性变化的定量结果。因而使得热力系统的计算简化,并使局部定量计算成为可能。

等效焓降法不仅可用于整机的计算,更适合于热力系统局部变化时的定量计算,也可用于最佳参数(如最佳回热分配)的分析推导。

5.6.1 等效焓降的概念

以图5-17所示的三级抽汽回热系统为例,说明等效焓降的概念。

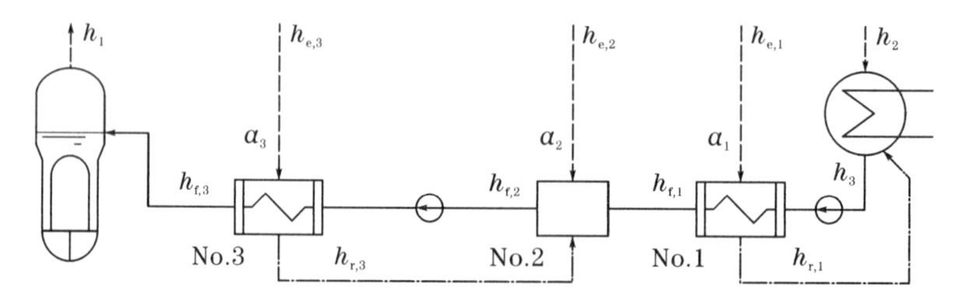

图5-17 抽汽等效焓降示例

图中,No.1、No.3为表面式加热器,No.2为混合式加热器,各个变量符号的含义如下:

h_1:蒸汽发生器出口新蒸汽焓。

h_2：汽轮机排入冷凝器的乏汽焓。

h_3：冷凝器出口凝水焓。

$h_{e,1}, h_{e,2}, h_{e,3}$：各级给水加热器的抽汽焓。

$h_{f,1}, h_{f,2}, h_{f,3}$：各级给水加热器的出口给水焓。

$\alpha_1, \alpha_2, \alpha_3$：各级给水加热器的抽汽系数。

各级给水加热器的给水焓升、抽汽放热量和疏水放热量见表 5-12。

表 5-12　回热系统中的给水焓升、抽汽放热量和疏水放热量

加热器编号	单位质量给水焓升	单位质量抽汽放热量	单位质量疏水放热量
No. 1	$\tau_1 = h_{f,1} - h_3$	$q_{h,1} = h_{e,1} - h_{r,1}$	$\gamma_1 = 0$
No. 2	$\tau_2 = h_{f,2} - h_{f,1}$	$q_{h,2} = h_{e,2} - h_{f,1}$	$\gamma_2 = h_{r,3} - h_{f,1}$
No. 3	$\tau_3 = h_{f,3} - h_{f,2}$	$q_{h,3} = h_{e,3} - h_{r,3}$	$\gamma_3 = 0$

1 kg 来自蒸汽发生器的新蒸汽在回热抽汽式汽轮机中的实际焓降为

$$\begin{aligned} H &= (h_1 - h_{e,3}) + (1 - \alpha_3)(h_{e,3} - h_{e,2}) + (1 - \alpha_3 - \alpha_2)(h_{e,2} - h_{e,1}) + \\ &\quad (1 - \alpha_3 - \alpha_2 - \alpha_1)(h_{e,1} - h_2) \\ &= (h_1 - h_2) - \alpha_3(h_{e,3} - h_2) - \alpha_2(h_{e,2} - h_2) - \alpha_1(h_{e,1} - h_2) \\ &= (h_1 - h_2)\left(1 - \sum_{j=1}^{3} \alpha_j Y_j\right) \end{aligned} \tag{5-80}$$

式中，$Y_j = \dfrac{h_{e,j} - h_2}{h_1 - h_2}$，定义为回热抽汽做功不足系数。

上式等效于 $\left(1 - \sum_{j=1}^{3} \alpha_j Y_j\right)$ kg 新蒸汽在具有相同初、终参数的无抽汽纯凝汽式汽轮机中的实际焓降，称为新蒸汽的等效焓降。

假设 No. 1 加热器从外部获得热量 q_1，使该级加热器消耗的抽汽量减少了 1 kg，减少的这 1 kg 抽汽称为排挤抽汽。1 kg 排挤抽汽在汽轮机中从 No. 1 加热器抽汽点至排汽口所做的内功，称为排挤抽汽的等效焓降，即

$$H_1 = h_{e,1} - h_2 \tag{5-81}$$

同样，如果加热器 No. 2 从外部获得热量 q_2，使该级加热器排挤掉 1 kg 抽汽，则这部分抽汽的等效焓降为

$$H_2 = (h_{e,2} - h_2) - \alpha_{1,2}(h_{e,1} - h_2) = (h_{e,2} - h_2) - \alpha_{1,2}H_1 \tag{5-82}$$

式中，$\alpha_{1,2}$——No. 2 加热器的排挤抽汽分配到 No. 1 加热器的份额。

由于 No. 1 加热器中的给水流量增加了 1 kg，相应增加的加热抽汽量为

$$\alpha_{1,2} = \frac{h_{f,1} - h_3}{h_{e,1} - h_{r,1}} = \frac{\tau_1}{q_{h,1}} \tag{5-83}$$

代入式(5-82)中，可得

$$H_2 = (h_{e,2} - h_2) - \frac{\tau_1}{q_{h,1}}H_1 \tag{5-84}$$

No. 3 加热器如果获得热量 q_3，使其消耗的抽汽减少 1 kg，则排挤抽汽的等效焓降为

$$H_3 = (h_{e,3} - h_2) - \alpha_{2,3}(h_{e,2} - h_2) - \alpha_{1,3}(h_{e,1} - h_2)$$
$$= (h_{e,3} - h_2) - \alpha_{2,3}(h_{e,2} - h_2) - \alpha_{1,3}H_1 \quad (5-85)$$

式中，$\alpha_{2,3}$、$\alpha_{1,3}$——No. 3 加热器的排挤抽汽分配到 No. 2 和 No. 1 加热器的份额。

对于 No. 2 混合式给水加热器，来自 No. 3 加热器的疏水减少了 1 kg，疏水放出的热量相应减少，则需要增加的抽汽量为

$$\alpha_{2,3} = \frac{h_{r,3} - h_{f,1}}{h_{e,2} - h_{f,1}} = \frac{\gamma_2}{q_{h,2}} \quad (5-86)$$

对于 No. 1 加热器，由于给水流量增加了 $(1 - \alpha_{2,3})$ kg，相应增加的抽汽量为

$$\alpha_{1,3} = (1 - \alpha_{2,3})\frac{h_{f,1} - h_3}{h_{e,1} - h_{r,1}} = (1 - \alpha_{2,3})\frac{\tau_1}{q_{h,1}} \quad (5-87)$$

将 $\alpha_{1,3}$、$\alpha_{2,3}$ 的表达式代入 H_3 的表达式中，得

$$H_3 = (h_{e,3} - h_2) - \frac{\gamma_2}{q_{h,2}}(h_{e,2} - h_2) - \left(1 - \frac{\gamma_2}{q_{h,2}}\right)\frac{\tau_1}{q_{h,1}}H_1$$
$$= (h_{e,3} - h_2) - \frac{\gamma_2}{q_{h,2}}\left[(h_{e,2} - h_2) - \frac{\tau_1}{q_{h,1}}H_1\right] - \frac{\tau_1}{q_{h,1}}H_1$$
$$= (h_{e,3} - h_2) - \frac{\gamma_2}{q_{h,2}}H_2 - \frac{\tau_1}{q_{h,1}}H_1 \quad (5-88)$$

由此可见，等效焓降有如下的通式：

$$H_Z = (h_{e,Z} - h_2) - \sum_{j=1}^{Z-1}\frac{A_j}{q_{h,j}}H_j \quad (5-89)$$

式中，A_j—— 取 γ_j 或 τ_j，视加热器形式而定。

显然，等效焓降 $\Delta h_{i,j}$ 是 1 kg 抽汽流从第 j 级加热器的抽汽口返回汽轮机的真实做功能力，标志着汽轮机各抽汽口蒸汽的能级高低。

5.6.2 等效焓降法的矩阵表述

等效焓降法不仅可用于整机的计算，更适用于热力系统局部变化时的定量计算，也可用于最佳参数(如最佳回热分配)的分析推导。

图 5-18 所示为七级抽汽回热系统，其中 No. 2、No. 5 均为疏水汇流式加热器，q_h、γ 的定义式与其他加热器的定义式不同。

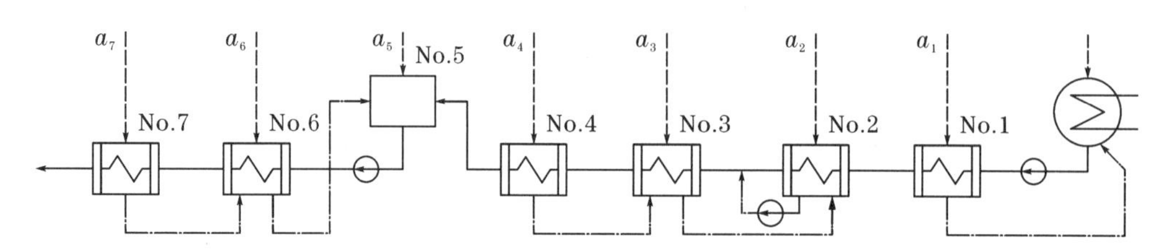

图 5-18 七级抽汽回热系统

根据质量守恒原理和能量守恒原理,各级加热器的热平衡方程为

$$\left.\begin{aligned}\alpha_7 q_{h,7} &= \tau_7\\ \alpha_6 q_{h,6} + \alpha_7\gamma_6 &= \tau_6\\ \alpha_5 q_{h,5} + \alpha_6\gamma_5 + \alpha_7\gamma_5 &= \tau_5\\ \alpha_4 q_{h,4} + \alpha_5\tau_4 + \alpha_6\tau_4 + \alpha_7\tau_4 &= \tau_4\\ \alpha_3 q_{h,3} + \alpha_4\gamma_3 + \alpha_5\tau_3 + \alpha_6\tau_3 + \alpha_7\tau_3 &= \tau_3\\ \alpha_2 q_{h,2} + \alpha_3\gamma_2 + \alpha_4\gamma_2 + \alpha_5\tau_2 + \alpha_6\tau_2 + \alpha_7\tau_2 &= \tau_2\\ \alpha_1 q_{h,1} + \alpha_2\tau_1 + \alpha_3\tau_1 + \alpha_4\tau_1 + \alpha_5\tau_1 + \alpha_6\tau_1 + \alpha_7\tau_1 &= \tau_1\end{aligned}\right\} \tag{5-90}$$

可以表示为以下形式:

$$\boldsymbol{A\alpha} = \boldsymbol{\tau} \tag{5-91}$$

式中　$\boldsymbol{\tau} = [\tau_1, \tau_2, \cdots, \tau_m]^{\mathrm{T}}$;

$\boldsymbol{\alpha} = [\alpha_1, \alpha_2, \cdots, \alpha_m]^{\mathrm{T}}$。

而矩阵 $\boldsymbol{A}$ 表示为

$$\boldsymbol{A} = \begin{bmatrix} q_{h,1} & \tau_1 & \tau_1 & \tau_1 & \tau_1 & \tau_1 & \tau_1\\ 0 & q_{h,2} & \gamma_2 & \gamma_2 & \tau_2 & \tau_2 & \tau_2\\ 0 & 0 & q_{h,3} & \gamma_3 & \tau_3 & \tau_3 & \tau_3\\ 0 & 0 & 0 & q_{h,4} & \tau_4 & \tau_4 & \tau_4\\ 0 & 0 & 0 & 0 & q_{h,5} & \gamma_5 & \gamma_5\\ 0 & 0 & 0 & 0 & 0 & q_{h,6} & \gamma_6\\ 0 & 0 & 0 & 0 & 0 & 0 & q_{h,7} \end{bmatrix} \tag{5-92}$$

可以看出,矩阵 $\boldsymbol{A}$ 的下三角元素一般为零,其对角元素为对应的 q_h 值,上三角元素为对应的 γ 或 τ 值。

对于单位新蒸汽的做功量 X_0, 有

$$X_0 = (h_1 - h_n) - \sum_{j=1}^{m}\alpha_j(h_j - h_n) = u_0 - \sum_{j=1}^{m}\alpha_j u_j \tag{5-93}$$

式中　$u_0 = h_1 - h_n$;

$u_j = h_j - h_n$。

令 $\boldsymbol{u} = [u_1, u_2, \cdots, u_m]^{\mathrm{T}}$, 则

$$X_0 = u_0 - \boldsymbol{\alpha}^{\mathrm{T}}\boldsymbol{u}$$

考虑到

$$\boldsymbol{\alpha} = \boldsymbol{A}^{-1}\boldsymbol{\tau}$$

有

$$X_0 = u_0 - (\boldsymbol{A}^{-1}\boldsymbol{\tau})^{\mathrm{T}}\boldsymbol{u} = u_0 - \boldsymbol{\tau}^{\mathrm{T}}(\boldsymbol{A}^{-1})^{\mathrm{T}}\boldsymbol{u} = u_0 - \boldsymbol{\tau}^{\mathrm{T}}\boldsymbol{Y} \tag{5-94}$$

其中, $\boldsymbol{Y} = (\boldsymbol{A}^{-1})^{\mathrm{T}}\boldsymbol{u} = [Y_1, Y_2, \cdots, Y_m]$。

矩阵 $\boldsymbol{Y}$ 中各元素 Y_j 的意义为在第 j 级加入单位纯热量后汽机单位新蒸汽做功的增加值,与常规方法得到的等效抽汽效率完全相同。

5.6.3 等效焓降法的应用实例

【例 5-1】 某抽汽回热式热力系统共有 5 段抽汽，分别供给 2 台高压给水加热器、1 台除氧器和 2 台低压给水加热器，如图 5-19 所示。

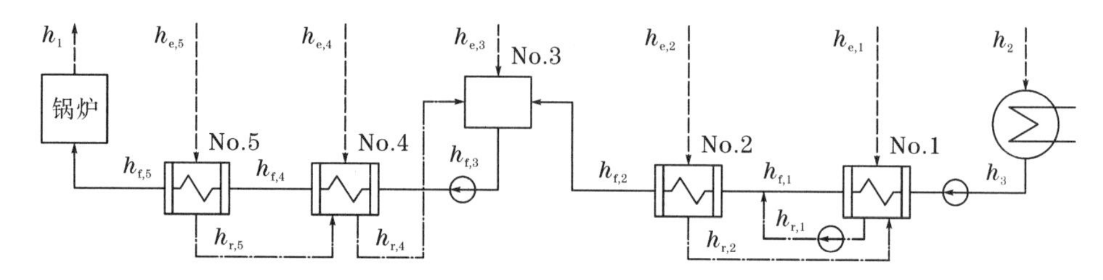

图 5-19 某抽汽回热式热力系统流程

计算原始数据如下：

发电机功率 N_g =50 000 kWh，机械效率 η_m =0.986 4，发电机效率 η_g =0.984，锅炉效率 η_b =0.9，新蒸汽焓 h_1 =3 475 kJ/kg，汽轮机排汽焓 h_2 =2 510.6 kJ/kg，冷凝器出口凝水焓 h_3 = 301.4 kJ/kg，给水泵功率 N_{fwp} =19.362 kJ/kg，其他数据如表 5-13 所示。

表 5-13 计算基础数据

单位：kJ/kg

序号	抽汽焓 $h_{e,i}$	给水焓 $h_{f,i}$	疏水焓 $h_{r,i}$	给水焓升 τ_i	蒸汽放热量 q_i	疏水放热量 γ_i
1	2 731.0	488.3	500.0	186.9	2 231.0	322.5
2	2 826.5	571.5	623.9	83.2	2 202.6	244.8
3	2 921.9	667.2	—	95.7	2 350.4	282.2
4	3 079.0	817.6	816.3	150.4	2 262.7	133.1
5	3 211.4	948.2	949.4	130.6	2 262.0	—

利用等效焓降法对这个抽汽回热系统进行热力计算，确定汽轮机进汽流量及机组装置效率。

解 利用公式(5-89)计算等效焓降，计算结果如表 5-14 所示。

表 5-14 等效焓降计算结果

序号	等效焓降 H_i/(kJ/kg)		效率	抽汽份额 α_i	
	计算公式	数值	$\eta_i=\dfrac{H_i}{q_i}$	计算公式	数值
1	$h_{e,1}-h_2$	220.4	0.091	$\dfrac{(1-\alpha_5-\alpha_4-\alpha_3)\tau_1-\gamma_1\alpha_2}{q_1}$	0.061
2	$h_{e,2}-h_2-\gamma_1\eta_1$	286.649	0.130	$\dfrac{(1-\alpha_5-\alpha_4-\alpha_3)\tau_2}{q_2}$	0.032

表 5-14(续)

序号	等效焓降 H_i/(kJ/kg)		效率	抽汽份额 α_i	
	计算公式	数值	$\eta_i=\frac{H_i}{q_i}$	计算公式	数值
3	$h_{e,3}-h_2-\tau_2\eta_2-\tau_1\eta_1$	383.532	0.163	$\frac{\tau_3-\gamma_3(\alpha_5+\alpha_4)}{q_3}$	0.028
4	$h_{e,4}-h_2-\gamma_3\eta_3-\tau_2\eta_2-\tau_1\eta_1$	500.730	0.221	$\frac{\tau_4-\alpha_5\gamma_4}{q_4}$	0.063
5	$h_{e,5}-h_2-\gamma_4\eta_4-\gamma_3\eta_3-\tau_2\eta_2-\tau_1\eta_1$	603.715	0.267	$\frac{\tau_5}{q_5}$	0.058

不考虑热力系统中辅助成分的影响,新蒸汽的等效焓降为

$$H=h_1-h_2-\tau_1\eta_1-\tau_2\eta_2-\tau_3\eta_3-\tau_4\eta_4-\tau_5\eta_5=852.925\ \text{kJ/kg}$$

机组膨胀功

$$N_{T,i}=H+N_{fwp}=852.925+19.362=872.287\ \text{kJ/kg}$$

汽轮机进汽流量

$$G_{T,i}=\frac{N_g}{\eta_m\eta_g N_{T,i}}=\frac{50\ 000}{0.986\ 4\times0.984\times872.287}=59.056\ \text{kg/s}$$

机组装置效率

$$\eta=\frac{H}{h_1-h_{f,5}}\times100\%=\frac{852.925}{3\ 475-948.2}\times100\%=33.75\%$$

5.7 循环函数法

抽汽回热循环的热效率可以表示为

$$\eta_t=1-\frac{q_2}{q_1}=1-\frac{\alpha_k q_c}{h_1-h_{fw}} \tag{5-95}$$

当蒸汽初、终参数、回热系统及其汽水参数一定时,上式中 q_c、h_1、h_{fw} 均为定值,仅 α_k 为一变量。若 α_k 能以该回热系统的相应 q、τ、γ 来表征时,则与 η_t 呈单值循环函数关系,热力系统的计算即可简化。循环函数法就是这样一种简便的新的计算方法。

循环函数法将任一复杂的热力循环及其系统,划分为主循环和若干并列的辅助循环。主循环是指不考虑任何附加成分(轴封、阀杆漏汽、抽汽器用汽等)的回热系统,而将每一附加成分以及对外供热、补充水、减压减温器、蒸汽发生器排污、工质泄漏等逐一作为辅助循环来处理,分别计算主、辅循环的热经济指标,最后综合成实际的整个热力循环热经济指标。

5.7.1 基本概念

1. 加热单元

核电厂、火电厂汽轮机循环的给水回热系统,可以划分为若干个加热单元,加热单元是

抽汽回热循环的基本组成部分。

给水回热系统中任何一个汇集疏水的加热器(混合式加热器或带疏水泵的表面式加热器),连同向其放流疏水的各级表面式加热器,组成一个加热单元。除了进入、离开加热单元的凝给水之外,加热单元是封闭的,不向单元以外较低压力的加热器放流疏水,加热单元汇集的全部疏水与流进单元的凝给水混合后由水泵送入较高压力的加热单元。

加热单元的划分遵循以下几个基本原则:

(1)放流疏水的加热器,不论是单独一级还是几级串联(逐级放流疏水),都不能构成一个加热单元。

(2)向凝汽器放流疏水的加热器,不论是单独一级还是几级串联,连同凝汽器组成一个加热单元,放流到凝汽器的疏水与汽轮机排汽的凝结水混合在一起由凝水泵送进较高压力的加热单元。

(3)混合式加热器或带疏水泵加热器,在没有其他加热器向其放流疏水的情况下,独自构成一个加热单元。

(4)由单独一级加热器组成的加热单元,称为一级单元;由两级加热器组成的加热单元,称为二级单元。依此类推,可有三级单元、四级单元。

图 5-20 和图 5-21 所示是两种组成形式略有不同的抽汽回热系统,按照加热单元划分的原则,图 5-20 所示的抽汽回热系统可以划分为三个加热单元,第一单元是一个三级单元,第二单元是一个二级单元,第三单元是一个一级单元;图 5-21 所示的抽汽回热系统可以划分为两个加热单元,第一单元是一个三级单元,第二单元是一个四级单元。

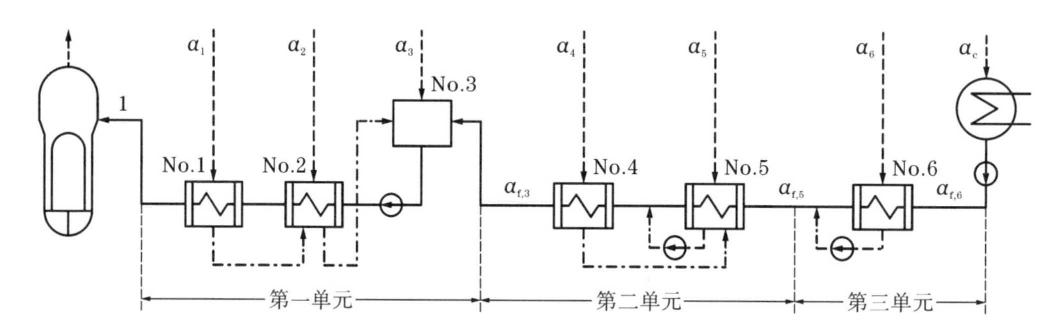

图 5-20 抽汽回热系统加热单元划分示例一

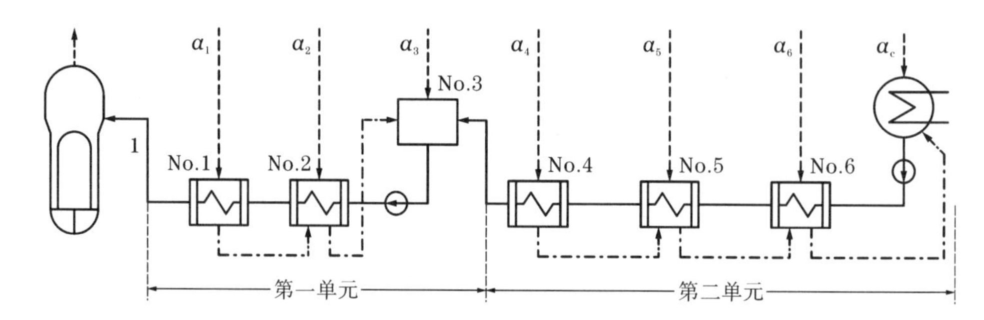

图 5-21 抽汽回热系统加热单元划分示例二

2. 单元系数

当一个加热单元的出水量为 1 kg 时,该加热单元各级的抽汽量称为单元抽汽系数 $g_{e,i}$,汇集的疏水量称为单元疏水系数 $g_{d,i}$,进水量称为单元进水系数 $g_{f,i}$。

以图 5-20 所示给水回热系统为例,分别列出三个加热单元的质量平衡方程和能量守恒方程,据此确定每个单元的抽汽系数、疏水系数和进水系数。

(1)第一单元

第一单元中各级加热器的质量平衡方程、热平衡方程分别为

$$\begin{cases} \alpha_1 + \alpha_2 + \alpha_3 + \alpha_{f,3} = 1 \\ \alpha_1 q_{h,1} = \tau_1 \\ \alpha_2 q_{h,2} + \alpha_1 \gamma_2 = \tau_2 \\ \alpha_3 q_{h,3} + (\alpha_1 + \alpha_2)\gamma_3 = \alpha_{f,3}\tau_3 \end{cases} \tag{5-96}$$

各级加热器的单元抽汽系数分别为

$$\begin{cases} g_{e,1} = \alpha_1 = \dfrac{\tau_1}{q_{h,1}} \\ g_{e,2} = \alpha_2 = \dfrac{\tau_2}{q_{h,2}} - g_{e,1}\dfrac{\gamma_2}{q_{h,2}} \\ g_{e,3} = \alpha_3 = \dfrac{\tau_3}{q_{h,3}} - (g_{e,1} + g_{e,2})\dfrac{\gamma_3}{q_{h,3}} \end{cases} \tag{5-97}$$

各级加热器的单元疏水系数分别为

$$\begin{cases} g_{d,1} = 0 \\ g_{d,2} = \alpha_1 = g_{e,1} = \dfrac{\tau_1}{q_{h,1}} \\ g_{d,3} = \alpha_1 + \alpha_2 = g_{e,1} + g_{e,2} = \dfrac{\tau_2}{q_{h,2}} + g_{e,1}\left(1 - \dfrac{\gamma_2}{q_{h,2}}\right) \end{cases} \tag{5-98}$$

第一加热单元的单元进水系数为

$$g_{f,3} = \alpha_{f,3} = \frac{q_{h,3} - g_{d,3}(q_{h,3} - \gamma_3)}{q_{h,3} + \tau_3} \tag{5-99}$$

(2)第二单元

第二单元中各级加热器的热平衡方程、质量平衡方程分别为

$$\begin{cases} \alpha_4 q_{h,4} = \alpha_{f,3}\tau_4 \\ \alpha_5 q_{h,5} + \alpha_4 \gamma_5 = \alpha_{f,3}\tau_5 \\ \alpha_{f,5} = \alpha_{f,3} - (\alpha_4 + \alpha_5) \end{cases} \tag{5-100}$$

各级加热器的单元抽汽系数分别为

$$\begin{cases} g_{e,4} = \dfrac{\alpha_4}{\alpha_{f,3}} = \dfrac{\tau_4}{q_{h,4}} \\ g_{e,5} = \dfrac{\alpha_5}{\alpha_{f,3}} = \dfrac{\tau_5}{q_{h,5}} - g_{e,4}\dfrac{\gamma_5}{q_{h,5}} \end{cases} \tag{5-101}$$

各级加热器的单元疏水系数分别为

$$\begin{cases} g_{d,4} = 0 \\ g_{d,5} = g_{e,4} = \dfrac{\tau_4}{q_{h,4}} \end{cases} \tag{5-102}$$

第二加热单元的单元进水系数为

$$g_{f,5} = \frac{q_{h,5} - g_{d,4}(q_{h,5} - \gamma_5)}{q_{h,5} + \tau_5} \tag{5-103}$$

(3)第三单元

第三单元中各级加热器的热平衡方程、质量平衡方程分别为

$$\begin{cases} \alpha_{f,5}\tau_6 = \alpha_6 q_{h,6} \\ \alpha_{f,6} = \alpha_{f,5} - \alpha_6 \end{cases} \tag{5-104}$$

单元抽汽系数为

$$g_{e,6} = \frac{\alpha_6}{\alpha_{f,5}} = \frac{\tau_6}{q_{h,6}} \tag{5-105}$$

第三加热单元的单元进水系数为

$$g_{f,6} = \frac{q_{h,6}}{q_{h,6} + \tau_6} = \frac{q_{h,6} - g_{d,6}(q_{h,6} - \gamma_6)}{q_{h,6} + \tau_6} \tag{5-106}$$

综上所述,对于每一个加热单元,单元进水系数的通式为

$$g_{f,i} = \frac{q_{h,i} - g_{d,i}(q_{h,i} - \tau_i)}{q_{h,i} + \tau_i} \tag{5-107}$$

每一个加热单元中各级加热器的单元抽汽系数 $g_{e,m}$ 和单元疏水系数 $g_{d,m}$ 的通式分别为

$$g_{e,m} = \frac{\tau_m}{q_{h,m}} - g_{d,m}\frac{\gamma_m}{q_{h,m}} = \frac{\tau_m}{q_{h,m}} - \frac{\gamma_m}{q_{h,m}}\sum_{i=1}^{m-1} g_{e,i} \tag{5-108}$$

$$g_{d,m} = \frac{\tau_{m-1}}{q_{h,m-1}} + \left(1 - \frac{\gamma_{m-1}}{q_{h,m-1}}\right) g_{d,m-1} = \frac{\tau_{m-1}}{q_{h,m-1}} + \left(1 - \frac{\gamma_{m-1}}{q_{h,m-1}}\right)\sum_{i=1}^{m-2} g_{e,i} \tag{5-109}$$

抽汽回热循环的排汽系数 α_k 与各个加热单元进水系数之间的关系为

$$\alpha_k = g_{f,1} g_{f,2} g_{f,3} \tag{5-110}$$

由上式可以看出,第一个加热单元的循环进水系数等于它的单元进水系数;其他各单元的循环进水系数等于它的单元进水系数与较高压力的单元进水系数的连乘;第二个单元的循环抽汽系数就等于它的单元抽汽系数;其他各单元的循环抽汽系数等于它的单元抽汽系数乘以较高压力单元进水系数。因此,回热循环的各部分汽水流量,都可以由各单元的汽水流量求出。

5.7.2 循环函数法的应用

【例 5-2】 图 5-22 所示为 8.82 MPa/535 ℃,100 MW 单缸凝汽式汽轮机的抽汽回热系统图,图中标出了各部分汽水焓的数值(单位 kJ/kg),试求这个回热循环的循环效率 η_t。

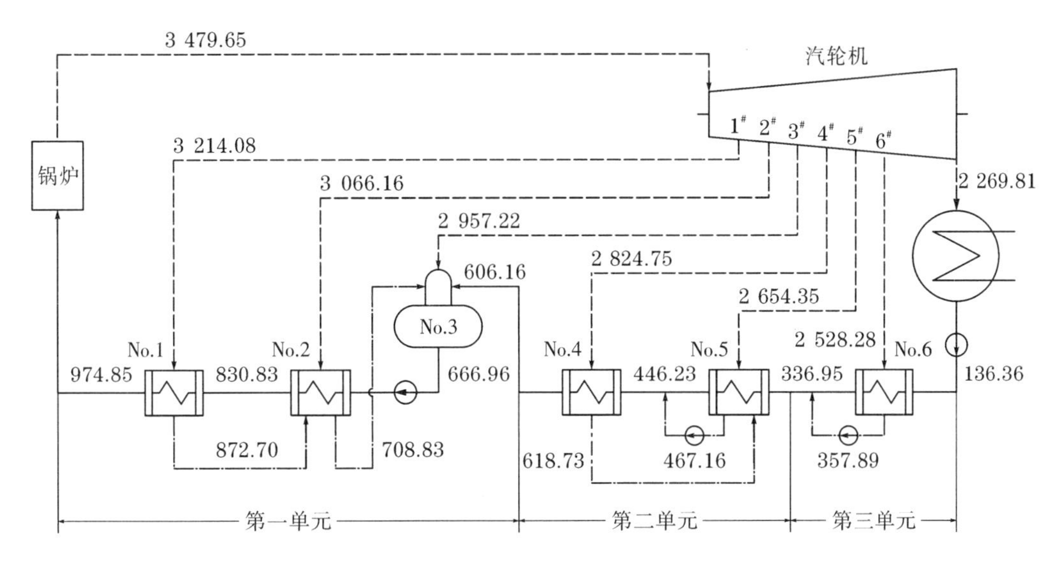

图 5-22 抽汽回热系统图

解 这个回热系统包含六级加热器,可以划分为三个加热单元。第一单元由 1#、2#疏水放流式加热器及 3#除氧器组成,第二单元由 4#疏水放流式加热器和 5#加热器组成,第三单元只有 6#加热器。

根据图中标注的汽水焓值,可以计算出各加热器的动力性能参数值,如表 5-15 所示。

表 5-15 各加热器动力性能参数值

序号	抽汽放热量 $q_{h,i}$/(kJ/kg)	给水焓升 τ_i/(kJ/kg)	疏水放热量 γ_i/(kJ/kg)	单元进水系数 $g_{e,i}$	单元抽汽系数 $g_{d,i}$	单元疏水系数 $g_{f,i}$
1	2 431.38	144.02	0	0.059	0	0.859
2	2 357.33	163.87	163.87	0.065	0.059	0.894
3	2 351.06	60.80	102.67	0.020	0.125	0.915
4	2 206.02	159.93	0	0.072	0	—
5	2 187.19	109.28	281.78	0.038	0.072	—
6	2 170.39	200.59	0	0.092	0	—

排汽系数 $\alpha_k = g_{f,1}g_{f,2}g_{f,3} = 0.703$

抽汽回热循环效率

$$\eta_t = 1 - \frac{\alpha_k q_c}{h_1 - h_{fw}} = 1 - \frac{0.703 \times (2\,269.81 - 136.36)}{3\,479.65 - 974.85} = 0.401$$

汽轮机循环函数法的应用主要体现在以下三个方面：

(1)用于汽轮机回热循环或回热系统热经济性的定量计算；

(2)用于推导汽轮机和电厂各项辅助汽水循环的单项热经济指标或热力特性系数，以建立汽轮机和电厂的热力特性方程式；

(3)用于求循环函数式的偏导数，建立汽轮机循环的最佳加热分配方程式求解最佳加热分配的数值，使汽轮机循环的热效率达到最高值或它的能耗最低。

循环函数法用单元进水系数来计算凝汽系数，无须联立求解 $(Z+1)$ 元方程，只要给定循环参数和热力系统，就可根据相应的通式直接列出其函数方程，将有关的汽水参数值代入即可求出，简化了运算。在选择热力系统方案时，如不同的方案仅涉及某一加热单元的变化，只需重新计算该单元的进水系数，方案中未变化的其他加热单元的进水系数不必再算，使计算工作量大为减少，与常规的热力计算方法相比，此点尤其突出。

将凝汽系数为各加热单元进水系数连乘积的关系式代入热力循环的绝对内效率公式中，不仅可求其数值解，还可以用数学方法推导求解回热循环或再热循环的最佳回热分配。

5.8 凝　汽　法

凝汽法是电厂热力系统整体计算和局部计算的一种新方法。用凝汽法计算热力系统，不涉及热力过程的功和焓降。它从热力循环的反平衡角度出发，充分考虑了热力系统的结构和参数特点，根据热力循环排挤原理和工质平衡原理，建立具有明确物理概念和实际意义的系数——凝汽系数。循环中的热力设备排挤 1 kg 蒸汽，其中必有一部分做功到汽轮机排汽口进入凝汽器，这部分进入凝汽器的蒸汽所占份额称为凝汽系数，它随着热力系统及其参数的确定而确定。它是使热力系统整体计算和局部定量计算得以简化的重要参量，利用它可直接对热力设备和系统进行分析和计算。

5.8.1 抽汽凝汽系数

当热力系统的第 j 级回热加热器从外部获得热量而排挤了 1 kg 抽汽时，被排挤的这 1 kg 抽汽在汽轮机中做功后到达凝汽器的份额就称为抽汽凝汽系数，用 L_j 表示。显然，从外部获得热量 q_j 而使第 j 级加热器减少抽汽的凝汽系数表示进入凝汽器的份额增加，L_j 为正值；反之，当第 j 级抽汽热量被外部利用而增加抽汽时，则进入凝汽器的份额减少，L_j 为负值。

现以图 5-23 所示的机组热力系统为例进行分析计算。

假定 No. 1 加热器从外部获得热量 q_1，恰使抽汽减少 1 kg，这时排挤抽汽在汽轮机中做功后将全部进入凝汽器，其凝汽系数等于排挤抽汽量，即 $L_1=1$。

假定 No. 2 加热器从外部获得热量 q_2，恰使其抽汽减少 1 kg，这时进入 No. 1 加热器的疏水也将相应减少 1 kg。为补偿这个加热不足，No. 1 加热器抽汽将增加 (γ_1/q_1) kg，余下的 $(1-\gamma_1/q_1)$ kg 排挤抽汽继续往后流动膨胀做功，而该处 1 kg 抽汽的凝汽系数为 $L_1=1$，相应 $(1-\gamma_1/q_1)$ kg 抽汽的凝汽份额为 $(1-\gamma_1/q_1)L_1$，故 No. 2 加热器抽汽的凝汽系数为 $L_2=(1-\gamma_1/q_1)L_1$。

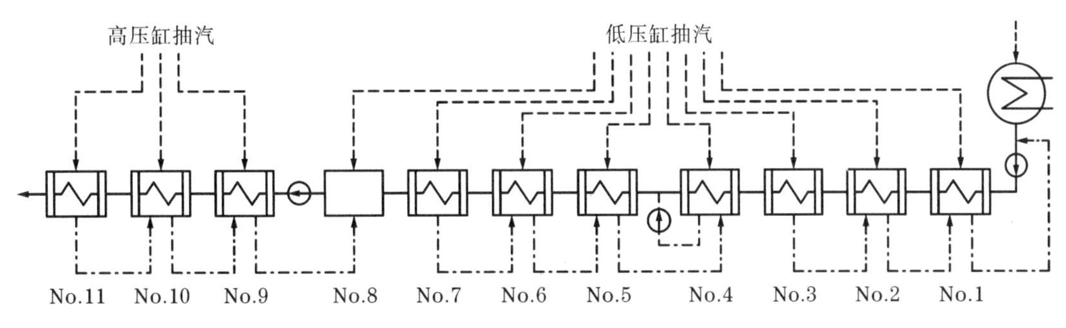

图 5-23 用于凝汽系数计算的热力系统原理流程

同理,No. 3 加热器为疏放式,其抽汽凝汽系数为 $L_3 = (1 - \gamma_2/q_2)L_2$。

No. 4 加热器为汇集式加热器,如其从外部获得热量 q_4, 使其抽汽恰好减少 1 kg,这 1 kg 排挤抽汽经过不同途径最终都将变成凝结水,并汇集于凝汽器,使主凝结水增加 1 kg,因而将使 No. 3、No. 2、No. 1 加热器的抽汽分别增加 τ_3/q_3、τ_2/q_2、τ_1/q_1 kg,而这三级加热器抽汽的凝汽系数分别为 L_3、L_2、L_1, 故 No. 4 加热器抽汽的凝汽系数为

$$L_4 = 1 - \frac{\tau_3}{q_3}L_3 - \frac{\tau_2}{q_2}L_2 - \frac{\tau_1}{q_1}L_1$$

如 No. 5 加热器从外部获得热量 q_5 排挤 1 kg 抽汽,因 No. 5 加热器为疏放式,故到 No. 4 加热器抽汽口,只有 $(1 - \gamma_4/q_4)$ kg 排挤抽汽继续往后流动做功,而该处 1 kg 抽汽的凝汽系数为 L_4, 相应 $(1 - \gamma_4/q_4)$ kg 抽汽的凝汽份额为 $(1 - \gamma_4/q_4)L_4$, 则 No. 5 加热器抽汽的凝汽系数为 $L_5 = (1 - \gamma_4/q_4)L_4$。

同理,No. 6、No. 7、No. 8、No. 9、No. 10、No. 11 加热器抽汽的凝汽系数分别为

$$L_6 = \left(1 - \frac{\gamma_5}{q_5}\right)L_5$$

$$L_7 = \left(1 - \frac{\gamma_6}{q_6}\right)L_6$$

$$L_8 = L_4 - \frac{\tau_7}{q_7}L_7 - \frac{\tau_6}{q_6}L_6 - \frac{\tau_5}{q_5}L_5 - \frac{\tau_4}{q_4}L_4$$

$$L_9 = \left(1 - \frac{\gamma_8}{q_8}\right)L_8$$

$$L_{10} = \left(1 - \frac{\gamma_9}{q_9}\right)L_9$$

$$L_{11} = \left(1 - \frac{\gamma_{10}}{q_{10}}\right)L_{10}$$

以上分析显见,抽汽凝汽系数具有明显的计算规律。对于疏放式加热器 No. j, 无论其后相邻 No. $(j - 1)$ 是汇集式还是疏放式加热器,其抽汽凝汽系数计算通式为

$$L_j = \left(1 - \frac{\gamma_{j-1}}{q_{j-1}}\right)L_{j-1} \tag{5 - 111}$$

其物理意义是:排挤第 j 段抽汽 1 kg,到第 $j - 1$ 段后只有 $(1 - \gamma_{j-1}/q_{j-1})$ kg 继续往后流动做功,而该处 1 kg 排挤抽汽的凝汽系数为 L_{j-1}, 故 $(1 - \gamma_{j-1}/q_{j-1})$ kg 排挤抽汽的凝汽份额为

$(1-\gamma_{j-1}/q_{j-1})L_{j-1}$，因而第 j 段抽汽的凝汽系数为 $L_j=(1-\gamma_{j-1}/q_{j-1})L_{j-1}$。

对于汇集式加热器，如 No. j、No. m 是两个汇集式加热器，其抽汽凝汽系数计算通式为

$$L_j = L_m - \sum_{r=m}^{j-1} \frac{\tau_r}{q_r} L_r \tag{5-112}$$

其物理意义是：汇集式加热器 No. j 的 1 kg 排挤抽汽返回汽轮机做功到更低的汇集式加热器 No. m 时，凝汽系数减去两级之间因抽汽份额增加而减少的凝汽份额 $\sum_{r=m}^{j-1} \frac{\tau_r}{q_r} L_r$，即 $L_m - \sum_{r=m}^{j-1} \frac{\tau_r}{q_r} L_r$ 为 j 级加热器的凝汽系数。特别指出，若 No. j 和 No. m 之间还有其他汇集式加热器存在，该式也同样适用。

5.8.2 新蒸汽凝汽系数

1 kg 新蒸汽进入汽轮机做功到达凝汽器的份额称为新蒸汽凝汽系数，只考虑主循环系统时，称为新蒸汽毛凝汽系数，以 L_{gr} 表示；若考虑门杆、轴封漏汽、泵功、加热器散热等辅助成分的影响，则称为新蒸汽净凝汽系数，以 L 表示。

把蒸发器视为汇集式加热器，与抽汽凝汽系数一样推演，可得新蒸汽毛凝汽系数为

$$L_{gr} = L_8 - \frac{\tau_{11}}{q_{11}} L_{11} - \frac{\tau_{10}}{q_{10}} L_{10} - \frac{\tau_9}{q_9} L_9 - \frac{\tau_8}{q_8} L_8$$

相应地，新蒸汽毛凝汽系数计算通式为

$$L_{gr} = L_m - \sum_{r=m}^{Z} \frac{\tau_r}{q_r} L_r \tag{5-113}$$

新蒸汽净凝汽系数 L 计算通式为

$$L = L_m - \sum_{r=m}^{Z} \frac{\tau_r}{q_r} L_r + \sum \Delta L \tag{5-114}$$

式中　m——为任何一个汇集式加热器，实际计算时取除氧器最好；

$\sum \Delta L$——由于热力设备及系统的局部变动引起的凝汽份额变化量。

已知新蒸汽凝汽系数 L 后，即可根据下式计算出汽轮机绝对内效率：

$$\eta_i = 1 - \frac{L q_c}{q}$$

式中　q——循环吸热量，kJ/kg；

q_c——1 kg 汽轮机排汽在凝汽器中的放热量，kJ/kg。

5.8.3 凝汽法计算示例

【例 5-3】 如图 5-24 所示的抽汽回热系统，新蒸汽参数 $p_1=12.75$ MPa，$T_1=535$ ℃，$h_1=3\ 433.5$ kJ/kg。若忽略门杆、轴封漏汽、泵功、加热器散热等辅助成分的影响，试利用凝汽法及表 5-16 中所列热力系统原始数据计算汽轮机绝对内效率。

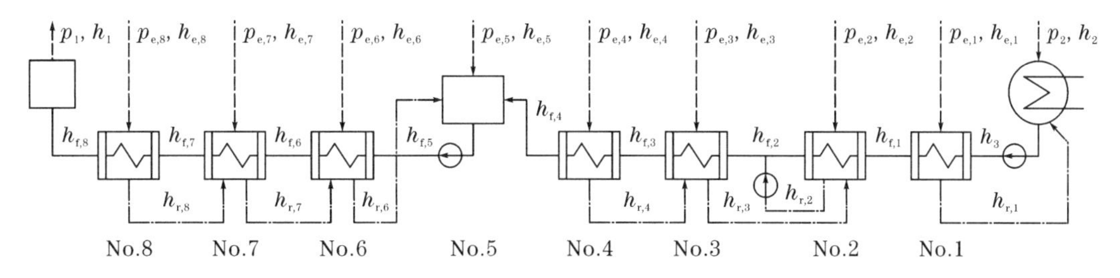

图 5-24　机组回热系统流程

表 5-16　机组原始数据

序号	$p_{e,j}$ /MPa	$h_{e,j}$ /(kJ/kg)	$h_{f,j}$ /(kJ/kg)	$h_{r,j}$ /(kJ/kg)	其他/(kJ/kg)
1	0.045	2 691.4	305.8	321.8	h_2 =2 438.0
2	0.146	2 888.4	439.8	453.8	h_3 =140.7
3	0.245	2 979.5	506.0	521.5	
4	0.543	3 164.5	636.1	639.8	
5	0.829	3 275.3	667.0	—	
6	1.210	3 382.1	793.8	783.8	
7	2.460	3 040.2	932.1	890.6	
8	3.750	3 137.9	1 037.6	1 046.0	

(1)机组热力系统及原始资料整理

根据图 5-24 所示热力系统的组成形式和表 5-16 所列热力参数,整理得到表 5-17 中所列系数值。

表 5-17　整理所得系数　　单位:kJ/kg

序号	单位质量给水焓升 τ_j	单位质量抽汽放热量 q_j	单位质量疏水放热量 γ_j
1	305.8-140.7=165.1	2 691.4-140.7=2 550.7	—
2	439.8-305.8=134.0	2 888.4-305.8=2 582.6	521.5-305.8=215.7
3	506.0-439.8=66.2	2 979.5-521.5=2 458.0	639.8-521.5=118.3
4	636.1-506.0=130.1	3 164.3-639.8=2 524.5	—
5	667.0-636.1=30.9	3 275.3-636.1=2 639.2	783.8-636.1=147.7
6	793.8-667.0=126.8	3 382.1-783.8=2 598.3	890.6-783.8=106.8
7	932.1-793.8=138.3	3 040.2-890.6=2 149.6	1 046.0-890.6=155.4
8	1 037.6-932.1=105.5	3 137.9-1 046.0=2 091.9	—

$q_c = h_2 - h_3 = 2\ 438.0 - 140.7 = 2\ 297.3$ kJ/kg。

(2)抽汽凝汽系数和新蒸汽凝汽系数计算

$$L_1 = 1$$

$$L_2 = \left(1 - \frac{\tau_1}{q_1}\right) L_1 = 0.935$$

$$L_3 = \left(1 - \frac{\gamma_2}{q_2}\right) L_2 = 0.857$$

$$L_4 = \left(1 - \frac{\gamma_3}{q_3}\right) L_3 = 0.816$$

$$L_5 = L_2 - \frac{\tau_4}{q_4}L_4 - \frac{\tau_3}{q_3}L_3 - \frac{\tau_2}{q_2}L_2 = 0.822$$

$$L_6 = \left(1 - \frac{\gamma_5}{q_5}\right) L_5 = 0.776$$

$$L_7 = \left(1 - \frac{\gamma_6}{q_6}\right) L_6 = 0.744$$

$$L_8 = \left(1 - \frac{\gamma_7}{q_7}\right) L_7 = 0.690$$

$$L_{gr} = L_5 - \frac{\tau_8}{q_8}L_8 - \frac{\tau_7}{q_7}L_7 - \frac{\tau_6}{q_6}L_6 - \frac{\tau_5}{q_5}L_5 = 0.691$$

(3)汽轮机绝对内效率计算

循环吸热量

$$q = h_1 - h_{f,8} = 2\ 395.9 \quad \text{kJ/kg}$$

循环放热量

$$\sum \Delta q_c = L_{gr} q_c = 1\ 588.6 \quad \text{kJ/kg}$$

汽轮机绝对内效率

$$\eta_i = 1 - \frac{\sum \Delta q_c}{q} = 0.337$$

5.9 矩阵分析法

电厂热力系统的矩阵分析法是建立各级回热加热器的热平衡方程,通过求解包含各级抽汽量的线性方程组,完成对热力系统各项热经济指标的计算。矩阵分析法也属于传统的分析方法,其特点是一次能计算几个或几十个未知的参数,同时求出各级抽汽量。该方法具有便于计算机程序化,通用性好,快速、精确等特点。

5.9.1 汽轮机装置的功率方程

当系统的结构、循环参数和抽汽参数确定时,如果忽略辅助成分的影响,抽汽回热机组 1 kg 新蒸汽所做的功可表示为

$$N = (h_1 - h_2) - \sum_{i=1}^{m} \alpha_i (h_{e,i} - h_2) \tag{5-115}$$

式中 h_1、h_2——新蒸汽焓和凝汽焓,kJ/kg;

m——总抽汽数;

α_i ——第 i 级抽汽份额。

定义 h_i^d 为 1 kg 抽汽所引起的做功不足,即 $h_i^d = h_{e,i} - h_2$, 则方程的向量形式为

$$N = (h_1 - h_2) - \boldsymbol{\alpha}^T \boldsymbol{h}^T \tag{5-116}$$

式中, $\boldsymbol{\alpha} = \begin{bmatrix} \alpha_1 \\ \vdots \\ \alpha_i \\ \vdots \\ \alpha_m \end{bmatrix}$, $\boldsymbol{h} = \begin{bmatrix} h_{e,1} - h_2 \\ \vdots \\ h_{e,i} - h_2 \\ \vdots \\ h_{e,m} - h_2 \end{bmatrix}$。

5.9.2 系统热平衡方程式

图 5-25 所示为某抽汽回热机组流程简图。

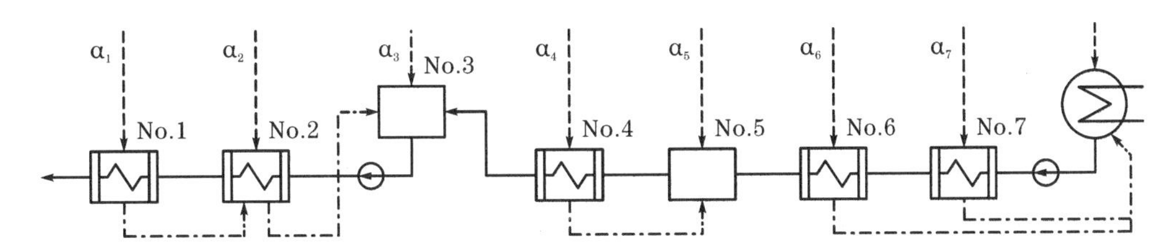

图 5-25 机组抽汽回热系统流程图

各加热器的热平衡方程式为

No. 1 $\quad \alpha_1 q_1 = \tau_1$

No. 2 $\quad \alpha_1 \gamma_2 + \alpha_2 q_2 = \tau_2$

No. 3 $\quad \alpha_1 \gamma_3 + \alpha_2 \gamma_3 + \alpha_3 q_3 = \tau_3$

No. 4 $\quad \alpha_4 q_4 = (1 - \alpha_3 - \alpha_2 - \alpha_1)\tau_4$

No. 5 $\quad \alpha_4 \gamma_5 + \alpha_5 q_5 = (1 - \alpha_3 - \alpha_2 - \alpha_1)\tau_5$

No. 6 $\quad \alpha_6 q_6 = (1 - \alpha_5 - \alpha_4 - \alpha_3 - \alpha_2 - \alpha_1)\tau_6$

No. 7 $\quad \alpha_7 q_7 = (1 - \alpha_5 - \alpha_4 - \alpha_3 - \alpha_2 - \alpha_1)\tau_7$

联立以上各式,并将其写成标准的矩阵形式,可得

$$\boldsymbol{A}\boldsymbol{\alpha}_i = \boldsymbol{b}_i \tag{5-117}$$

式中 $\boldsymbol{A}$—— 热力系统的结构矩阵;

$\boldsymbol{\alpha}_i$—— 抽汽系数向量;

$\boldsymbol{b}_i$—— 是特征向量。

$$
\boldsymbol{A}=\begin{bmatrix} q_1 & 0 & 0 & 0 & 0 & 0 & 0 \\ \gamma_2 & q_2 & 0 & 0 & 0 & 0 & 0 \\ \gamma_3 & \gamma_3 & q_3 & 0 & 0 & 0 & 0 \\ \tau_4 & \tau_4 & \tau_4 & q_4 & 0 & 0 & 0 \\ \tau_5 & \tau_5 & \tau_5 & \gamma_5 & q_5 & 0 & 0 \\ \tau_6 & \tau_6 & \tau_6 & \tau_6 & \tau_6 & q_6 & 0 \\ \tau_7 & \tau_7 & \tau_7 & \tau_7 & \tau_7 & 0 & q_7 \end{bmatrix} \tag{5-118}
$$

$$
\boldsymbol{\alpha}_i=\begin{bmatrix}\alpha_1 & \alpha_2 & \alpha_3 & \alpha_4 & \alpha_5 & \alpha_6 & \alpha_7\end{bmatrix}^{\mathrm{T}} \tag{5-119}
$$

$$
\boldsymbol{b}_i=\begin{bmatrix}\tau_1 & \tau_2 & \tau_3 & \tau_4 & \tau_5 & \tau_6 & \tau_7\end{bmatrix}^{\mathrm{T}} \tag{5-120}
$$

方程对于 m 级抽汽也是适用的,因此可以将其作为热平衡方程的一般表示形式,左侧表示的是放热,右侧表示的是吸热。

矩阵 $\boldsymbol{A}$ 是一个下三角矩阵,其阶数为回热级数。矩阵 $\boldsymbol{A}$ 反映了电厂热力系统的基本结构,矩阵元素的排列隐含了加热器形式及系统的联结方式。假定 $\boldsymbol{A}$ 的任一元素为 α_{ij},i 代表行,而 j 代表列。主对角线是 1 kg 回热抽汽在本级加热器中的放热比焓降,即 $A_{i,i}=q_i$;当 $i>j$ 时,如果第 i 级加热器有 j 级加热器来的疏水,则 $A_{i,i}=\gamma_i$;如果第 j 级加热器的疏水汇入汇集式加热器,则 $A_{i,i}=\tau_i$;如果第 j 级加热器的疏水直接汇入凝汽器,则 $A_{i,i}=0$;当 $i<j$ 时,因为上级加热器不受下级加热器的影响,因此元素的值都为零。

矩阵 $\boldsymbol{A}$ 的每一行代表了一个热平衡方程,即代表了一个加热器。在第一级加热器中只有 $\boldsymbol{\alpha}_1$ 工质放热,在第二级加热器中有 $\boldsymbol{\alpha}_1$、$\boldsymbol{\alpha}_2$ 两股蒸汽放热,依次类推,在最末一级加热器中分别有 $\boldsymbol{\alpha}_1\sim\boldsymbol{\alpha}_7$ 的工质参与放热。矩阵 $\boldsymbol{A}$ 的每一列代表了每股抽汽所经历的放热过程。第一列表示 α_1 的抽汽在第一级加热器中放热 q_1,在第二、三级加热器中放热 γ_2 和 γ_3,在第四、五、六级加热器中分别放热 τ_4、τ_5、τ_6、τ_7,最后这股流量流入凝汽器;而第 7 列表示 $\boldsymbol{\alpha}_7$ 只在第 7 级加热器中放热 q_7 便进入了凝汽器。

向量 $\boldsymbol{b}_i$ 表示凝给水从凝汽器开始经 $\tau_1\sim\tau_7$ 的 7 级加热器的升温过程。

思考题与习题

5.1　采用热效率法进行核电厂热力系统热平衡分析的基本步骤是什么?

5.2　简述蒸汽发生器热平衡计算的基本思想。

5.3　蒸汽发生器的热负荷为 Q_s,运行过程中连续排污,排污量为出口新蒸汽量的 1.05%。排污水进入压力较低的泄放水蒸发器,部分排污水过热闪发产生蒸汽,浓缩污水排至舷外。给水加热器使用泄放水蒸发器产生的蒸汽加热给水,不足部分用新蒸汽补充。各设备进、出口工质的焓值均为已知,忽略散热损失,试确定:

(1)蒸汽发生器的新蒸汽产量;

(2)给水加热器需补充的新蒸汽流量。

5.4　简述等效焓降的基本概念以及等效焓降法的特点。

5.5　简述循环函数法的特点。

第6章　核电厂热力系统的㶲分析

对压水堆核电厂热力系统进行能量平衡分析，可以确定热力循环中热流分配及热量损失的情况，但无法说明能量在转换、传递和分配过程中质的变化，难以揭示热功转换的可能性、方向性和条件，因此这种分析方法的分析结果具有一定的片面性，限制了对核动力装置热力系统改进的指导作用。只有从热力学第一定律和热力学第二定律出发，应用㶲分析法才能综合反映热力系统用能过程中能量在数量和质量上的差异和变化，客观评价核动力装置中各部分不可逆因素引起的做功能力损失及整个热力循环的效率，揭示产生㶲损失的真实原因，为改善热力系统能量利用的有效程度指出正确方向。

6.1　主要设备的㶲分析模型

压水堆核电厂热力系统结构复杂，设备众多，在进行㶲分析之前需选择一个合适的分析模型。虽然物质流经一个设备后，㶲在设备中的分布处处不一，但㶲是状态函数，不管中间过程如何变化，只对设备进、出口的㶲差进行计算，得出设备㶲效率、㶲损失的情况，这种处理方法即为“黑箱”模型，由于其简单直观，成为实际应用中采用的最基本、最广泛的分析模型。对压水堆核电厂热力系统的㶲分析，就采用“黑箱”模型。

根据核电厂中主要系统和设备的工作特点，可以大致分为以下几大类：

(1)反应堆；

(2)泵类(主泵、凝水泵、给水泵等)；

(3)换热设备(蒸汽发生器、蒸汽再生器、给水加热器、凝汽器等)；

(4)主汽轮发电机组；

(5)其他设备(汽水分离器、主蒸汽管道等)。

这几类设备的㶲分析模型如下。

6.1.1　反应堆

反应堆在运行过程中，堆芯内核燃料发生裂变反应，放出大量热能；同时，冷却剂流过堆芯，将堆芯释热带出堆外。因此，反应堆内具有核裂变能转换为热能以及核燃料释热传递给冷却剂两个热力过程，下面分别介绍这两个过程的㶲损失及其计算方法。

1. 堆内核能转换为热能过程

从热力学的观点来看，核能都是㶲，如果忽略核裂变过程中的能量损失，则核能㶲从数值上应等于反应堆热功率，即

$$E_{x,N} = Q_R \tag{6-1}$$

核裂变过程中,堆芯核燃料释热所具有的㶲取决于释热时的核燃料温度。对于堆芯的任一微元体积,其平均温度为 T_u,如果释热量为 dQ_R,在环境温度为 T_0 时,其热量㶲为

$$dE_{x,R} = \left(1 - \frac{T_0}{T_u}\right) dQ_R \tag{6-2}$$

对于整个反应堆而言,核裂变释热具有的热量㶲为

$$E_{x,R} = \int_{V_R} \left(1 - \frac{T_0}{T_u}\right) dQ_R \tag{6-3}$$

式中,V_R—— 堆芯的有效体积。

因此,在反应堆内核能转换为热能过程中,㶲损失为

$$E_{xl,R_1} = E_{x,N} - E_{x,R} = Q_R - \int_{V_R} \left(1 - \frac{T_0}{T_u}\right) dQ_R = T_0 \int_{V_R} \frac{1}{T_u} dQ_R \tag{6-4}$$

为便于分析,假设堆芯为无反射层、均匀装载的圆柱体,且释热沿堆芯高度的轴向分布遵循正弦规律,如图 6-1 所示,即

$$q(z) = q_{max} \sin \frac{\pi z}{H} \tag{6-5}$$

式中 q_{max} ——堆芯轴向最大线释热率,kW/m;

H ——堆芯活性区等效高度,m。

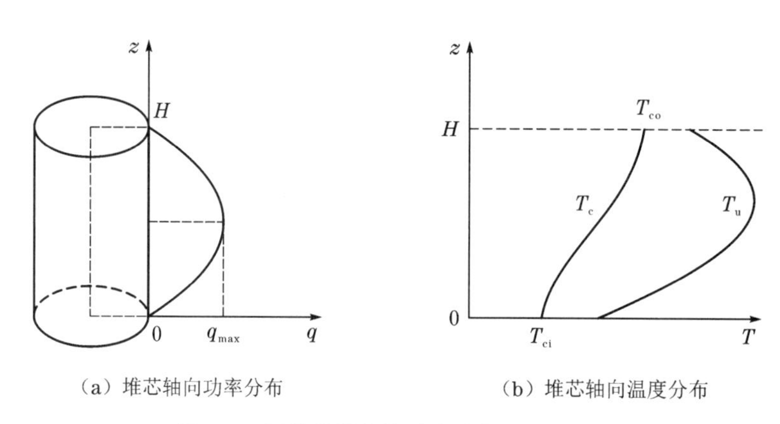

图 6-1 沿堆芯轴向的功率分布及温度分布

沿堆芯轴向位置 z 处取一高度为 dz 的微元体,其释热量为

$$dQ_R = q(z)dz = q_{max} \sin \frac{\pi z}{H} dz \tag{6-6}$$

设该微元体与流经其表面的反应堆冷却剂之间的传热热阻为 $R_t(z)$,则传热方程为

$$q(z) = \frac{1}{R_t(z)}[T_u(z) - T_c(z)] \tag{6-7}$$

对上式进行变换,可得到堆芯核燃料沿轴向的温度分布

$$T_u(z) = T_c(z) + R_t(z) q_{max} \sin \frac{\pi z}{H} \tag{6-8}$$

忽略反应堆的散热损失,则冷却剂流经堆芯所吸收的热量与核燃料释放的热量相等,能量平衡方程为

$$G_c c_{p,c}[T_c(z) - T_{ci}] = \int_0^z q_{max}\sin\frac{\pi z}{H}dz = q_{max}\frac{H}{\pi}\left(1 - \cos\frac{\pi z}{H}\right) \tag{6-9}$$

由此可以得到冷却剂沿堆芯轴向的温度分布规律

$$T_c(z) = T_{ci} + \frac{q_{max}H}{G_c c_{p,c}\pi}\left(1 - \cos\frac{\pi z}{H}\right) \tag{6-10}$$

在堆芯进、出口处,冷却剂温度为 T_{ci}、T_{co},则

$$\begin{cases} T_c(0) = T_{ci} & z = 0\text{ 时} \\ T_c(H) = T_{ci} + \dfrac{2q_{max}H}{G_c c_{p,c}\pi} = T_{co} & z = H\text{ 时} \end{cases} \tag{6-11}$$

因此,流经堆芯的冷却剂温升可以表示为

$$\Delta T_c = T_{co} - T_{ci} = \frac{2q_{max}H}{G_c c_{p,c}\pi} \tag{6-12}$$

将式(6-10)和式(6-12)代入式(6-8)中,得

$$T_u(z) = T_{ci} + \frac{\Delta T_c}{2}\left(1 - \cos\frac{\pi z}{H}\right) + R_t(z)q_{max}\sin\frac{\pi z}{H} \tag{6-13}$$

将式(6-6)式(6-13)代入式(6-4)中,得到堆内核能转换为热能过程的㶲损失计算公式:

$$E_{xl,R_1} = T_0\int_0^H \frac{q_{max}\sin\dfrac{\pi z}{H}}{T_{ci} + \dfrac{\Delta T_c}{2}\left(1 - \cos\dfrac{\pi z}{H}\right) + R_t(z)q_{max}\sin\dfrac{\pi z}{H}}dz \tag{6-14}$$

此过程的㶲损系数为

$$\xi_{R_1} = \frac{E_{xl,R_1}}{E_{x,N}} = \frac{T_0}{Q_R}\int_0^H \frac{q_{max}\sin\dfrac{\pi z}{H}}{T_{ci} + \dfrac{\Delta T_c}{2}\left(1 - \cos\dfrac{\pi z}{H}\right) + R_t(z)q_{max}\sin\dfrac{\pi z}{H}}dz \tag{6-15}$$

为了便于找出影响核能转换为热能过程㶲损失的主要因素,进一步假设堆芯内核燃料各点温度相同,即 $T_u = \bar{T}_u$,则式(6-4)可化为

$$E_{xl,R_1} = T_0\int_{V_R}\frac{1}{\bar{T}_u}dQ_R = \frac{T_0}{\bar{T}_u}Q_R \tag{6-16}$$

相应的㶲损系数为

$$\xi_{R_1} = \frac{T_0}{\bar{T}_u} \tag{6-17}$$

由此可以看出,堆内能量转换过程的㶲损失取决于堆芯核燃料的温度,温度越高,能量形式转换所造成的㶲损失就越小。

2. 堆内核燃料释热传递给冷却剂过程

冷却剂流经堆芯吸热所得到的㶲值为

$$E_{x,c} = \int_0^H\left[1 - \frac{T_0}{T_c(z)}\right]dQ_R(z) \tag{6-18}$$

换热过程的㶲损失为

$$E_{xl,R_2} = E_{x,R} - E_{x,c} = T_0\int_0^H\left[\frac{1}{T_c(z)} - \frac{1}{T_u(z)}\right]dQ_R(z) \tag{6-19}$$

将堆芯核燃料沿轴向温度分布表达式(6-10)、冷却剂沿轴向温度分布表达式(6-13)代入式(6-19),可得

$$E_{xl,R_2} = T_0\int_0^H \frac{R_t(z)\left(q_{max}\sin\frac{\pi z}{H}\right)^2}{\left[T_{ci} + \frac{\Delta T_c}{2}\left(1-\cos\frac{\pi z}{H}\right)\right]\left[T_{ci} + \frac{\Delta T_c}{2}\left(1-\cos\frac{\pi z}{H}\right) + R_t(z)q_{max}\sin\frac{\pi z}{H}\right]}dz \tag{6-20}$$

则此过程的㶲损系数为

$$\xi_{R_2} = \frac{T_0}{Q_R}\int_0^H \frac{R_t(z)\left(q_{max}\sin\frac{\pi z}{H}\right)^2}{\left[T_{ci} + \frac{\Delta T_c}{2}\left(1-\cos\frac{\pi z}{H}\right)\right]\left[T_{ci} + \frac{\Delta T_c}{2}\left(1-\cos\frac{\pi z}{H}\right) + R_t(z)q_{max}\sin\frac{\pi z}{H}\right]}dz \tag{6-21}$$

为了便于找出影响堆内热量传递过程㶲损失的主要因素,进一步假设堆芯内核燃料、冷却剂的温度分布都是均匀的,即 $T_u = \bar{T}_u, T_c = \bar{T}_c$,则式(6-19)可化为

$$E_{xl,R_2} = T_0\left(\frac{1}{\bar{T}_c} - \frac{1}{\bar{T}_u}\right)Q_R \tag{6-22}$$

相应的㶲损系数为

$$\xi_{R_2} = T_0\left(\frac{1}{\bar{T}_c} - \frac{1}{\bar{T}_u}\right) \tag{6-23}$$

从上式可以看出,堆内换热过程的㶲损失主要取决于核燃料与冷却剂之间的传热温差,温差越大,传热过程的㶲损失就越大。

对定积分(6-14)(6-20)两式或(6-15)(6-21)两式的计算需要借助数值积分方法。由于两个定积分的积分限相同,因此可以采用辛普生(Simpson)积分法同时计算,可获得比较满意的结果。

3. 堆芯传热热阻的计算

堆芯内核燃料的释热传递给流经堆芯的冷却剂,主要包括以下几个过程:

(1)燃料芯块内有内热源的导热;

(2)燃料芯块与包壳之间气体间隙的导热;

(3)包壳壁的导热;

(4)包壳外表面与冷却剂之间的对流换热。

假设堆芯轴向功率分布遵循正弦规律,则沿燃料元件轴向的温度分布如图 6-2 所示。

沿堆芯轴向位置 z 处的核燃料与冷却剂之间的传热热阻为

$$R_t(z) = 10^3[R_u(z) + R_g(z) + R_w(z) + R_c(z)] \quad \text{m·K/kW} \tag{6-24}$$

式中 $R_u(z)$ ——燃料芯块内部的导热热阻,m·K/W;

$R_g(z)$ ——气隙的导热热阻,m·K/W;

$R_w(z)$ ——包壳壁的导热热阻,m·K/W;

$R_c(z)$ ——包壳外表面与冷却剂之间的对流换热热阻，m·K/W。

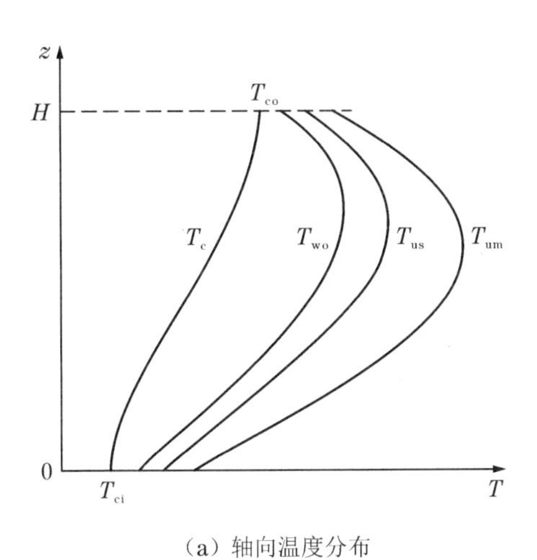

(a) 轴向温度分布

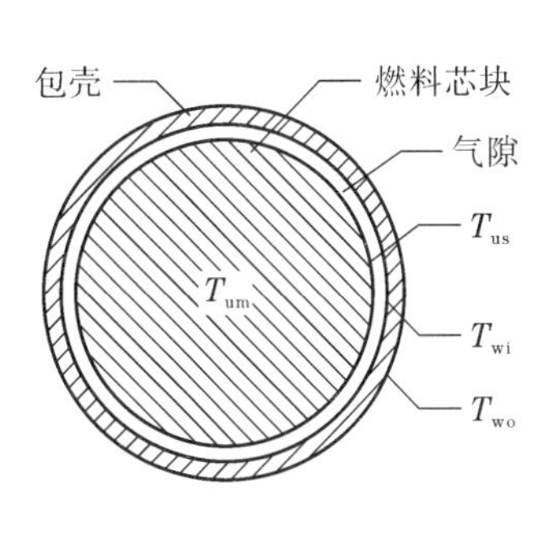

(b) 燃料元件横截面

图 6-2 沿燃料元件轴向的温度分布

下面分别讨论这四个热阻值的计算方法。

(1)包壳外表面与冷却剂之间的对流换热热阻 $R_c(z)$

堆芯内冷却剂沿轴向流过平行燃料棒束时的对流换热系数 α_c 为

$$\alpha_c = C\frac{\lambda}{D_e}Re^{0.8}Pr^{1/3} \tag{6-25}$$

式中 C ——与燃料元件栅格形式有关的常数；

λ ——冷却剂的热导率，W/(m·K)；

D_e ——栅元中流道的当量直径，m；

Re——冷却剂的雷诺数；

Pr——冷却剂的普朗特数。

压水堆堆芯燃料元件通常按正方形栅格形式排列，如图 6-3 所示，则栅元中流道的当量直径为

$$D_e = \frac{4s^2 - \pi d^2}{\pi d} \tag{6-26}$$

式中 s ——栅元节距，m；

d ——燃料元件直径，m。

冷却剂的雷诺数为

$$Re = \frac{D_e w \rho}{\mu} \tag{6-27}$$

式中 w ——通道中冷却剂的流速，m/s；

ρ ——冷却剂的密度，kg/m^3；

μ ——冷却剂的动力黏度，kg/(m·s)。

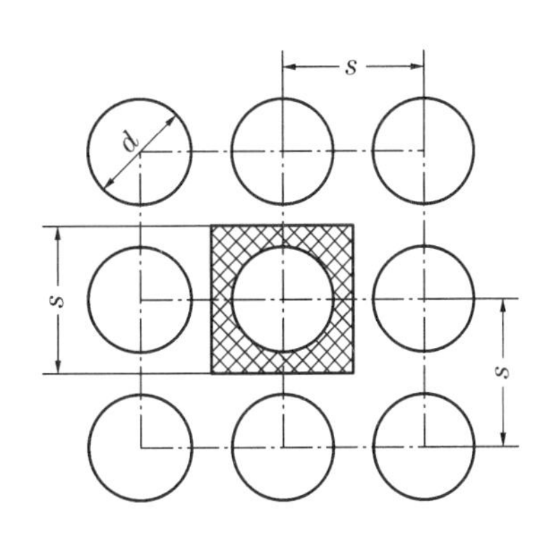

图 6-3 正方形栅格的等效冷却通道

与燃料元件栅格形式有关的常数 C 为

$$C=\begin{cases}0.042\dfrac{s}{d}-0.024 & 1.1\leqslant\dfrac{s}{d}\leqslant 1.3\\ 0.0333\left(1-\dfrac{\pi d^2}{4s^2}\right)+0.0127 & \dfrac{s}{d}>1.3\end{cases} \tag{6-28}$$

沿堆芯轴向位置 z 处的冷却剂与燃料元件外表面之间的传热方程为

$$q(z)=\alpha_c\pi d n_u[t_{wo}(z)-t_c(z)] \tag{6-29}$$

式中 n_u ——堆芯燃料元件数量,根;

t_{wo} ——燃料元件外表面温度,℃;

t_c ——堆芯冷却剂温度,℃。

因此,堆芯冷却剂与燃料元件外表面之间的传热热阻 R_c 为

$$R_c=\frac{1}{\alpha_c\pi d n_u} \tag{6-30}$$

燃料元件外表面的温度分布为

$$t_{wo}(z)=t_c(z)+R_w\cdot q(z)=t_{ci}+\frac{\Delta T_c}{2}\left(1-\cos\frac{\pi z}{H}\right)+R_c q_{max}\sin\frac{\pi z}{H} \tag{6-31}$$

(2)燃料元件包壳壁的导热热阻 R_w

沿堆芯轴向位置 z 处,燃料元件包壳壁内的导热方程为

$$q(z)=\frac{2\pi\lambda_w}{\ln\dfrac{d}{d_{wi}}}[t_{wi}(z)-t_{wo}(z)] \tag{6-32}$$

则包壳壁的导热热阻为

$$R_w(z)=\frac{\ln\dfrac{d}{d_{wi}}}{2\pi\lambda_w} \tag{6-33}$$

式中 d_{wi} —— 燃料元件包壳内径,m;

λ_w ——包壳材料的热导率,W/(m·K)。

燃料元件包壳材料如果为锆-2 合金,其热导率为

$$\lambda_w=16.15+9.88\times10^{-3}t_w+1.026\times10^{-5}t_w^2 \tag{6-34}$$

式中,t_w ——包壳平均温度,℃。

如果为锆-4 合金,则其热导率为

$$\lambda_w=7.73+3.15\times10^{-2}t_w-2.87\times10^{-5}t_w^2+1.552\times10^{-8}t_w^3 \tag{6-35}$$

由式(6-32)可得包壳内表面温度为

$$\begin{aligned}t_{wi}(z)&=t_{wo}(z)+R_w\cdot q(z)\\&=t_{ci}+\frac{\Delta T_c}{2}\left(1-\cos\frac{\pi z}{H}\right)+(R_c+R_w)\cdot q_{max}\sin\frac{\pi z}{H}\end{aligned} \tag{6-36}$$

燃料元件包壳温度沿径向的分布规律为

$$t(r,z)=t_{wi}(z)+\frac{t_{wo}(z)-t_{wi}(z)}{\ln\dfrac{d}{d_{wi}}}\cdot\ln\frac{2r}{d_{wi}}\qquad d_{wi}\leqslant 2r\leqslant d \tag{6-37}$$

设 $\delta = \dfrac{d - d_{wi}}{2}$，包壳的平均温度为

$$t_w(z) = \frac{1}{\delta}\int_{\frac{d_{wi}}{2}}^{\frac{d}{2}} t(r,z)\mathrm{d}r$$

$$= t_{wi}(z) + \frac{t_{wo}(z) - t_{wi}(z)}{\ln(d/d_{wi})}\left[\ln\frac{d_{wi}}{2} - \frac{d\ln(d/2) - d_{wi}\ln(d_{wi}/2)}{d - d_{wi}} + 1\right] \quad (6-38)$$

假定一个 $t_{wi}(z)$ 值，由上式计算出一个相应的 $t_w(z)$ 值，代入式(6-34)或式(6-35)中计算得到 λ_w，再由式(6-36)求得一个新的 $t'_{wi}(z)$ 值，若满足

$$|t_{wi}(z) - t'_{wi}(z)| < 0.01$$

则 $t_{wi}(z)$ 即可确定，否则以 $t'_{wi}(z)$ 回代作迭代计算，直至满足上式要求为止。

(3)气隙导热热阻 R_g

燃料芯块与包壳之间的气隙层极薄(0.08~0.09 mm)，可以认为其导热问题近似于均质平板的导热，其外表面温度为包壳的内表面温度，而其内表面温度即为燃料表面的温度。根据其导热方程

$$q(z) = \frac{\lambda_g\pi(d_{wi} + d_u)}{d_{wi} - d_u}[t_{us}(z) - t_{wi}(z)] \quad (6-39)$$

式中 λ_g——气隙的热导率，W/(m·K)；

d_u——燃料芯块的直径，m；

t_{us}——燃料芯块表面的平均温度，℃。

惰性气体的热导率为

$$\lambda_g = C_1(t_g + 273.15)^{C_2} \quad (6-40)$$

式中，C_1、C_2——实验常数。

如果气隙充填的惰性气体为氦气，则 C_1、C_2 的取值见表 6-1 所示。

表 6-1 氦气热导率计算式中实验常数的取值

文献及年代	GE-TM-66-7-9,1966	WAPD-TM-618,1970
10^6C_1	0.396	0.25
C_2	0.645	0.72

由此可以得到气隙热阻的表达式

$$R_g = \frac{d_{wi} - d_u}{\lambda_g\pi(d_{wi} + d_u)} \quad (6-41)$$

则燃料芯块外表面温度为

$$t_{us}(z) = t_{wi}(z) + R_g \cdot q(z)$$

$$= t_{ci} + \frac{\Delta T_c}{2}\left(1 - \cos\frac{\pi z}{H}\right) + (R_c + R_w + R_g)\cdot q_{max}\sin\frac{\pi z}{H} \quad (6-42)$$

气隙层的平均温度为

$$t_g(z) = \frac{t_{wo}(z) + t_{wi}(z)}{2} \quad (6-43)$$

文献[40]中给出了气隙热导率的表达式 $\lambda_g = f(t_g)$，利用与前面所述类似的迭代方法确定出 t_g 和 R_g 的值。

(4)燃料芯块内部的导热热阻 $R_u(z)$

燃料芯块内的导热可近似为具有均匀内热源的一维稳态导热问题，其热传导方程为

$$q(z) = 4\pi\lambda_u [t_{um}(z) - t_{us}(z)] \tag{6-44}$$

式中 λ_u ——燃料芯块的热导率，W/(m·K)；

t_{um} ——燃料芯块中心平均温度，℃。

压水堆核电厂使用的核燃料通常为 UO_2 陶瓷燃料，其热导率随温度的变化很显著，为减小用平均温度来计算其热导率所产生的误差，引入了积分热导率的概念。已知燃料芯块外表面温度 t_{us}，其对应的积分热导率为 $\int_0^{t_{us}} \lambda_u(t)\mathrm{d}t$，假设与 t_{um} 对应的积分热导率为 y，则式(6-44)应写为

$$y - \int_0^{t_{us}} \lambda_u(t)\mathrm{d}t = \frac{q(z)}{4\pi} \tag{6-45}$$

UO_2 燃料的积分热导率可根据燃料温度查表 6-2 得到。

表 6-2 不同温度下 UO_2 燃料的积分热导率

燃料温度 t/℃	200	400	600	800	1 000	1 200	1 400	1 600	1 800	2 000	2 200	2 400	2 800
$\int_0^t \lambda_u(t)\mathrm{d}t$/(W/m)	1 544	2 642	3 497	4 204	4 806	5 341	5 840	6 285	6 860	7 180	7 570	8 017	9 000

也可以根据以下拟合关系式计算得到：

$$\int_0^t \lambda_u(t)\mathrm{d}t = 1\,042.336 + 4.106\,033\,t - 4.821\,326 \times 10^{-4}\,t^2 \quad \text{W/m} \tag{6-46}$$

式中，t —— UO_2 燃料的温度，℃。

由以上两式可以求得 y 值，反过来要求对应的温度值 t_{um}，设

$$y = at^2 + bt + c$$

该式与式(6-46)等价，y、a、b、c 都是已知值，将该式变形为

$$f(t) = at^2 + bt + (c - y) \tag{6-47}$$

用牛顿迭代法求出满足上式的实根 t，即 t_{um}。上式的一阶导数为

$$f'(t) = 2at + b \tag{6-48}$$

牛顿迭代公式为

$$t_{k+1} = t_k - \frac{f(t_k)}{f'(t_k)} \tag{6-49}$$

经过有限次迭代计算，若

$$|t_{k+1} - t_k| < 0.01$$

则 $t_{um} = t_{k+1}$，并且由式(6-44)得到热阻 R_u 的表达式

$$R_u = \frac{1}{4\pi\lambda_u} = \frac{t_{um}(z) - t_{us}(z)}{q(z)} \tag{6-50}$$

6.1.2 泵

核电厂热力系统中使用的泵有多种,如主冷却剂泵、给水泵、循环水泵、凝水泵等。按照原动机形式,泵可分为电动泵和汽动泵两大类。

1. 电动泵

对于电动泵,驱动电机在工作过程中由于电枢绕组中的铜损、铁损和机械摩擦使得部分电能和机械能耗散为热能,被设备冷却水带走或者散失到周围环境中,由此而造成的㶲损失为

$$E_{xl,m} = N_m - N_p \tag{6-51}$$

泵在工作过程中,由于水力、流量及机械等损失使部分机械能耗散为热能,但这些耗散的能量基本上被流体所吸收,这部分㶲损失为

$$E_{xl,p} = (N_p - N_e)\frac{T_0}{T_f} \tag{6-52}$$

因此电动泵的㶲损失为

$$E_{xl,mp} = E_{xl,m} + E_{xl,p} = \left[\frac{1}{\eta_m\eta_p} - \frac{1}{\eta_p} + \left(\frac{1}{\eta_p} - 1\right)\frac{T_0}{T_f}\right]\frac{G_f H}{102} \tag{6-53}$$

2. 汽动泵

对于汽动泵,由于汽轮机在工作时内部存在蒸汽膨胀和功率传输两个过程,因此汽轮机内的㶲损失包括两部分:

(1)蒸汽膨胀过程的㶲损失

图 6-4 所示为汽轮机内部蒸汽膨胀过程。如果汽轮机消耗的蒸汽流量为 G_s,则汽轮机的内功率为

$$N_i = G_s(h_1 - h_2) \tag{6-54}$$

蒸汽在汽轮机内放出的㶲为

$$E_{x,s} = G_s[(h_1 - h_2) - T_0(s_1 - s_2)] \tag{6-55}$$

汽轮机内部由于蒸汽膨胀过程的不可逆所造成的㶲损失为

$$E_{xl,t_1} = E_{x,s} - N_i = G_s T_0(s_2 - s_1)$$
$$= G_s T_0 \Delta s \tag{6-56}$$

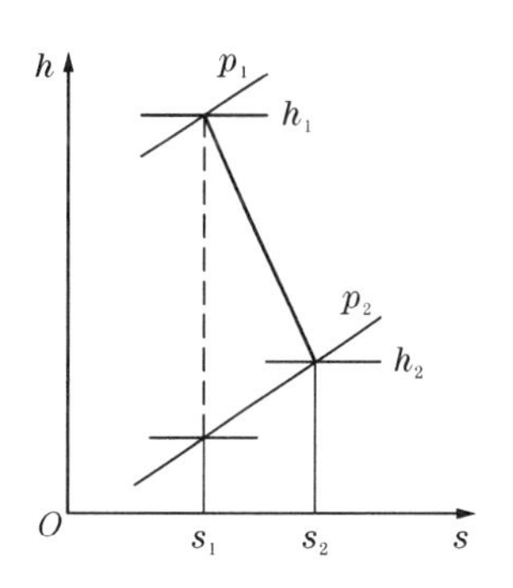

图 6-4 汽轮机内部热力过程

式中,Δs ——蒸汽在汽轮机内部膨胀过程的熵增,$\Delta s = s_2 - s_1$。

(2)功率传输过程的㶲损失

在功率传输过程中,由于齿轮减速器和汽轮机轴承的机械摩擦,导致了机械能的损失。假设汽轮机的机械效率为 η_{mt},这部分㶲损失为

$$E_{xl,t_2} = N_i - N_p = \left(\frac{1}{\eta_{mt}} - 1\right)N_p \tag{6-57}$$

因此汽轮机的㶲损失为

$$E_{xl,t} = E_{xl,t_1} + E_{xl,t_2} = G_s T_0 \Delta s + \left(\frac{1}{\eta_{mt}} - 1\right) N_p \tag{6-58}$$

综合考虑泵的损失,则汽动泵的㶲损失为

$$\begin{aligned} E_{xl,tp} &= E_{xl,t} + E_{xl,p} \\ &= G_s T_0 \Delta s + \left[\frac{1}{\eta_{mt}\eta_p} - \frac{1}{\eta_p} + \left(\frac{1}{\eta_p} - 1\right)\frac{T_0}{T_f}\right]\frac{G_f H}{102} \end{aligned} \tag{6-59}$$

6.1.3 换热设备

核电厂热力系统中主要的换热设备有蒸汽发生器、凝汽器、蒸汽再热器、给水加热器等,这些设备的工作过程各不相同,但本质相同。

1. 蒸汽发生器

核电厂中使用的蒸汽发生器分为自然循环式和直流式两类。自然循环式蒸汽发生器只能产生饱和蒸汽,其二次侧工质的吸热过程只包括预热段和蒸发段;而直流式蒸汽发生器能够产生过热蒸汽,二次侧工质的吸热过程包括了预热段、蒸发段和过热段。

为了使建立的蒸汽发生器㶲分析模型更具有代表性,这里以直流蒸汽发生器为例,介绍㶲分析模型的建立过程。

图 6-5 所示为蒸汽发生器一、二次侧工质在传热过程中温度变化情况。

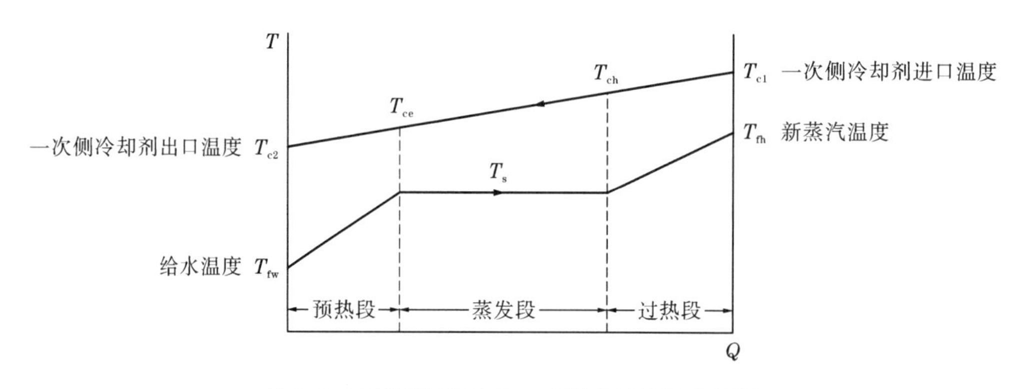

图 6-5 直流蒸汽发生器一、二次侧之间传热过程

图 6-5 中, T_{ce} 为蒸汽发生器中与二次侧预热段、蒸发段分界点相对应的冷却剂温度; T_{ch} 为蒸汽发生器中与二次侧蒸发段、过热段分界点相对应的冷却剂温度; T_s 为二次侧蒸发温度。

(1)预热段

一次侧冷却剂放热所具有的㶲为

$$\begin{aligned} E'_{x,c} &= \int_{T_{c2}}^{T_{ce}} \left(1 - \frac{T_0}{T_c}\right) G_c c_{p,c} \mathrm{d}T_c = G_c c_{p,c}(T_{ce} - T_{c2}) - G_c c_{p,c} T_0 \int_{T_{c2}}^{T_{ce}} \frac{1}{T_c} \mathrm{d}T_c \\ &= G_c c_{p,c} \Delta T'_c - G_c c_{p,c} T_0 \ln \frac{T_{ce}}{T_{c2}} \end{aligned} \tag{6-60}$$

式中，$\Delta T'_c$——一次侧冷却剂在预热段的温降，$\Delta T'_c = T_{ce} - T_{c2}$。

二次侧工质吸热所具有的㶲为

$$E'_{x,f} = \int_{T_{fw}}^{T_s}\left(1 - \frac{T_0}{T_f}\right)G_f c_{p,f}dT_f = G_f c_{p,f}(T_s - T_{fw}) - G_f c_{p,f}T_0\int_{T_{fw}}^{T_s}\frac{1}{T_f}dT_f$$

$$= G_f c_{p,f}\Delta T'_f - G_f c_{p,f}T_0 \ln\frac{T_s}{T_{fw}} \tag{6-61}$$

式中，$\Delta T'_f$——二次侧工质在预热段的温升，$\Delta T'_f = T_s - T_{fw}$。

则预热段换热过程的㶲损失为

$$E'_{xl} = E'_{x,c} - E'_{x,f}$$

$$= (G_c c_{p,c}\Delta T'_c - G_f c_{p,f}\Delta T'_f) + \left(G_f c_{p,f}T_0 \ln\frac{T_s}{T_{fw}} - G_c c_{p,c}T_0 \ln\frac{T_{ce}}{T_{c2}}\right) \tag{6-62}$$

如果忽略预热段的散热损失，则一、二次侧工质存在以下热平衡关系：

$$G_c c_{p,c}\Delta T'_c = G_f c_{p,f}\Delta T'_f \tag{6-63}$$

由此可得

$$G_f c_{p,f} = G_c c_{p,c}\frac{\Delta T'_c}{\Delta T'_f} \tag{6-64}$$

因此，式(6-62)变为

$$E'_{xl} = G_c c_{p,c}T_0\left(\frac{\Delta T'_c}{\Delta T'_f}\ln\frac{T_s}{T_{fw}} - \ln\frac{T_{ce}}{T_{c2}}\right) = G_c c_{p,c}T_0 \ln\left[\left(\frac{T_s}{T_{fw}}\right)^{C_1}\frac{T_{c2}}{T_{ce}}\right] \tag{6-65}$$

式中，$C_1 = \dfrac{\Delta T'_c}{\Delta T'_f}$。

相应的㶲损系数为

$$\xi'_3 = \frac{E_{xl,1}}{E_0} = \frac{G_c c_{p,c}T_0}{G_c c_{p,c}\Delta T_c}\ln\left[\frac{T_{c2}}{T_{ce}}\left(\frac{T_s}{T_{fw}}\right)^{C_1}\right] = \frac{T_0}{\Delta T_c}\ln\left[\frac{T_{c2}}{T_{ce}}\left(\frac{T_s}{T_{fw}}\right)^{C_1}\right] \tag{6-66}$$

(2)蒸发段或汽化段

一次侧冷却剂放热所具有的㶲为

$$E''_{x,c} = \int_{T_{ce}}^{T_{ch}}\left(1 - \frac{T_0}{T_c}\right)G_c c_{p,c}dT_c = G_c c_{p,c}(T_{ch} - T_{ce}) - G_c c_{p,c}T_0\int_{T_{ce}}^{T_{ch}}\frac{1}{T_c}dT_c$$

$$= G_c c_{p,c}\Delta T''_c - G_c c_{p,c}T_0 \ln\frac{T_{ch}}{T_{ce}} \tag{6-67}$$

式中，$\Delta T''_c$——一次侧冷却剂在蒸发段的温降，$\Delta T''_c = T_{ch} - T_{ce}$。

如果忽略蒸发段一、二次侧工质传热的散热损失，则二次侧工质吸收的热量为

$$Q'' = G_c c_{p,c}\Delta T''_c \tag{6-68}$$

这部分热量所具有的㶲值为

$$E''_{x,f} = Q''\left(1 - \frac{T_0}{T_s}\right) = Q'' - G_c c_{p,c}T_0\frac{\Delta T''_c}{T_s} \tag{6-69}$$

所以，汽化段的㶲损失为

$$E''_{xl} = E''_{x,c} - E''_{x,f} = G_c c_{p,c}T_0\left(\frac{\Delta T''_c}{T_s} - \ln\frac{T_{ch}}{T_{ce}}\right) \tag{6-70}$$

相应的㶲损系数为

$$\xi''_3=\frac{E''_{xl}}{E_0}=\frac{T_0}{\Delta T_c}\left(\frac{\Delta T''_c}{T_s}-\ln\frac{T_{ch}}{T_{ce}}\right) \tag{6-71}$$

(3)过热段

与预热段相似,其㶲损失为

$$E'''_{xl}=G_c c_{p,c}T_0\ln\left[\left(\frac{T_{fh}}{T_s}\right)^{C_3}\frac{T_{ch}}{T_{c1}}\right] \tag{6-72}$$

式中,$C_3=\frac{\Delta T'''_c}{\Delta T'''_f}$。

其中 $\Delta T'''_c$——一次侧冷却剂在过热段的温降,$\Delta T'''_c=T_{c1}-T_{ch}$;

$\Delta T'''_f$——二次侧工质在过热段的温升,$\Delta T'''_f=T_{fh}-T_s$。

相应的㶲损系数为

$$\xi'''_3=\frac{T_0}{\Delta T_c}\ln\left[\frac{T_{ch}}{T_{c1}}\left(\frac{T_{fh}}{T_s}\right)^{C_3}\right] \tag{6-73}$$

因此,直流蒸汽发生器㶲损系数为

$$\begin{aligned}\xi_3&=\xi'_3+\xi''_3+\xi'''_3\\&=\frac{T_0}{\Delta T_c}\left\{\ln\left[\frac{T_{c2}}{T_{c1}}\left(\frac{T_s}{T_{fw}}\right)^{C_1}\left(\frac{T_{fh}}{T_s}\right)^{C_3}\right]+\frac{\Delta T''_c}{T_s}\right\}\end{aligned} \tag{6-74}$$

对于立式U形管自然循环蒸汽发生器,传热过程中只存在预热段与蒸发段,故其㶲损失与㶲损系数分别为

$$E_{xl,3}=E'_{xl}+E''_{xl}=G_c c_{p,c}T_0\left\{\ln\left[\frac{T_{c2}}{T_{c1}}\left(\frac{T_s}{T_{fw}}\right)^{C_1}\right]+\frac{\Delta T''_c}{T_s}\right\} \tag{6-75}$$

$$\xi_3=\xi'_3+\xi''_3=\frac{T_0}{\Delta T_c}\left\{\ln\left[\frac{T_{c2}}{T_{c1}}\left(\frac{T_s}{T_{fw}}\right)^{C_1}\right]+\frac{\Delta T''_c}{T_s}\right\} \tag{6-76}$$

实际上,自然循环式蒸汽发生器在运行过程中不仅向周围环境的散热,而且还通过排污系统将二回路水中的杂质排出蒸汽发生器,因此,自然循环式蒸汽发生器在运行过程中的实际㶲损失要大于式(6-75)的计算值。在这种情况下,可以采用状态㶲的方法确定蒸汽发生器的实际㶲损失:

$$E_{xl,3}=(E_{x,c1}-E_{x,c2})-(E_{x,fh}+E_{x,pw}-E_{x,fw}) \tag{6-77}$$

式中 $E_{x,c1}$、$E_{x,c2}$——蒸汽发生器一次侧进、出口冷却剂的㶲值;

$E_{x,fh}$、$E_{x,pw}$、$E_{x,fw}$——蒸汽发生器二次侧新蒸汽、排污水和给水的㶲值。

2. 表面式换热器

换热器在运行过程中,加热介质放出热量所具有的㶲为

$$E_{x,h}=G_h[(h_{h1}-h_{h2})-T_0(s_{h1}-s_{h2})]=Q_h-G_hT_0\Delta s_h \tag{6-78}$$

吸热介质得到的㶲为

$$E_{x,s}=G_s[(h_{s1}-h_{s2})-T_0(s_{s1}-s_{s2})]=Q_s-G_sT_0\Delta s_s \tag{6-79}$$

换热过程中的㶲损失为

$$E_{xl,hs}=E_{xh}-E_{xs}=(Q_h-Q_s)-T_0(G_h\Delta s_h-G_s\Delta s_s)$$

$$= \Delta Q - T_0(G_h \Delta s_h - G_s \Delta s_s) \tag{6-80}$$

如果忽略散热损失,即 $\Delta Q = 0$,则上式简化为

$$E_{xl,hs} = T_0(G_h \Delta s_h - G_s \Delta s_s) \tag{6-81}$$

对于使用海水作为循环冷却水的凝汽器而言,排入凝汽器中的汽轮机废汽、疏水放出的热量所具有的㶲,一部分在传热过程中损失掉,大部分被循环冷却海水吸收并带出了热力循环,因此通常认为凝汽器中的㶲损失等于加热介质放出的㶲。

3. 混合式换热器

核电厂中的混合式换热器主要是除氧器,加热蒸汽与凝水相混合,通过将凝水加热到饱和状态达到热力除氧的目的。

除氧器进口凝水的㶲值为

$$E_{x,fw\,i} = G_{fw\,i}[(h_{fw\,i} - h_0) - T_0(s_{fw\,i} - s_0)] \tag{6-82}$$

加热蒸汽的㶲值为

$$E_{x,hs} = G_{hs}[(h_{hs} - h_0) - T_0(s_{hs} - s_0)] \tag{6-83}$$

除氧器排汽的㶲值为

$$E_{x,ps} = G_{ps}[(h_{ps} - h_0) - T_0(s_{ps} - s_0)] \tag{6-84}$$

除氧器出口给水㶲值为

$$E_{x,fw} = G_{fw}[(h_{fw} - h_0) - T_0(s_{fw} - s_0)] \tag{6-85}$$

除氧器在运行过程中的㶲损失为

$$E_{xl,d} = E_{x,fw\,i} + E_{x,hs} - E_{x,fw} \tag{6-86}$$

6.1.4 汽轮发电机

从热力学的角度来看,汽轮发电机的工作包括以下三个能量过程:

(1)蒸汽在汽轮机内部的绝热膨胀过程;

(2)汽轮机输出的机械能传递到发电机的过程;

(3)机械能在发电机中转换为电能的过程。

蒸汽在汽轮机内部膨胀过程的㶲损失为

$$E_{xl,i} = E_{xl,ih} + E_{xl,il} \tag{6-87}$$

其中高压汽轮机内的㶲损失为

$$E_{xl,ih} = E_{x,h1} - E_{x,eh} - E_{x,h2} - N_{ih} \tag{6-88}$$

式中 $E_{x,h1}$——进汽所具有的㶲,$E_{x,h1} = G_{s,h1}[h_{h1} - h_0 - T_0(s_{h1} - s_0)]$;

$E_{x,eh}$——抽汽所具有的㶲,$E_{x,eh} = \sum_{k=1}^{m} G_{seh,k}[h_{eh,k} - h_0 - T_0(s_{seh,k} - s_0)]$;

$E_{x,h2}$——排汽所具有的㶲,$E_{x,h2} = G_{s,h2}[h_{h2} - h_0 - T_0(s_{h2} - s_0)]$;

N_{ih}——高压汽轮机的内功率。

低压汽轮机内的㶲损失为

$$E_{xl,il} = E_{x,L1} - E_{x,el} - E_{x,L2} - N_{il} \tag{6-89}$$

式中各参数的含义与前面相同。

因此式(6-87)可以写成以下形式:

$$E_{xl,i} = (E_{x,h1} + E_{x,L1} - E_{x,e} - E_{x,h2} - E_{x,L2}) - N_i \tag{6-90}$$

式中　$E_{x,e} = E_{x,eh} + E_{x,el}$；

N_i —— 汽轮机内功率。

功率传输过程的烟损失为

$$E_{xl,mt} = N_i - N_t \tag{6-91}$$

式中,N_t —— 汽轮机传递给发电机的有效功率。

发电机内机械能转换为电能过程的烟损失为

$$E_{xl,me} = N_t - N_e \tag{6-92}$$

式中,N_e —— 发电机有效电功率。

综上所述,可以得到汽轮发电机烟损失的表达式

$$\begin{aligned} E_{xl,te} &= E_{x,i} + E_{xl,mt} + E_{xl,me} \\ &= (E_{x,h1} - E_{x,h2}) + (E_{x,L1} - E_{x,L2}) - E_{x,e} - N_e \end{aligned} \tag{6-93}$$

6.1.5　核电厂烟损失

压水堆核电厂热力系统各主要设备的烟损失确定后,为了便于分析比较,将各项烟损失表示为烟损系数,即

$$\xi_k = \frac{E_{xl,k}}{Q_R} \tag{6-94}$$

因此,压水堆核电厂热力系统烟损失水平可以表示为

$$\xi = \sum_{k=1}^{n} \xi_k \tag{6-95}$$

核电厂的烟效率可表示为

$$\eta_{ex} = 1 - \xi = 1 - \sum_{k=1}^{n} \xi_k \tag{6-96}$$

6.2　核电厂热力系统烟分析实例

根据上述数学模型,分别对秦山一期和大亚湾核电厂热力系统进行烟分析,计算结果如表6-3、表6-4所示。

表6-3　压水堆核电厂热力系统烟分析结果

序号	计算项目	烟损系数/%		损失主要原因
		秦山一期核电厂	大亚湾核电厂	
1	堆内能量转换过程	25.16	21.09	能量形式改变,能质下降
2	堆内热量传递过程	25.47	29.61	存在换热温差

表 6-3(续)

序号	计算项目	㶲损系数/%		损失主要原因
		秦山一期核电厂	大亚湾核电厂	
3	蒸汽发生器	3.51	3.37	存在换热温差
4	蒸汽再热器	0.37	0.37	
5	给水加热系统	1.24	1.01	
6	凝汽器	3.95	4.26	换热不可逆及能量排出动力循环
7	汽轮发电机	7.81	5.52	绝热膨胀过程不可逆、轴承摩擦及调节系统能量消耗、电气损失
8	主泵	0.09	0.08	电气损失、机械摩擦及流体损失
9	给水泵	0.09	0.23	
10	凝水泵	0.01	0.01	
11	主抽汽器	0.05	0.07	换热、膨胀及混合过程不可逆
12	汽水分离器	0.17	0.08	摩擦、散热及漏泄
13	主蒸汽管道	0.46	0.26	
14	废汽管道	0.0	0.02	
总计		68.38	65.99	
电厂净效率/%		31.62	34.00	

表 6-4　热力系统中几类主要设备的损失份额

序号	设备类型		㶲损系数/%		㶲损率/%	
			秦山一期核电厂	大亚湾核电厂	秦山一期核电厂	大亚湾核电厂
1	反应堆		50.63	50.70	74.05	76.83
2	换热设备	蒸汽发生器 蒸汽再热器 给水加热器 凝汽器	9.07	9.02	13.26	13.67
3	汽轮发电机		7.81	5.52	11.42	8.37
4	泵类	主　泵 给水泵 凝水泵	0.19	0.32	0.28	0.49
5	其他	主蒸汽管道 汽水分离器 主抽汽器 废汽管道	0.68	0.43	1.00	0.65

由以上两表所示数值可以看出,在压水堆核电厂热力系统中,反应堆是能量损失最大的设备,其㶲损失约占核能总㶲的50%左右;换热设备的㶲损失仅次于反应堆,大约为9%;汽轮发电机的㶲损失为5.52%~7.81%,而泵类和其他设备的㶲损失之和还不到1%。

反应堆的㶲损失占整个热力系统㶲损失的74.05%~76.83%,这与能量平衡分析所得出的反应堆内的能量损失为零而换热设备是热力系统中能量损失最大的一类设备的结论完全不同。虽然在反应堆内的能量转换和传递过程中能量的数量基本不变,但由于能量形式发生变化以及存在较大的传热温差,导致了能量做功能力的大幅度下降。即反应堆内的能量损失实质上是能量在质量上的损失。对于换热设备而言,其㶲损失只占系统总㶲损失的13%左右。根据能量平衡分析的结果,换热设备中热量损失的数量超过整个系统热量损失的97%以上,并且主要是由于凝汽器中热量排入环境造成的,尽管凝汽器中热量损失的数量约占反应堆热功率的65%,但其㶲损失只占核能总㶲的4%左右。这是由于排入凝汽器中的乏汽和疏水的温度和压力非常低,放出的热量做功能力很低,即所具有的㶲较少,所以其㶲损失所占的份额并不大。因此,从㶲分析的角度来看,造成压水堆核电厂热力系统能量损失的主要原因是在能量转换和传递过程中存在着大量不可逆因素,导致了能量做功能力的下降,由于热量散失而引起的做功能力损失并不是主要的。所以,提高压水堆核电厂热力系统热效率的根本途径在于降低用能过程的不可逆程度,主要改进对象是反应堆,而不像能量平衡分析所指出的那样,是设法减少凝汽器中的能量损失。

根据表6-3、表6-4所列结果,对秦山一期核电厂与大亚湾核电厂的㶲损失分布情况进行比较可以看出,在五大类设备中,除汽轮发电机之外,两座核电厂其他几类设备的㶲损系数基本接近。换言之,秦山一期核电厂与大亚湾核电厂㶲效率的不同主要体现在汽轮发电机的㶲损失上。

通过对压水堆核电厂热力系统的㶲分析,可以得出以下结论:

(1)在压水堆核电厂热力系统中,㶲损失最大的设备是反应堆,而不是能量平衡分析所指的凝汽器。

(2)造成热力系统中能量损失的主要原因是在能量转换、传递和分配过程中存在不可逆因素,导致能量的做功能力下降。

(3)㶲分析方法将压水堆核电厂热力系统中能量在数量和质量上的损失都统一归结为能量做功能力的损失,因而更加全面地反映了热力系统能量利用的不完善程度,为改进热力系统、提高㶲效率指出了方向。

6.3 核电厂热力系统的㶲优化

㶲分析方法通常是计算确定㶲损失在热力系统中的分布,从而找到㶲损失最大的部位,为改进系统、提高热经济性指出方向。而㶲优化方法是把热力系统作为一个整体,通过对系统各参数之间关系的分析,建立目标函数和约束条件的数学模型,然后对热力系统整体进行寻优,从而获得最优状态下各参数的优化值或系统的最佳结构。

㶲优化的解题方法可以大体分为以下两类:

(1)图解法。将目标函数和约束方程依据数学运算绘制成曲线,然后根据坐标系中曲线的形状和约束方程的限制范围,直观地确定极大值或极小值等最优点。

(2)解析法。建立目标函数和约束条件的数学模型,通过数学运算求解获得极大值或极小值,以及与其相关的优化变量。

压水堆核电厂热力系统庞大且复杂,系统中各个设备之间相互联系、相互影响。根据系统工程理论的观点,系统局部最优不一定系统总体最优,因此核电厂热力系统中某一设备的㶲损失最小并不意味着系统㶲效率最高。

由于压水堆核电厂热力系统在某一工况稳定运行时,系统热力参数基本不随时间改变,所以可以认为一定存在着一组相互独立的热力参数,使得系统㶲效率最高。利用工程优化方法进行分析,可以确定出系统最佳㶲效率所对应的这样一组独立的热力参数。

6.3.1 㶲效率优化步骤

对核电厂热力系统进行热力参数优化的目的是获得最佳的系统㶲效率,因此优化的目标函数可确定为系统的㶲损系数最低,其表达式为

$$\xi = \min\left(\sum_{k=1}^{n} \xi_k\right) \tag{6-97}$$

优化变量的确定就是热力系统中独立变量的确定,尽管压水堆核电厂热力系统庞大而且复杂,但整个系统并非“自身封闭”的。例如,凝汽器中的压力是由排入其中的乏汽和疏水以及作为冷源的循环海水的流量所决定的,循环海水流量可以通过人为改变循环水泵的功率、转速进行调节,进而控制凝汽器中的压力。同样,给水温度、蒸汽再热温度也可以通过改变加热蒸汽流量在一定范围内进行调节控制。根据研究对象的特点,取给水温度 t_{fw}、凝汽器压力 p_{cd} 以及蒸汽再热温度 t_{sr2} 作为优化变量,表示为

$$\bar{x} = (\bar{x}_1, \bar{x}_2, \bar{x}_3) = (t_{fw}, p_{cd}, t_{sr2}) \tag{6-98}$$

上述几个优化变量的变化不是任意的,受到热力系统中有关设备性能的约束。例如,给水温度 t_{fw} 最高不能超过作为最末级给水加热器加热介质的主机抽汽温度 t_{se1};冷凝器压力 p_{cd} 对应的饱和水温度 t_{cd} 总是高于循环海水的出口温度 t_{swo};蒸汽再热温度 t_{sr2} 不低于一级再热器出口蒸汽温度 t_{sr1},并且不高于加热蒸汽的温度 t_s;除此之外,低压汽轮机末级排汽干度 x_{zl} 不能低于 0.88。因此,针对研究对象的特点,可以提出如下约束条件:

$$\begin{cases} g(1) = t_{se,1} - \Delta t_{fw} - t_{fw} \geqslant 0 \\ g(2) = t_{cd} - \Delta t_{cd} - t_{sw,o} \geqslant 0 \\ g(3) = t_{sr2} - t_{sr1} \geqslant 0 \\ g(4) = t_s - \Delta t_{sr2i} - t_{sr2} \geqslant 0 \\ g(5) = x_{zl} - 0.88 \geqslant 0 \end{cases} \tag{6-99}$$

非线性规划的计算方法很多,发展很快。对于求解具有不等式约束、优化变量在 20 个以内的优化设计问题,采用直接处理约束的复合形法是比较有效的。这种方法的基本思想是在非线性约束的 n 维设计空间取 $2n$ 个顶点构成复合形,然后对复合形各顶点的函数值逐一比较,不断丢掉最坏点,代之以既能使目标函数有所改进,又能满足约束条件的新点,逐步逼近最优点。复合形法虽然计算量较大,收敛速度慢,但是这种算法计算稳定,程序简单,使用方便,所以在工程计算中使用较多。优化计算仅以秦山核电厂热力系统为研究对象,优化计算结果如表 6-5 所示。

表 6-5　压水堆核电厂热力系统㶲效率优化计算结果

序号	计算项目	㶲损系数/%		增量
		原始结果	优化结果	
1	反应堆内能量形式转换	25.1648	25.1648	0.0
2	反应堆内热量传递	25.465 5	25.465 5	0.0
3	主冷却剂泵	0.089 3	0.092 8	0.003 5
4	蒸汽发生器	3.506 2	3.441 6	-0.064 6
5	主蒸汽管道	0.460 7	0.426 8	-0.033 9
6	汽轮发电机	7.807 6	7.805 3	-0.002 3
7	汽水分离/再热器	0.536 2	0.422 9	-0.113 3
8	凝汽器	3.950 1	3.610 5	-0.339 6
9	给水回热系统	1.238 5	1.310 7	0.072 2
10	废汽管道	0.0	0.007 1	0.007 1
11	给水泵	0.088 5	0.086 6	-0.001 9
12	凝水泵	0.014 0	0.016 2	0.002 2
13	主抽汽器	0.054 8	0.060 6	0.005 8
14	循环水泵	0.084 8	0.137 3	0.052 5
合计		68.461	68.048 7	-0.412 3
电厂净效率/%		31.539	31.951 3	0.412 3

优化计算结果表明,与原方案相比,压水堆核电厂㶲效率提高了0.412 3%,下降幅度只有0.602 2%。因此,从㶲效率的角度来看,秦山核电厂的运行参数已经接近最佳值。

6.3.2　优化变量灵敏度分析

1. 给水温度

给水温度对核电厂㶲损系数的影响如图6-6所示。随着给水温度的提高,核电厂㶲损系数呈现下降趋势,这是因为给水温度升高,使蒸汽发生器中二回路工质的平均吸热温度相应提高,在一回路冷却剂平均温度不变的情况下,换热温差减小,蒸汽发生器换热过程的内部㶲损失减小。

2. 凝汽器压力

核电厂㶲损失系数对凝汽器压力变化的响应比较敏感,这是因为蒸汽终参数的变化直接影响到整个核电厂热力系统中最主要的耗汽设备——汽轮发电机组的汽耗率。图6-7所示为凝汽器压力对核电厂热力系统㶲损失的影响规律,对应核电厂最小㶲损系数存在一个最佳值。

凝汽器压力大于该值时,核电厂㶲损系数随压力提高而增大,因为蒸汽终参数的提高会导致蒸汽在汽轮机内的绝热焓降减小,耗汽量增加,汽轮机、凝汽器的㶲损失都相应增加;凝汽器压力低于该值时,核电厂㶲损系数随压力降低而增加,因为凝汽器压力太低,会使循环冷却水泵消耗的功率大幅度增加,进而导致核电厂经济性下降。

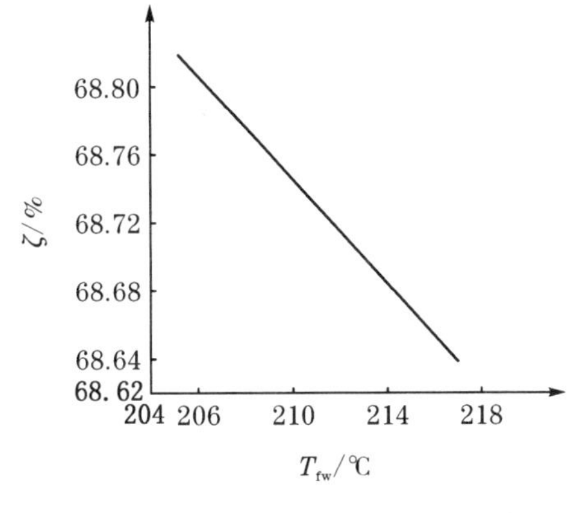

(a) 核电厂㶲损系数随给水温度的变化

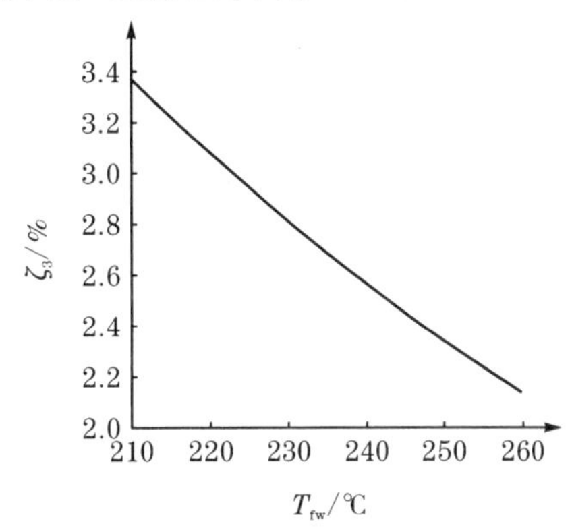

(b) 蒸汽发生器㶲损系数随给水温度的变化

图 6-6 给水温度对核电厂㶲损系数、蒸汽发生器㶲损系数的影响

3. 蒸汽再热温度

蒸汽再热温度对核电厂㶲损系数的影响不大。当再热蒸汽温度等于第一级再热器出口蒸汽温度时,即第二级再热器中没有加热蒸汽,此时核电厂㶲效率是这种情况下最小的(图 6-8)。

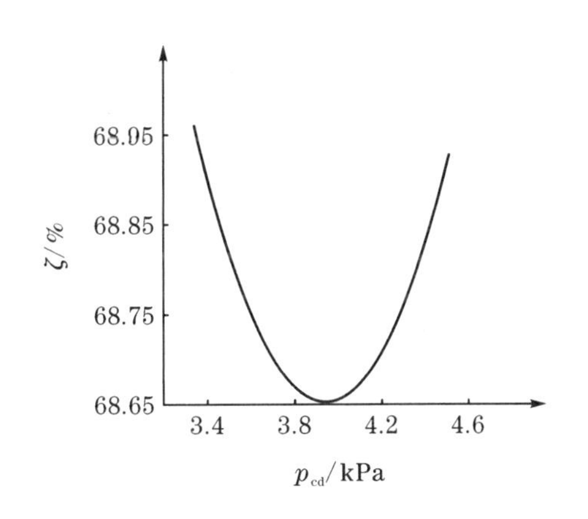

图 6-7 凝汽器压力对核电厂㶲损系数的影响

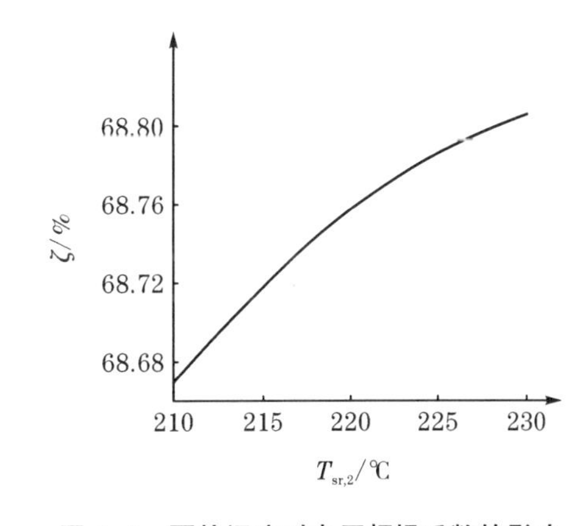

图 6-8 再热温度对电厂㶲损系数的影响

思考题与习题

6.1 反应堆中包含哪两个主要能量过程?造成这两个过程㶲损失的主要原因是什么?

6.2 试分析冷凝器在运行过程中产生㶲损失的原因。

6.3 一个表面式给水加热器,加热蒸汽的质量流量为 G_{hs},入口参数为 h_{hs}、s_{hs},出口参数为 h_{hw}、s_{hw};给水流经加热器,温度由 t_1 升高到 t_2。假设环境温度为 t_0,给水的平均定压比热为

c_p,试确定该给水加热器运行过程中的㶲损失、㶲效率,并分析造成损失的主要原因。

6.4 一台管壳式换热器,加热流体的质量流量为0.28 kg/s,进、出口温度分别为200 ℃和50 ℃,吸热流体的进、出口温度分别为30 ℃和150 ℃,加热流体、吸热流体的平均定压比热分别为3.349 kJ/(kg·K)和3.768 kJ/(kg·K)。设环境温度为25 ℃,不计换热器的散热损失,试计算换热过程的㶲损失。

第7章 核电厂热力系统节能分析

尽管应用能量平衡法和㶲分析法对压水堆核电厂热力系统进行热力分析,得出的装置净效率值基本相同,但是两种方法所揭示出的问题的实质是不一样的。能量平衡法认为造成压水堆核电厂热力系统能量损失的主要原因是运行过程中热量排出热力循环,以及由于机械损失、电机损失造成的能量散失,减小能量损失的主要方向是改进装置热力循环,减小凝汽器中排泄的热量,降低热力设备的散热损失。而㶲分析法则认为造成能量损失的主要原因是热力系统在能量转换、传递及输送过程中的不可逆因素导致了能量做功能力的下降,提高热力系统效率的途径是设法减小用能过程的不可逆程度。由于两种方法对热力系统能量损失的主要部位、数量及造成损失的根本原因的分析结果完全不同,必然会给出不同的改善热力系统热经济性的方法和途径。例如,从热量平衡的观点出发,凝汽器是能量损失最大的设备,但从㶲的角度来看,排入凝汽器中的乏汽和疏水放出的热量由于温度、压力较低,能量品质很差,所具有的㶲较少,不值得花费很大精力去改进,主要目标应该是减小热力系统特别是反应堆内能量转换和传递过程中的不可逆损失。

由于能量具有数量大小和质量高低两方面的性质,㶲分析法将能量在数量和质量两方面的损失都归结为能量做功能力的损失,因而能够比能量平衡法更全面地揭示和评价热力系统中能量损失的程度,为提高热力系统能量利用的完善程度指出正确的途径。

7.1 改善核电厂热经济性的途径

7.1.1 提高反应堆㶲效率

压水堆中的㶲损失主要来自反应堆内核裂变能转换为热能以及堆芯核燃料释热传递给主冷却剂两个过程。由热力学可知,当能量以热量的形式存在时,其品质取决于载热介质的温度,温度越高,能量的品质就越高。核燃料所具有的能量全部是㶲,裂变后释放出的热能的品质取决于核燃料的平均温度,通常核燃料温度不会高于 3 000 ℃,因此核裂变能转换为热能,必然导致能量品质下降,可用能减少;当堆芯释热传递给主冷却剂时,由于核燃料与冷却剂之间存在较大传热温差,使得能量品质下降,造成㶲损失。

为了便于说明,核能总㶲、核燃料释热㶲、冷却剂吸热㶲近似表示为

$$E_{x,N} = Q_R$$

$$E_{x,R} = Q_R\left(1 - \frac{T_0}{T_{u,av}}\right), E_{x,c} = Q_R\left(1 - \frac{T_0}{T_{c,av}}\right)$$

式中 $T_{u,av}$、$T_{c,av}$ ——堆芯核燃料、冷却剂的平均温度,K。

相应的㶲损失为

$$E_{\mathrm{xl,R1}} = E_{\mathrm{x,N}} - E_{\mathrm{x,R}} = Q_{\mathrm{R}} \frac{T_0}{T_{\mathrm{u,av}}}$$

$$E_{\mathrm{xl,R2}} = E_{\mathrm{x,R}} - E_{\mathrm{x,c}} = Q_{\mathrm{R}} T_0 \frac{T_{\mathrm{u,av}} - T_{\mathrm{c,av}}}{T_{\mathrm{u,av}} T_{\mathrm{c,av}}}$$

则

$$\frac{E_{\mathrm{xl,R1}}}{E_{\mathrm{xl,R1,0}}} = \frac{T_{\mathrm{u,av,0}}}{T_{\mathrm{u,av}}} \tag{7-1}$$

$$\frac{E_{\mathrm{xl,R2}}}{E_{\mathrm{xl,R2,0}}} = \frac{T_{\mathrm{u,av}} - T_{\mathrm{c,av}}}{T_{\mathrm{u,av,0}} - T_{\mathrm{c,av,0}}} \frac{T_{\mathrm{u,av,0}} T_{\mathrm{c,av,0}}}{T_{\mathrm{u,av}} T_{\mathrm{c,av}}} \tag{7-2}$$

显然,要减小反应堆内㶲损失,应该从以下两个方面进行考虑:

(1)提高反应堆内核燃料平均温度;

(2)减小核燃料与冷却剂之间的传热温差。

图7-1反映了堆内核裂变能转换为热能过程的㶲损失与核燃料平均温度的关系。随着核燃料平均温度的提高,堆内能量转换过程的㶲损失减小,若核燃料平均温度提高一倍,能量转换过程中的㶲损失减小约50%;当核燃料平均温度趋近于无穷高时,该项㶲损失趋近于零。

图7-2反映了反应堆内能量传递过程中的㶲损失与传热温差的关系。传热温差越小,堆内能量传递过程中的㶲损失就越小。为便于说明,假设核燃料平均温度为1 200 ℃,主冷却剂平均温度为302 ℃。若传热温差减小1/2,能量传递过程中的㶲损失可减小约2/3;当传热温差趋近于零时,该项㶲损失也趋近于零。

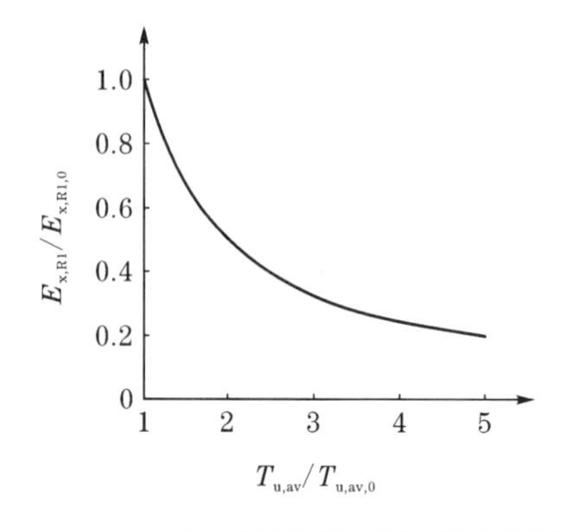

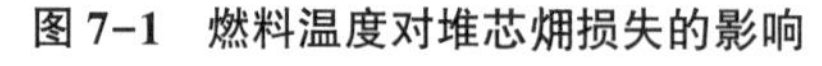
图7-1 燃料温度对堆芯㶲损失的影响

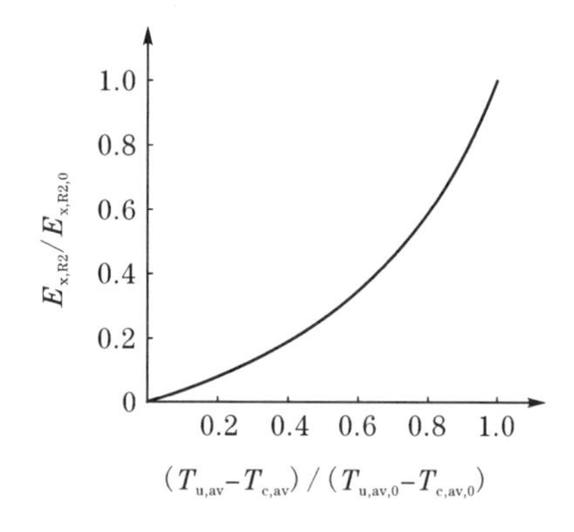

图7-2 传热温差对堆芯㶲损失的影响

目前,压水堆中普遍使用UO_2陶瓷燃料,其主要特性参数如表7-1所示。

表7-1 UO_2燃料的主要特性参数

熔点/℃	晶体结构	晶格参数/nm	理论密度/(g/m^3)
2 865±15	面心立方体	0.546 5	10.96×10^{-6}
热导率/[W/(m·K)]	热膨胀系数/(1/℃)	断裂强度/MPa	弹性模量/10^5MPa
~8.6(20 ℃以下)	~1×10^{-5}(0~1 500 ℃)	~110	2.0(20 ℃以下)

考虑到堆内放射性辐射以及燃耗深度的影响,压水堆在额定满功率运行时,燃料芯块中心最高温度约为2 000 ℃,平均温度只有800~1 200 ℃。因此,对于采用陶瓷燃料的压水

堆,核燃料平均温度的进一步提高,受到核燃料热物理性能、反应堆热工安全性的限制,必须发展熔点更高,有良好的热稳定性、辐射稳定性和化学稳定性,热导率较高的新型核燃料。

压水堆核电厂主回路系统压力一般约为 15.2 MPa,反应堆进口冷却剂温度为 280~300 ℃,出口温度 310~330 ℃,主冷却剂平均温度最高只有 315 ℃左右。主系统压力对应的饱和温度约为 340 ℃,若主系统压力保持不变,大幅度提高主冷却剂平均温度,则堆出口冷却剂温度必然高于饱和温度,堆芯热通道内将有净蒸汽产生,可能引起堆芯传热恶化,造成堆芯烧毁。因此提高冷却剂平均温度,必须同时提高主系统压力,以保证反应堆的热工安全性,但是存在以下几个问题:

(1)主系统压力提高,相应各主要设备的承压要求、材料和加工制造等技术难度增加,使得电站建设投资增加,影响电站运营经济性。

(2)水的临界温度为 373.99 ℃,对应的临界压力为 22.064 MPa,在任何压力下,只要水的温度高于临界温度,水都只有以蒸汽形式存在。在目前技术水平下,压水堆以过冷水作为冷却剂和慢化剂,反应堆出口冷却剂的温度至多能达到 360 ℃,冷却剂平均温度也不会高于 350 ℃,可以提高的幅度极其有限。

(3)压水堆使用的燃料元件包壳材料多为锆-4 合金,锆合金包壳在压水堆的工作温度和压力范围内会产生显著蠕变,蠕变速率随温度的升高而明显增加;另外,在高温下,锆与水(或蒸汽)将发生如下反应:

$$Zr + 2H_2O \longrightarrow ZrO_2 + 2H_2\uparrow + 热量$$

这是一种放热反应,1 kg 锆合金与水(或蒸汽)完全反应后可放出约 6.74×10^3 kJ 的热量。因此锆合金包壳与水接触的表面最高工作温度常常限制在 350 ℃以下,考虑到温度分布的不均匀性,一般在以锆合金作包壳的压水堆中,冷却剂平均温度不高于 340 ℃。

表 7-2 给出了几种堆型燃料包壳表面允许的最高温度。

表 7-2　几种堆型燃料包壳表面允许最高温度

堆型	包壳材料	允许最高温度/℃
水冷反应堆	锆合金	350
CO_2 冷却反应堆	镁合金/铍	405/600
钠冷反应堆	不锈钢	650
有机液体冷却反应堆	铝合金	400

因此,对于目前技术水平下的压水堆,要采取措施提高堆内核燃料平均温度,减小核燃料与主冷却剂之间的传热温差,大幅度减小反应堆内的㶲损失,由于受到燃料、主冷却剂以及反应堆材料热工性能的限制而可能性很小。

为了提高压水堆的㶲效率,需要解决的关键技术是:研制与选择高熔点、高导热性的核燃料,耐高温腐蚀性能优良的核燃料包壳材料以及适当的冷却剂工质。

由于流出反应堆的主冷却剂温度越高,带出的热量品质就越高,因此反应堆内损失的减小,主要表现在一回路主冷却剂平均温度的提高。目前技术水平下的压水堆核电厂冷却剂平均温度约为 310 ℃,电站效率达 34%;钠冷快堆采用液态金属钠为冷却剂,核燃料为

PuO_2/UO_2(氧化铀和氧化钚的混合燃料),冷却剂平均温度达到 450 ℃,电站效率约为 42. 8%;高温气冷堆使用氦气作为冷却剂,石墨作慢化剂,高浓缩铀为燃料,运行时冷却剂的平均温度通常可以达到 520~530 ℃,反应堆出口温度能达到 740 ℃。可以大概估算出,在相同的环境温度下,压水堆的相对㶲损失约为 50%,高温气冷堆的相对㶲损失约只为 36. 7%,电站效率可以达到 41%。因此在未来的核电发展中,钠冷快堆和高温气冷堆作为经济性较好的堆型将会得到广泛应用。

表 7-3 给出了几个已建成的高温气冷堆的主要参数,表 7-4 给出了不同堆型使用的冷却剂所能达到的温度水平。

表 7-3 已建高温气冷堆的主要参数

电站名称及国家	Peach Bottom 美国	Dragon 英国	AVR 德国	Fort Stvrain 美国	THTR-300 德国
热功率/MW	115	20	46	840	750
电功率/MW	40	—	15	330	315
燃料最高温度/℃	1 331	1 600	1 134	1 260	1 250
一回路系统压力/MPa	2. 36	2	1. 09	4. 9	4
反应堆入口氦气温度/℃	344	350	275	406	260
反应堆出口氦气温度/℃	728	750	950	785	750
二回路蒸汽温度/℃	538	—	500	540	535
电站毛效率/%	34. 78	—	32. 61	39. 28	42. 0

表 7-4 各种堆型的冷却剂温度

堆型	高温气冷堆				液态金属快中子堆	压水堆	沸水堆	供热堆
	未来型	工艺供热	氦气轮机	蒸汽循环				
冷却剂温度/℃	>1 000	950	950	750	520	320	285	200

如果突破现有压水堆的概念,假设反应堆回路压力提高到 22. 12 MPa,采用超临界温度的水作为冷却剂,若一回路平均温度提高到 600 ℃左右,则反应堆的㶲损失可减小约 1/2,当二回路㶲损系数不变时,核电厂热效率可达到 55% 以上,其经济、社会效益将十分可观。这种“超临界压水堆”在技术上是否可行,需要进行多学科的分析和研究。

7.1.2 提高换热设备㶲效率

在压水堆核电厂热力系统中,换热器占有很大比例,主要设备包括蒸汽发生器、凝汽器、给水加热器及蒸汽再热器等,换热设备中的㶲损失占反应堆总功率的 9. 02%~9. 07%。一般认为换热设备中的㶲损失有两方面原因:

(1)由于存在传热温差而造成的内部㶲损失,这是换热设备㶲损失的主要原因。

(2)由于散热损失而造成的外部㶲损失。

因此,提高换热设备的㶲效率,需要从两个方面去努力:第一,减小换热过程散热损失,提高换热效率;第二,强化换热,在保证传热顺利进行的前提下,减小传热温差。

换热设备的原则性传热方程为

$$Q = K \cdot F \cdot \Delta T \cdot 10^{-3} \tag{7-3}$$

式中 Q——换热量,kW;

K——传热系数,$W/(m^2 \cdot K)$;

F——传热面积,m^2;

ΔT——平均换热温差,K。

传热过程通常由以下几部分组成:

(1)加热介质与换热面间的换热;

(2)换热面内的导热;

(3)换热面上污垢层内的导热;

(4)换热面与被加热介质间的传热。

在换热设备中应用强化换热技术,主要目的有以下几个方面:

(1)在传热负荷不变的情况下减小换热面积,缩小换热设备的体积。

(2)在换热设备总体尺寸不变的情况下,增加换热器的换热量。

(3)减小冷、热流体之间的传热温差,提高吸热介质的出口温度。

(4)降低流体的压力损失及减小流体唧送功率。

从合理用能的角度来看,采用强化换热措施是通过减小传热过程中各个环节的热阻,来提高换热器的传热系数,这样当换热面积和换热量不变时可以减小换热平均温差,降低换热过程的内部㶲损失。

在实际工程中采用的对流换热强化方法如下:

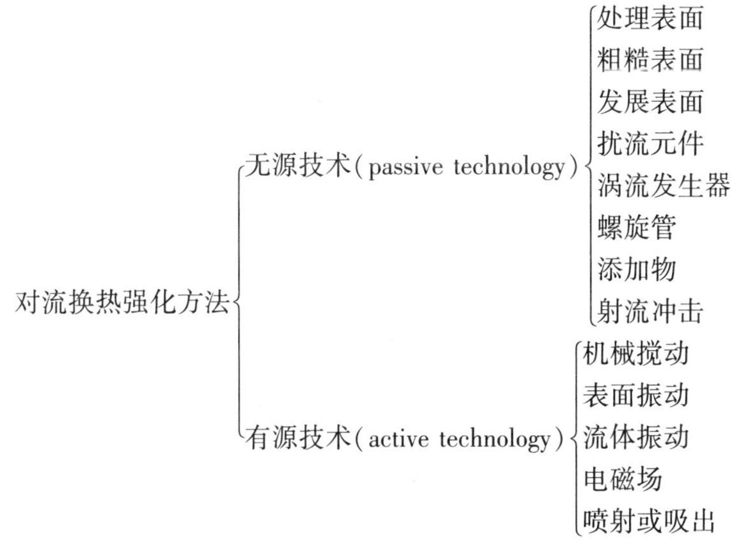

核电厂热力系统中使用的换热器大多为传统的壳管式,所采用的换热管通常为光滑管,这是由于光滑管价格便宜,易于制造、安装和维修,清洗方便,因此应用相当普遍。随着强化换热技术的研究和应用,在换热器中开始使用粗糙换热管、处理表面管或者在换热管内使用插入物、加入添加剂来提高换热效率。

目前实际得到应用的粗糙表面管有翅片管和螺纹管。翅片管可对管外换热进行强化,主要用于管内为单相流、管外为气体(空气或烟气)的各种空气冷却或余热利用设备,在核电厂换热设备中的应用范围有限。螺纹管可以对管内、管外换热同时强化,是动力装置凝汽器中最有效的强化换热方法之一,美国海军已将这种换热管应用于舰艇动力装置冷凝器中,在美国和欧洲国家的电厂凝汽器中也已成功地采用了这种强化换热技术。国内在进行核动力装置换热设备小型化技术的研究过程中,通过大量的实验研究,发现在相同的蒸汽负荷、循环冷却海水流量和入口水温的条件下,采用螺纹管可以使冷凝器的真空度提高,而且随着蒸汽负荷的增加,真空度提高的幅度增大。

以秦山核电厂为例,其凝汽器传热管采用钛材光滑管,如果采用钛材螺纹管进行冷凝强化换热,假设:

(1)蒸汽发生器中蒸发压力、温度不变,给水温度不变;

(2)汽轮机内效率、机械效率以及发电机效率不变;

(3)各抽汽点压力、温度不变;

(4)电站输出净电功率不变;

(5)循环冷却水泵消耗功率不变;

(6)汽轮机低压缸末级排汽湿度不大于12%(可以通过采用更为有效的汽轮机级内除湿、中间汽水分离技术来实现)。

凝汽器真空度的提高(即冷凝压力的降低)将使电站㶲效率随之提高,其影响规律如图7-3所示。

在上述假设条件下,凝汽器的冷凝压力降低,对核电厂热力系统的影响表现在以下几个方面:

(1)由于汽轮机背压降低,蒸汽在汽轮机内的绝热焓降增大,使汽轮机的耗汽量减少,则所需的核蒸汽供应系统热功率减小。

(2)汽轮机排汽量相应减少,可使凝汽器的蒸汽负荷降低,排入环境的热量绝对值减小,一方面减少了排入环境的㶲量,另一方面可以缩小凝汽器尺寸,降低电站投资费用。

(3)凝汽器冷凝温度降低,进入凝汽器的工质放出的热量所具有的㶲减少,可以降低凝汽器中的㶲损失。

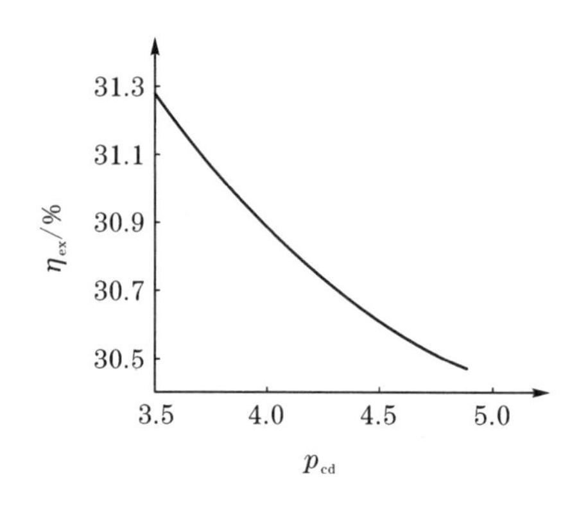

图7-3 p_{cd} 对 η_{ex} 的影响

强化换热的方法除了采取一些技术措施对换热面单侧或两侧的换热进行强化之外,还包括选用导热性能优良的材料制造换热面、采用物理和化学的手段保持换热面清洁来降低换热过程中的换热面热阻和污垢热阻。

对于一般的换热设备,假设加热介质、吸热介质的绝对平均温度分别为 T_1 和 T_2,环境的绝对温度为 T_0,忽略散热损失,换热量为 Q,则其换热过程的㶲损失为

$$E_{xl} = QT_0 \frac{T_1 - T_2}{T_1 T_2} = QT_0 \frac{\Delta T}{T_1 T_2} \tag{7-4}$$

采用强化换热措施后,如果平均换热温差减小30%,即 $\Delta T' = 70\%\Delta T$,则换热设备的㶲损失变为

$$E'_{xl} = QT_0 \frac{\Delta T'}{T'_1 T'_2} \tag{7-5}$$

如果加热介质的平均温度不变，即 $T_1' = T_1$，则

$$\frac{E_{xl}'}{E_{xl}} = \frac{\Delta T'}{\Delta T}\frac{T_2}{T_2'} = 70\%\ \frac{T_2}{T_2'} \tag{7-6}$$

由于 $(T_1 - T_2) > (T_1' - T_2')$，且 $T_1' = T_1$，则 $T_2' < T_2$，所以在上述假设条件下，换热设备的㶲损失可以减小 30% 以上。

综上所述，对核电厂换热设备尤其是凝汽器采用强化换热技术，可以使核电厂㶲效率有所提高，但是强化换热技术的最终使用还取决于一些限制因素，如材料性能、结构可能性、安全可靠性等。

7.1.3 提高汽轮发电机㶲效率

汽轮发电机的㶲损系数为 7%~8%，在核电厂热力系统中也是㶲损失比较大的设备之一。汽轮机工作时产生㶲损失的主要原因有以下两个方面：

1. 汽轮机内部损失

蒸汽在汽轮机通流部分膨胀做功时，会产生诸如叶片鼓风与叶轮摩擦损失、内部漏汽损失、湿汽损失及蒸汽在进汽道、排汽道和高、低压缸连通管内的流动损失等多种内部损失，增大了蒸汽绝热膨胀的不可逆程度，消耗了蒸汽的有用能量，使蒸汽在汽轮机内的做功减少。

2. 功率传输损失

汽轮机内部功率输出过程中，由于支持轴承、推力轴承的摩擦阻力及调节系统的能量消耗，使汽轮机输出给发电机的有效功率减小。

因此，提高汽轮机㶲效率的途径应该是：进行汽轮机通流部分的优化设计，选择最佳叶型，提高设计制造水平，减小摩擦阻力，保证较高的级效率，减小蒸汽在汽轮机内部绝热膨胀过程的不可逆程度及汽轮机的机械损失。

另外，随着汽轮机组容量增大，汽轮机的内效率也逐渐提高，汽轮机内部损失和机械损失与输出功率相比所占比例下降，汽轮机组的经济性改善。由㶲分析计算可以看出，秦山核电厂汽轮发电机的㶲损系数为 7.81%，而大亚湾核电厂汽轮发电机的㶲损系数只有 5.52%，造成这种差距的原因除了设计制造水平之外，主要在于后者的容量要远大于前者。由于反应堆、各类换热设备及其他热力设备的㶲损失与其容量大小基本无关。因此，增大核电厂容量，采用大容量的汽轮发电机组，核电厂的热经济性也有所提高。

发电机的㶲损失主要是由于电枢绕组中的铜损、铁损及机械损耗造成的，因此提高发电机的效率应该从优化发电机的设计、采用超导技术等方面着手。

7.1.4 提高辅助设备㶲效率

其他一些热力设备，由于总的相对能量损失还不到 1%，进行改造的收益不大。对于电动泵类，主要是提高电机效率，优化泵的叶轮设计。对于蒸汽管道，主要是包敷绝热材料，减小散热损失；管道布置尽可能短而直，减小流动摩擦及局部阻力；提高密封技术，减少

漏泄。

7.1.5 改善核电厂热经济性的途径及其可能性

压水堆核电厂是一个复杂的有机整体,各分系统以及各热力设备之间相互联系、相互影响。即使一个设备经过改进,提高了㶲效率,由于相关设备或系统的制约和影响,整个核电厂热力系统的热经济性未必能够得到改善。因此,必须从系统工程的观点出发,从总体上研究提高核电厂热经济性的方法和途径。

改善压水堆核电厂热经济性水平,可以通过减小各个设备的㶲损失以及提高装置的循环热效率来实现,其具体途径为:

(1)提高反应堆运行过程中核燃料的平均温度,减小核燃料与主冷却剂之间的传热温差,使主冷却剂平均温度提高。

(2)强化换热,减小换热设备内换热过程中的传热温差,提高传热效率。

这样可以提高蒸汽发生器二次侧蒸汽参数,降低主凝汽器中的冷凝压力,从而提高装置循环热效率。

(3)优化主汽轮机、发电机设计,减小主汽轮机内蒸汽膨胀过程的不可逆程度,提高发电机能量转换的效率。

(4)发展大容量的压水堆核电厂。

采用大容量的汽轮发电机组,汽轮机的内效率和机械效率相应提高,使得汽轮发电机组的㶲损失占核能总㶲的比例减小,核电厂总体经济性提高。

由于核燃料、主冷却剂、反应堆材料的热物理性质及反应堆热工安全准则的限制,压水堆核电厂中核燃料、主冷却剂的平均温度难以进一步提高,限制了二回路蒸汽参数和装置效率的提高,因此压水堆核电厂热经济性不会有较大的提高。

7.1.6 结论

通过以上分析,可以得出以下结论:

(1)㶲分析方法指明了能量系统能量利用不完善的真实原因,即能量转换和传递过程的不可逆性。

(2)压水堆核电厂㶲损率最大的部位在反应堆,而不是能量平衡法通常所认为的凝汽器。提高压水堆核电厂热经济性的主要方向应该是减小核电厂热力系统中特别是反应堆内能量转换、传递的不可逆程度。

(3)采用强化换热技术对压水堆核电厂换热设备进行改造,在一定条件下可以使电站㶲效率提高3%左右。

(4)对于目前技术水平下的压水堆核电厂,由于受到材料热工性能的限制,要大幅度提高其热力学经济性已不可能,只有发展超临界的压水堆或者采用能够更有效利用核裂变能的新堆型,才能使核电厂的热效率提高到一个新水平。

7.2 合理用能的基本原则

合理有效地利用能源,是保证热力系统具有最佳热经济性的基本前提,也是实现人类社会可持续发展的重要条件。

在工程实际中,通常将能源的合理有效利用简单归结为节能。节能问题的涉及面很广,既有能源政策、能源管理方面的问题,又有工艺、设备、控制、材料以及其他的节能技术问题。就节能技术而论,各行业有其各自的特点和具体情况,可以提出许多节能措施,然而节能的基本原理则有共同之点。其中最重要的就是,必须遵循合理用能的基本原则,也就是按质用能。只有合理用能,才能获得高的能量有效利用率,达到节能的目的。

7.2.1 最小外部损失原则

能量系统在能量转换、传递和分配过程中,由于工质泄漏、设备外表面散热以及设备冷却用水带走热量而引起的能量损失统称为外部损失,这是一种有形损失。虽然由这些外部损失造成的㶲损失并不大,但它们都是由投入系统的高级能因过程的不可逆性转化而来的,所以在热力系统的设计和运行中,应力求使排出系统而未利用的热能减小到最低限度,做到能量的充分利用。

主要的技术措施包括以下几个方面:

(1)提高设备和管路的密封性能,减少工质的跑、冒、滴、漏。

电厂热力系统庞大而复杂,容易发生工质泄漏的设备较多。对于每一个具体的热力设备而言,泄漏的工质可能并不多,但如果整个电厂热力系统的热力设备都存在泄漏,那么由此而造成的能量损失将是惊人的。据测算,火力发电厂中如果每小时泄漏 130 ℃的饱和蒸汽 15 kg,相当于每年损失标准煤 16.4 t。

(2)改进热力系统,减少余热排放,加强余热的回收利用。

(3)提高热绝缘水平,减少因保温不良造成的散热损失。

核电厂热力系统在运行过程中向环境散热,包括以下几个过程:汽轮机内部高温高压蒸汽与汽缸壁之间的对流换热,主蒸汽管道、再热蒸汽管道及给水管道内部工质与管道内壁之间的对流换热;汽缸缸壁、管道管壁、绝热层内的导热;设备及管道绝热层外表面与周围环境之间的对流换热和辐射换热。如果对热力系统中大量的热力设备、管道和数以千计的阀门、法兰等绝热不良,将导致巨大的能量损失。

例如,公称直径为 300 mm 管道上的一个阀门,在管道内流动工质温度为 500 ℃的条件下,无绝热层时向环境的散热量为 14 537.5 W,采取绝热措施后,散热量降至 4 163.5 W。若按一年运行 7 000 h 计算,裸露状态比有绝热状态多损失热量 2.6×10^{11} J,相当于多消耗 8.9 t 标准煤。公称直径为 300 mm 管道上的一对法兰,管内工质温度为 450 ℃,无绝热层时散热量为 9 154 W,采取绝热措施后散热量为 517.5 W,运行 7 000 h,则裸露状态比有绝热状态多损失热量 2.2×10^{11} J,相当于多消耗标准煤 7.4 t。

表 7-5 给出了裸露管道及其绝热后的散热损失。从表中可以看出,裸管比绝热管的散热损失大数倍至几十倍,采取绝热措施可使裸管散热损失减少 90%以上。

表 7-6 和表 7-7 分别对阀门、法兰在绝热前后的散热损失进行了比较。

表 7-5　裸露管道与绝热管道散热损失的比较

管道公称直径/mm	管内介质温度/℃	每米管长散热损失/(W/m)		散热损失相比倍数
		裸露管道	绝热管道	
100	100	354.72	52.34	6.78
	200	1 133.93	104.67	10.83
	300	2 360.89	159.33	14.82
	400	4 244.95	211.67	20.06
	450	5 466.10	238.42	22.93
200	100	668.73	81.41	8.22
	200	2 128.29	153.52	13.86
	300	4 512.44	227.95	19.80
	400	8 082.85	302.38	26.73
	450	10 467.00	337.27	31.04
300	100	930.40	98.86	9.41
	200	3 023.80	189.57	15.95
	300	6 489.54	279.12	23.25
	400	11 630.00	368.67	31.55
	450	15 002.70	412.87	36.34

表 7-6　裸露阀门与绝热阀门散热损失的比较

管道公称直径/mm	管内介质温度/℃	每个阀门散热损失/W		散热损失相比倍数
		裸露阀门	绝热阀门	
100	100	432.64	162.82	2.66
	200	1 226.37	407.05	3.02
	300	2 419.04	744.32	3.25
	400	4 070.50	1 221.15	3.33
	500	6 163.90	1 791.02	3.44
200	100	732.69	261.68	2.80
	200	2 023.62	651.30	3.11
	300	3 907.68	1 203.71	3.25
	400	6 745.40	1 977.10	3.41
	500	9 886.00	2 826.09	3.50
300	100	1 122.30	395.42	2.84
	200	3 058.70	965.30	3.17
	300	5 873.15	1 773.58	3.31
	400	9 886.00	2 884.20	3.43
	500	14 537.50	4 163.50	3.49

表 7-7 裸露法兰与绝热法兰散热损失的比较

管道公称直径/mm	管内介质温度/℃	每对法兰散热损失/W		散热损失相比倍数
		裸露法兰	绝热法兰	
100	100	188.41	23.26	8.10
	200	601.27	69.78	8.62
	300	1 252.55	104.67	11.97
	400	2 251.57	162.82	13.83
	450	2 900.52	168.64	17.20
200	100	340.76	52.34	6.51
	200	1 086.24	139.56	7.78
	300	2 302.74	220.97	10.42
	400	4 124.00	314.01	13.13
	450	5 340.50	337.21	15.84
300	100	567.54	81.41	6.97
	200	1 845.68	215.16	8.58
	300	3 541.34	348.90	11.35
	400	7 096.63	488.46	14.53
	450	9 153.97	517.54	17.69

表 7-8 给出了热力设备或管道在散热㶲损失和环境温度一定的情况下，散热损失与工质温度的关系。

表 7-8 㶲损失相同时的散热损失

工质温度①/K	473	523	573	623	673	723	773	823	873	923
散热损失②/(W/m^2)	140	121	109	100	94	90	86	83	80	78
㶲损失/J	53.3	53.3	53.3	53.3	53.3	53.3	53.3	53.3	53.3	53.3

注：①近似取为设备或管道外表面温度。

②环境温度取为 20℃。

由表中数据可以看出，在相同的环境温度下，如果散热量相同，工质温度越高，散热损失所导致的㶲损失就越大。

7.2.2 最佳推动力原则

理论和实践都表明，凡是有热现象发生的过程，例如燃料的燃烧、化学反应、在有温差情况下的换热、介质节流降压、以及有摩擦的流动等，都是典型的不可逆过程，都要引起㶲值下降，造成㶲损失。而从能量利用的观点看，一切用能过程都是能量的传递和转化过程，都是在一定的热力学势差（温度差、压力差、电位差、化学位差等）推动下进行的，没有热力学势差，就没有推动力，热力过程也就无法实现。因此，热力势差既是过程进行的推动力，又是造成热力过程不可逆的主要原因。

合理利用能量的一个基本原则，是在技术和经济条件许可的前提下，采取各种措施，寻求过程进行的最佳推动力，以提高能量的有效利用率。

在对核电厂换热设备的设计中，往往选取较大的传热温差以确保传热过程能够顺利进行，这样虽然可以减少设备投资费用，但却增加了传热过程的㶲损失，从而增加了长期运行的能耗费用。这种做法在能源充足、价格相对低廉的条件下是可行的，但从节能的观点分析却是不合理的。若要适当减小传热温差，既不增大设备的重量尺寸又能保证足够的传热率，只能设法采取强化传热措施，减小传热过程的热阻，研制新型、高效的换热设备。另外，在运行过程中防止传热面结垢和腐蚀，保持运行中热阻不增大，也可以避免因实际推动力增大而导致能耗的增加。

7.2.3 能量优化利用原则

从本质上讲，合理、有效地利用能量的方式，是在用能过程中不轻易让㶲贬值。例如，燃烧和化学反应过程要尽量在高温下进行；加热、冷却等换热过程应使放热和吸热介质的温度尽可能接近；力求避免介质节流降压和由于摩擦、涡流造成压力损失；在工艺流程中尽量不使上述不可逆过程多次重复。这都是合理使用热能的一些基本原则。

从用能的观点来看，一个实际过程可以看成是能量的转化、转移以及损失的过程，亦即㶲的转化、转移和损失的过程，所以，必须根据过程所需要的数量和质量来供应能量。

能量供应的目的是满足用户的需求，不仅在数量上必须满足用户的要求，而且在质量上也应满足用户的要求。如果以低于用户所要求的质量标准供应能量，满足不了用户的需求，但如果以高于用户所要求的质量标准供应能量，又会造成浪费。因此，必须使供给的能量恰好符合用户所要求的质量标准，即按需供能。合理用能的另一个方面是按质用能，即在用能过程中，按照能量的质量（即㶲值的高低和大小）来使用。

对于实际的用能过程，总是存在一些不按质用能而造成能量浪费的现象。在热动力系统中，经常将参数较高的蒸汽经过节流后降为低参数蒸汽再使用，尽管能量的数量基本上没有减少，但是由于节流降低了蒸汽的做功能力，造成了较大的㶲损失。例如，压力为1.3 MPa的饱和蒸汽，其比㶲为1 012.3 kJ/kg，如果将其节流降压至0.3 MPa再使用，就会造成将近200 kJ/kg的㶲损失，约占原有㶲值的19.5%。

在冬季供暖时，利用燃料燃烧产生的热量直接对室内供暖，实际上也是一种很不合理的用能方式，因为它没有把高温热源的㶲值充分加以利用，而只考虑这种供热方式简便，把优质热能用于低质热能完全可以满足要求的采暖上，其结果必然浪费了大量优质热能。反之，如果先将燃料㶲通过热机系统转变为机械能，再利用机械能由“热泵”系统来提供采暖所需的低质热能，从理论上讲，1 kJ燃料㶲可以提供12倍采暖需要的低位热能。

因此，按需供能和按质用能实际上都是尽可能避免能量的无功降级，实现能质匹配。所谓能质匹配，就是使质量高的能尽量用在那些低质能无能为力的场合，如转换成电能等高级形式的能量，而能质低的能用于供热等低处，总之一条就是要使㶲向　转化的过程中尽量充分发挥其作用。能质匹配是一条很重要的合理用能原则。供给用户能量时应遵守这条原则，系统内部配置能量时也应遵守这条原则。

能量优化利用的基本原则包括以下几个方面：

1. 防止能量的降质使用

对高质量的能量，不应在未利用之前就降低其质量，否则将造成能质的损失。例如：高温高压蒸汽节流降压后使用，或高温工质与其他低温工质混合后使用，常造成高温工质的能量降质。

2. 简化用能方式

尽量减少能量的转换或传递的次数，从而减少转换或传递过程中的能量损失。

3. 梯次用能

实际上能量的使用过程就是能量经过转换和传递的过程，即为能量不断降质的过程。不同的工艺使用要求，对能量质量的需要各异。如果将高质量的能用于要求高质能的工艺过程中，将使用后降质的能量再用于要求较低能质的工艺过程中，按能量在使用过程前后能质逐步降低的顺序重复利用多次，如梯次利用、多效利用等方式，就会将高质量的能利用得比较充分。

例如，蒸汽发生器产生的新蒸汽参数较高，可用于驱动汽轮发电机以获得电能；中低参数的蒸汽用于加热蒸汽发生器给水，以回收热能，提高热力循环效率。如果使用新蒸汽加热给水，虽然能够满足系统对给水温度的要求，但由于高能低用，客观上造成了新蒸汽做功能力的浪费。

在核电厂热力系统中，为了将从凝汽器抽出的低温凝结水加热到蒸汽发生器所需的给水温度，设置了多级给水回热系统，从凝汽器出口到蒸汽发生器入口，凝给水的温度逐级升高，各级给水回热器分别使用从汽轮机某一级后抽出的蒸汽加热给水。热经济性良好的给水回热系统，抽汽参数与每一级加热器出口的给水温度是相匹配的。新蒸汽并没有直接用于加热给水，而是先在汽轮机内膨胀做功，降低到一定参数后抽出一部分去加热给水，从而实现了能量的合理利用。

在冶金企业，不同的工艺装置要求不同品位的蒸汽。例如，供动力拖动用的汽轮机需要参数较高的蒸汽，而一般的工艺用汽要求的蒸汽参数较低。如果采用单一供汽系统，势必要生产高参数的蒸汽才能满足，而其中一部分又经降温降压后再使用，导致高品位蒸汽降级，造成㶲损失，这也是不合理的。如果能从热能综合利用的角度出发，对用能过程进行全面的、合理的、综合的分析，让高参数蒸汽先通过汽轮机做功，产生动力，再将汽轮机排出的低参数蒸汽供给生产工艺用热，这样对蒸汽进行梯级利用，可以减少优质热能的浪费，节约大量能源。

这种按能量能级高低综合用能的系统，称之为总能系统，能量的有形损失和不可逆损耗将大大减少，可达到相当高的能量有效利用率。

4. 充分利用低质能

能量系统在用能过程中会产生大量的低质能，例如凝汽式火力发电厂中汽轮机排汽冷凝放出的热量可占到整个电厂总耗热量的60%左右，由于冷凝温度接近环境温度，品质很低，具有的热量㶲还不到电厂总供给㶲的5%，因此对于动力循环而言这部分能量没有利用价值。

但是,对于一些特殊的能量系统,往往只需要供给低质能,因此充分利用这些低质能是也是很重要的一种节能措施。

7.2.4 技术经济性最佳原则

应该指出,正确评价热能利用合理性是一项比较复杂的工作,有许多因素需要综合考虑。从大的方面来说,首先要明确减少㶲损失的理论根据。其次要考虑技术上是否有实现的可能。如果有此可能,就要进一步研究需要哪些物质条件,付出多少代价,然后再与提高㶲效率所带来的经济效益进行结合分析比较,从而得到比较合理的热能利用方案。最后还要考察本方案是否符合环境保护条例,例如对环境污染、噪声等要求。最近,㶲分析与经济分析相结合,已形成一门“热经济学”新学科,为设计整个系统最优提供一条新途径。

思考题与习题

7.1　减小反应堆中的㶲损失有哪些措施?主要限制因素有哪些?

7.2　提高换热设备㶲效率的主要途径是什么?

7.3　能量系统合理用能的基本原则有哪些?

第8章　㶲经济学分析方法及其发展

热经济学是20世纪70年代以来迅速兴起的一门学科。它从热力学分析与系统工程相结合的角度,探讨能量利用的合理性、运行的经济性、方案的可行性以及系统的优化等问题。

单纯的热力学分析,主要说明过程中物质参数的变化以及与外界进行能量传递的情况。对不同的方案进行热力学分析,所依据的通常是热力学第一定律与第二定律,使用的经济性指标是热效率、㶲效率、㶲损失等,而经济分析则需要在上述几种热力学量度与资金的支付方面找到一种关系,以期产品的单位成本最小,经济效益最佳。建立在热力学分析基础上的经济活动,就是热经济学的研究内容和方法。

8.1　核电厂㶲经济学分析的意义

对压水堆核电厂进行热力学分析,是为了全面、准确地揭示出能量系统损失的薄弱环节和真实原因,找到提高核电效率的有效途径,而提高核电厂热经济性的目的最终在于降低发电成本。

在国内外核电成本都有较为固定的模式,其与煤电、水电等成本的区别在于:

(1)核电厂投入运行后,必须考虑退役问题,这部分费用要计入发电成本;

(2)核电厂运行中,每年更换的乏燃料贮存与后处理费用应计入成本;

(3)核电厂环境剂量检测及生产人员的定期保健检查费用也应计入成本。

核电的详细成本构成为:

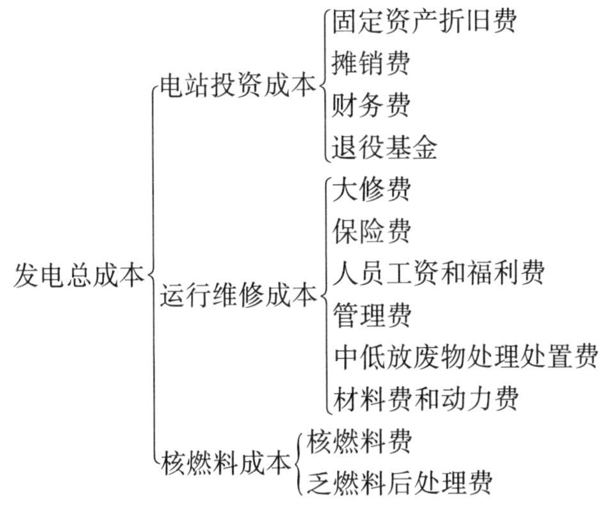

其中,影响发电成本的关键因素主要为核电厂固定资产折旧费用、燃料费用和运行维护费用等三项,燃料成本占总成本的30%~40%。

核电厂的单位发电成本为

$$单位发电成本 = \frac{发电总成本}{厂供电量(净电量)}$$

式中　厂供电量=发电量×(1-厂用电率),发电量=机组容量×设备当年利用小时数。

核电厂热经济性的提高,主要表现为燃料的节约。然而,任何提高核电厂热经济性的措施都需要付出一定人力、物力和财力的代价。例如,为了减小换热设备的㶲损失,需要在蒸汽发生器、给水加热器等换热设备外表面包敷绝热材料以减少散热损失,通过诸如扩大传热面积、采取强化换热措施等方法来减少内部传热温差。采取这些措施固然可以使换热设备的效率提高,但同时也使这类设备的质量、尺寸增加,设计制造成本及检查维修费用提高,最终表现为电站建设投资和运行维修费用的增加。

显然,如果节约的燃料费用低于或正好与增加的费用相抵,发电成本不但不能降低甚至将有所提高,那么从工程意义上来说,这些节能措施是无效和多余的。因此,单纯从㶲分析的角度指出提高热力设备热效率的途径和措施,只具有理论上的指导意义,在工程上是否合算却难以判断。

为了克服㶲分析方法的这一不足,缩小理论分析与工程应用之间的距离,将经济学的概念引入㶲分析方法中,对热力系统开展㶲经济学分析和研究,具有重要的实际意义。

对核电厂进行㶲经济学分析,可以解决以下问题:

(1)为确定合理的发电成本提供理论依据。

(2)核电厂热力系统的优化设计,例如,确定最佳的蒸汽管道直径、保温层厚度设计。

(3)确定核电厂热力系统的最佳运行方式。

(4)核电厂热力系统总体方案的可行性研究。

8.2　㶲成本方程

从热力学的范畴看,㶲是能量在理论上所具有的最大做功能力的一种度量,因此不同形态能量所具有的㶲是可以互比的。但是从实际应用与经济性的角度来考虑,在一个具体的能量系统中,不同形态甚至相同形态的能量所具有的单位㶲值常常并不等价。

在压水堆核电厂中,单位电能㶲与单位核能㶲是不等价的,因为在能量转换、传递和分配过程中,存在着大量不可逆因素,造成了各种㶲损失,为了获得一个单位的电能㶲,必须消耗大约三个单位的核能㶲。对于具体的热力设备,例如蒸汽发生器,由于存在传热温差,二回路工质吸收的㶲要小于主冷却剂放出的㶲,二者尽管能量形式相同,但前者的单位㶲成本明显要高于后者。

为了考虑实际过程中㶲的不等价性和经济因素,比较可行的方法是对㶲这个物理量赋予价值。为了叙述方便,定义作为某一单元的代价而输入或消耗的㶲为燃料㶲,作为该单元收益的㶲为产品㶲。这样对于一个热力系统,除了能够列出质量平衡方程、能量守恒方程和㶲平衡方程之外,还可以列出㶲成本方程:

$$c_P E_{x,P} = c_F E_{x,F} + Z \tag{8-1}$$

式中　c_P、c_F ——产品㶲、燃料㶲的平均单位成本,元/kJ;

$E_{x,P}$、$E_{x,F}$ ——产品㶲、燃料㶲,kJ;

Z ——设备运行成本,为设备投资折旧、维修和操作费用之和,元。

运用烟的价值化观点进行分析称为热经济学或烟经济学,这种方法应用于动力系统的经济性评价和系统的优化设计,具有重要的工程意义和广阔的发展前景。

对于一个热力系统,若其改进前的烟成本方程为式(8-1),改进后的系统烟效率提高,同时也使系统的运行成本增加了 ΔZ,假使改进前后燃料烟 $E_{x,F}$ 及其单位成本 c_F 不变,由于烟损失减小,产品烟增加了 $\Delta E_{x,P}$,则改进后的系统烟成本方程为

$$c_P + \Delta c_P = \frac{c_F E_{x,F} + Z + \Delta Z}{E_{x,P} + \Delta E_{x,P}} \tag{8-2}$$

考虑到式(8-1),上式可简化为

$$\Delta c_P = \frac{\Delta Z - c_P \Delta E_{x,P}}{E_{x,P} + \Delta E_{x,P}} \tag{8-3}$$

如果 $\Delta c_P > 0$, 意味着因热力系统改进而增加的费用高于因效率提高而获得的收益,表明改进措施得不偿失;

如果 $\Delta c_P = 0$, 表明收支相抵;

如果 $\Delta c_P < 0$, 表明改进措施收到了节能效果。

因此,用式(8-3)作为评价一个热力设备或系统的节能措施的优劣程度的标准,可以使所设计的方案既在技术上可行,又在经济上合理,合乎能级匹配和合理用能的原则。

根据文献[25]的介绍,年度化的设备运行成本 Z 的计算方法如下:

假使设备的使用寿命为 n 年,初始投资费用为 Z_0,以 F_m 表示第 m 年耗费的使用成本,折算到现在其价值即现值为

$$P_m = F_m \times P_{WF}(i,m) \quad m = 1,2,\cdots,n \tag{8-4}$$

式中 $P_{WF}(i,m)$ ——现金系数,其定义为

$$P_{WF}(i,m) = \frac{1}{(1+i)^m} \tag{8-5}$$

其中 i 为年利率。

在这 n 年期限内,每年耗费成本的现值总和为

$$\sum_{m=1}^{n} P_m = \sum_{m=1}^{n} F_m \times P_{WF}(i,m) \tag{8-6}$$

预计设备达到使用寿命期限时的残值为 S_V,则按现在价值计算,在 n 年内除燃料费用外设备运行所需的全部费用为

$$P = Z_0 - S_V \times P_{WF}(i,n) + \sum_{m=1}^{n} F_m \times P_{WF}(i,m) \tag{8-7}$$

在 n 年内平均每年的设备运行成本为

$$Z = P \times C_{RF}(i,n) \tag{8-8}$$

式中, $C_{RF}(i,n)$ ——资金回收系数,其表达式为

$$C_{RF}(i,n) = \frac{i}{1-(1+i)^{-n}} \tag{8-9}$$

【例 8-1】 一个采用背压式汽轮机的热电联产系统,机组的轴功率为 10 300 kW;新蒸汽烟值为 1 328.15 kJ/kg,汽轮机排汽烟值为 793.17 kJ/kg,蒸汽流量 81 720 kg/h,锅炉给水烟值为 23.26 kJ/kg;已知锅炉的年度化成本为 $Z_B = 3.75 \times 10^7$ 元/a,汽轮机的年度化成本

为 $Z_T = 2.63\times10^6$元/a,煤的㶲单价 $c_f = 1.17$ 元/GJ;锅炉㶲效率 $\eta_{ex,B} = 0.36$;机组年运行时间为 6 132 h,试计算新蒸汽的㶲成本 c_{hs} 和轴功的㶲成本 c_w。

解 以锅炉为分析单元,假设新蒸汽与给水的㶲成本相同,㶲成本方程为

$$c_{hs}(E_{x,hs} - E_{x,fw}) = c_f \frac{E_{x,hs} - E_{x,fw}}{\eta_{ex,B}} + Z_B$$

新蒸汽的㶲成本为

$$\begin{aligned} c_{hs} &= \frac{c_f}{\eta_{ex,B}} + \frac{Z_B}{E_{x,hs} - E_{x,fw}} \\ &= \frac{1.17}{0.36} + \frac{3.75\times10^7\times10^6}{81\ 720\times6\ 132\times(1\ 328.15 - 23.26)} = 60.6 \text{ 元/GJ} \end{aligned}$$

以汽轮机为分析单元,假设新蒸汽与汽轮机排汽的㶲成本相同,㶲成本方程为

$$c_w W = c_{hs}(E_{x,hs} - E_{x,ls}) + Z_T$$

汽轮机轴功的㶲成本为

$$\begin{aligned} c_w &= c_{hs}\frac{E_{x,hs} - E_{x,ls}}{W} + \frac{Z_T}{W} \\ &= 60.6\times\frac{81\ 720\times6\ 132\times(1\ 328.15 - 793.17)}{10\ 300\times3\ 600} + \frac{2.63\times10^6\times10^6}{10\ 300\times3\ 600\times6\ 132} \\ &= 83.02 \text{ 元/GJ} \end{aligned}$$

8.3 核电厂主要热力设备㶲成本分析

对热力系统进行㶲经济学分析,除了列出质量守恒方程、能量平衡方程和㶲平衡方程之外,还要列出成本平衡方程。下面介绍核电厂主要热力设备㶲成本方程的具体形式。

8.3.1 反应堆

在压水堆核电厂热力系统中,反应堆是一个重要的子系统,其燃料㶲 $E_{x,N}$ 为核裂变能,产品㶲 $E_{x,c}$ 为主冷却剂流经堆芯所获得的㶲,㶲成本方程为

$$c_c = \frac{E_{x,N}}{E_{x,c}}c_N + \frac{Z_R}{E_{x,c}} \tag{8-10}$$

由于

$$E_{x,N} = Q_R,\quad E_{x,c} = G_c[h_{co} - h_{ci} - T_0(s_{co} - s_{ci})] \tag{8-11}$$

式中 h_{co}, h_{ci} ——反应堆进、出口冷却剂的焓值,kJ/kg;

s_{co}, s_{ci} ——反应堆进、出口冷却剂的熵值,kJ/(kg·K)。

流经反应堆的冷却剂平均温度为

$$T_m = \frac{h_{co} - h_{ci}}{s_{co} - s_{ci}} \quad (\text{K}) \tag{8-12}$$

忽略反应堆的散热损失，有 $Q_R = G_c(h_{co} - h_{ci})$，则

$$\frac{E_{x,c}}{E_{x,N}} = 1 - \frac{T_0}{T_m} \tag{8-13}$$

因此，反应堆产品㶲的单位成本为

$$c_c = \frac{c_N}{1 - \dfrac{T_0}{T_m}} + \frac{Z_R}{Q_R\left(1 - \dfrac{T_0}{T_m}\right)} \tag{8-14}$$

对于确定功率的压水反应堆，如果其燃料㶲单位成本 c_N 已知，在一定的环境温度 T_0 下，产品㶲的单位成本 c_c 只取决于冷却剂平均温度 T_m 及反应堆单位时间运行成本 Z_R。显然，冷却剂平均温度 T_m 越高，对燃料元件包壳材料的耐高温腐蚀性能及核燃料的熔化温度等的要求也就越高。新型包壳材料、核燃料材料的研制和应用，往往导致反应堆单位时间运行成本 Z_R 的提高，即 Z_R 在某种程度上表现为 T_m 的隐函数。

需要说明一点，反应堆的单位时间运行成本 Z_R 是通过纯粹的工程经济分析得到的，在通过寻优计算确定最佳输出成本时，冷却剂平均温度的变化对 Z_R 的影响必须予以考虑。

8.3.2　换热设备

各类换热设备在压水堆核电厂热力系统中占有很大的比例，如蒸汽发生器、蒸汽再热器、给水加热器和凝汽器等，由于它们具有相似的工作特点，这里作一普遍性的讨论。

假设换热器中加热介质放出的热量为 Q_1，放热过程中的平均温度为 T_{m1}，其单位㶲成本为 c_1；吸热介质吸收的热量为 Q_2，吸热过程中的平均温度为 T_{m2}，其单位㶲成本的 c_2，设备的运行成本为 Z，则换热设备的㶲成本方程为

$$c_2 = \frac{Q_1\left(1 - \dfrac{T_0}{T_{m1}}\right)}{Q_2\left(1 - \dfrac{T_0}{T_{m2}}\right)}c_1 + \frac{Z}{Q_2\left(1 - \dfrac{T_0}{T_{m2}}\right)} = \frac{1 - \dfrac{T_0}{T_{m1}}}{\eta_t\left(1 - \dfrac{T_0}{T_{m2}}\right)}c_1 + \frac{Z}{Q_2\left(1 - \dfrac{T_0}{T_{m2}}\right)} \tag{8-15}$$

式中，η_t——换热器的热效率，$\eta_t = \dfrac{Q_2}{Q_1}$。

输入㶲成本 c_1 取决于换热器前一个子系统。假设 T_{m1} 是基本确定的，为了尽可能降低输出㶲成本 c_2，必须：

(1)减小换热过程中的能量损失，使换热器热效率尽可能接近1；

(2)采取强化换热措施，提高吸热介质的平均温度，减小换热温差；

(3)采取的改善换热器㶲效率的措施，应该保证设备运行成本 Z 与产品㶲 $Q_2(1 - \dfrac{T_0}{T_{m2}})$ 的比值不大于改进前的水平。

前两点，与前面对换热器进行分析得出的结论相一致；第三点，因为从工程经济角度来考虑问题，使得㶲分析在工程中的应用更具有实际意义。

对于凝汽器，乏汽放出的热量被循环冷却水带出了动力循环，并且通常循环冷却水的平均温度即为环境温度 T_0，因此，在凝汽器中不需要单独列出成本方程，只要凝汽器前一个

系统的输入成本最低,就可保证凝汽器中的损失最小,当然,其前提是循环水泵的功率没有大的提高。

8.3.3 汽轮发电机

对于汽轮发电机,为了便于分析,假设所研究的汽轮机没有中间抽汽,且为单缸,则

$$c_{pr} = \frac{[N_i + G_s T_0(s_z - s_i)]c_f + Z}{N_i \eta_m \eta_{ge}} \tag{8-16}$$

式中 N_i ——汽轮机内功率,kW;

G_s ——汽轮机耗汽量,kg/s;

s_z、s_i ——蒸汽在汽轮机内膨胀过程的初、终状态的熵值,kJ/(kg·K);

c_f —— 汽轮机输入的单位成本,元/s;

Z —— 机组的运行成本,元/s;

η_m、η_{ge} ——汽轮机的机械效率、发电机的有效效率。

通过对上式进行分析,为了获得较低的输出㶲成本,应该考虑:

(1)优化汽轮机设计,减小汽轮机内绝热膨胀过程的不可逆性,提高汽轮机功率传输过程中的机械效率;

(2)优化发电机设计,提高发电机的有效效率。

这与前面对汽轮发电机组的㶲分析所得的结论相同。

综上所述,对压水堆核动力装置进行㶲经济学分析,一方面可以获得与单独用㶲分析方法所能得到的相同结论,另一方面,在掌握了对核动力装置中各设备、各系统的运行成本 Z 的计算的前提下,根据对各个系统列出的㶲成本方程,可以确定出在热力学允许范围内各项改进装置热经济性的措施具有多大的经济和工程潜力。

8.4 运行成本与㶲效率的关系

某一热力系统的㶲成本方程为

$$c_{P0}E_{x,P0} = c_{F0}E_{x,F0} + Z_0 \tag{8-17}$$

对该热力系统进行技术改造,使其㶲效率提高。假设系统燃料㶲的单位成本不变,产品㶲数量不变,系统运行成本增加,消耗的燃料㶲减少,产品㶲的单位成本降低。则改进后系统的㶲成本方程为

$$c_P E_{x,P} = c_F E_{x,F} + Z \tag{8-18}$$

并且有

$$c_F = c_{F0}, \quad E_P = E_{x,P0} \tag{8-19}$$

$$E_{x,F} = E_{x,F0} - \Delta E_{x,F}, \quad c_P = c_{P0} - \Delta c_P, \quad Z = Z_0 + \Delta Z \tag{8-20}$$

则式(8-18)进一步简化为

$$\Delta Z = c_{F0}\Delta E_{x,F} - \Delta c_P E_{x,P0} \tag{8-21}$$

若产品㶲的单位成本保持不变,则 $\Delta c_P = 0$, 式(8-21)化为

$$\Delta Z = c_{F0}\Delta E_{x,F} \tag{8-22}$$

由于系统㶲效率 $\eta_t = \dfrac{E_{x,P}}{E_{x,F}}$，而且

$$\Delta E_{x,F} = E_{x,F0} - E_{x,F} = E_{x,F0} - \frac{E_{x,P0}}{\eta_t}$$

所以

$$\delta E_{x,F} = \frac{\Delta E_{x,F}}{E_{x,F0}} = 1 - \frac{\eta_{t0}}{\eta_t} = \frac{\eta_t - \eta_{t0}}{\eta_t} = \delta\eta_t \tag{8-23}$$

联立式(8-21)和(8-23)，可得

$$\delta Z = \frac{\Delta Z}{Z_0} = \frac{c_{F0}\Delta E_{x,F}}{c_{P0}E_{x,P0} - c_{F0}E_{x,F0}} = \frac{\dfrac{\Delta E_{x,F}}{E_{x,F0}}}{\dfrac{c_{P0}E_{x,P0}}{c_{F0}E_{x,F0}} - 1} = \frac{\delta\eta_t}{\dfrac{c_{P0}}{c_{F0}}\eta_{t0} - 1} \tag{8-24}$$

令 $\alpha = \dfrac{1}{\dfrac{c_{P0}}{c_{F0}}\eta_{t0} - 1}$，则

$$\delta Z_{cr} = \alpha \cdot \delta\eta_t \tag{8-25}$$

上式可以认为是核电厂改进措施是否经济的临界判别关系式。如果核电厂热力系统经过改进使得装置效率提高，且总运行成本的增加量低于临界值，即说明改进措施经济合算，否则就是不经济的。

8.5 热力系统㶲经济学优化方法

㶲分析指出了热力系统能量损失的根本原因和损失的主要部位，为改进设备、提高系统热效率指明了方向。在此基础上，采用㶲经济学分析方法对热力系统进行优化设计，可以避免因为盲目追求㶲效率的提高而忽略改进方案经济性的情况。

8.5.1 㶲经济学优化的一般步骤

热力系统的㶲经济学优化设计，大体上可以分为以下七个步骤。

1. 建立优化的目标函数。

目标函数是系统设计时所希望达到目标的数学表达，反映了系统的状态以及主要影响变量之间的关系。在进行能量系统的热经济优化设计时，首先根据设计的目的要求，确定系统设计所追求的热经济目标。

(1)为了便于用设计变量表达出热经济优化目标，通常根据系统的结构或工艺流程，将系统划分为若干个子系统；

(2)依据各子系统的工质平衡、能量平衡、㶲平衡及经济平衡关系，建立其数学模型，找出各㶲流与设计变量的函数关系；

(3)根据系统在使用期内社会经济的增长情况,找出各子系统建造费用与设计变量的函数关系;

(4)根据系统在使用期内能源价格的增长情况,确定出输入系统各㶲流的㶲单价。

完成上述工作,即可用设计变量表达出热经济优化目标,得到热经济优化的目标函数。

在实际问题中,确立目标函数是一项很复杂的工作,而且没有固定统一的方法,只能具体问题具体分析。

目标函数中包括对当前费用和收入的考虑,也包括长远的费用和收入的考虑。因此可能要有通货膨胀,银行利息率,设备折旧率及各种原料(包括燃料)的价格预测,所以就更使目标函数的建立复杂化。

2. 建立约束方程组。

系统设计都会受到物理的、技术的、法律的以及社会的等各种条件的约束,在设计时要正确地分析相关的约束条件,并将其表示为等式的或不等式的一系列的约束方程。一般情况下,不等式形式的约束方程通过增加松弛变量可以化为等式形式。

热经济优化的目标函数与约束方程就构成了系统设计的热经济优化模型。根据系统的结构特征及优化计算的方便程度确定哪些变量作为独立变量,哪些变量作为因变量。

3. 通过系统流程图选择和确定系统。

确定流程图,明确需要进行分析的过程,在流程图上标注设备编码,各主要参量与设计方案一一对应,以及描述系统运行状态的各种变量。

4. 确定算法。

解联立方程组的方法叫做算法,求解约束方程组的工作取决于选择什么作为决策变量,要把各种变量分成决策变量(自变量)和状态变量(因变量),这种变量选择很重要,选择得当可以大大减轻计算量。设备价格也要列成方程,或用估价方程。

5. 制定出流程图及算法步骤。

最少先算一个运行工况,用以检查所用计算程序。

6. 求取灵敏度。

所谓灵敏度是指目标函数对决策变量改变的敏感度。

7. 利用灵敏度确定应做哪些改变以改进系统,并做出第二轮分析的计划,确定下一步做什么。

以上七个步骤都完成后,就会得出分析结论。利用多变量的灵敏度,可在概念里形成一个多维空间向量,指出在不同方向可以改进的程度。故这种向量图(想像的向量图,因为多维向量无法画出)叫作改进向量。如果改进向量等于零,则说明系统已经处于最优状态。

【例 8-2】 由一个设备组成的简单系统,只有一股㶲流输入,一股㶲流输出。已知 $E_{x,1} = E_{x,p}/\eta_e$,$Z = k\eta_e E_{x,p}$,其中 k 是与年利率和使用期有关的常数。C_0 为输入系统㶲流的㶲单价,C_0 和 $E_{x,p}$ 为给定的常数,η_e 为系统的㶲效率,它作为该系统的独立设计变量。求此系统的最优设计变量。

解 在 $E_{x,p}$ 给定下,系统热经济优化的目标函数为

$$Y = C_0 E_{x,1} + Z = \frac{C_0 E_{x,p}}{\eta_e} + k\eta_e E_{x,p}$$

对目标函数 Y 求极值,即令 $\mathrm{d}Y/\mathrm{d}\eta_e = 0$,可得最优设计变量 η_e^* 以及最低年成本 Y^*:

$$\eta_e^* = \sqrt{C_0/k}$$

$$Y^* = 2\sqrt{C_0 k} E_{x,p}$$

由此可知,该系统的独立设计变量 η_e 并非越大越好,而是有一个最优值,只有当 η_e 取为最优值时,才能使所设计的系统具有产品年成本最小值。

8.5.2 㶲经济学优化的拉格朗日法

对某热力系统进行㶲经济学优化设计,其目标函数为

$$Y = \sum_i c_{0,i} E_{x,i}(x_1, x_2, \cdots, x_m, y_1, y_2, \cdots, y_n) + \sum_j Z_j(x_1, x_2, \cdots, x_m, y_1, y_2, \cdots, y_n) \tag{8-26}$$

式中 $E_{x,i}, c_{0,i}$ ——输入系统第 i 股年㶲量及其对应的㶲单价;

Z_j ——系统中第 j 个子系统的年度化费用;

x_m ——系统的独立设计变量;

y_n ——因变量。

该优化问题有 n 个约束条件,均可表示为等式约束方程,即

$$F_k(x_1, x_2, \cdots, x_m, y_1, y_2, \cdots, y_n) = 0 \qquad k = 1, 2, \cdots, n \tag{8-27}$$

对于上述等式约束方程组,如果能够求解出每个因变量 $y_k(x_1, x_2, \cdots, x_m)$,并将其代入目标函数中,那么原来含有等式约束的优化模型就转化为无约束的优化模型。

在这种条件下,只要令 $\dfrac{\partial Y}{\partial x_i} = 0(i = 1, 2, \cdots, m)$,就可从这 m 个方程中确定出极值点,得到最优设计变量 $(x_1, x_2, \cdots, x_m)_{opt}$;或者采用无约束优化计算方法进行寻优,也可以获得最优设计变量 $(x_1, x_2, \cdots, x_m)_{opt}$。

在实际过程中,上述优化方法并不总是行之有效的,主要有以下两方面原因:

(1)从等式约束方程中求出每个 y_k 的显式表达式有时是困难的,或者即使能求出并代入目标函数,也可能使得到的目标函数过于冗长复杂而难于求最优解;

(2)选择的因变量不合适以至于很难求出原优化模型的最优解。

因此,实际过程中一般回避直接求出每个因变量的显式表达式再代入目标函数,通常采用拉格朗日乘子法。

拉格朗日方法在优化技术里是变有约束的优化为无约束进行寻优的重要手段,是研究一个决策变量改变对整个系统目标函数的影响的强有力的方法。这种方法的基本思路是引进一个拉格朗日乘子 λ,把所有的约束方程都并进目标函数中,得到一个新的函数,称为拉格朗日函数,对此函数寻优后再倒过来算出拉格朗日乘子 λ。因此,拉格朗日法又称为拉格朗日乘子法。

拉格朗日乘子为 $\lambda_k(x_1, x_2, \cdots, x_m, y_1, y_2, \cdots, y_n)(k = 1, 2, \cdots, n)$,与约束方程相乘后,再与目标函数相加,构成拉格朗日函数 L,即

$$L(x_1, x_2, \cdots, x_m, y_1, y_2, \cdots, y_n) = Y + \sum_{k=1}^{n} \lambda_k F_k \tag{8-28}$$

如果原优化模型有极值,则一定在对拉格朗日函数所求的极值中。为了求出极值

点,令

$$\frac{\partial L}{\partial x_i}=\frac{\partial Y}{\partial x_i}+\sum_{k=1}^{n}\lambda_k\frac{\partial F_k}{\partial x_i}=0 \qquad i=1,2,\cdots,m \tag{8-29}$$

$$\frac{\partial L}{\partial y_j}=\frac{\partial Y}{\partial y_j}+\sum_{k=1}^{n}\lambda_k\frac{\partial F_k}{\partial y_j}=0 \qquad j=1,2,\cdots,n \tag{8-30}$$

并与 $F_k(x_1,x_2,\cdots,x_m,y_1,y_2,\cdots,y_n)=0(k=1,2,\cdots,n)$ 联立,就可从这含有 $m+2n$ 个变量 (x_i,y_j,λ_k) 的 $m+2n$ 个方程中求出极值点,即最优设计变量值。

8.5.3 烟经济学孤立化原理

工程实际中遇到的热力系统,通常是十分复杂而庞大的,要用数学方法完整地描述往往很困难;即使能够建立起优化模型,也会因为优化变量较多(例如 20 个以上),导致计算量过大而使优化计算难以进行。如果将整个热力系统所分解若干子系统,每个子系统的优化变量都比整个系统的优化变量少得多,子系统的优化计算也比整个系统的优化计算简单得多,通过子系统逐个寻优,从而达到全系统的优化,将是一种将复杂问题化为简单问题的巧妙的办法。

一般来说,各个子系统为最优,不等于整个系统最优。只有当各个子系统进行单独优化计算时,所得出的最优变量值是整个系统优化计算所得出的最优变量值,才能满足局部最优、整体亦最优的要求。根据 Tribus 和 Evans 提出的热经济学孤立化理论,只要能够证明整个热力系统分解为的若干子系统之间在热力学和经济关系上是相互独立的,即满足热经济学孤立化的条件,就可以通过对各子系统的寻优,达到全系统最优的目的。

热经济学孤立化原理,就是把一个复杂能量系统划分成许多子系统,并使每个子系统从整个系统中孤立出来,进行单独的优化,而所有子系统的优化结果就是整个系统的优化结果。热经济孤立化原理为能量系统的热经济优化指出了一个化复杂为简单的方向。

所谓孤立化,就是把每个子系统与其他子系统的联系(即能量的相互作用)隔开,同时又体现出是整个系统的一部分并与系统相联系。

如图 8-1 所示,一个热力系统划分为 3 个子系统,第 i 个子系统的独立设计变量为 x_i,年度化费用为 Z_i,输入系统烟流的烟单价为 C_i,输出系统的年烟流 $E_{x,4}$ 为规定值。

图 8-1 由 3 个子系统组成的热力系统

以系统输出烟流的年成本为优化目标,优化模型表示为

$$\min Y=C_1E_{x,1}(x_1,E_{x,2})+Z_1(x_1,E_{x,2})+Z_2(x_2,E_{x,3})+Z_3(x_3) \tag{8-31}$$

$$E_{x,2}=F_2(x_2,E_{x,3}) \tag{8-32}$$

$$E_{x,3}=F_3(x_3) \tag{8-33}$$

引入拉格朗日乘子 λ_2 和 λ_3,将有约束的优化模型转化为无约束的优化模型,即

$$\min L=Y+\lambda_2\cdot(F_2-E_{x,2})+\lambda_3(F_3-E_{x,3}) \tag{8-34}$$

为得出系统的热经济最优设计变量 x_1^*、x_2^*、x_3^*,分别对拉格朗日函数 L 中的变量 x_1、x_2、x_3、$E_{x,2}$、$E_{x,3}$、λ_2 及 λ_3 求偏导数,并令其等于零,从而得到下列方程组:

$$\frac{\partial L}{\partial x_1}=0 \quad 即 \quad \frac{\partial(C_1E_{x,1}+Z_1)}{\partial x_1}=0 \tag{8-35}$$

$$\frac{\partial L}{\partial x_2}=0 \quad 即 \quad \frac{\partial(\lambda_2E_{x,2}+Z_2)}{\partial x_2}=0 \tag{8-36}$$

$$\frac{\partial L}{\partial x_3}=0 \quad 即 \quad \frac{\partial(\lambda_3E_{x,3}+Z_3)}{\partial x_3}=0 \tag{8-37}$$

$$\frac{\partial L}{\partial E_{x,2}}=0 \quad 即 \quad \lambda_2=\frac{\partial(C_1E_{x,1}+Z_1)}{\partial E_{x,2}} \tag{8-38}$$

$$\frac{\partial L}{\partial E_{x,3}}=0 \quad 即 \quad \lambda_3=\frac{\partial(\lambda_2E_{x,2}+Z_2)}{\partial E_{x,3}} \tag{8-39}$$

$$\frac{\partial L}{\partial \lambda_2}=0 \quad 即 \quad E_{x,2}=F_2(x_2,E_{x,3}) \tag{8-40}$$

$$\frac{\partial L}{\partial \lambda_3}=0 \quad 即 \quad E_{x,3}=F_3(x_3) \tag{8-41}$$

由上述方程组中可以解出系统的热经济最优设计变量x_1^*、x_2^*、x_3^*、$E_{x,2}^*$、$E_{x,3}^*$。从这个方程组中可看出：

（1）拉格朗日乘子λ_i具有㶲单价的量纲，起到系统内部各子系统输入㶲流的㶲单价作用，因为它由微分得出，故称为微分㶲单价或边际㶲单价。

子系统2的输入㶲流的㶲单价为

$$C_2=\frac{C_1E_{x,1}+Z_1}{E_{x,2}} \tag{8-42}$$

该㶲流的边际㶲单价为

$$\lambda_2=\frac{\partial(C_1E_{x,1}+Z_1)}{\partial E_{x,2}}$$

即λ_2与C_2具有相同的单位。当$E_{x,3}$解出后，子系统2的局部最优值应由$\frac{\partial(C_2E_{x,2}+Z_2)}{\partial x_2}=0$求出，而$\frac{\partial(\lambda_2E_{x,2}+Z_2)}{\partial x_2}=0$与之对应，此两式说明，$\lambda_2$与$C_2$具有相同的功能。对于$\lambda_3$也同样如此。

（2）若各边际㶲单价为常数时，每个子系统就能从整个系统中孤立出来，即各子系统的局部热经济最优值，就是整个系统的全局热经济最优值。

因为子系统3的局部热经济最优值由式（8-37）与式（8-41）求得。当$E_{x,3}^*$由子系统3的局部热经济优化求出后，子系统2的局部热经济最优值由式（8-36）与式（8-40）求得。当$E_{x,2}^*$由子系统2的局部优化求出后，子系统1的局部热经济最优值由式（8-35）求得。每个子系统的局部热经济最优值可依次独立求出，与其他子系统没有函数关系。所有子系统的局部热经济优化模型又正好组成了整个系统全局的热经济优化模型，即式（8-35）至式（8-41）。

（3）要实现热经济孤立化，需能依次求出各子系统的输入㶲流。这从式（8-40）和式（8-41）可知，若系统输出㶲流$E_{x,4}$给定，由子系统3的局部优化可定出$E_{x,3}^*$，然后依次进行子系统2的局部优化，定出$E_{x,2}^*$，最后经子系统1的局部优化定出$E_{x,1}^*$。

归纳上述三点,可知热经济孤立化成立的条件为,各子系统的边际㶲单价为常数,且各子系统的输入㶲流可依次定出。

【例8-2】 如图8-1所示,当输入系统㶲流的㶲单价 C_1 和输出系统㶲流 $E_{x,4}$ 给定,系统的独立设计变量为 x_{11}、x_{21}、x_{22}、x_{31}、x_{32},判别这个系统是否可实现热经济孤立化。已知 a_i、b_i、d_i 为常数,F_i、G_i 表示与独立设计变量 x_{ij} 的函数关系,且有

$$E_{x,1} = a_1 + b_1E_{x,2} + F_1(x_{11})$$

$$Z_1 = d_1E_{x,2} + G_1(x_{11})$$

$$E_{x,2} = a_2 + b_2E_{x,3} + F_2(x_{21}, x_{22})$$

$$Z_2 = d_2E_{x,3} + G_2(x_{21}, x_{22})$$

$$E_{x,3} = (a_3E_{x,4} + b_4E_{x,4}) \cdot F_3(x_{31}, x_{32})$$

$$Z_3 = (d_3 + d_4E_{x,4}) \cdot G_3(x_{31}, x_{32})$$

解 以系统输出㶲流的年成本为优化目标,则系统热经济优化的目标函数为

$$\min Y = C_1E_{x,1} + Z_1 + Z_2 + Z_3$$

引入拉格朗日乘子 λ_2 与 λ_3,则子系统2与子系统3的边际㶲单价为常数,即

$$\lambda_1 = \frac{\partial(C_1E_{x,1} + Z_1)}{\partial E_{x,2}} = b_1C_1 + d_1$$

$$\lambda_3 = \frac{\partial(\lambda_2E_{x,2} + Z_2)}{\partial E_{x,3}} = b_2 \cdot (b_1C_1 + d_1) + d_2$$

当系统的独立设计变量 x_{ij} 和 $E_{x,4}$ 已知时,可依次由各子系统输入㶲流的函数关系定出 $E_{x,3}$、$E_{x,2}$ 和 $E_{x,1}$,所以该系统可实现热经济孤立化。为得出系统的热经济最优设计变量,可依次进行子系统3、2、1的局部热经济优化,其优化结果就是整个系统的全局热经济优化结果。

8.5.4 㶲经济学准孤立化原理

热经济孤立化原理为能量系统的热经济优化指出了化复杂为简单的方向,但是它在实用上有许多困难,这是因为热经济孤立化成立的条件很严格,要求各子系统的边际㶲单价为常数。由例8-2可以看到,边际㶲单价要为常数,各子系统的输入㶲流以及它的年度化费用需满足它的输出㶲流的线性函数,并能与该子系统的独立设计变量分成独立的两部分。由于在实际中,各子系统的边际㶲单价不为常数,这样就使得热经济孤立化的实用性受到了很大的限制。既然热经济孤立化的思想给出了有效解决系统热经济优化的方向,那么就应朝着这个方向努力。

系统中各子系统的边际㶲单价通常不是常数,而是变量,它是子系统独立设计变量和输出㶲流的函数,见式(8-38)与式(8-39)。当各子系统的独立设计变量和输出㶲流取得系统热经济最优值时,各子系统的边际㶲单价也相应取得了热经济最优值。如果在进行能量系统的热经济优化时,能事先找到系统达到热经济最优时的各子系统的边际㶲单价,那么系统就不再受热经济孤立化中边际㶲单价为常数的限制,并可进行热经济孤立化优化。

这种找出系统达到热经济最优时的各子系统的边际㶲单价 λ_i^*,从而实现系统的热经济孤立化的方法称为热经济准孤立化。那么如何才能找到 λ_i^* 呢?这是热经济准孤立化的关键问题。

现仍以图 8-1 所示系统为例,给出一种热经济准孤立化优化的方法,该方法的特点是,一方面在找 λ_i^*,一方面在完成系统的热经济优化。

(1)完成系统的基本热经济优化

令 $\lambda_1^{(1)}=\lambda_2^{(1)}=\lambda_3^{(1)}=C_1$,在 C_1 和 $E_{x,4}$ 给定的情况下,依次完成各子系统的热经济优化,即进行下式的优化计算:

$$\min Y_i^{(2)} = \lambda_i^{(1)} E_{x,i} + Z_i \quad i = 3,2,1$$

由此可得出系统的基本热经济最优值 $x_i^{(1)}$、$E_i^{(1)}$,$i = 1,2,3$。

(2)边际㶲单价的修正

令

$$\lambda_i^{(j)} = \frac{\partial(\lambda_{i-1}^{(j-1)} E_{x,i-2} + Z_{i-1})}{\partial E_{x,i}} \qquad i = 2,3$$

$$\lambda_1^{(j)} = \lambda_1^{(j-1)} = C_1 \qquad j = 1,2,\cdots$$

用各子系统新的边际㶲单价 $\lambda_i^{(j)}$ 代替旧的边际㶲单价 $\lambda_i^{(j-1)}$,再依次完成各子系统的热经济学优化,即

$$\min Y_i^{(j)} = \lambda_i^{(j)} E_{x,i} + Z_i \qquad i = 3,2,1$$

(3)收敛性判断

若满足

$$\left| \frac{\lambda_i^{(j)} - \lambda_i^{(j-1)}}{\lambda_i^{(j)}} \right| < \varepsilon \qquad i = 2,3$$

即热力系统的热经济学优化计算已经达到要求的精度,可以中止计算,第 j 次各子系统优化计算所得到的就是系统的热经济学最优值。

8.6　核电厂热力系统㶲经济学优化探讨

对于核动力装置这样复杂而庞大的系统,为了便于分析,必须根据某种原则将其分解成许多子系统。文献[25]介绍的热经济学函数分析(thermoeconomic functional analysis)是对复杂热力系统进行优化设计和改进的方法。根据这种方法,一个热力系统认为由一系列相关的单元所组成,每一个单元有一个特定的功能(达到某种目的或输出某种产品)。一个单元可以是一个设备,也可以由一系列设备所组成。对于复杂热力系统的优化,将其分解成更小的系统有许多好处,对每个系统的分析比起对整个系统的分析要相对容易得多,而且可以进行更有深度的研究。

文献[25]指出,复杂热力系统只有满足了孤立化的条件才能转化为各个系统分别优化的问题处理。复杂热力系统分解为多个子系统,具有物质和能量交换的两个子系统之间的相互影响,用边际成本(maryinal cost)来表示。

对压水堆核电厂进行优化设计,必须建立在孤立化原理的基础上。所谓孤立化原理,是指整个系统的优化设计可以在一定条件下转化为各个子系统的分别优化的问题处理。

这种原理为人们提供了一种从个别子系统的优化入手解决整个系统优化设计的方法,由于影响子系统优化设计的因素显然要比整个系统简单,这样就为解决复杂系统的优化设计提供了一种简便可行的途径。根据文献[25]介绍,Evans 等人从理论上论证得出了下列结论:分析稳流系统时,只要采用㶲的概念就能满足孤立化的要求。这也是为什么热经济学需要建立在㶲的基础之上的一个重要原因。当压水堆核电厂在某一工况稳定运行时,可以近似认为是稳定流动系统,因而满足孤立化的条件。

由于㶲经济学把所研究的系统或装置放在两个环境(物理环境和经济环境)中进行考察,因此在设立目标函数时,常包括以下两类:

(1)㶲损最低准则

其典型的函数关系为

$$\Phi_{\mathrm{o.e}} = \sum E_{\mathrm{x,i}} - \sum E_{\mathrm{x,o}} \tag{8-43}$$

式中 $\Phi_{\mathrm{o.e}}$ —— 系统㶲损;

$\sum E_{\mathrm{x,i}}$、$\sum E_{\mathrm{x,o}}$ —— 系统输入㶲和输出㶲的总和。

(2)系统总成本最低准则

其典型函数关系为

$$\Phi_{\mathrm{o.e}} = \sum_{i=1}^{n} c_{\mathrm{f},i} E_{\mathrm{x},i} + \sum_{j=1}^{m} c_j - \sum_{j=1}^{m} c_{\mathrm{p},j} E_{\mathrm{p},j} \tag{8-44}$$

式中 $\Phi_{\mathrm{o.e}}$ —— 系统总成本;

$c_{\mathrm{f},i}$ ——进入系统的第 i 股燃料㶲的平均单位成本;

$E_{\mathrm{x},i}$ —— 进入系统的第 i 股燃料㶲;

c_j —— 系统中第 j 区的设备运行费用;

$c_{\mathrm{p},j}$ ——系统中第 j 区产品㶲的平均单位成本;

$E_{\mathrm{p},j}$ —— 系统中第 j 区产品㶲。

压水堆核电厂热力系统的优化设计,如果以㶲损最低为目标函数,有可能出现设计方案㶲效率最高、经济上却得不偿失的情况。因此,通常对压水堆核电厂进行优化设计都以系统总成本最低为目标函数。

对核电厂热力系统进行㶲经济学分析,使得对于提高热力系统㶲效率的措施和途径是否经济可行能够进行具有实际工程意义的评价,从而缩短了理论分析与工程应用之间的距离。但由于㶲经济学是热力学与经济学相结合的一门新兴交叉学科,涉及内容广泛,许多基本理论有待进一步研究并加以深化和规范,加之核电厂热力系统设备繁多、结构复杂,要建立一套完善的核电厂热力系统㶲经济学分析方法还需要做大量的工作。

思考题与习题

8.1　㶲经济学所研究的基本内容是什么？

8.2　㶲成本方程的基本含义是什么？

8.3　简述核电厂主要设备的㶲成本方程及㶲效率对运行成本的影响。

8.4　热力系统㶲经济学优化设计的基本步骤是什么？

第9章　核电机组热经济性在线分析

由于面临市场的竞争和挑战,核电厂在确保核电机组安全、稳定运行的前提下,必须重点考虑如何提高机组的经济运行水平,争取更多的发电市场份额。提高核电机组经济性的途径有多个方面:在机组的设计阶段,主要通过优化设计,合理采用成熟技术和先进技术,提高电厂热力系统的热经济性和核电机组的技术经济性;在机组的生产管理阶段,主要通过提高运行管理水平来保证机组运行的经济性。

在常规电厂中,运行管理的目标之一是全面监测发电机组运行的经济性,及时准确地计算机组的热经济指标,分析运行中能量损失的大小、部位及原因,从而指导运行人员操作,减少运行可控能量损失,提高机组运行的经济性。最终目的是指导运行人员选用合理的调整方式,使机组处于或接近最佳运行状态,最大限度地降低运行可控损失。

商业运行的核电机组由于运行水平、设备状态等因素的影响,会出现热效率下降、不能发出满功率等异常情况,必须及时查明原因,提出合理、有效的调整措施,使机组恢复到最佳运行状态。但是,由于核电机组系统复杂、设备众多,而且各个核电厂的运行状况与环境各异,如果没有快捷、有效的技术支持,单靠人工对影响机组运行状态的因素进行调查和分析,往往需要花费很长的时间,不仅导致人力物力的过多消耗,而且不能及时确定并解决问题,进而延误生产造成经济损失。因此,开发核电机组热经济性在线分析系统,对核电机组的运行性能进行实时监测,为运行和管理人员及时提供决策依据和有关技术数据,一方面可以提前发现并及时处理热力循环设备的故障隐患,避免故障扩大造成停机;另一方面,可以实时、在线地计算和分析核电机组全工况运行的热经济性,使运行人员随时掌握机组的各项热经济指标,找出指标下降的原因及改进措施,从而采取有效措施使机组效率得到充分发挥,对节能降耗以及提高核电机组运行管理水平具有实际意义。

9.1　机组性能在线分析技术的发展及应用

9.1.1　机组性能在线分析技术的发展历程

20世纪50年代,火电厂开始应用计算机技术完成诸如运行参数的监视、记录、越限报警等简单功能。20世纪70年代初,西方发达国家开始研究电站热力系统性能监测技术,其中,美国电力研究院(Electric Power Research Institute,EPRI)集中了大批人力、物力进行深入研究,同时与众多电力公司合作完成了大量试验验证工作,并在此基础上制定了一系列行业规范和标准,为世界范围内机组运行优化技术的发展奠定了坚实的基础。这一时期有代表性的热力系统监测软件主要有美国GE公司的PEPSE、橡树岭实验室(ORNL)的PRESTO、英国CEGB公司的AHBP等。

由于测量技术、测量软件可靠性及其他的技术问题，早期的电厂机组运行性能监测只是作为数据采集和数据处理系统（DAS）的附属部分，以美国机械工程师协会（ASME）的电站性能试验规程（PTC）为基础，完成少量指标的计算。直到20世纪80年代初，随着测量技术、计算机和通信技术的不断发展和电厂安全经济管理要求的不断提高，电站性能监测开始向以指导现场运行为目标、能够完成机组各部分性能和整体性能分析与诊断的运行优化方向发展。火电厂的诊断系统中开始引入专家系统和人工神经网络等方法，世界各国对此开展了深入的研究，为电厂性能诊断开辟了新途径。此时陆续开发成功并投入使用的有美国Black&Veatch的B&V性能监测系统、意大利ANSALDO的PERFEXS专家系统等。

近30年来，火电机组的性能监测与诊断软件不断完善，功能渐趋强大，形成完整的火电机组运行优化软件包。迄今为止，国外大部分分布控制系统（distributed control system，DCS）供货商均开发了数量不等的火电厂优化管理软件，其中功能较完善的主要有德国西门子公司的Sienergy系统、美国通用物理公司的EtaPRO系统、美国Elaghbailey公司的Performer系统、美国西屋电气公司的SmartProcess及瑞士ABB公司的Optimax系统等，这些软件在国外近几年投产的大型火电厂中均有不同程度的应用。

20世纪80年代，我国开始引进国外大型发电机组，由于设备昂贵和运行水平的限制，在较长的一段时间里，电站人员更多的是关心设备的安全性而较少考虑机组的经济性；另一方面，早期DCS产品的操作支持系统通常是各DCS厂商自行研制的专用型操作系统，使得二次开发的难度大、代价高，因而在性能监测和运行优化方面的研究比较少。直到90年代初，随着运行水平的不断提高，电站设备的安全性有了充分的保障，电站性能监测才逐渐受到重视，出现了电站性能监测软件，但这时的软件属于电厂信息管理系统（MIS）的范畴。90年代末，国内提出了“厂级监控信息系统（supervisory information system，SIS）”的概念，其核心功能为机组性能监测和操作指导。2000年，SIS被正式纳入《火电发电厂设计技术规程》，规程中明确指出，“当电厂规划容量为1 200 MW及以上、单机容量为300 MW及以上时，可设置厂级监控信息系统”。目前，SIS已经在新建大型火电机组中普遍推广应用，原有的大型火电机组也在增配SIS的功能。但与世界先进水平相比，我国的火电机组在线分析软件还比较落后，如部分模块只是对电站现有业务的功能模仿和简单计算机化，功能实现与用户实际需求还有一段距离，系统功能仍然以性能监测为主，运行优化、故障诊断和操作指导等方面的开发应用相对不足等，与国外同类软件相比还有很大的差距。

综合火电机组性能监测与诊断系统的国内外发展状况与趋势，其硬件正由集中式向分布式的工作站发展，软件功能则从简单计算和分析朝着通用化、专业化、智能化方向发展，诊断内容从整体经济性的计算向定量分析影响机组经济性偏差原因的深度和多机之间的优化调度方向发展。

9.1.2 火电机组中SIS的应用

SIS是在热力性能在线监测与诊断系统的基础上逐步发展起来的，通过对火电机组生产过程数据的实时监测和分析，实现对电厂生产过程的优化控制和负荷经济分配，使主辅机设备的能力在整个电厂范围内充分发挥，达到整个电厂生产系统运行在最佳工况的目的，同时SIS提供电厂完整的生产过程历史/实时数据信息，可作为电力公司信息化网络的可靠生产信息资源，使公司管理和技术人员能够实时掌握各发电企业生产信息及辅助决策信息,充分利用和共享信息资源,提高决策水平。

1. 系统构成

国内火电机组的 DCS 技术已经十分成熟,它包括各种各样的数据,例如现场系统测点实时数据以及其他信息,也包括热力系统性能监测与分析所需要的数据。因此,火电机组的 SIS 基本上是建立在 DCS 上的。

在硬件方面,运行优化系统的核心部分由数据库服务器、应用服务器与 WEB 服务器组成。交换机之间通过光缆或网卡进行数据传输;服务器之间一般通过网卡进行数据传输。软件开发的平台大部分采用 WINDOWS NT,开发语言采用 C++程序设计语言辅以 Visual Basic 编程语言,数据库选用 ORACLE 数据库系统或 PI(plant information system)数据库等。

2. 系统功能

SIS 的主要功能集中在以下几个方面:

(1)实现全厂生产过程的监视

通过采集电厂各生产过程控制系统包括 DCS、DEH 以及其他辅助控制系统的实时生产数据,对各生产流程进行统一的监视与查询,并对生产数据进行综合处理以形成全厂生产报表。同时,通过全厂实时和历史数据库来满足管理部门快速高效地对现场过程数据进行查询与处理的要求。

(2)负荷分配与调度

根据电厂与电网的合同、协议,以及电厂所制定的机组中、长期检修和运行计划,对照日负荷的预测,以最优方式安排运行机组的组合和各运行机组的运行方式。同时根据日负荷实际变化情况,结合机组主、辅系统的可用情况和经济特征值进行优化计算,为实时优化机组的经济负荷分配和辅助系统的运行提供参考。

(3)实时处理生产成本信息

通过各单元机组的 DCS 以及全厂辅助控制系统的信息采集,实时地将相关的生产成本信息送入实时数据库,为电价计算提供依据。

(4)性能计算与分析

通过实时采集的数据或规定时间内的数据进行性能计算,包括锅炉、汽轮发电机组、凝汽器、高压加热器、低压加热器、给水泵等主要设备和系统以及整个机组的效率、损耗等,并提供性能计算的期望值与实际计算值的比较,功能较强的软件还能分析偏差产生的原因并提供改进措施建议。

(5)系统自诊断与自学习

通过相关联的数据比较和分析,能诊断出系统自身的故障,例如传感器故障、软件计算误差。通过神经网络与记忆因子等理论,系统能判别机组运行的参数,找出区域最优点。

(6)设备故障诊断

在实时数据监测与性能计算的基础上,当发现某个数据或计算参数与期望值发生偏差时,说明设备或系统存在着故障。SIS 能够利用故障诊断技术或专家系统,分析故障产生的根本原因或最大可能的根本原因,提出设备运行与维修建议。有的系统还设计有远程监视功能,可以开展远程诊断与远程技术服务,及时得到厂外专家的诊断结果与处理建议。

(7)设备寿命管理

通过实时监测,系统能分析参数变化对主要设备(例如汽轮机等部件)的金属温度及其变化率的影响,从而评价设备的寿命。它可以跟踪机组起停时和大幅度负荷变化时的参数状态,并提供最佳起停方式。

(8)电厂运行考核管理

系统设计了小指标和节能等统计考核指标,例如供电煤耗、汽轮机热耗、间接经济性指标和各种耗差统计结果,为班组和各值的运行考核提供公平的基准依据,监督运行人员的运行操作,促进运行人员对机组的经济运行。

3. 应用效果

火电机组应用SIS后,产生比较明显的效果,主要体现在以下几个方面:

(1)提高机组效率

可以使火电机组的年平均供电煤耗降低15~20 g/(kW·h),大大提高机组的发电效率,降低生产成本。

(2)及时发现设备异常

能够及时发现主蒸汽压力调整不当、高压加热器端差、凝汽器背压异常等问题。有一些软件还利用模糊理论与神经网络理论开发了锅炉系统与凝汽器系统的故障诊断子系统,虽然还处于初级阶段,但已经可以给出故障的基本信息。

(3)运行考核

为班组和运行值的业绩考核提供了一个公平的基础,通过考核统计结果实施适当的奖惩,提高电厂员工的效率意识与经济运行意识。

(4)性能试验

能够方便地进行机组整体以及系统设备的效率试验,并且能够及时甚至实时地给出试验结果计算报告,彻底改变了这类大型试验的实施过程。

(5)优化运行

利用SIS可寻求机组间的负荷最优分配,力求控制生产成本。最普遍的优化运行就是循环水系统,通过SIS的分析计算可以确定循环水系统的运行方式,降低厂用电率,从而降低供电煤耗。锅炉优化、调峰期间的蒸汽初压的优化也在许多电厂中应用。

9.2　核电机组热力性能在线分析框架

9.2.1　常用术语

1. 性能测试与性能监测

性能监测的目的是通过定期计算,检测循环或设备指标的变化,并在高度控制的条件下进行性能测试,计算准确和定量的性能指标。定期监测规范和标准仅限于计算重要性能指标,并监测其与参考指标相比较的趋势。

2. 老化与退化

老化定义为热力性能随时间的自然下降。由于机械、电气、化学等各种原因,大多数设备都会老化,老化是不可避免和不可逆转的。

退化定义为由于一些因素导致的性能下降,这些因素可以被删除或纠正,以恢复退化组件的原始功能。

3. 可控损失与不可控损失

可控损失定义为由退化引起的损失,不可控损失则是由老化引起的损失。

可控损失来源于运行参数的不正确设置,包括低于优化的运行状态、不理想的现场状态、导致内部或外部泄漏的故障流道。例如,凝汽器真空度低,会增加可控损失。

对于由设备老化引起的不可控损失,往往需要更换或清洗部件才能使其恢复正常状态。

4. 可实现性能与实际性能

可实现性能是指系统或设备在没有老化、退化的情况下运行所能达到的性能。实际性能指是系统或设备在不同程度的老化、退化情况下运行所能达到的性能。

图 9-1 所示为不同工况下可实现效率与实际效率的示意图。

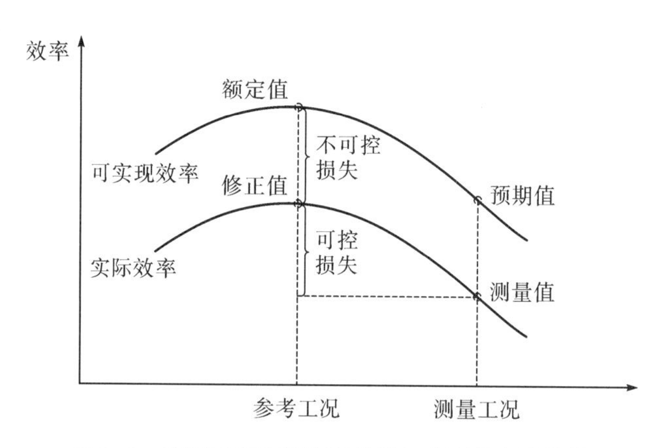

图 9-1　不同工况下可实现效率与实际效率的比较

图中,上面的曲线表示核电机组在没有老化、退化的情况下所能达到的效率,称为可实现效率,下面的曲线表示核电机组在老化、退化情况下的实际效率。

在参考工况(或设计工况)下,机组的可实现效率最高,称为额定效率。在偏离参考工况的测量工况下,机组的可实现效率低于额定效率,称为期望效率。

在参考工况下,机组的实际效率低于可实现效率,是由机组老化导致的不可控损失所引起的。

5. 修正值与期望值

额定效率是理论上可以达到的最佳效率,没有任何可控或不可控的损失。在实践中,额定效率是由供应商提供的有保证的设计效率或验收测试的效率。

测量效率是使用当前核电状态计算出的效率,包括了可控损失和不可控损失,与额定效率之间的偏差反映了总损失的大小。

修正效率是在额定效率的基础上,考虑了不可控损失后所得到的效率。通过比较额定效率与修正效率,可以检测不可控损失的大小。需要注意的是,只有当参考工况与测量工况之间的偏差在规定范围之内,修正效率才是有效的。

期望效率仅考虑了可控损失,期望效率与测量效率的偏差反映了不可控损失的大小。

9.2.2 系统框架

核电厂热力性能分析的监测与诊断,最终目标是完全支持基于状态的维修(也称为预测性维修),可以通过减少耗时和不必要的维修或测试活动来节省资金,还可以减少人为失误,这对于核电厂的安全临界系统至关重要。

图 9-2 所示为核电厂热力性能监测与诊断系统框架。

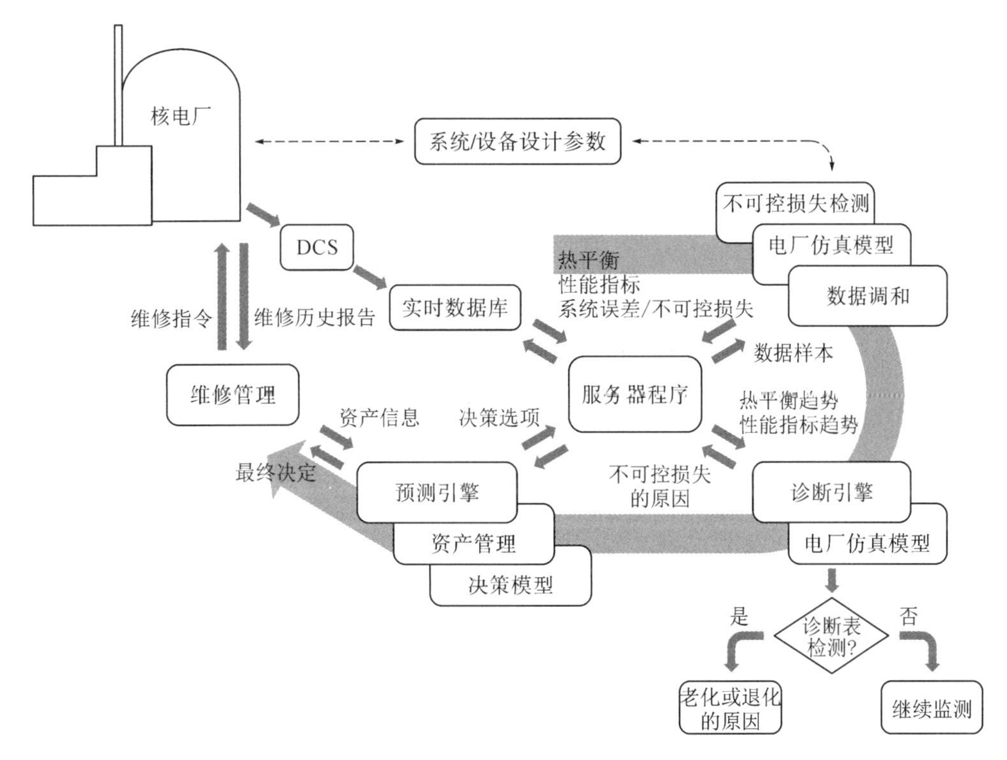

图 9-2 核电厂热力性能监测与诊断系统框架

1. 监测模块

用于比较测量性能与期望性能,以确定是否存在不可控损失。当测量性能与期望性能之间的偏差大于设定值时,则认为存在不可控损失。

准确计算期望性能,通过计算考虑各种可控损失的清洁、全新状态的电厂热力系统的热平衡来确定期望性能。

使用现场安装的未经校准的传感器精确计算被测性能。信号验证需要在没有操纵员干预的情况下进行,即数据协调,数据协调的目的是检测信号异常,并将其替换为适当的数值。

2. 诊断模块

当监测模块警告,在性能指标中观察到意外的残差时,诊断模块开始启动。残差表示由于不可控损失而导致的测量值与参考值之差的偏差。

3. 预测模块

预测模块为未来的运行工况预测不可控损失的模式,最终用于预测一定时间间隔内的累计损耗,以比较特定维修任务的成本效益,改善资产管理。

4. 决策模块

决策模块的作用是综合来自诊断模块和预测模块的信息,从而为维修任务提供成本效益分析。

9.2.3 系统设计原则及功能

1. 系统设计原则

考虑到核电机组运行经济性在线监测与分析系统的重要性及其将来的发展,其在设计方面应遵循以下原则。

(1)安全可靠

由于实时数据平台与控制系统相连接,因此设计时不能破坏控制系统的结构和运行,确保在各种情况下控制系统的安全。

(2)方便使用

采用 B/S 或 C/S 软件架构。如果采用 B/S 软件架构,用户通过网页的方式就可以获得生产信息,不需安装特殊的客户端软件。

(3)实时性

实时数据的采集与机组运行经济性在线监测与分析系统同步,为用户提供有关生产的实时信息,以便管理人员及时了解生产情况,并做出正确的决策。

(4)技术先进

采用过程图形仿真技术,使企业的生产管理人员不用去现场就可以看到与控制系统中完全一致的过程监视画面,真正实现过程监控从控制室到桌面的延伸,保护了用户的现有投资,并有效缩短系统建设的周期。

(5)易于管理

系统的维护和管理集中于服务器,通过可视化的界面实现管理功能。

2. 系统功能

核电机组热经济性在线监测与分析系统的期望功能为:

(1)热力参数实时监督

系统将实时监测与核电厂热力循环相关的 200 多个参数,并与预设在系统中的参数期望值进行比较,可以及时发现相关的参数异常和设备缺陷。

(2)在线热效率计算

系统可以在采集一段时间的参数后,计算单个系统、某个设备或整个常规岛的热效率,及时了解单个系统或整个常规岛的效率状态。

(3)故障诊断

通过以上两个功能,可由系统或技术人员分析出是哪个系统或哪个设备发生了异常,并能分析根本原因或可能的根本原因,及时采取维修纠正行动。大修前后的故障诊断还可以分别为大修活动的计划安排以及大修后续行动提供维修与运行建议,并通过数据对比鉴定大修质量。

(4)运行考核管理

通过设置合理的指标进行统计,实现对运行维修人员活动的监督,加强电厂各级人员提高经济运行的意识。

(5)自我更新

系统能够自动识别机组的最佳状态或参数最佳值,并通过系统或有授权的技术人员更新到系统期望值与系统热力模型中,从而保证系统能及时跟随机组的最佳运行状态以及设备的维修与技术改造的状态。

9.2.4　系统结构

图9-3所示为核电厂热经济性在线分析系统结构原理图。

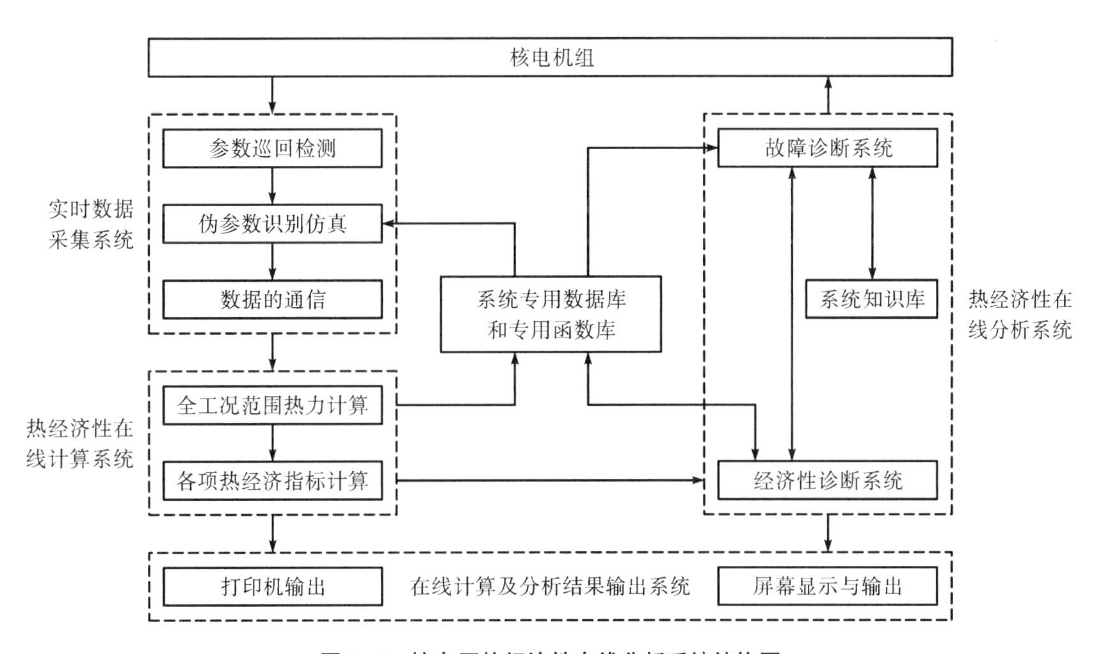

图9-3　核电厂热经济性在线分析系统结构图

如图9-3所示,核电厂热经济性在线分析系统主要由以下几个部分组成:

1. 实时数据采集系统

系统主要功能之一是向计算机提供热经济计算所必需的原始数据,由于各种机组热力系统的构成不同,进行性能计算所需要的原始参数也会略有不同;另一个功能是对采集的数据进行辨别分析,剔除坏值,并给出仿真值,负责向计算机传输数据。

机组性能计算所必需的原始数据如下:

(1)全厂参数

包括主蒸汽压力、温度和流量,冷/热再热蒸汽压力、温度和流量以及电功率、厂用电功率、给水泵功率、循环水泵功率、凝结水泵功率等。

(2)汽轮机参数

包括高压缸排汽压力和温度、低压缸排汽压力和温度、调节级压力和温度、汽轮机调节阀开度、轴封蒸汽压力和温度等。

(3)凝汽器参数

包括循环水进、出口水温,凝结水压力、温度和流量等。

(4)给水加热器参数

包括各段抽汽压力和温度,各级加热器(包括除氧器)进、出口水温及疏水温度,最终给水压力、温度和流量等。

核电厂的数据采集是通过 KDO(试验数据采集系统)、KIT(集中数据处理系统)等数据采集系统完成的。现在,新建核电厂及核电厂技术升级改造中广泛采用了 DCS,使核电站配置机组热经济性在线分析系统成为可能。

2. 热经济性在线计算系统

系统主要完成核电机组全工况运行的热经济性计算和各项热经济指标计算,为热经济性在线分析系统提供分析数据。计算的核电机组热经济指标如下:

(1)全厂性能

包括再热蒸汽流量、供/发电功率、汽耗率、热耗率、厂用电率、核燃料消耗率等。

(2)汽轮机性能

包括低压缸排汽焓/湿度、高/低压缸效率、汽轮机循环效率、汽轮机热耗率等。

(3)凝汽器性能

包括真空、端差、过冷度、循环水温升、清洁系数等。

(4)给水加热器性能

包括加热器端差、给水温升、抽汽流量、焓降、压损、疏水参数等。

3. 热经济性在线分析系统

系统根据原始数据和热经济性计算得到的数据进行实时分析及故障诊断分析,为运行和管理人员提供决策依据和有关技术数据。

机组运行经济性诊断分析包括汽轮机及其他热力系统运行经济性诊断分析。计算蒸汽初压、蒸汽初温、再热汽温、再热压损、给水温度、排汽温度等汽轮机主要监测变量偏差引起的燃料损失;计算加热器端差、抽汽压损等热力系统参数变化引起的燃料损失。

图9-4所示为核电厂效率偏差计算的基本流程。

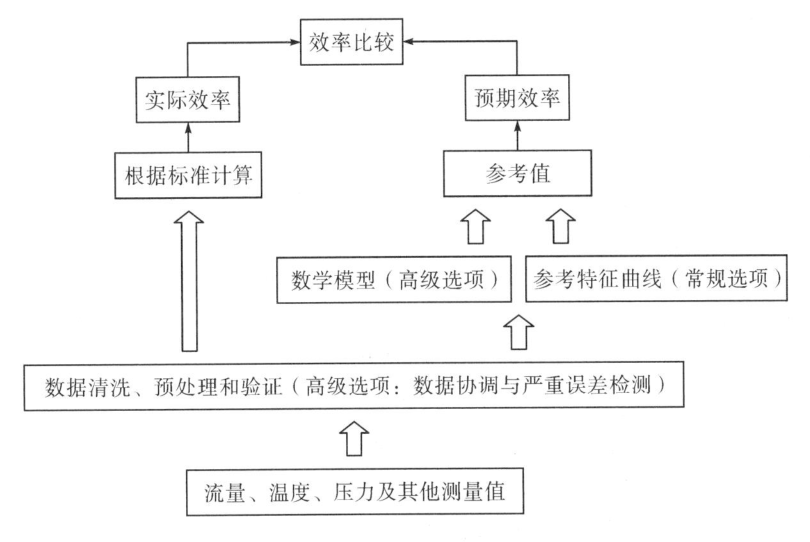

图9-4　核电厂效率偏差计算流程

可以根据以下模型、数据计算期望效率：

(1)由设备供应商提供的特性参考曲线；

(2)历史数据和验收测试、定期测试所获取的数据；

(3)基于物理过程的数学模型；

(4)采用经过验证的历史数据所构建的数据驱动模型。

4. 在线计算及分析结果输出系统

系统提供图形化的、人机交互友好的结果输出界面，使运行和管理人员可以随时掌握机组的各项热经济指标，了解设备的运行状况，为运行人员提供决策依据。

基于Web的发布方式可以采用B/S结构，用户查询界面完全通过WWW浏览器实现，查询结果在页面上以表格的形式显示。使用这种发布方式简单、方便，可使该系统与内部局域网有机融于一体。

5. 系统专用数据和专用函数库系统

系统包括水和水蒸气热力参数函数库、数学计算函数库、系统专用数据库和历史数据库，为系统计算和分析服务。可以以数据库或动态链接库的形式提供服务，以便于储存、查询、修改和调用，并易于扩展。

9.2.5　工质物性参数的在线计算方法

1. 水和水蒸气热物性的在线计算

在热力计算过程中，必须将水和水蒸气的热力学性质用公式表示出来，以便用数值方法确定工质的状态参数以及联系状态点之间的热力过程；同时，还要有足够的精确度，以保

证最后计算结果的精确性。常用的方法有两种:

(1)直接将水和水蒸气表的参数表输入计算机,再采用插值公式求得任一点的参数对应关系。该方法精度很高,但需要占用较大的计算机内存。

(2)以国际公式化委员会拟定的工业用 IAPWS-IF97 公式来计算水蒸气热力特性参数,在给出某一状态点的一两个独立状态参数后,以函数调用的形式快速、准确地计算其他未知参数值。

①在过冷水区域,压力、温度和过冷水比焓三个参数中有两个是独立参数,由任意两个参数可求另外一个参数;

②在饱和水区域,压力、温度和饱和水比焓三个参数中只有一个是独立参数,由任何一个参数可求另外两个参数;

③在湿蒸汽区域,压力(或温度)、干度和湿蒸汽比焓三个参数中有两个是独立参数,由任意两个参数可求另外一个参数;

④在饱和蒸汽区域,压力、温度和饱和蒸汽比焓三个参数中只有一个是独立参数,由任意一个参数可求另外两个参数;

⑤在过热蒸汽区域,压力、温度和过热蒸汽比焓三个参数中有两个独立参数,由任意两个参数可求另外一个参数。

2. 汽轮机排汽焓的在线确定

压水堆核电厂发电汽轮机组使用来自蒸汽发生器的饱和蒸汽或微过热蒸汽,汽轮机高压缸的全部级和低压缸除前 1~2 级以外的其他级叶片都工作在湿蒸汽区。湿蒸汽焓值与压力和湿度有关,不能根据压力和温度直接确定,在目前的技术水平下蒸汽湿度还无法在线测量,因而不能根据测量值直接确定汽轮机的抽汽焓、排汽焓。

当前计算排汽焓的方法中,大都是先对排汽焓或其他相关参数值进行假定或估算,然后通过对汽轮机热力过程的迭代计算不断逼近热力参数实际值,最终求解汽轮机的排汽焓。由于在线计算对实时性要求高,而迭代过程会延长程序的计算时间,因此在线计算要尽量避免迭代计算或者减少迭代次数。

汽轮机排汽焓的计算按以下步骤进行:

(1)通过曲线拟合,动态确定初值

为了进行系统热平衡计算,需事先知道各抽汽点(包括处于湿蒸汽区的抽汽点)的焓值,这就需要用试探的方法进行迭代计算。对于工况变动较大的机组,这个初值就很难兼顾各种工况,从而有可能使得所估计初值远离真实值,导致迭代计算效率降低甚至失败。如何确定这些初值也正是计算的重点。在本算法中,根据当前工况的已知点,通过最小二乘法拟合出一条光滑的压力-焓($p-H$)曲线,然后外推:即由湿蒸汽区各未知点的压力 p 得出各未知点的焓值 H。值得注意的是,当第一次计算排汽焓精度不够时,需进行第二、第三次曲线拟合。这就要求每次除用到已知点外,还得将上一次通过热平衡计算得到的排汽焓作为一个已知点参与曲线拟合,这样才能更新估计值,以达到逐步逼近的效果。采用曲线拟合的最大优点是能跟踪当前工况,由当前工况各点参数拟合曲线,动态求出最接近实际值的各未知点的初值进行拟合计算,增加了程序的可靠性,大大提高了计算效率。

(2)计算各级抽汽量

对回热系统进行热平衡计算时,需要计算汽轮机各级抽汽量。抽汽量的计算是一个十分烦琐的工作,利用已知实测参数,应用矩阵分析法可以求出汽轮机各级抽汽量。

(3)热功平衡计算排汽焓

在求得机组各级抽汽量以后,可以对整个回热系统进行热平衡计算,从而求出汽轮机的排汽焓,再将此排汽焓与曲线拟合的排汽焓比较,以达到逐步逼近的效果。对于有再热的回热式汽轮机,热平衡方程应为

$$N_i = \frac{N_{ge}}{\eta_m \eta_{ge}} \tag{9-1}$$

$$N_i = G_0 h_0 + G_{rh} q_{rh} - \sum_{j=1}^{n} G_{e,j} h_{e,j} - G_c h_c \tag{9-2}$$

式中 N_i、N_{ge} ——汽轮机内功率、发电机功率;

η_m、η_{ge} ——机械效率、电机效率;

G_0、h_0——新蒸汽流量、新蒸汽比焓;

G_{rh} ——再热蒸汽流量;

q_{rh} ——1 kg 再热蒸汽带给汽轮机的热量;

$G_{e,j}$、$h_{e,j}$ ——第 j 级抽汽流量、抽汽比焓;

G_c、h_c ——排汽流量、排汽比焓。

在已知 N_i 及各级抽汽量 $G_{e,j}$ 的情况下,可以求得排汽焓,当此排汽焓与曲线拟合得到的排汽焓差满足误差精度要求时,即可退出计算循环。

9.3 核电厂主要设备热力性能监测与诊断方法

压水堆核电厂热力系统的主要设备包括汽轮发电机、汽水分离再热器、凝汽器、给水加热器、凝水泵和给水泵等,这些设备的运行状态变化都会不同程度地影响核电机组的输出电功率,因此,在核电厂运行时需要对主要设备的运行状态以及机组输出功率进行监测,以确定当前运行工况下核电机组的总体性能指标。

由于目前大多数核电机组主要采用基本负荷运行,并不参与电网调峰运行,因此,核电机组在基本负荷运行时热力系统中主要设备的性能参数保持不变,便于实现核电机组热力系统及其关键设备的性能监测。

汽轮机输出功率与参考功率相比有显著下降,主要原因可能是:

(1)主要变量的测量误差;

(2)蒸汽发生器热功率测量漂移;

(3)阀门泄漏或者辅助蒸汽供应;

(4)关键设备性能严重下降或损坏。

9.3.1 汽轮机组

压水堆核电厂的发电汽轮机组通常由高压缸和低压缸组成,高压缸和低压缸之间设置汽水分离再热器(MSR)。在高压缸内做完功排出的湿饱和蒸汽进入汽水分离再热器,通过分离器除去蒸汽中的水份,再经过两级再热器将蒸汽加热至过热状态,过热蒸汽进入低压

缸内做功,可以减小低压缸排汽湿度,避免低压缸末级叶片受到水滴冲蚀,从而提高汽轮机组运行的热经济性和安全性。

汽轮机组是对热力循环热效率影响最大的设备之一,高压缸效率每降低1%,发电机输出功率就会下降0.26%~0.41%。同样对于在低压缸,这一效应将导致输出功率下降0.59%~0.74%。由于高压缸和低压缸的排汽都处于湿饱和状态,因此很难确定和监测汽轮机各部分的效率。因此,我们间接地采用经ASME PTC 6标准修正后的汽轮发电机输出功率、蒸汽膨胀比(压力比)和蒸汽通过能力(流量系数)作为汽轮机的综合性能指标。

1. 主要监测参数

(1)修正汽轮发电机输出功率

为了准确评价汽轮发电机的性能,需要考虑汽轮机抽汽流量的变化,调整运行工况与基准参考工况不同时的汽轮发电机输出功率。根据ASME PTC 6给出的标准,对汽轮发电机输出功率的修正可分为以下两组修正因子:

第一组修正因子主要包括给水加热系统涉及的状态量,主要参数如下:

给水加热器端差、给水加热器疏水端差、抽汽管线压降和热量损失、系统蓄水量变化、通过凝水泵和给水泵的给水焓升、凝汽器凝水过冷度、补水流量、发电机功率因子。

较为普遍的做法是采用修正曲线(或表)来进行修正,在实测发电机输出功率的基础上通过查表将每个影响变量的修正因子相乘以综合得到第一组修正因子。同时,这些修正因子也可通过测量汽轮机、给水加热系统及汽水分离器再热器的设计参数进行热平衡计算。修正曲线法在核电厂汽轮机循环中更为常见。

第二组修正因子包括与汽轮机的进、出口蒸汽参数有关的变量,其目的是修正被测发电机功率,可以反映由于蒸汽参数不同于基准工况而引起高压缸和低压缸可用焓降的变化,具体包括以下参数:

高压缸进口蒸汽压力、高压缸进口蒸汽湿度、低压缸排汽压力、汽水分离器效率、再热器端差、流经汽水分离再热器的蒸汽压降。

根据ASME PTC 6标准,修正后的汽轮发电机输出功率可表示为

$$N_{\mathrm{el,c}} = (N_{\mathrm{el}} + \Delta N_{\mathrm{f}}) \left(\prod_{i=1}^{n} f_{1,i} \right)^{-1} \left(\prod_{i=1}^{n} f_{2,i} \right)^{-1} \frac{1}{f_{\mathrm{QR}}} \frac{1}{f_{\Delta p}} \tag{9-3}$$

式中 N_{el} ——实测的汽轮发电机输出功率,kW;

ΔN_{f} ——发电机功率因数的修正值,kW;

$f_{1,i}$、$f_{2,i}$ —— 第一组第 i 个修正因子、第二组第 i 个修正因子;

f_{QR} ——反应堆热功率的修正因子;

$f_{\Delta p}$ ——汽轮机控制阀节流损失的修正因子。

(2)汽轮机膨胀线效率

汽轮机膨胀线效率(即汽轮机等熵效率)是汽轮机循环中一个非常重要的性能参数,但在机组运行过程中高压缸、低压缸的绝大部分都处于湿蒸汽区,难以确定蒸汽的焓值,因此监测汽轮机膨胀线效率这个指标是不现实的。

较为现实的方法是使用高压缸的设计效率水平(如膨胀线斜率)来假设高压缸的排汽焓,

低压缸的排汽焓则通过包括汽轮机轴功率在内的整个汽轮机循环的热平衡计算来确定。

(3)蒸汽膨胀比(压力比)

对汽轮机性能进行诊断时,高压缸第1级与低压缸末级的蒸汽膨胀比(压比)随蒸汽流量和低压缸排汽压力的变化是一个比较实用的监测指标。如果抽汽设备(如给水加热器、辅蒸汽集管)的运行条件没有发生剧烈变化,那么蒸汽膨胀比始终是恒定的。因此,如果抽汽分配没有发生变化,而蒸汽膨胀比发生改变,则表明汽轮机的这些级中有可能出现故障。

(4)蒸汽流量系数

蒸汽流量系数的表达式为

$$K_{stg} = G_{stg} \cdot \sqrt{\frac{p_{stg}}{v_{stg}}} \tag{9-4}$$

式中 K_{stg}——汽轮机级的蒸汽流通能力(流量系数);

G_{stg}——蒸汽进入汽轮机级的流量,kg/s;

p_{stg}——蒸汽进入汽轮机级的压力,MPa;

v_{stg}——蒸汽进入汽轮机级的蒸汽比容,m^3/kg。

式(9-4)描述的在汽轮机进口段和后面的抽汽级的蒸汽流量系数是汽轮机的硬件因子,不论运行工况如何,都需要保持恒定。

这个系数用来表明汽轮机蒸汽通流部分几何形状的变化或RTP的高估。例如,如果过高地估计最终的给水流量,则会增加汽轮机的蒸汽通过能力,反之亦然。

2. 常见问题的诊断

监测汽轮机高压缸压力(或第1级)、低压缸压力以及节流流量(或最终给水流量减去蒸汽发生器排污流量)等参数,为分析和讨论汽轮机常见问题可能的根本原因提供了基础。

表9-1所示为汽轮机发生常见问题时一些主要参数变化的典型特征。

表9-1 汽轮机常见问题的诊断

出现问题的可能原因	节流流量	高压缸压力	低压缸压力	高压缸效率①	低压缸效率①
降低节流阀蒸汽压力	↓	↓	↓	→或↓	↑
降低MSR出口热再热蒸汽温度	→	→	↓	→	↓
增加高压汽轮机第一级面积	→	→	→	↓	→
减小高压汽轮机第一级面积	→或↓②	→或↓②	→或↓②	↓	↑
增加高压汽轮机第二级面积	→	↓	→	↓	→
减小高压汽轮机第二级面积	→或↓②	↑	↓	↓	↑
增加低压汽轮机第一级面积	→	→	↓	→	↓
减小低压汽轮机第一级面积	→	→	↓	→	↓

注:向上箭头表示增加,向下箭头表示减小,向右箭头表示基本不变。

①在汽轮机循环中对高压缸、低压缸的效率进行监测不切实际,这里仅表示汽轮机性能恶化的机理。

②仅当高压控制阀不能打开到足以补偿流动面积变化时。

9.3.2 汽水分离再热器

汽水分离再热器包括汽水分离器、蒸汽再热器两大部分,目前商业压水堆核电厂普遍采用具有两级再热器的汽水分离再热器,进行热力性能分析时主要监测以下性能参数。

1. 性能参数的确定

(1)汽水分离器效率

汽水分离器效率定义为流经汽水分离器的湿饱和循环蒸汽中携带的总水分质量被分离出的份额,表达式为

$$\eta_{sp} = \frac{G_{spw}}{G_{zh}(1 - x_{zh})} \tag{9-5}$$

式中 G_{spw}——汽水分离器的疏水流量,kg/s;

G_{zh}——汽轮机高压缸排汽进入汽水分离器的质量流量,kg/s;

x_{zh}——汽轮机高压缸排汽的干度。

(2)蒸汽再热器出口端差

蒸汽再热器出口端差定义为进入再热器的加热蒸汽饱和温度与高开再热器的循环蒸汽温度之差:

$$\theta_{rh} = T_{hs} - T_{rh} \tag{9-6}$$

式中 T_{hs}——进入再热器的加热蒸汽饱和温度,℃;

T_{rh}——离开再热器的循环蒸汽温度,℃。

对于单级再热器或者两级再热器的第二级再热器,出口端差均可以由直接测定的加热汽温度和循环蒸汽温度确定。但是,由于第一级再热器出口的循环蒸汽温度一般不测量,因此不能确定第一级再热器的出口端差,可以根据第二级再热器的能量平衡来确定第一级再热器出口的循环蒸汽温度。

(3)循环蒸汽相对压降

循环蒸汽压降定义为循环蒸汽流经汽水分离再热器所产生压降的百分比,即

$$\Delta p_{msr,cs} = \frac{p_{msr,csi} - p_{msr,cso}}{p_{msr,csi}} \tag{9-7}$$

式中,$p_{msr,csi}$、$p_{msr,cso}$——汽水分离再热器进口、出口的循环蒸汽压力,MPa。

2. 常见问题的诊断

对汽水分离再热器的关键性能参数和运行参数(如再热器的出口端差、汽水分离器水位、加热蒸汽流量、再热器疏水流量和温度等)进行监测,可以为分析讨论汽水分离再热器常见问题可能的根本原因、提出纠正措施提供依据。

表9-2所示为汽水分离再热器出现常见问题时一些参数变化的典型特征。

表 9-2　汽水分离再热器的诊断

出现问题的可能原因	分离器效率	再热器出口温度	循环蒸汽压降	分离器液位	加热蒸汽流量	再热器疏水温度
分离器分离元件故障	↓	↓	↑	→		
进口蒸汽湿度过大 分离器排水系统约束	↓	↓	↑	↑		
再热器管束隆起 防护罩屈曲导致再热器旁通		↓	↓			
再热器传热管泄漏		↓	→		↑	↓
再热器疏水系统泄漏 应急疏水阀开启或泄漏		↓	→		↑	↑
加热蒸汽疏水阀过量泄漏 再热器加热蒸汽供应管线上蒸汽流量受限(供汽阀未全开,阀座掉落,阀门内异物损坏)		↓	→		↓	↓
再热器传热管结垢		↓	→		↓	→

9.3.3　凝汽器

核电厂的效率在很大程度上取决于凝汽器和冷却系统的完整性与清洁度,凝汽器的任何性能缺陷都会对整个汽轮机循环性能产生重大影响。影响汽轮机循环效率的主要运行参数之一是凝汽器压力,凝汽器压力升高,使得蒸汽在低压汽轮机内的可用焓降减少,导致机组输出功率降低,汽轮机循环热耗率增加。

凝汽器运行压力的升高是一种因素影响或者多种因素共同作用的结果,例如:

(1)由于管道堵塞或结垢导致传热性能下降;

(2)由于过多的空气泄漏、喷射泵或真空泵性能下降而导致凝汽器中出现不凝性气体;

(3)循环冷却水入口温度高或循环冷却水流量减小。

1. 主要监测参数

衡量凝汽器性能的主要参数包括清洁系数(cleanliness factor,CLF)以及根据凝汽器热负荷、循环冷却水温度和流量确定的凝汽器压力。通过凝汽器性能测试获得基准凝汽器清洁系数,就可以确定当前运行条件下的期望凝汽器压力,并与实测值进行比较。

(1)清洁系数

下面的计算是基于传热学会标准方法,须提前知晓凝汽器的材料以及冷却水入口流量。这些信息可能无法获得,在这种情况下最好采用对数平均温差(LMTD)方法或经验曲线。

为了确定凝汽器清洁系数,需要基于当前运行参数计算以下凝汽器性能因子,试验条件下的凝汽器热负荷为:

$$Q_{cd}=G_{sw}c_{p,sw}(T_{sw,2}-T_{sw,1})=\sum_{i=1}^{n}Q_{in,i}-\sum_{j=1}^{n}Q_{out,j} \tag{9-8}$$

式中 G_{sw}——试验条件下流经凝汽器的循环冷却水流量,kg/s;

$c_{p,sw}$——循环冷却水的定压比热,kJ/(kg·K);

$T_{sw,1}$、$T_{sw,2}$——循环冷却水在凝汽器进口、出口的温度,℃;

$Q_{in,i}$——进入凝汽器的第 i 股工质放出的热量,kW;

$Q_{out,j}$——离开凝汽器的第 j 股热量,kW。

凝汽器的对数平均温差为

$$\Delta T_m=-\frac{T_{sw,2}-T_{sw,1}}{\ln\dfrac{T_{cd}-T_{sw,1}}{T_{cd}-T_{sw,2}}} \tag{9-9}$$

式中,T_{cd}——凝汽器运行压力下的饱和水温度,℃。

凝汽器的总传热系数为

$$K_{cd}=\frac{Q_{cd}}{F_{cd}\cdot\Delta T_m} \tag{9-10}$$

式中 Q_{cd}——测试工况下凝汽器的热负荷,kW;

F_{cd}——凝汽器的有效传热面积,m^2。

对数平均温差和总传热系数是指示凝汽器换热水平的基本因素,这些因素根据循环冷却水进口温度和流量不断发生变化,因此不能为凝汽器的性能提供直观的判断。

从这个角度来看,使用清洁系数作为凝汽器的性能参数更为实用和准确,它针对不同的循环冷却水进口温度和流量(管内流速)进行修正,在整个负荷范围内保持不变。清洁系数定义为在当前运行工况下测量的总传热系数与根据热交换学会(HEI)《表面式蒸汽凝汽器标准》期望的总传热系数之比,即

$$C_{cd}=\frac{K_{cd}}{K_{uc,te}F_{w,te}F_m} \tag{9-11}$$

式中 $K_{uc,te}$——在测试管内流速下未修正的总传热系数(来自 HEI 标准表 1);

$F_{w,te}$——在测试冷却水温度下循环水温度的修正系数(来自 HEI 标准表 2);

F_m——用于材料和规格的修正系数(来自 HEI 标准表 3)。

在核电厂中,如果凝汽器清洁系数降低 3%,则凝汽器压力增加 1 mmHg,反之亦然。

(2)修正的凝汽器压力

根据预先确定的凝汽器清洁系数,可以使用 HEI 方法计算出针对参考(设计)冷却水进口温度和流量修正的总传热系数,即

$$K_{cd,c}=K_{uc,de}F_{w,de}F_mC_{cd} \tag{9-12}$$

式中 $K_{uc,de}$——在设计管内流速下未修正的总传热系数(来自 HEI 标准表 1);

$F_{w,de}$——在设计冷却水温度下循环水温度的修正系数(来自 HEI 标准表 2)。

传热单元数可以确定如下:

$$\mathrm{NTU}=\frac{K_{cd,c}F_{cd}}{c_{p,sw}G_{sw}} \tag{9-13}$$

根据式(9-12)和式(9-13)可以确定饱和温度及修正的凝汽器压力：

$$T_{cd} = \frac{T_{sw,2} - T_{sw,1}e^{-NTU}}{1 - e^{-NTU}} \quad (9-14)$$

$$p_{cd} = f(T_{cd}) \quad (9-15)$$

(3)期望的凝汽器压力

在当前运行工况下，凝汽器的压力可以使用 HEI 方法确定，这种方法能够使用以前测试的基准凝汽器清洁系数(而不是测量的凝汽器清洁系数)、当前冷却水进口温度和流量来确定当前工况件下的 K_{uc} 和 F_{w}。如果没有可用的基准凝汽器清洁系数，则可以调整设计清洁系数，使期望的凝汽器压力达到当时的测量值，而不推测传热管结垢或过度漏气。

2. 常见问题的诊断

对凝汽器关键性能参数和运行参数(例如清洁系数、对数平均温差、循环冷却水温升和传热管压降)的监测，可以为分析凝汽器常见问题的可能原因提供依据。

表 9-3 所示为凝汽器出现常见问题时一些参数变化的典型特征。

表 9-3　凝汽器常见问题的诊断

出现问题的可能原因	不可凝气体(O_2)	对数平均温差(或端差)	循环冷却水温升	循环冷却水压降
微量结垢	→	↑	→	→
热井水位高 空气堵塞(空气排出问题或漏气)	↑	↑	→	→
凝汽器排热量高	→	↑	↑	→
冷却水系统阻力增加 (冷却水泵扬程增加)	→	→	↑	↓
冷却水泵性能下降 电机电流 - 增加：壳体或叶轮损坏 - 波动：泵气蚀 - 减小：壳体或叶轮磨损/腐蚀	→	→	↑	↓

9.3.4　给水加热器

压水堆核电厂的给水加热器主要使用汽轮机的抽汽进行加热，在运行过程中最常用的两个测量值是上端差和下端差，其参考值则通常从设计热平衡图中获得。

1. 主要监测参数

(1)上端差

给水加热器的上端差定义为给水加热器进口抽汽饱和温度与给水加热器出口给水温度之差,即

$$\theta_u = T_e - T_{f,o} \tag{9-16}$$

式中 T_e——进入给水加热器的抽汽饱和温度,℃;

$T_{f,o}$——给水加热器出口给水温度,℃。

(2)下端差

给水加热器的下端差定义为给水加热器疏水温度与加热器进口给水温度之差,即

$$\theta_d = T_d - T_{f,i} \tag{9-17}$$

式中 T_d——给水加热器的疏水温度,℃;

$T_{f,i}$——给水加热器进口给水温度,℃。

核电厂在稳定功率下正常运行时,给水加热器的 θ_u 和 θ_d 均保持恒定值,测量值可直接用于性能监测。

2. 常见问题的诊断

对于进口给水温度随相应凝汽器压力变化的给水加热器和负荷变化机组的给水加热器,需要采用更为复杂的方法,即利用制造商的设计数据与基本传热关系一起计算期望的 θ_u 和 θ_d,然后将计算结果与测量值进行比较,以识别性能下降。

表 9-4 所示为给水加热器发生常见问题时一些主要参数变化的典型特征。

表 9-4 给水加热器常见问题的诊断

出现问题的可能原因	θ_u	θ_d	给水温升	加热器水位
给水加热器管泄漏(水位迅速增加) 加热器水位控制器或正常疏水阀故障(水位高)	↑	↓	↓	↑
疏水冷却区闪蒸(通过通气口导致蒸汽产生) 加热器水位控制器或正常疏水阀故障(水位低)	→或↓	↑	→或↑	↓
紧急疏水阀开启或泄漏过多	→或↓	↑	↓	↓
管道污垢腐蚀 蒸汽或疏水进口附近有针孔泄漏(快速)	↑	↑	↓	→
正常排气口关闭或空气漏进给水加热器(在常压下运行的加热器)	↑ 振荡	↑或 →振荡	↓	→
正常排气口关闭(加热器在大气压以上工作) 隔板泄漏	↑	→	↓	→

9.3.5 汽轮给水泵系统

大多数压水堆核电厂使用汽轮给水泵系统将给水送入蒸汽发生器。给水泵汽轮机从汽水分离再热器出口抽取驱动蒸汽,可以用给水泵汽轮机驱动蒸汽流量占蒸汽发生器出口蒸汽流量的份额表示汽轮给水泵系统的性能指标。

给水泵汽轮机效率、给水泵效率也都是衡量汽轮给水泵系统理论性能的指标,但这些指标对测量的给水温度过于敏感,无法用于性能监测。例如,给水泵吸入或排出温度出现0.5 ℃的测量误差,就会导致给水泵效率的误差为3.5%,给水泵汽轮机效率的误差为4.3%。

在参考工况与测量的实际工况下,给水泵汽轮机消耗的蒸汽流量分别为

$$G_{fwpt,0}=\frac{N_{fwpt,0}}{H_{i,fwpt,0}} \tag{9-18}$$

$$G_{fwpt}=\frac{N_{fwpt}}{H_{i,fwpt}} \tag{9-19}$$

式中 $N_{fwpt,0}$、N_{fwpt}——参考工况、实际工况下给水泵汽轮机的输出内功率,kW;

$H_{i,fwpt,0}$、$H_{i,fwpt}$——参考工况、实际工况下给水泵汽轮机的内焓降,kJ/kg。

设实际运行工况下给水泵汽轮机输出的功率等于参考工况下给水泵汽轮机输出的功率,即 $N_{fwpt,0}=N_{fwpt}$,则

$$G_{fwpt}=G_{fwpt,0}\frac{H_{i,fwpt}}{H_{i,fwpt,0}} \tag{9-20}$$

$$\xi_{fwpt}=\frac{G_{fwpt}}{D_s}\times 100\% \tag{9-21}$$

式中 ξ_{fwpt}——给水泵汽轮机驱动蒸汽流量占蒸汽发生器出口流量的百分比,%;

D_s——所有蒸汽发生器出口蒸汽流量之和,kg/s。

测量的给水泵汽轮机驱动蒸汽流量针对不同于参考(设计)热平衡条件的低压汽轮机排汽压力进行校正。如果该排汽压力高于参考值,则由于给水泵汽轮机的可用能量减少,给水泵汽轮机驱动蒸汽流量将增加,反之亦然。

给水泵和增压泵(如果存在)的排出压力与转速的关系也是重要的性能指标,可以用于检测泵的损坏或系统运行异常。

表9-5所示为汽轮给水泵发生常见问题时一些主要参数变化的典型特征。

表9-5 汽轮给水泵系统常见问题的诊断

出现问题的可能原因	驱动蒸汽流量	给水泵排出压力	增压泵排出压力
增压泵叶轮磨损或损坏 增压泵磨损环磨损	→或↑	→	↓

表 9-5(续)

出现问题的可能原因	驱动蒸汽流量	给水泵排出压力	增压泵排出压力
给水泵叶轮磨损或损坏 给水泵磨损磨损	↑	↓	→
给水管路限流 给水泵汽轮机进汽阀故障	↑	→	→
给水泵汽轮机叶片过度磨损或损坏 驱动蒸汽供应管路及给水泵汽轮机进汽阀座排水过度泄漏	↑	→	→
给水泵最小流线泄漏过多	↑	↓	↓

思考题与习题

9.1 简述厂级监控信息系统的主要功能。

9.2 核电机组进行在线热经济性分析的目的和意义是什么?

9.3 核电机组热经济性在线分析系统由哪些组成部分?各部分的功能是什么?

9.4 进行核电厂运行经济性在线分析时,汽轮机排汽焓如何计算?

9.5 影响凝汽器运行性能的主要因素有哪些?在常见问题下,凝汽器主要参数的变化趋势是什么?

参考文献

[1] International Atomic Energy Agency. Energy, Electricity and Nuclear Power Estimates for the Period up to 2050[M]. IAEA-RDS-1/41. Vienna: IAEA, 2021.

[2] 苏罡. 中国核能科技"三步走"发展战略的思考[J]. 科技导报, 2016, 34(15): 33-41.

[3] 凌备备, 杨延洲. 核反应堆工程原理[M]. 北京: 原子能出版社, 1982.

[4] 施仲齐, 方栋, 云桂春. 核电站的环境影响[M]. 北京: 水利电力出版社, 1984.

[5] bp. bp 世界能源统计年鉴(2021, 第 70 版)[EB/OL]. (2022-06-28)[2022-11-23]. https://www.bp.com.cn/zh_cn/home/news/reports/statistical-review-2021.html.

[6] 战略研究部. 中国核能发展与展望(2022)[R/OL]. 中国核能行业协会, (2023-08-04)[2022-12-21]. http://www.china-nea.cn/site/content/41473.html.

[7] 核电评估部. 全国核电运行情况(2022 年 1—12 月)[R/OL]. 中国核能行业协会, (2023-02-20)[202-12-11]. http://www.china-nea.cn/site/content/42324.html.

[8] International Atomic Energy Agency. The Potential Role of Nuclear Energy in National Climate Change Mitigation Strategies: Final Report of a Coordinated Research Project[M]. IAEA-TECDOC-1984. Vienna: IAEA, 2021.

[9] International Atomic Energy Agency. Nuclear Power Reactors in the World(2022 Edition)[M]. IAEA-RDS-2/42. Vienna: IAEA, 2022.

[10] 连培生. 原子能工业[M]. 2 版. 北京: 原子能出版社, 2002.

[11] 郑体宽. 热力发电厂[M]. 北京: 水利电力出版社, 1986.

[12] 沈维道, 郑佩芝, 蒋淡安. 工程热力学[M]. 2 版. 北京: 高等教育出版社, 1983.

[13] 陈文威, 李沪萍. 热力学分析与节能[M]. 北京: 科学出版社, 1999.

[14] ZOHURI B, MCDANIEL P. Thermodynamics In Nuclear Power Plant Systems[M]. 2nd ed. Cham: Springer International Publishing, 2015.

[15] ZOHURI B. Combined Cycle Driven Efficiency for Next Generation Nuclear Power Plants: An Innovative Design Approach[M]. 2nd ed. Cham: Springer International Publishing, 2015.

[16] 马宇翰, 董辉, 孙昌璞. 能造出功率和效率都高的热机吗?: 有限时间热力学的发展与展望[J]. 物理, 2021, 50(1): 1-9.

[17] 陈金灿, 严子浚. 有限时间热力学理论的特征及发展中几个重要标志[J]. 厦门大学学报(自然科学版), 2001, 40(2): 232-241.

[18] CURZON F L, AHLBORN B. Efficiency of a Carnot engine at maximum power output[J]. American Journal of Physics, 1975, 43(1): 22-24.

[19] KAUSHIK S C, TYAGI S K, KUMAR P. Finite Time Thermodynamics of Power and Refrigeration Cycles[M]. Cham: Springer International Publishing, 2017.

[20] DE SOUZA G F M. Thermal power plant performance analysis[M]. London: Springer, 2012.

[21] DUNBAR W R, MOODY S D, LIOR N. Exergy analysis of an operating boiling-water-reactor nuclear power station[J]. Energy Conversion and Management, 1995, 36(3): 149-159.

[22] B. M. 布罗章斯基. 㶲方法及其应用[M]. 王加璇,译. 北京:中国电力出版社,1996.

[23] LIOR N, ZHANG N. Energy, exergy, and Second Law performance criteria[J]. Energy, 2007, 32(4): 281-296.

[24] VERKHIVKER G P, KOSOY B V. On the exergy analysis of power plants[J]. Energy Conversion and Management, 2001, 42(18): 2053-2059.

[25] 朱明善. 能量系统的㶲分析[M]. 北京:清华大学出版社,1988.

[26] AHERN J E. The exergy method of energy systems analysis [M]. New York: Wiley, 1980.

[27] 陈大燮. 动力循环分析[M]. 上海: 上海科学技术出版社, 1981.

[28] 陈则韶. 高等工程热力学[M]. 2 版. 合肥:中国科学技术大学出版社,2014.

[29] 纪宇轩,邢凯翔,岑可法,等. 超临界二氧化碳布雷顿循环研究进展[J]. 动力工程学报,2022,42(1):1-9.

[30] GOSSET J, GICQUEL R, LECOMTE M, et al. Optimal design of the structure and settings of nuclear HTR thermodynamic cycles [J]. International Journal of Thermal Sciences, 2005, 44(12): 1169-1179.

[31] KHALIQ A, KAUSHIK S C. Second-law based thermodynamic analysis of Brayton/Rankine combined power cycle with reheat [J]. Applied Energy, 2004, 78(2): 179-197.

[32] 马芳礼. 电厂热力系统节能分析原理: 电厂蒸汽循环的函数与方程[M]. 北京: 水利电力出版社, 1992.

[33] 褚鹏举, 葛斌. PWR 机组二回路热力系统循环函数法理论的研究[J]. 中国电机工程学报, 2004, 24(3): 206-209.

[34] 李运泽, 严俊杰, 林万超, 等. 压水堆核电机组二回路热力系统的等效热降理论研究[J]. 汽轮机技术, 2000, 42(1): 31-35.

[35] 刘强,杨玲,辛洪祥,等. 压水堆核电机组二回路热力系统矩阵分析法[J]. 热能动力工程,2009,24(3):391-394.

[36] 李运泽, 严俊杰, 林万超, 等. 压水堆核电机组二回路的矩阵分析法[J]. 热力发电, 2000, 29(4): 26-28.

[37] 黄新元. 热力发电厂课程设计[M]. 北京:中国电力出版社,2004.

[38] 薛汉俊,杜圣华. 核能动力装置[M]. 北京: 原子能出版社, 1990.

[39] DURMAYAZ A, YAVUZ H. Exergy analysis of a pressurized-water reactor nuclear-power plant[J]. Applied Energy, 2001, 69(1): 39-57.

[40] 任功祖. 动力反应堆热工水力分析[M]. 北京:原子能出版社,1982.

[41] 杜泽. 压水堆核动力装置热力分析若干问题[J]. 核科学与工程,1990,10(3): 277-283.

[42] 彭敏俊,杜泽,孙中宁. 压水堆核电站㶲分析研究[J]. 核科学与工程,1996,16(1): 18-25.

[43] 刘民义.火力发电厂绝热节能的分析与评价[M].北京:中国电力出版社,1996.
[44] 李汝辉,刘德彰,李世武.能量有效利用[M].北京:机械工业出版社,1992.
[45] 彭士禄.核能工业经济分析与评价基础[M].北京:原子能出版社,1995.
[46] 李勤道,刘志真.热力发电厂热经济性计算分析[M].北京:中国电力出版社,2008.
[47] 韩璞,王东风,周黎辉,等. 火电厂计算机监控与监测[M]. 北京: 中国水利水电出版社, 2005.
[48] 严俊杰, 李运泽, 林万超, 等. 压水堆核电机组二回路热力系统经济性诊断理论的研究[J]. 核动力工程, 2000, 21(1): 81-86.
[49] International Atomic Energy Agency. Thermal Performance Monitoring and Optimization in Nuclear Power Plants: Experience and Lessons Learned [M]. IAEA-TECDOC-1971. Vienna:IAEA,2021.
[50] KIM H, NA M, HEO G. Application of monitoring, diagnosis, and prognosis in thermal performance analysis for nuclear power plants[J]. Nuclear Engineering and Technology, 2014, 46(6): 737-752.
[51] AMERICAL SOCIETY OF MECHANICAL ENGINEERS. Moisture Separator Reheaters: 0791822052[S]. ASME,1992:58.
[52] 钟史明,汪孟乐,范仲元.具有㶲参数的水和水蒸气性质参数手册[M].北京:水利电力出版社,1989.

附　　录

附表 1　主要变量符号表

符号	含义	单位	符号	含义	单位
A	流通截面积	m^2	$g_{f,i}$	加热单元进水系数	
A_n	㶲	kJ	h'	饱和水比焓	kJ/kg
c_F	燃料㶲的平均单位成本	元/kJ	h''	饱和蒸汽比焓	kJ/kg
c_p	定压比热	kJ/(kg·K)	h_{fh}	新蒸汽焓	kJ/kg
c_P	燃料㶲的平均单位成本	元/kJ	h_{fw}	给水焓	kJ/kg
d_0	汽耗率	kg/(kW·h)	Δh_a	绝热比焓降	kJ/kg
d_{si}	蒸汽发生器传热管内径	m	H_a	绝热焓降	kJ
d_{so}	蒸汽发生器传热管外径	m	Δh_i	实际比焓降	kJ/kg
d_u	燃料芯块直径	m	H_i	实际焓降	kJ
E_x	㶲	kJ	K	换热器的总换热系数	$W/(m^2 \cdot K)$
e_x	比㶲	kJ/kg	N_a	汽轮机输出理论功率	kW
e'_x	饱和水比㶲	kJ/kg	N_e	有效功率	kW
e''_x	饱和蒸汽比㶲	kJ/kg	N_{el}	发电机输出功率	kW
$E_{x,k}$	动能㶲	kJ	N'_{el}	厂用电功率	kW
$E_{x,p}$	位能㶲	kJ	N_i	汽轮机内功率	kW
$E_{x,ph}$	物理㶲	kJ	N'_i	汽轮机实际内功率	kW
$E_{x,Q}$	热量㶲	kJ	p_c	主系统压力	MPa
$E_{xl,Q'}$	冷量㶲	kJ	p_s	蒸汽发生器二次侧运行压力	MPa
$E_{x,eff}$	获得㶲	kJ	Pr	普朗特数	
$E_{x,sup}$	供给㶲	kJ	Q_p	主泵加入冷却剂的热功率	kW
E_{xl}	㶲损失	kJ	Q_R	反应堆热功率	kW
$E_{xl,in}$	内部㶲损失	kJ	Q_s	核蒸汽供应系统热功率	kW
$E_{xl,out}$	外部㶲损失	kJ	Q_{sg}	蒸汽发生器二次侧热功率	kW
F	表面积	m^2	$Q_{g,h}$	气体燃料的高位发热值	—
G	质量流量	kg/s	$Q_{l,h}$	液体燃料的高位发热值	—
g	重力加速度	m/s^2	$Q_{l,l}$	液体燃料的低位发热值	—
$g_{d,i}$	加热单元疏水系数	—	$Q_{s,l}$	固体燃料的低位发热值	—
$g_{e,i}$	加热单元抽汽系数	—	q	热流密度	W/m^2

附表 1(续)

符号	含义	单位	符号	含义	单位
q_1	热力循环吸热量	kJ	Y	抽汽做功不足系数	—
q_2	热力循环放热量	kJ	Z	给水回热加热级数	—
$q_{\mathrm{h},i}$	抽汽放热量	kJ/kg	Z	设备运行成本	元
$q'_{\mathrm{h},i}$	辅助蒸汽放热量	kJ/kg	α	抽汽系数	—
q_l	线功率密度	W/m	α_1	蒸汽发生器一次侧换热系数	$W/(m^2 \cdot K)$
r	汽化潜热	kJ/kg	α_2	蒸汽发生器二次侧换热系数	$W/(m^2 \cdot K)$
R_t	热阻	$(m^2 \cdot K)/W$	α_f	给水量	—
Re	雷诺数		Δt_m	平均传热温差	℃
R_s	污垢导热热阻	$m^2 \cdot K/W$	η_e	有效效率	—
R_t	单位长度上的传热热阻	$m \cdot K/W$	η_{el}	电厂毛效率	—
R_w	管壁导热热阻	$m^2 \cdot K/W$	η_{ex}	㶲效率	—
s'	饱和水比熵	$kJ/(kg \cdot K)$	η_{ge}	发电机有效效率	—
s''	饱和蒸汽比熵	$kJ/(kg \cdot K)$	η_m	机械效率	—
T	热力学温度	K	η_{mp}	管道损失系数	—
t	摄氏温度	℃	η_{net}	核电厂净效率	—
t_{ci}	反应堆进口冷却剂温度	℃	η_{oi}	汽轮机相对内效率	—
t_{co}	反应堆出口冷却剂温度	℃	η_{sg}	蒸汽发生器热效率	—
t_m	冷却剂平均温度	℃	η_t	循环热效率	—
t_{si}	蒸汽发生器一次侧进口温度	℃	γ	疏水放热量	kJ/kg
t_{so}	蒸汽发生器一次侧出口温度	℃	λ	能级	—
t_g	燃料元件气隙温度	℃	λ_{c^*}	冷却剂的导热系数	$W/(m \cdot K)$
t_{um}	燃料芯块中心温度	℃	λ_w	传热管材料的导热系数	$W/(m \cdot K)$
t_{us}	燃料芯块表面温度	℃	μ	动力黏度	$N \cdot s/m^2$
t_{wi}	燃料包壳内表面温度	℃	υ	运动黏度	m^2/s
t_{wo}	燃料包壳外表面温度	℃	τ	给水焓升	kJ/kg
U	内能	J	ξ_i	㶲损系数	—
v'	饱和水比容	m^3/kg	ξ	蒸汽发生器排污率	—
v''	饱和蒸汽比容	m^3/kg			
W	体积功	kJ			
x	质量含汽率	—			
x	蒸汽干度	—			

附表 2　常用单位换算表

1. 能、功、热量

焦耳 J 或 N·m	千克力·米 kgf·m	千瓦时 kW·h	千卡 kcal	大气压·升 atm·L	马力·时 hp·h	英尺·磅 ft·lbf	英热单位 Btu
1	0.101 97	2.778×10^{-7}	2.389×10^{-4}	9.869×10^{-3}	3.777×10^{-7}	0.737 57	9.478×10^{-4}
9.806 65	1	2.724×10^{-3}	2.342×10^{-3}	9.678×10^{-2}	3.704×10^{-6}	7.233 1	9.295×10^{-3}
3.600×10^{6}	3.671×10^{5}	1	859.85	35 529	1.359 6	2.655×10^{6}	3 414.2
4 186.8	426.94	1.163×10^{-3}	1	41.321	1.581×10^{-3}	3 088.1	3.968 3
101.325	10.332	2.815×10^{-5}	2.420×10^{-2}	1	3.827×10^{-5}	74.734	9.604×10^{-2}
2.648×10^{6}	2.700×10^{5}	0.735 50	632.42	26 132	1	1.953×10^{6}	2 509.6
1.355 8	0.138 26	3.766×10^{-7}	3.238×10^{-4}	1.338×10^{-2}	5.121×10^{-7}	1	1.285×10^{-3}
1 055.1	107.59	2.931×10^{-4}	0.252	10.413	3.985×10^{-4}	778.17	1

2. 压力

帕 Pa	工程大气压 kgf/cm^2	标准大气压 atm	毫米汞柱 mmHg	毫米水柱 mmH_2O	磅/平方英尺 lbf/ft^2	磅/平方英寸 psi	英寸汞柱 inHg
1	1.020×10^{-5}	9.869×10^{-6}	7.501×10^{-3}	0.101 97	2.089×10^{-2}	1.450×10^{-4}	2.953×10^{-4}
98 067	1	0.967 84	735.56	10 000	2 048.1	14.224	28.959
101 325	1.033 2	1	760	10 332	2 116.2	14.696	29.921
133.32	1.360×10^{-3}	1.316×10^{-3}	1	13.595	2.784 4	1.934×10^{-2}	3.937×10^{-2}
9.806 7	1.000×10^{-4}	9.679×10^{-5}	7.356×10^{-2}	1	20.481	1.422×10^{-3}	2.896×10^{-3}
47.88	4.883×10^{-4}	4.726×10^{-5}	0.359 14	4.882 6	1	6.944×10^{-3}	1.414×10^{-2}
6 894.8	7.031×10^{-2}	6.805×10^{-2}	51.715	703.09	143.99	1	2.036 0
3 386.4	3.453×10^{-2}	3.342×10^{-2}	25.4	345.33	70.723	0.491 2	1

3. 比热

焦耳/(千克·开) J/(kg·K)	千卡/(千克·摄氏度) kcal/(kg·℃)	英热单位/(磅·华氏度) Btu/(lb·℉)
1	$0.238\ 9\times10^{-3}$	$0.238\ 9\times10^{-3}$
4 186.8	1	1
4 186.8	1	1

4. 热导率

瓦/(米·开) W/(m·K)	千卡/(米·小时·摄氏度) kcal/(m·h·℃)	英热单位/(英尺·小时·华氏度) Btu/(ft·h·℉)
1	0.859 9	0.577 8
1.163	1	0.672
1.730 7	1.488 2	1

附表 3　水的热物性参数

t /℃	p /MPa	ρ /(kg/m²)	c_p /[kJ/(kg·K)]	λ /[W/(m·K)]	μ /[N·(s/m²)]	Pr
0	0.101 325	999.9	4.212 7	55.122	1 789.0	13.67
10	0.101 325	999.7	4.1917	57.448	1 306.1	9.52
20	0.101 325	998.2	4.1834	59.890	1 004.9	7.02
30	0.101 325	995.7	4.1750	61.751	801.76	5.42
40	0.101 325	992.2	4.1750	63.379	653.58	4.31
50	0.101 325	988.1	4.175 0	64.774	549.55	3.54
60	0.101 325	983.2	4.179 2	65.937	470.06	2.98
70	0.101 325	977.8	4.107 6	66.751	406.28	2.55
80	0.101 325	971.8	4.195 9	67.449	355.25	2.21
90	0.101 325	965.3	4.208 5	68.031	315.01	1.95
100	0.101 325	958.4	4.221 1	68.263	282.63	1.75
110	0.143 266	951.0	4.233 6	68.496	259.07	1.60
120	0.198 543	943.1	4.250 4	68.612	237.48	1.47
130	0.270 132	934.8	4.267 1	68.612	217.86	1.36
140	0.361 38	926.1	4.288 1	68.496	201.17	1.26
150	0.476 00	917.0	4.313 2	68.380	186.45	1.17
160	0.618 06	907.4	4.346 7	68.263	173.69	1.10
170	0.792 02	897.3	4.380 2	67.914	162.90	1.05
180	1.002 66	886.9	4.417 9	67.449	153.09	1.00
190	1.255 12	876.0	4.459 7	66.984	144.25	0.96
200	1.554 88	863.0	4.505 8	66.286	136.40	0.93
210	1.907 74	853.8	4.556 1	65.472	130.52	0.91
220	2.319 83	840.3	4.614 7	64.542	124.63	0.89
230	2.797 60	827.3	4.681 7	63.728	119.72	0.88
240	3.347 83	813.6	4.757 1	62.797	114.81	0.87
250	3.977 60	799.0	4.845 0	61.751	109.91	0.86
260	4.694 34	784.0	4.949 7	60.472	105.98	0.87
270	5.505 81	767.9	5.088 2	58.963	102.06	0.88
280	6.420 18	750.7	5.230 3	57.448	98.135	0.90
290	7.446 07	732.3	5.485 7	55.820	94.210	0.93
300	8.597 1	712.5	5.737 0	53.959	91.265	0.97
310	9.869 7	691.1	6.072 0	52.331	88.321	1.03
320	11.28 9	667.1	6.574 5	50.587	85.377	1.11
330	12.86 3	640.2	7.244 5	48.377	81.452	1.22
340	14.60 5	610.1	8.165 8	45.702	77.526	1.39
350	16.535	574.4	9.505 8	43.028	72.620	1.60
360	18.675	528.0	13.986	39.539	66.732	2.35
370	21.054	450.5	40.326	33.724	56.918	6.79

附表4　具有㶲参数的饱和水与饱和蒸汽表(按温度排列)

t /℃	p /MPa	v' /(m³/kg)	v'' /(m³/kg)	h' /(kJ/kg)	h'' /(kJ/kg)	s'/[kJ/(kg·K)]	s''/[kJ/(kg·K)]	e'_x /(kJ/kg)	e''_x /(kJ/kg)
10	0.001 227 0	0.001 000 3	106.430 0	41.99	2 519.9	0.151 0	8.902 0	0.75	88.2
20	0.002 336 6	0.00 100 17	57.838 0	83.86	2 538.2	0.296 3	8.668 4	2.92	170.3
30	0.004 241 5	0.00 100 43	32.929 0	125.66	2 556.4	0.436 5	8.454 6	6.43	246.9
40	0.007 375 0	0.00 100 78	19.546 0	167.45	2 574.4	0.572 1	8.258 3	11.17	318.5
50	0.012 335	0.001 012 1	12.045 7	209.26	2 592.2	0.703 5	8.077 6	17.08	385.7
60	0.019 920	0.001 017 1	7.678 5	251.09	2 609.7	0.831 0	7.910 8	24.10	448.8
70	0.031 162	0.001 022 8	5.046 3	292.97	2 626.9	0.954 8	7.756 5	32.15	508.2
80	0.047 360	0.001 029 2	3.409 1	334.92	2 643.8	1.075 3	7.613 2	41.20	564.1
90	0.070 109	0.001 036 1	2.361 3	376.94	2 660.1	1.192 5	7.479 9	51.19	616.9
100	0.101 325	0.001 043 7	1.673 0	419.07	2 676.0	1.306 9	7.355 4	62.08	666.8
110	0.143 266	0.001 051 9	1.209 9	461.32	2 691.3	1.418 5	7.238 8	73.84	714.0
120	0.198 543	0.001 060 6	0.891 52	503.72	2 706.0	1.527 6	7.129 3	86.44	758.5
130	0.270 132	0.001 070 0	0.668 14	546.31	2 719.9	1.634 4	7.026 1	99.86	800.7
140	0.361 38	0.001 080 1	0.508 49	589.11	2 733.1	1.739 0	6.928 4	114.08	840.5
150	0.476 00	0.001 090 8	0.392 45	632.15	2 745.4	1.841 6	6.835 8	129.09	878.1
160	0.618 06	0.001 102 2	0.306 76	675.47	2 756.7	1.942 5	6.747 5	144.87	913.6
170	0.792 02	0.001 114 5	0.242 55	719.12	2 767.1	2.041 6	6.663 0	161.42	947.0
180	1.002 66	0.001 127 5	0.193 80	763.12	2 776.3	2.139 3	6.581 9	178.75	978.4
190	1.255 12	0.001 141 5	0.156 32	807.52	2 784.3	2.235 6	6.503 6	196.84	1 007.7
200	1.554 88	0.001 156 5	0.127 16	852.37	2 790.9	2.330 7	6.427 8	215.73	1 035.1
210	1.907 74	0.001 172 6	0.104 24	897.74	2 796.2	2.424 7	6.353 9	235.41	1 060.6
220	2.319 83	0.001 190 0	0.086 038	943.68	2 799.9	2.517 8	6.281 7	255.91	1 084.0
230	2.797 60	0.001 208 7	0.071 450	990.27	2 802.0	2.610 2	6.210 7	277.27	1 105.4
240	3.347 83	0.001 229 1	0.059 654	1 037.6	2 802.2	2.702 0	6.140 6	299.5	1 124.8
250	3.977 60	0.001 251 3	0.050 037	1 085.8	2 800.4	2.793 5	6.070 8	322.7	1 142.1
260	4.694 34	0.001 275 6	0.042 134	1 134.9	2 796.4	2.884 9	6.001 0	346.9	1 157.2
270	5.505 81	0.001 302 5	0.035 588	1 185.2	2 789.9	2.976 4	5.930 4	372.2	1 169.9
280	6.420 18	0.001 332 4	0.030 126	1 236.8	2 780.4	3.068 3	5.858 6	398.7	1 180.1
290	7.446 07	0.001 365 9	0.025 535	1 290.00	2 767.6	3.161 1	5.784 8	426.5	1 187.5
300	8.592 7	0.001 404 1	0.021 649	1 345.1	2 751.0	3.255 2	5.708 1	455.9	1 191.8
310	9.870 0	0.001 448 0	0.018 334	1 402.4	2 730.0	3.351 2	5.627 8	487.0	1 192.7
320	11.289	0.001 499 5	0.015 480	1 462.6	2 703.7	3.450 0	5.542 3	520.2	1 189.7
330	12.863	0.001 561 5	0.012 989	1 526.5	2 670.2	3.552 8	5.449 0	556.0	1 181.7
340	14.605	0.001 638 7	0.010 780	1 595.5	2 626.2	3.661 6	5.342 7	595.3	1 166.7
350	16.535	0.001 741 1	0.008 799	1 672.0	2 567.7	3.780 0	5.217 6	639.4	1 142.4
360	18.675	0.001 895 9	0.006 940	1 764.2	2 485.5	3.921 0	5.060 0	693.1	1 103.3
370	21.054	0.002 213 6	0.004 973	1 890.2	2 342.8	4.110 8	4.814 4	767.3	1 027.7
372	21.562	0.002 363 6	0.004 439	1 935.6	2 287.0	4.179 4	4.724 0	793.9	996.5
374	22.081	0.002 842 6	0.003 466	2 046.7	2 156.2	4.349 3	4.518 5	858.7	921.9
374.15	22.120	0.003 170 0	0.003 170	2 107.4	2 107.4	4.442 9	4.442 9	893.8	893.8

附表5 具有㶲参数的饱和水与饱和蒸汽表(按压力排列)

p /MPa	t /℃	v' /(m^3/kg)	v'' /(m^3/kg)	h' /(kJ/kg)	h'' /(kJ/kg)	s'/[kJ/(kg·K)]	s''/[kJ/(kg·K)]	e_x' /(kJ/kg)	e_x'' /(kJ/kg)
0.001	6.982 8	0.001 000 1	129.209 0	29.34	2 514.4	0.106 0	8.976 7	0.37	62.3
0.01	45.832 8	0.001 010 2	14.675 0	191.83	2 584.8	0.649 3	8.151 1	14.48	358.2
0.1	99.632	0.001 043 4	1.693 7	417.51	2 675.4	1.302 7	7.359 8	61.66	665.0
0.3	133.540	0.001 073 5	0.605 56	561.43	2 724.7	1.671 6	6.990 9	104.80	815.0
0.5	151.844	0.001 092 8	0.374 68	640.12	2 747.5	1.860 4	6.819 2	131.94	884.8
1.0	179.884	0.001 127 4	0.194 29	762.61	2 776.2	2.138 2	6.582 8	178.54	978.0
1.5	198.289	0.001 153 9	0.131 66	844.67	2 789.9	2.314 5	6.440 6	212.44	1 030.6
2.0	212.375	0.001 176 6	0.099 536	908.59	2 797.2	2.446 9	6.336 6	240.20	1 066.3
2.5	223.943	0.001 197 2	0.079 905	961.96	2 800.9	2.554 3	6.253 6	264.23	1 092.7
3.0	233.841	0.001 216 3	0.066 626	1 008.4	2 802.3	2.645 5	6.183 7	285.70	1 113.1
3.5	242.540	0.001 234 5	0.057 025	1 049.8	2 802.0	2.725 3	6.122 8	305.3	1 129.4
4.0	250.333	0.001 252 1	0.049 749	1 087.4	2 800.3	2.796 5	6.068 5	323.5	1 142.7
4.5	257.411	0.001 269 1	0.044 037	1 122.1	2 797.7	2.861 2	6.019 1	340.6	1 153.5
5.0	263.911	0.001 285 8	0.039 429	1 154.5	2 794.2	2.920 6	5.973 5	356.7	1 162.5
5.5	269.933	0.001 302 3	0.035 628	1 184.9	2 789.9	2.975 7	5.930 9	372.0	1 169.8
6.0	275.550	0.001 318 7	0.032 438	1 213.7	2 785.0	3.027 3	5.890 8	386.8	1 175.9
6.5	280.820	0.001 335 0	0.029 719	1 241.1	2 779.5	3.075 9	5.852 7	400.9	1 180.8
7.0	285.790	0.001 351 3	0.027 373	1 267.4	2 773.5	3.121 9	5.816 2	414.6	1 184.7
7.5	290.496	0.001 367 7	0.025 327	1 292.7	2 766.9	3.165 7	5.781 0	427.9	1 187.8
8.0	294.968	0.001 384 2	0.023 525	1 317.1	2 759.9	3.207 6	5.747 1	440.9	1 190.0
8.5	299.231	0.001 400 9	0.021 926	1 340.7	2 752.5	3.247 9	5.714 1	453.6	1 191.6
9.0	303.306	0.001 417 9	0.020 495	1 363.7	2 744.6	3.286 7	5.682 0	465.9	1 192.5
9.5	307.211	0.001 435 1	0.019 208	1 386.1	2 736.4	3.324 2	5.650 6	478.1	1 192.8
10.0	310.961	0.001 452 6	0.018 041	1 408.0	2 727.7	3.360 6	5.619 8	490.1	1 192.6
10.6	315.274	0.001 474 1	0.016 778	1 433.7	2 716.9	3.402 9	5.583 5	504.2	1 191.7
11.0	318.045	0.001 488 7	0.016 006	1 450.6	2 709.3	3.430 4	5.559 5	513.5	1 190.7
11.6	322.059	0.001 511 3	0.014 940	1 475.4	2 697.4	3.470 8	5.523 9	527.3	1 188.5
12.0	324.646	0.001 526 8	0.014 283	1 491.8	2 689.2	3.497 2	5.500 2	536.5	1 186.7
12.6	328.401	0.001 550 7	0.013 367	1 516.0	2 676.1	3.536 1	5.464 6	550.1	1 183.4
13.0	330.827	0.001 567 2	0.012 797	1 532.0	2 667.0	3.561 6	5.440 8	559.1	1 180.8
13.6	334.357	0.001 592 8	0.011 996	1 555.8	2 652.5	3.599 3	5.404 7	572.6	1 176.2
14.0	336.642	0.001 610 6	0.011 495	1 571.6	2 642.4	3.624 3	5.380 3	581.6	1 172.7
14.6	339.972	0.001 638 5	0.010 786	1 595.3	2 626.3	3.661 3	5.343 1	595.2	1 166.8
15.0	342.131	0.001 657 9	0.010 340	1 611.0	2 615.0	3.685 9	5.317 8	604.2	1 162.4
15.6	345.282	0.001 688 6	0.009 707	1 634.7	2 597.3	3.722 6	5.279 3	617.8	1 155.2
16.0	347.328	0.001 710 3	0.009 308	1 650.5	2 584.9	3.747 1	5.253 1	627.0	1 149.9
17.0	352.263	0.001 769 6	0.008 371	1 691.7	2 551.6	3.810 7	5.185 5	650.8	1 135.2
18.0	356.957	0.001 839 9	0.007 498	1 734.8	2 513.9	3.876 5	5.112 8	675.9	1 117.3
19.0	361.431	0.001 926 0	0.006 678	1 778.7	2 470.6	3.942 9	5.033 2	701.6	1 095.8
20.0	365.702	0.002 037 0	0.005 877	1 826.5	2 418.4	4.014 9	4.941 2	729.8	1 068.6

附表 6　龟山-吉田环境模型的元素化学㶲与温度修正系数

元素符号	标准化学㶲/(10^3kJ/kmol)	基准物	温度修正系数/[kJ/(kmol·K)]	元素符号	标准化学㶲/(10^3kJ/kmol)	基准物	温度修正系数/[kJ/(kmol·K)]
H	117.61	H_2O(液)	-84.89	Mo	714.42	$CaMoO_4$	-45.27
He	30.125	空气$_{(5.24\times10^{-6}atm)}$	101.09	Ru	0	Ru	0
Li	371.96	$LiCl\cdot H_2O$	-485.13	Rh	0	Rh	0
Be	594.25	$BeO\cdot Al_2O_3$	-103.26	Pd	0	Pd	0
B	610.28	H_3BO_3	-185.60	Ag	85.32	AgCl	326.60
C	410.53	CO_2	57.07	Cd	304.18	$CdCl\cdot 2.5H_2O$	-759.94
N	0.335	空气$_{(0.756atm)}$	1.17	In	412.42	InO_2	-169.41
O	1.966	空气$_{(0.203atm)}$	6.61	Sn	515.72	SnO_2	217.53
F	308.03	$Ca_{10}(PO_4)_6F_2$	81.21	Sb	409.70	Sb_2O_5	-255.98
Ne	27.07	空气$_{(1.8\times10^{-5}atm)}$	90.83	Te	266.35	TeO_2	-188.49
Na	360.79	$NaNO_3$	-400.83	I	25.61	KIO_3	56.82
Mg	618.23	$CaCO_3\cdot MgCO_3$	-360.58	Cs	390.9	CsCl	-364.25
Al	788.22	Al_2O_3	-166.57	Ba	784.17	$Ba(NO_3)_2$	-697.60
Si	852.74	SiO_2	-195.27	La	982.57	$LaCl_2\cdot 7H_2O$	-1 224.45
P	865.96	$Ca_3(PO_4)_2$	86.36	Hf	1 023.24	HfO_2	-202.51
S	602.79	$CaSO_4\cdot 2H_2O$	-116.69	Ta	950.69	Ta_2O_5	-242.80
Cl	23.47	NaCl	268.82	W	818.22	$CaWO_4$	-45.44
Ar	11.673	空气$_{(0.009atm)}$	39.16	Os	297.11	OsO_4	-325.22
K	386.85	KNO_3	-354.97	Au	0	Au	0
Ca	712.37	$CaCO_3$	-338.74	Hg	431.71	$HgCl_2$	-690.61
Sc	906.76	Sc_2O_3	-159.87	Ti	169.70	Ti_2O_4	—
Ti	885.59	TiO_2	-198.57	Pb	337.27	PbClOH	—
V	704.88	V_2O_5	-236.27	Bi	296.73	BiOCl	-425.68
Cr	547.43	$K_2Cr_2O_7$	30.67	Th	1 164.87	ThO_2	-168.78
Mn	461.24	MnO_2	-197.23	U	1 117.88	U_3O_8	-247.19
Fe	368.1	Fe_2O_3	-147.38	La	982.57	$LaCl_2\cdot 7H_2O$	-1 224.45
Co	288.40	$CoFe_2O_4$	-19.84	Ce	1 020.73	CeO_2	-227.94
Ni	243.47	$NiCl_2\cdot 6H_2O$	-865.63	Pr	926.17	$Pr(OH)_3$	—
Cu	143.80	$Cu_4(OH)_6Cl_2$		Nd	967.05	$NdCl_3\cdot 6H_2O$	-1 214.78
Zn	337.44	$Zn(NO_3)_2\cdot 6H_2O$	-852.37	Sm	962.86	$SmCl_3\cdot 6H_2O$	-1 215.7
Ga	496.18	Ga_2O_3	-162.09	Eu	872.49	$EuCl_3\cdot 6H_2O$	-1 231.06
Ge	493.13	GeO_2	-194.10	Gd	958.26	$GdCl_3\cdot H_2O$	-1 220.06
As	386.27	As_2O_5	-255.27	Tb	947.38	$TbCl_3\cdot 6H_2O$	-1 230.26
Br	34.35	$PtBr_2$	-19.92	Dy	958.26	$DyCl_3\cdot 6H_2O$	-1 234.03
Rb	389.57	$RbNO_3$	-353.80	Ho	966.63	$HoCl_3\cdot 6H_2O$	-1 235.20
Sr	771.15	$SrCl_2\cdot 6H_2O$	-841.61	Er	960.77	$ErCl_3\cdot 6H_2O$	-1 234.82
Y	932.40	$Y(OH)_3$		Tm	894.29	Tm_2O_3	-167.65
Zr	1058.59	$ZrSiO_4$	-215.02	Yb	935.67	$YbCl_3\cdot 6H_2O$	-1 224.45
Nb	878.10	Nb_2O_5	-240.62	Lu	917.58	$LuCl_3\cdot 6H_2O$	-1 235.20

附表 7　常见无机化合物的化学㶲及其温度修正系数

分子式	化学㶲值 /(kJ/mol)	温度修正系数 /[J/(mol·K)]	分子式	化学㶲值 /(kJ/mol)	温度修正系数 /[J/(mol·K)]
$AlCl_3$	229.83	892.07	$NaHCO_3$	44.69	-39.3
$Al_2(SO_4)_3$	308.36	539.44	MgO	50.79	-218.78
BaO	261.04	-596.01	$MgCl_2$	73.39	343.21
$BaSO_4$	32.55	-415.30	$MgCO_3$	22.59	62.30
$BaCO_3$	63.01	-356.77	$MgSO_4$	58.24	-67.8
CaO	110.33	-227.74	MnO	100.29	-115.94
$Ca(OH)_2$	53.01	-201.46	Mn_2O_3	47.24	-113.51
$CaCl_2$	11.25	349.74	Mn_2O_4	108.37	-213.13
$CaOSiO_2$	21.34	-228.15	NO	88.91	-4.60
$CaOAl_2O_3$	88.03	-251.08	NH_3(气)	336.69	-154.22
CO	275.35	-25.61	Na_2O	346.98	-585.76
CO_2	20.13	67.40	NaCl	0	0.38
FeO	118.66	-71.76	Na_2SO_4	62.89	-413.50
Fe_3O_4	96.90	-70.29	Na_2CO_3	89.96	-364.22
$Fe(OH)_3$	30.29	43.85	Na_3AlF_6	581.95	138.95
Fe_2SiO_4	220.41	-125.35	SO_2(气)	306.52	-114.64
$FeAl_2O_4$	103.18	-66.36	SO_3(气)	239.70	-14.02
H_2O(汽)	8.62	-118.78	H_2S(气)	804.46	-329.66
HF	152.42	46.61	ZnO	21.09	-745.63
HCl(气)	45.77	173.72	$ZnSO_4$	73.68	-587.52
Na_2S	962.86	-798.31	$ZnCO_3$	22.34	-503.46

附表 8　常见有机化合物的化学㶲及其温度修正系数

分子式	化学㶲值 /(kJ/mol)	温度修正系数 /[J/(mol·K)]	分子式	化学㶲值 /(kJ/mol)	温度修正系数 /[J/(mol·K)]
CH_4(气)	830.19	-201.96	C_5H_{10}(液)	3 265.11	-86.44
C_2H_6(气)	1 493.77	-221.63	C_6H_{12}(液)	3 901.16	-62.93
C_3H_8(气)	2 148.99	-248.36	C_6H_6(液)	3 293.18	85.65
C_4H_{10}(液)	2 803.20	-540.11	C_8H_{16}(液)	5 243.89	-73.51
C_5H_{12}(气)	3 455.61	-270.29	C_4H_6(气)	2 522.53	-130.08
C_5H_{12}(液)	3 454.52	-152.38	C_8H_{10}(液)	4 580.10	50.92
C_6H_{14}(气)	4 109.48	-286.14	C_8H_{18}(液)	5 407.78	-211.42
C_6H_{14}(液)	4 105.38	-193.84	C_9H_{20}(液)	6 058.81	-220.87
C_7H_{16}(气)	4 763.44	-355.81	$C_{10}H_{22}$(液)	6 710.05	-743.08
C_7H_{16}(液)	4 756.45	-209.58	$C_{11}H_{24}$(液)	7 361.33	-238.03
C_2H_4(气)	1 359.63	-172.38	$C_{12}H_{26}$(液)	8 013.03	-247.07
C_3H_6(气)	1 999.95	-196.27	$CH_3C_6H_5$(液)	3 928.36	61.63
C_2H_2(气)	1 265.49	-114.43	CH_3OH(液)	716.72	-33.26
CH_3CCH(气)	1 896.48	-138.20	C_2H_5OH(液)	1 354.57	-43.68